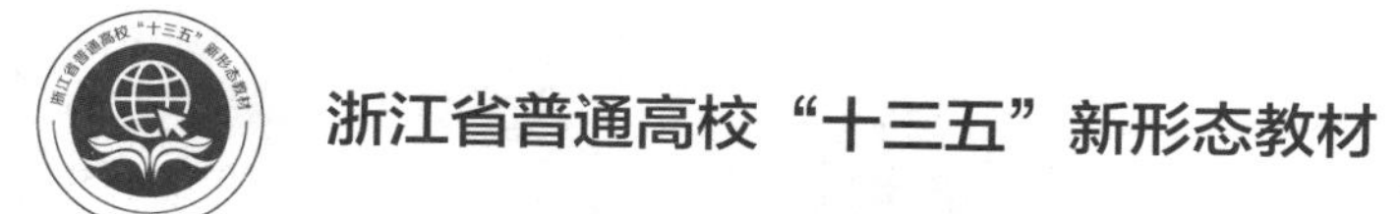

市政工程施工

李瑞鸽　杨国立　主编
李进军　林法力　副主编

化学工业出版社
·北京·

内 容 简 介

本书是浙江省普通高校“十三五”新形态教材。本书的编写既重视学科基础理论知识的阐述，又注重结合工程实例，力求把知识的传授与能力的培养结合起来。本书共分四篇：第一篇为道路工程施工，主要讲解路基施工、路面基层施工、沥青路面施工、水泥混凝土路面施工等；第二篇为市政管道工程施工，主要讲解市政管道开槽施工、市政管道不开槽施工、市政给排水构筑物施工等；第三篇为桥梁工程施工，主要讲解桥梁基础施工、桥梁下部构造施工、桥梁上部构造施工、桥面及附属工程施工等；第四篇为35kV及以下配电网工程土建施工，主要讲解配电网架空线路土建工程施工、配电网电缆线路土建施工、10kV配电站房施工等。各章后附有相应的思考题。

本书同时开发有微课视频、动画等丰富的数字资源，可通过扫描书中二维码获取。

本书可供工科类土木工程专业、给排水工程专业、道路桥梁及渡河工程专业、工程管理专业、房地产专业、工程造价及其他相关专业的师生作为教学用书，也可供土木类科研、设计、工程施工、监理等技术人员学习、参考。

图书在版编目（CIP）数据

市政工程施工/李瑞鸽，杨国立主编．—北京：化学工业出版社，2022.6（2025.2重印）
ISBN 978-7-122-41646-9

Ⅰ.①市…　Ⅱ.①李…②杨…　Ⅲ.①市政工程-工程施工-教材　Ⅳ.①TU99

中国版本图书馆CIP数据核字（2022）第100363号

责任编辑：李仙华　　文字编辑：陈立璞
责任校对：王　静　　装帧设计：史利平

出版发行：化学工业出版社（北京市东城区青年湖南街13号　邮政编码100011）
印　　装：河北鑫兆源印刷有限公司
787mm×1092mm　1/16　印张17　字数441千字　2025年2月北京第1版第2次印刷

购书咨询：010-64518888　　售后服务：010-64518899
网　　址：http://www.cip.com.cn
凡购买本书，如有缺损质量问题，本社销售中心负责调换。

定　　价：49.80元

前言

为响应教育部“六卓越一拔尖”计划 2.0 的号召，诸多应用型本科院校土建类专业进一步调整教学计划，进一步加强施工教学环节，许多高校开设了“市政工程施工”课程。本书的编写定位在满足普通高等学校土木工程、给排水、道路桥梁与渡河工程、工程管理、工程造价等专业应用型本科教学的要求上，力求综合运用有关学科的基本理论和知识，以解决一般市政工程施工的实践问题。

本书的编写根据教育部“积极推进‘互联网+ 教育’发展，加快实现教育现代化”的精神，除采用了现行施工规范、施工规程外，在每个章节适当位置还加入了施工动画或视频可以进行同步学习，提高学习效果。

本书共分四篇：第一篇为道路工程施工；第二篇为市政管道工程施工；第三篇为桥梁工程施工；第四篇为 35kV 及以下配电网工程土建施工。各章后附有相应的思考题。

本书由台州学院李瑞鸽、杨国立担任主编，并负责统稿工作。全书编写分工如下：台州市交通运输综合执法队李锦玢负责第一篇第一、五章；台州学院林法力负责第一篇第二、三、四章；台州学院杨国立负责第二篇第一、二、三章；国网浙江省电力有限公司台州市路桥区供电公司朱浩负责第二篇第四章；台州市公路与运输管理中心张震负责第三篇第一、二章；台州学院李瑞鸽负责第三篇第三、四、五章；台州电力建设有限公司李进军负责第四篇第一、二章；台州电力建设有限公司王小建负责第四篇第三、四章。

本书为“互联网+ ”新形态教材，每章均附有相应的案例施工视频或者施工动画，可通过扫描书中二维码获取，辅助学生业余时间自学。为了方便教师授课或学生自学，本书同步配有教学课件等，方便广大师生学习应用。需要配套课件的老师或同学请登录 www.cipedu.com.cn 免费获取。

本书的编写，参考并引用了一些公开出版和发行的文献，谨向这些文献作者致以衷心的谢意。由于编写时间较为紧张，编者水平有限，书中不足之处在所难免，敬请广大的读者批评指正，以便日后修订和改进。

编　者

2022 年 06 月

目录

二维码资源目录

第一篇

道路工程施工

第一章 概述

【知识目标】

- 了解道路工程的类型。
- 了解道路组成。
- 了解道路的施工准备内容。

【能力目标】

- 能够知道道路工程的类型。
- 能够知道道路构造。

道路是供各种无轨车辆和行人通行的线性基础设施，根据不同功能，一般分为公路与城市道路。城市总体规划区以内的以车辆通行为主的道路为城市道路，城市总体规划区以外的道路为公路，并相应地建立了两套法律体系和管理体系。

第一节 道路的分类及其工程组成

一、道路的分类

（一）城市道路

城市道路是指在城市范围内具有一定技术条件和设施的道路。根据道路在城市道路系统中的地位、作用、交通功能以及对沿线建筑物的服务功能，我国目前将城市道路分为四类：快速路、主干路、次干路及支路。

1.1.1 快速路

1. 快速路

快速路是在特大城市或大城市中设置，用中央分隔带将上、下行车辆分开，供汽车专用的快速干路，主要联系市区各主要地区、主要的近郊区、卫星城镇、主要的对外出路，负担城市主要客、货运交通，有较高车速和大的通行能力。

1.1.2 主干路

2. 主干路

主干路是城市道路网的骨架，联系城市的主要工业区、住宅区以及港口、机场和车站等货运中心，是承担着城市主要交通任务的交通干道。主干路沿线两侧不宜修建过多的行人和车辆出入口，否则会降低车速。

3. 次干路

次干路为市区内普通的交通干路，配合主干路组成城市干道网，起联系城市各部分和集散交通作用，分担主干路的交通负荷。次干路兼有服务功能，允许两侧布置吸引人流的公共建筑，并应设停车场。

1.1.3 次干路

4. 支路

支路是次干路与街坊路的连接线，以服务局部地区的交通功能为主。

（二）公路（按行政等级划分）

公路是指城市之间、城乡之间、乡村与乡村之间以及工矿基地之间，按照国家规定的技术标准修建，由公路主管部门验收认可的道路。公路按行政等级可分为国家公路、省公路、县公路和乡公路（简称为国、省、县、乡道）以及专用公路五个等级。一般把国道和省道称为干线，县道和乡道称为支线。

1. 国道

国道是指具有全国性政治、经济意义的主要干线公路，包括重要的国际公路、国防公路，连接首都与各省、自治区、直辖市首府的公路，连接各大经济中心、港站枢纽、商品生产基地和战略要地的公路。国道中跨省的高速公路由交通运输部批准的专门机构负责修建、养护和管理。

2. 省道

省道是指具有全省（自治区、直辖市）政治、经济意义，并由省（自治区、直辖市）公路主管部门负责修建、养护和管理的公路干线。

3. 县道

县道是指具有全县（县级市）政治、经济意义，连接县城和县内主要乡（镇）、主要商品生产和集散地的公路，以及不属于国道、省道的县际间公路。县道由县、市公路主管部门负责修建、养护和管理。

4. 乡道

乡道是指主要为乡（镇）村经济、文化、行政服务的公路，以及不属于县道以上公路的乡与乡之间及乡与外部联络的公路。乡道由乡（镇）人民政府负责修建、养护和管理。

5. 专用公路

专用公路是指专供或主要供厂矿、林区、农场、油田、旅游区、军事要地等与外部联系的公路。专用公路由专用单位负责修建、养护和管理，也可委托当地公路部门修建、养护和管理。

（三）公路（按使用任务、功能和适应的交通量划分）

按使用任务、功能和适应的交通量划分，包括高速公路、一级公路、二级公路、三级公路、四级公路。

1. 高速公路

高速公路为专供汽车分方向、分车道行驶，全部控制出入的多车道公路。高速公路的年平均日设计交通量宜在15000辆小客车以上。

2. 一级公路

一级公路为供汽车分方向、分车道行驶，可根据需要控制出入的多车道公路。一级公路的年平均日设计交通量宜在15000辆小客车以上。

3. 二级公路

二级公路为供汽车行驶的双车道公路。二级公路的年平均日设计交通量宜为5000～15000辆小客车。

4. 三级公路

三级公路为供汽车、非汽车交通混合行驶的双车道公路。三级公路的年平均日设计交通量宜为2000～6000辆小客车。

5. 四级公路

四级公路为供汽车、非汽车交通混合行驶的双车道或单车道公路。双车道四级公路年平均日设计交通量宜在2000辆小客车以下；单车道四级公路年平均日设计交通量宜在400辆小客车以下。

二、道路的工程组成

道路主要由几何线形、路基路面、排水及跨越结构物、支挡构造物和沿线设施等五部分组成。

（一）几何线形

道路的几何线形是道路在空间的几何形状和尺寸，简称路线。道路的线形及断面分为路线平面线形、纵断面线形和道路横断面，见图1.1.1。

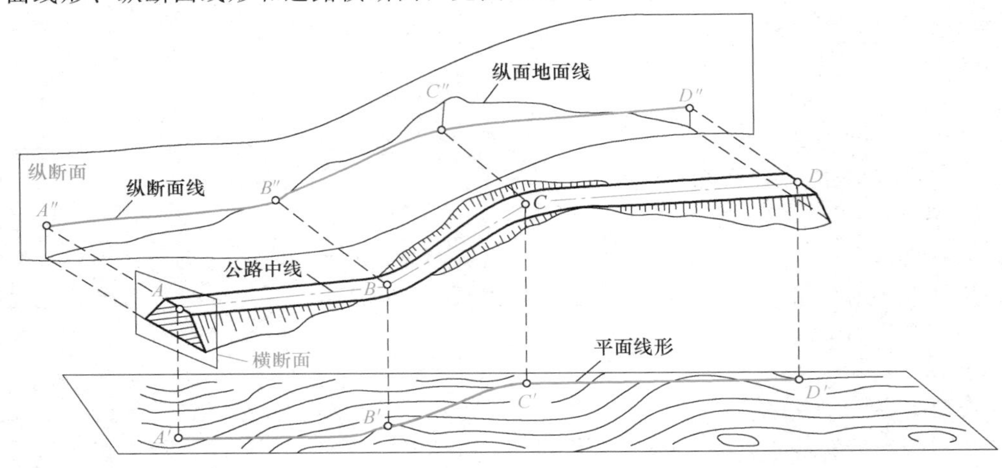

图1.1.1 公路的平面、纵断面及横断面

1. 平面线形

平面线形指的是道路中线在水平面上的投影形状。平面线形由直线、圆曲线、缓和曲线3种线形构成，通常称为“平面线形三要素”。各要素视地形情况和人的视觉、心理，道路技术等级来确定。

2. 纵断面线形

纵断面线形指道路中线在垂直水平面方向上的投影，它反映道路竖向的走向、高程、纵坡的大小，即道路起伏情况。道路纵坡指道路中心线（纵向）坡度，坡长则指道路中心线上某一特定纵坡路段的起止长度。

3. 横断面

横断面是垂直于道路中心线方向的断面。公路与城市道路横断面的组成有所不同。公路横断面的主要组成有：车行道（路面）、路肩、边沟、边坡、绿化带、分隔带、挡土墙等（图1.1.2）。城市道路横断面的组成有：车行道（路面）、人行道、路缘石、绿化带、分隔带等（图1.1.3）。在高路堤和深路堑的路段，还包括挡土墙。

（二）路基路面

道路工程结构组成一般分为路基、垫层、基层和面层四个部分，高级道路的结构由路

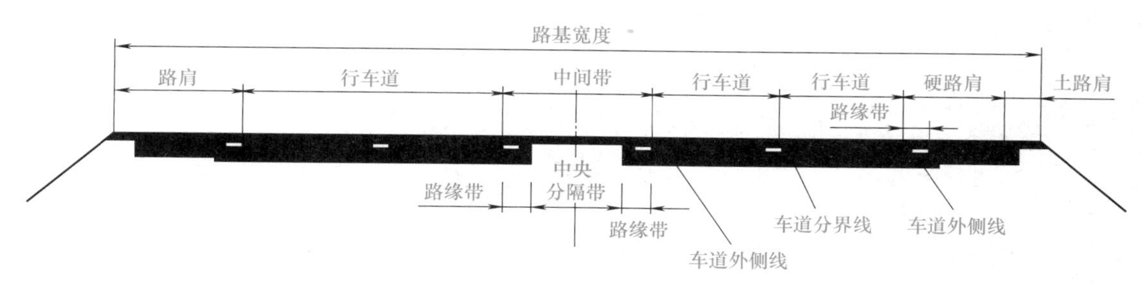

图 1.1.2　公路横断面示意图

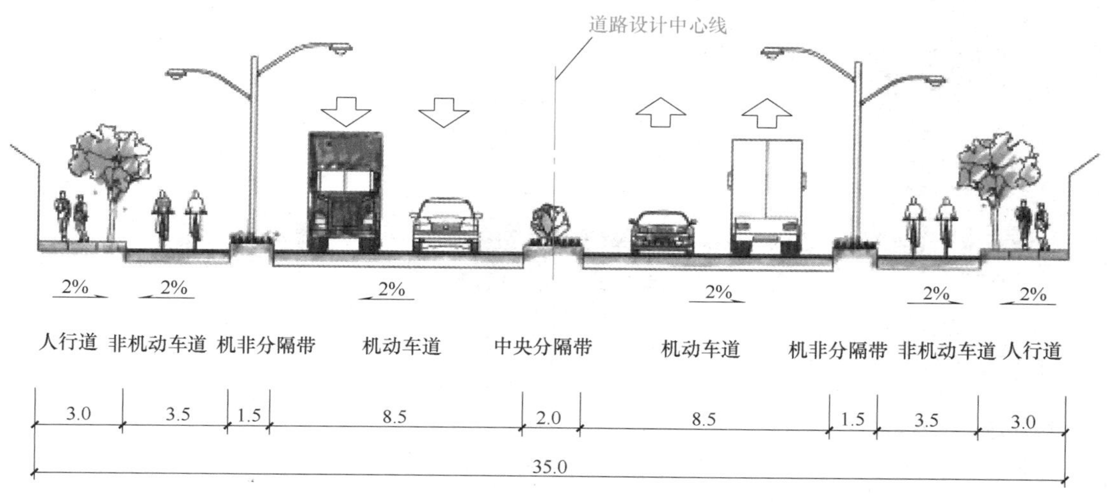

图 1.1.3　城市道路横断面示意图（单位：m）

基、垫层、底基层、基层、联结层和面层等六个部分组成，如图 1.1.4 所示。

1. **路基**

道路路基是行车部分的基础。它是按照路线位置和一定技术要求修筑的带状土石构造物，是路面的基础，承受由路面传来的行车荷载。路基工程应具有足够的强度、稳定性和耐久性。

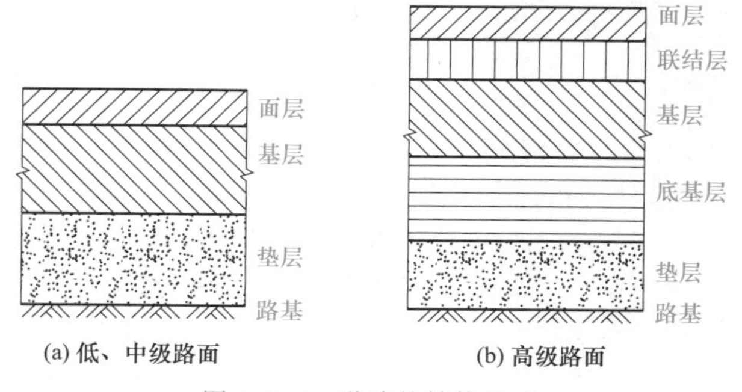

图 1.1.4　道路的结构组成

根据填挖形成方式，路基可分为路堤、路堑和半填半挖三种形式。当路线高于自然地面时，路基填筑形成路堤形式；当低于自然地面时，路基挖成路堑形式；当一部分填筑、一部分开挖时，路基形成半填半挖形式。

2. **路面**

路面是指用筑路材料铺在路基顶面，供车辆直接在其表面行驶的一层或多层道路结构层。路面具有承受车辆重量、抵抗车轮磨耗和保持道路表面平整的作用。

路面按其力学性质分为刚性路面和柔性路面两大类。刚性路面在行车荷载作用下能产生板体作用，具有较高的抗弯强度，主要有水泥混凝土路面。柔性路面抗弯强度较小，主要靠抗压强度和抗剪强度抵抗行车荷载作用，在重复荷载作用下会产生残余变形，如沥青路面、碎石路面。

（三）排水及跨越结构物

1. 道路排水系统

道路排水系统分为纵向排水系统和横向排水系统。纵向排水系统主要有边沟、街沟、截水沟和排水沟等。公路一般采用边沟等明式排水，城市道路一般采用暗管排水。横向排水系统主要用桥涵、路拱、过水路面等设施。排水系统布置参考图 1.1.5。

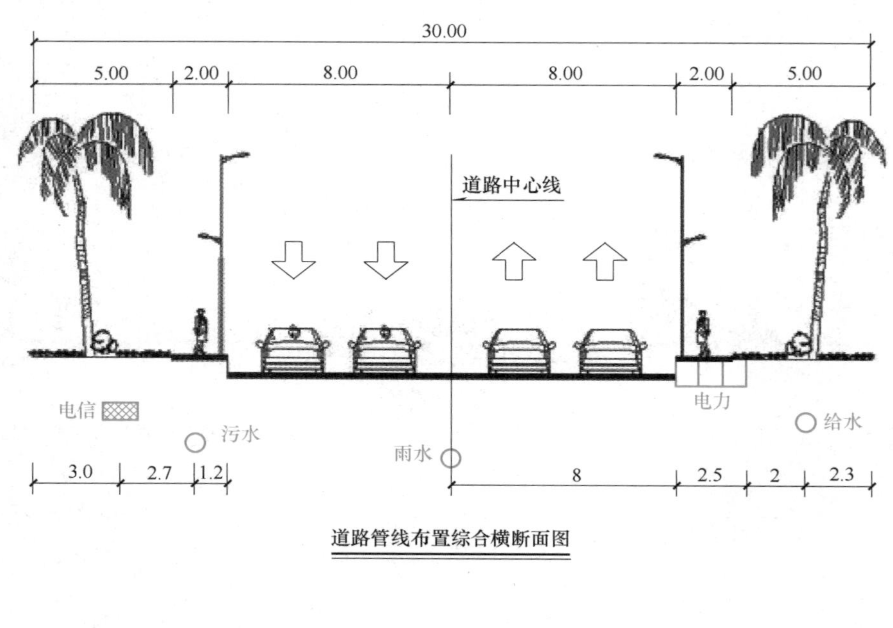

图 1.1.5　某工程道路管线布置示意图（单位：m）

2. 跨越结构物

道路跨越大小不同的河流、沟谷以及其他障碍物，一般采用桥梁、涵洞等结构物。单孔跨径大于等于 5m 或多孔跨径大于等于 8m 时称为桥梁，否则称为涵洞。桥梁按跨径和桥长可分为小桥、中桥、大桥和特大桥 4 种形式。

道路穿越地下的结构物称为隧道。公路隧道的主体建筑物一般由洞身、衬砌和洞门组成，在洞口容易坍塌的地段，还加建有明洞。隧道的附属构筑物有防水和排水设施、通风和照明设施、交通信号设施以及应急设施等。公路隧道设计通常先进行方案设计，然后进行隧道的平面和纵断面、净空、衬砌等具体设计。

（四）支挡构造物

在自然坡面较陡的山地或丘陵地区修建道路，会形成较高或者较陡的边坡，为了防止水流冲刷、路基变形或支挡路基本身失稳，并保证路基稳定性，通常用支挡构造物来加固路基边坡。常用具有承重作用的支挡构造物类型有各种挡土墙、护面墙、护脚墙、垒石、填石、石垛等。

（五）沿线设施

为了提高行车安全水平，改善路容、路貌，根据实际需要设置的一些附属设施。主要有交通安全设施、管理设施、服务设施、环保设施等。

第二节 道路的施工准备

一、施工现场准备

施工单位接到中标通知书后，在与业主签订合同的同时，开始施工现场准备工作。施工现场准备工作应做好以下几项工作。

1. 复查和了解现场

复查和了解现场的地形、地质、文化、气象、水源、电源、料源或料场、交通运输、通信联络以及城镇建设规划、农田水利设施、环境保护等有关情况。

对于扩（改）建工程，应将拟保留的原有通信、供电、供水、供暖、供油、排水沟管等地下设施复查清楚，在施工中要采取保护措施，防止损坏。

2. 确定工程用地范围

施工单位应根据施工图纸和施工临时需要确定工程用地范围，以及在此范围内有多少土地，哪些是永久占地、哪些是临时占地，并与地方有关人员到现场一一核实（是荒地或是良田、果园等）、绘出地界、设立标志。

3. 清除现场障碍

施工现场范围内的障碍如建筑物、坟墓、暗穴、水井、各种管线、道路、灌溉渠道、民房等必须拆除或改建，以利于施工的全面展开。

4. 办妥有关手续

上述占地、移民和障碍物的拆迁等都必须事先与有关部门协商，办妥一切手续后方可进行。

5. 做好现场规划

施工单位按照施工总平面图搭设工棚、仓库、加工厂和预制厂；安装供水管线，架设供电和通信线路；设置料场、车场、搅拌站；修筑临时道路和临时排水设施等。在有洪水威胁的地区，防洪设施的设置应在汛期前完成。

6. 道路安全畅通

道路施工需要许多大型的车辆、机械和设备，原有道路及桥涵能否承受此种重载，需要进行调查、验算，不符合要求的应作加宽或加固处理，保证道路安全畅通。

二、劳动力、机具设备和材料准备

1. 劳动力

道路施工需要大量劳动力，而且劳动时间相对集中，因此，开工前落实劳动力来源，按计划适时组织进（退）场，是顺利开展施工、按期完成任务、避免停工或窝工浪费的重要条件之一。

2. 机具设备

公路工程施工需要大量的机械设备和运输车辆，其中大、中型机械设备和运输车辆更是施工的主力。在以往施工时，常因某一关键机械（或设备、车辆）跟不上而严重影响施工，造成很大浪费。这种现象多为准备工作不充分或计划没有落实所致。因此，施工单位应根据现有装备的数量、质量情况进行周密的计划，分期分批地组织进场。其中需要维修、租赁和购置的，应按计划落实，并要适当留有备份，以保证施工的需要。

3. 材料

公路工程施工需要大量材料，除水泥、木材、钢材、沥青等主要外购材料外，还有砂、石、石灰等大宗的地方材料，材料费占到工程总费用的三分之二左右，因此，其费用高低直接关系到工程造价。同时，材料的品质、数量以及能否及时供应也是决定工程质量和工期的重要环节。材料准备工作的要点是：品质合格、数量充足、价格低廉、运输方便、不误使用。在保证材料品质的前提下，本着就地取材的原则，广泛调查料源、价格、运输道路、工具和费用等，做好技术经济比较，择优选用。同时根据使用计划组织进场，力争节省投资。

三、技术准备

（一）熟悉和核对设计文件

设计文件是工程施工最重要的依据，组织技术人员熟悉和了解设计文件，是为了明确设计者的设计意图，掌握图纸、资料的主要内容及有关的原始资料。此外，从设计到施工通常都要间隔几年时间，勘测设计时的原始自然状况也许会由于各种原因有所变化，因此必须对设计文件进行现场核对。其主要内容有：

（1）各项计划的布置、安排是否符合国家有关方针、政策和规定以及国家的整体布局；设计图纸、技术资料是否齐全，有无错误和相互矛盾。

（2）设计文件所依据的水文、气象、地质、岩土等资料是否准确、可靠、齐全。

（3）掌握整个工程的设计内容和技术条件，弄清设计规模、结构特点和形式。

（4）重要构造物的位置、结构形式、尺寸大小、孔径等是否恰当，能否采用更先进的技术或使用新材料。

（5）对地质不良地段采取的处理措施是否先进合理，对防止水土流失和保护环境采取的措施是否恰当、有效。

（6）各项纪要、协议等文件是否齐全、完善；明确建设期限，包括分期、分批施工的工程期限要求。

如发现设计图纸有错误或不合理的地方，应及时提出修改意见，待有关方面核准后进行修改设计、补充图纸等工作。

（二）施工组织设计

道路施工组织设计就是统筹考虑整个施工过程，即根据所处的环境、自然条件、施工工期等，对人力、材料、机械、资金、施工方法、施工现场（空间）等主要要素，进行合理的组织、安排，使之有条不紊，以实现有计划、有组织、均衡地施工，达到工期尽可能短、质量尽可能好、成本尽可能低的目的。具体施工组织设计内容如下：

（1）确定开工前必须完成的各项准备工作，如审核设计文件、补充调查资料、先遣人员进场等。

（2）计算工程数量（防止漏算、重算），确定劳动力、机械台班、各种材料与构件等的需要量和供应方案等。

（3）确定施工方案（多种施工方案应经过比选），选择施工机具。

（4）安排施工顺序（由整体到局部）。

（5）编制施工进度计划，确定每月或每季度人力、材料、机械的需用量。

（6）进行施工平面布置，即设备停放场、料场、仓库、拌和场、预制场、生活区、办公室等的布置。

（7）制订确保工程质量及安全生产的有效技术措施。

（三）技术交底

施工单位应根据设计文件和施工组织设计，逐级做好技术交底工作。

技术交底是施工单位把设计要求、施工技术要求和质量标准贯彻到基层以至现场工作人员的有效方法，是技术管理工作中的一个重要环节。它通常包括施工图纸交底、施工技术措施交底以及安全技术交底等。这项交底工作分别由高一级技术负责人、单位工程负责人、施工队长、作业班组长逐级组织进行。

施工组织设计一般先由施工单位总工程师负责向有关大队（或工区领导）、技术干部及职能部门有关人员交底，最后由单位工程负责人向参加施工的班组长和作业人员交底，并认真讨论贯彻落实。

（四）测量放样

从路线勘测到施工进场一般要经过一段时间，在这段时间内，原钉桩标志可能有部分丢失或发生移动，因此，建设单位（或者监理工程师）向施工单位交桩后，施工方必须按设计图表对路线进行复测，把决定路线位置的各测点加以恢复。其内容有导线、中线的复测和固定，水准点的复测和增设，横断面的检查与补测。

1. 导线、中线的复测和固定

导线复测就是把控制路线中线的各导线点在地面上重新钉出。导线复测应采用满足测量精度的仪器，其测量精度应满足设计要求。复测导线时，必须和相邻施工段的导线闭合。对有碍施工的导线点，在施工前应设护桩加以固定。

中线复测就是把标定路线平面位置的各点在地面上重新钉出，有时还要在曲线上以及地形有突变或土石方成分有变化等处增钉加桩，并复核路线的长度。对路线的主要控制点，如交点、转点、曲线的起讫点，应采取有效的方法加以固定。恢复中线时应注意与独立施工的桥梁、隧道及相邻施工段的中线闭合，发现问题及时查明原因。

1.1.4 道路施工放样

2. 水准点的复测与加设

中线恢复后，对沿线的水准点作复核性水准测量，以复核水准点一览表中各点的水准基点高程和中桩的地面高程。当相邻水准点相距太远时，为便于施工期间引用，可加设一些临时水准点。在桥涵、挡土墙等较大构造物附近以及高路堤、深路堑等土石方集中地段附近，应加设水准点。临时水准点的高程必须符合精度要求。

3. 横断面的检查与补测

路线横断面应详细检查与核对，发现疑问与错误时，必须进行复测。对于在恢复中线时新设的桩点，应进行横断面的补测。此外，应检查路基边坡设计是否恰当；与有关构造物如涵洞、挡土墙的设计是否配合相称；取土坑、弃土堆的位置是否合理。

思 考 题

1. 什么是城市道路？城市道路分为几类？
2. 什么是公路？公路怎么分类？各分几类？
3. 道路工程结构组成一般分为哪四个部分？高级道路的结构由哪六个部分组成？

第二章 路基施工

【知识目标】

- 了解路基基本结构要求、路基基本断面形式。
- 了解路基施工机械。
- 掌握路堤和路堑施工的程序与特点。
- 熟悉路基压实原理，了解提高路基压实度的方法。
- 熟悉软土地基处理的基本方法。

【能力目标】

- 初步掌握路基施工的原理和程序。
- 初步掌握路基的基本施工方法。

路基指的是按照路线位置和一定技术要求修筑的作为路面基础的带状构造物，是道路的基础。路基是用土或石料修筑而成的线形结构物。

第一节 路基施工概述

一、道路路基结构

道路的路基是在地面上按路线的平面位置和纵坡要求进行开挖或填筑成一定断面形状的土质或石质结构物，它既是道路这一线形建筑物的主体结构，又是路面结构的基础部分。

（一）对路基结构的要求

路基是道路的基本结构物，它一方面要保证车辆行驶时的通畅和安全，另一方面要支持路面承受行车荷载的作用，因此对路基提出两项基本要求。

1. 路基结构物的整体必须具有足够的稳定性

路基的稳定性是指路基在各种不利因素，如自然因素（地质、水文、气候等）和荷载（结构自重、行车荷载）的作用下，不会产生破坏而导致交通阻塞和行车事故，这是保证行车的首要条件。

2. 必须具有足够的强度、抗变形能力（刚度）和水温稳定性

这些要求是针对直接位于路面下的那部分路基（有时也称为土基）而言的。水温稳定性是指在自然因素（主要是水、温度状况）的影响下，路基结构的稳定状态及其变化幅度。

路基具有足够的强度、刚度和水温稳定性，可以减轻路面在行车荷载以及自然因素作用下产生的影响，从而减薄路面厚度，改善路面使用状况，提高路面的使用品质，延长其使用寿命，降低工程费用。因此，这是一项直接关联到路面结构物工作条件的要求。

3. 路基的横断面形式及尺寸

应符合交通运输部颁布的标准《公路工程技术标准》(JTG B01）有关的规定和要求。

（二）路基的横断面形式

路基主要是由土、石材料在原地面上修筑（填筑或开挖）而成的，结构简单。由于地形的变化和填挖高度的不同，使得路基横断面也各不相同。典型的路基横断面形式有以下几种。

1. 横断面形式

（1）路堤式［图 1.2.1（a)］高于原地面，由填方构成的路基横断面形式称为路堤。

（2）路堑式［图 1.2.1（b)］低于原地面，由挖方构成的路基横断面形式称为路堑。

（3）半填半挖式［图 1.2.1（c)］是路堤和路堑的综合形式，主要设置在较陡的山坡上。

（4）不填不挖式路基，即路基横断面与原自然地貌横断面一致。

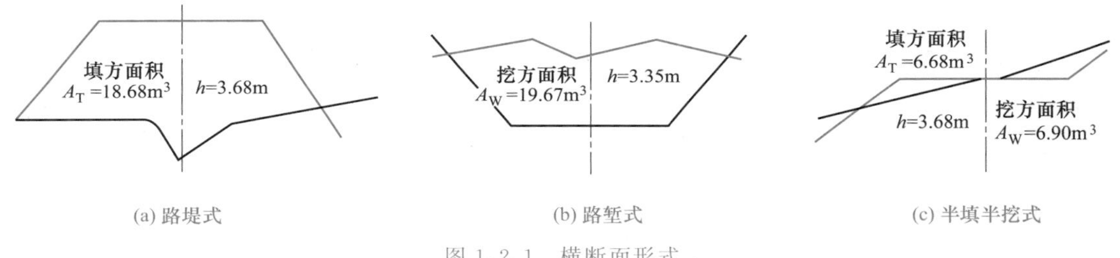

图 1.2.1　横断面形式

2. 路基横断面图的阅读

如图 1.2.2，路基横断面图是按照顺序沿着桩号从下到上、从左到右逐个绘制而成的，每个横断面上的地面线均用细实线，设计线均用粗实线。每张路基横断面图的右上角均应写明图纸序号及总张数，在最后一张图纸的右下角绘制图标。

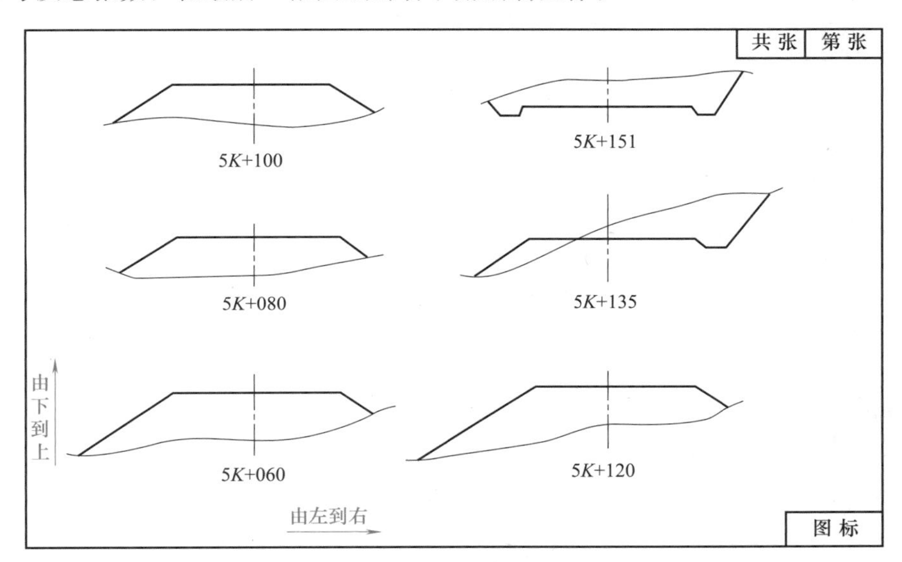

图 1.2.2　路基横断面图

（三）路基基本构造

路基由宽度、高度和边坡坡度三个基本要素构成。

1. 路基宽度

为满足车辆及行人在公路上正常通行，路基需有一定的宽度。路基宽度是指在一个横断面上两路缘之间的宽度，如图 1.2.3 和图 1.2.4 所示。

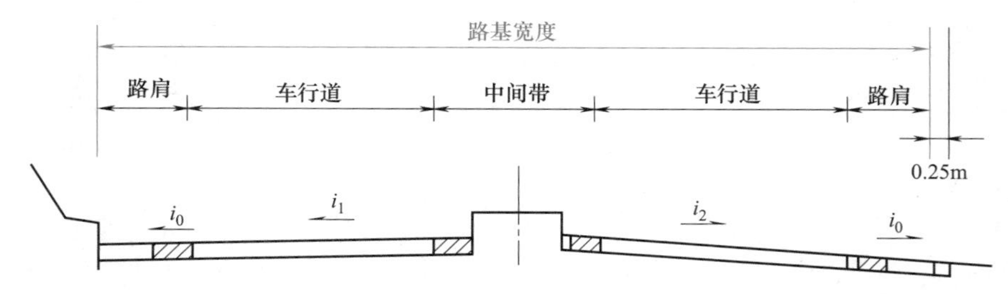

图 1.2.3 路基宽度图（高速公路和一级公路）

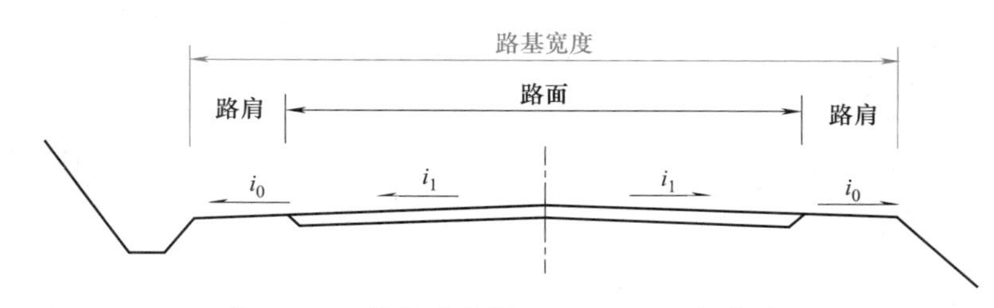

图 1.2.4 路基宽度图（二、三、四级公路）

行车道宽度主要取决于车道数和每一车道的宽度。目前采用的一个车道宽度一般为 3.5～3.75m。

路肩是指行车道外缘到路基边缘的带状部分。设中间带的高速公路和一级公路，行车通道左侧不设路肩。

2. 路基高度

路基高度是指路基设计中心线处路面标高与道路原地面标高之间的差值，称为路基填挖高度或施工高度。

路基高度是影响路基稳定性的重要因素，它也直接影响到路面的强度和稳定性、路面厚度和结构以及工程造价。为此，在道路纵坡设计时，路基高度应尽量满足最小填土高度要求，保证路基处于干燥或中湿（在路基路面设计中，路基的潮湿状态以干湿类型分为干燥、中湿、潮湿和过湿四类）状态，尤其是当路线穿越农田、冻害严重而又缺乏砂石的地区时，更要注意路基填土高度的要求。在取土困难或用地受到限制，路基高度不能满足要求时，则应采取相应的处置措施，如路基两侧加深加宽边沟、换土或填石、设置隔离层等，以减少或防止地面积水和地下水对路基的危害。

3. 路基边坡坡度

为保证路基稳定，路基两侧需做成具有一定坡度的坡面，即路基边坡。路基边坡坡度是以边坡的高度 H 与宽度 b 之比来表示的，即 H/b。为方便起见，习惯将高度定为 1，则相应的宽度为 b/H，一般写成 $1:m$。

$m=b/H$ 称为坡率，如 1：1.5、1：0.5，如图 1.2.5 所示。m 值越大，边坡越缓，稳定性越好，但工程数量也相应增大，且边坡过缓使暴露面积过大，易受雨、雪侵蚀，反而不利。

可见，路基边坡坡度对路基稳定起着重要的作用。如何恰当地设计边坡坡度，既能使路

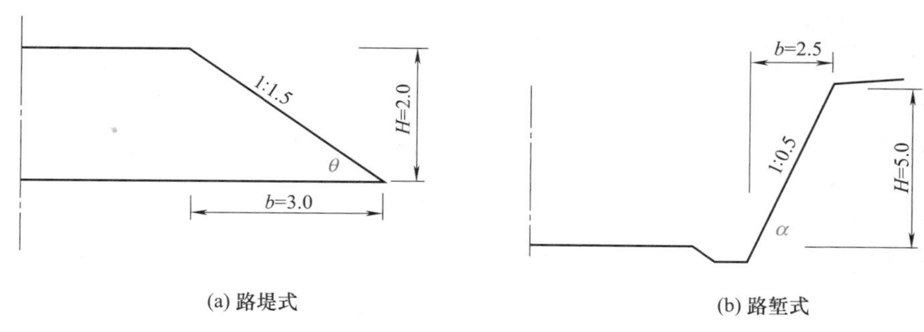

图 1.2.5 路基边坡坡度示意图（单位：m）

基稳定，又能节省工程造价，这在路基横断面设计中是极为重要的，尤其是在深路堑及工程地质复杂的地区。

二、路基施工的基本方法

路基施工的基本方法，按其技术特点大致可分为：人工及简易机械化、机械化和综合机械化、水力机械化和爆破方法等。

人力及简易机械化施工是传统方法，使用手工工具，劳动强度大、功效低、进度慢、工程质量亦难以保证，但限于具体条件，短期内还必然存在并适用于地方道路和某些辅助性工作。为了加快施工进度，提高劳动生产率，实现高标准高质量施工，对于劳动强度大和技术要求高的工序，应配以数量充足、配套齐全的施工机械。

机械化施工和综合机械化施工，是保证高等级公路施工质量和施工进度的重要条件，对于路基土石方工程来说，更具有迫切性。实践证明，单机作业的效率，比人力及简易机械施工要高得多，但需要大量的人力与之配合。由于机械和人力的效率差距过大，难以协调配合，单机效率受到限制，势必造成停机待料，机械的生产率很低。如果对主机配以辅机，相互协调，共同形成主要工序的综合机械化作业，工效能大大提高。以挖掘机开挖土路堑为例，如果没有足够的汽车配合运输土方，或者汽车运土填筑路基，没有相应的摊平和压实机械配合，不考虑相应的辅助机械为挖掘机松土和创造合适的施工面，整个施工进度就无法协调，难以紧凑作业，功效亦势必达不到应有的要求。所以实现综合机械化施工，科学地严密组织施工，是路基施工现代化的重要途径。

水力机械化施工，亦是机械化施工的方法之一，它是运用水泵、水枪等水力机械，喷射强力水流，冲散土层并流运至指定地点沉积，例如采集砂料或地基加固等。水力机械适用于电源和水源充足，挖掘比较松散的土质及地下钻孔等。对于砂砾填筑路堤或基坑回填，还可起到密实作用（称为水夯法）。

爆破方法是石质路基开挖的基本方法，如果采用钻岩机钻孔与机械清理，亦是岩石路基机械化施工的必备条件。除石质路堑开挖外，爆破法还可用于冻土、泥沼等特殊路基施工，以及清除路面、开石取料与石料加工等。

上述施工方法的选择，应根据工程性质、施工期限、现有条件等因素而定，而且应因地制宜和各种方法综合使用。

三、施工基本要求

土质路基的挖填，首先必须搞好施工排水，包括开挖地面临时排水沟槽及设法降低地下水位，以便始终保持施工场地的干燥。这不仅是因为土在干燥状态下易于操作，而且控制土的湿度是确保路堤填筑质量的关键。从有效控制土的含水量需要出发，土质路基的施工作业面不宜太大，以利于组织快速施工，随挖随运，及时填筑压实成型，减少施工过程中的日晒雨淋，尽量保持土的天然湿度，避免过干或过湿。一般条件下土的天然含水量接近最佳值，必要时，应考虑人工洒水或晾干措施。雨季施工，尤应按照施工技术操作规程的有关规定，加强临时排水，确保路基质量。过湿填土，碾压后形成弹簧现象，必须挖除重填，必要时可采取其他相应的加固措施。

路基挖填范围内的地表障碍物，事先应予以拆除，其中包括原有房屋的拆迁，树木和丛林茎根的清除，以及表层种植土、过湿土与设计文件或规程所规定杂物等的清除。在此前提下，必要时按设计要求对路堤上层进行加固。

路基取土与填筑，必须有条不紊，有计划有步骤地进行操作，这不仅是文明施工的需要，而且是选土和合理利用填土的保证。不同性质的路基用土，除按规定予以废弃和适当处治外，一般不允许任意混填。

路堑开挖，应在全横断面进行，自上而下一次成型，注意按设计要求准确放样，不断检查校正，边坡表面削齐拍平。路堑底面，如土质坚实，应尽量不扰动，予以整平压实；如果土质较差、水文条件不良，应根据路面强度设计要求，采取加深边沟、设置地下盲沟以及挖松表层一定深度原土层，重新分层填筑与压实等措施，或必要时予以换土和加固等，以确保路堑底层土基的强度与稳定性。

土质路堤，应视路基高度及设计要求，先着手清理或加固地基。潮湿地基尽量疏干预压，如果地下水位较高，因工期紧或其他原因无法疏干，第一层填土适当加厚或填以砂性土后再予以压实。一般情况下，路堤填土均应在全宽范围内，分层填平，充分压实。每日施工结束时，表层填土均应压实完毕，防止间隔期中雨淋或曝晒。分层厚度视压实工具而定，一般压实厚度为 20～25cm 左右。路堤加宽或新旧土层搭接处，原土层挖成台阶，逐层填新土，不允许将薄层新填土层贴在原路基的表面。

土路堤分层填平压实，是确保施工质量的关键，任何填土和任何施工方法，均应按此要求组织施工。有关土基压实的原理、方法及操作要求，详见本章第三节。

第二节 路基施工机械

常用的路基土方机械，有松土机、平土机、推土机、铲运机和挖掘机（配以汽车运土），此外还有压实机具及水力机械等。各种土方机械均可进行单机作业，例如平土机、推土机及铲运机等；以挖掘机为代表的主机，需要配以松土、运土、平土及压实等相应机具，相互配套，综合完成路基施工任务。

各种土方机械，按其性能，可以完成路基土方的部分或全部工作。选择机械种类和操作方案，是组织施工的第一步。为能发挥机械的使用效率，必须根据工程性质、施工条件、机械性能及需要与可能，择优选用。

根据以往工程实践经验的总结，几种常用的土方机械适用范围如表 1.2.1 所示；按施工条件选择土方机械时，则可参考表 1.2.2。

工程实践证明，再多再好的机械设备，如果使用不当，组织管理不善，配合不协调，也显示不出机械化施工的优越性，甚至适得其反，造成浪费。

各种机具设备，均有其独特性能和操作技巧，应配有专职人员使用与保养，严格执行操作规程。从整个施工组织管理以及指挥调度方面来看，组织机械化施工，应注意以下几点：

表 1.2.1　常用的土方机械适用范围

机械名称	适用的作业项目		
	施工准备工作	基本土方作业	施工辅助作业
推土机	1. 修筑临时道路； 2. 推倒树木，拔除树根； 3. 铲草皮，除积雪及建筑碎屑； 4. 推缓陡坡地形，整平场地； 5. 翻挖回填井、坑、陷穴、坟	1. 高度 3m 以内的路堤和路堑土方； 2. 运距 100m 以内的挖、填与压实； 3. 傍山坡挖、填结合路基土方	1. 路基缺口土方的回填； 2. 路基粗平，取弃土方的整平； 3. 填土压实，斜坡上挖台阶； 4. 配合挖掘机与铲运机松土、运土
铲运机	1. 铲运草皮； 2. 移运孤石	运距 600～700m 以内的挖土、运土、铺平与压实（高度不限）	1. 路基粗平； 2. 借土坑与弃土堆整平
自动平地机	除草、除雪、松土	修筑高 0.75m 以内路堤与深 0.6m 以内路堑，以及填、挖结合路基的挖、运、填土	开挖排水沟，平整路基，修整边坡
松土机	翻松旧路面、清除树根与废土层、翻松硬土		1. Ⅲ～Ⅳ类土的翻松； 2. 破碎 0.5m 内的冻土层
挖掘机		1. 半径 7m 以内的挖土与卸土； 2. 装土供汽车远运	1. 挖沟槽与基坑； 2. 水下捞土（反向铲土等）

表 1.2.2　选择土方机械的施工条件

路基形式及施工方法	填挖高度/m	土方移运水平直距/m	施工机械名称	辅助机械	机械施工运距/m	工作地段长度/m
（一）路堤						
路侧取土	＜0.75	＜15	自动平地机	80马力推土机	—	—
路侧取土	＜3.00	＜40	80 马力推土机		10～40	300～500
路侧取土	＜3.00	＜60	100～140 马力推土机		10～60	—
路侧取土	＜6.00	20～100	$6m^3$ 拖式铲运机		80～250	50～80
路侧取土	＞6.00	50～200	$6m^3$ 拖式铲运机		250～500	80～100
远运取土	不限	＜500	$6m^3$ 拖式铲运机		＜1000	＞50
远运取土	不限	500～700	9～$12m^3$ 拖式铲运机		＜700	＞50
远运取土	不限	＞500	$9m^3$ 自动铲运机		＞500	＞50
远运取土	不限	＞500	自卸汽车运土		＞500	（$5000m^3$）
（二）路堑						
路侧弃土	＜0.60	＜15	自动平地机	80马力推土机	—	—
路侧弃土	＜3.00	＜40	80 马力推土机		10～40	300～500
路侧下坡弃土	＜4.00	＜70	100～140 马力推土机		10～70	—
路侧弃土	＜6.00	30～100	$6m^3$ 拖式铲运机		100～300	50～80
路侧弃土	＜15.0	50～200	$6m^3$ 拖式铲运机		300～600	＞100
路侧弃土	＞15.0	＞100	9～$12m^3$ 拖式铲运机		＜1000	＞200
纵向利用	不限	20～70	80 马力推土机		20～70	—
纵向利用	不限	＜100	100～140 马力推土机		＜100	—
纵向利用	不限	40～600	$6m^3$ 拖式铲运机		80～700	＞100
纵向利用	不限	＜800	9～$12m^3$ 拖式铲运机		＜1000	＞100
纵向利用	不限	＞500	$9m^3$ 自动铲运机		＞500	＞100
纵向利用	不限	＞500	自卸汽车运土		＞500	（$5000m^3$）
（三）半填半挖横向利用	不限	＜60	80～140 马力斜角推土机	—	10～60	—

注：1 马力＝735.499W。

（1）建立健全施工管理体制与相应组织机构。一般宜成立专业化的机械施工队伍，以便统一经营管理，独立经济核算。

（2）对每项路基工程，都应有严密的施工组织计划，并合理选择施工方案，在服从总的调度计划安排下，各作业班组或主机，均编制具体计划。在综合机械化施工中，尤其要加强作业计划工作。

(3) 在机具设备有限制的条件下，要善于抓重点，兼顾一般。所谓重点，是指工程重点，在网络计划管理中，重点就是关键线路，在综合机械化作业中，重点就是主机的生产效率。

(4) 加强技术培训，坚持技术考核，开展劳动竞赛，鼓励技术革新，实行安全生产、文明施工，把提高劳动生产率、节省能源、减少开支等指标具体化、制度化。

以上几点，对非机械化施工，对整个路基工程及公路施工，均具有普遍指导意义，对综合机械化作业具有更重要的指导意义。

第三节 路堤填筑

一、路基填筑材料

(一) 各类土的工程性质

(1) 不易风化的石块：包括漂石、卵石，强度高、稳定性好，使用场合与施工季节不受限制。

(2) 易风化的软质岩石：水稳性差，浸水后易崩解、强度显著降低，变形量大。

(3) 碎（砾）石土：强度较高、内摩擦系数高、水稳性好、材料的透水性大、施工压实方便；若细粒含量增多，则透水性和水稳性会下降。

(4) 砂土：无塑性，透水性和水稳性良好，具有较大的摩擦系数，黏结性小，易于松散，对流水冲刷和风蚀的抵抗能力差，不易压实。

(5) 砂性土：强度、稳定性好，是最好的路基填筑材料。

(6) 黏性土：内摩擦系数小、黏聚力大、毛细现象显著、透水性小、水稳性差。

(7) 粉性土：毛细现象严重、水稳性差，属于不良用土。

(8) 膨胀土、重黏土：几乎不透水，黏结力特强，湿时膨胀性和可塑性都很大。

(二) 规范中对路基用土的规定

1. 路堤填料的一般要求

路堤填料不得使用淤泥、沼泽土、冻土、有机土、含草皮土、生活垃圾、树根和含有腐朽物质的土。用于公路路基的填料要求挖取方便、压实容易、强度高、水稳性好。其中强度要求是按 CBR 值确定，应通过取土试验确定填料的最小强度和最大粒径。

2. 路堤填料的选择

(1) 石质土，如碎（砾）石土，砂土质碎（砾）石及碎（砾）石砂（粉土或黏土），粗粒土中的粗、细亚砂土，细粒土中的轻、重亚黏土都具有较高的强度和足够的水稳性，属于较好的路基填料。

(2) 砂土没有塑性，透水性好、强度高、水稳性好，但其黏性小，易松散，在使用时可掺入黏性大的土改善质量。

(3) 砂性土是良好的路基填料，既有足够的内摩擦力，又有一定的黏聚力，一般遇水干得快、不膨胀，易被压实，易构成平整坚实的表面。

(4) 粉性土不宜直接填筑于路床，必须掺入较好的土体后才能用作路基填料，且在高等级公路中，只能用于路堤下层（距路槽底 0.8m 以下）。

(5) 轻、重黏土不是理想的路基填料，规范规定：液限大于 50%、塑性指数大于 26 的土，含水量超过规定的土，不得直接作为路堤填料，必须采取满足设计要求的技术措施（例如含水量过大时加以晾晒），经检查合格后方可使用。

（6）黄土、盐渍土、膨胀土等特殊土体不得已必须用作路基填料时，应严格按其特殊的施工要求进行施工。泥炭、淤泥、冻土、有机质土、强膨胀土、含草皮土、生活垃圾、树根和含有腐殖物质的土不得用作路基填料。

（7）满足要求（最小强度CBR、最大粒径、有害物质含量等）或经过处理之后满足要求的煤渣、高炉矿渣、钢渣、电石渣等工业废渣可以用作路基填料，但在使用过程中应注意避免造成环境污染。路基填料的最小强度见表1.2.3。

表1.2.3 路基填料的最小强度

填方类型	路床顶面以下深度/cm	最小强度CBR/%	
		城市快速路、主干路	其他等级道路
路床	0～30	8.0	6.0
路基	30～80	5.0	4.0
	80～150	4.0	3.0
	>150	3.0	2.0

注：用检测材料标准击实成型试件，饱水4昼夜后用贯入阻力仪测试贯入量与阻力关系，贯入量为2.5mm时的阻力与标准阻力0.7MPa的比值就是该材料的CBR值（%）。

二、路基填筑施工的工艺流程

（一）路基填筑施工的工艺流程图

路基填筑施工的工艺流程图见图1.2.6。

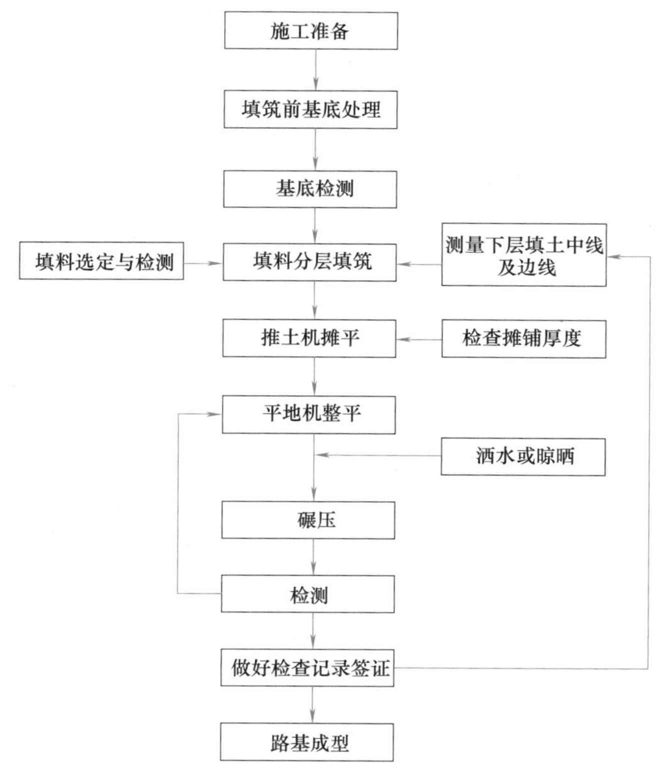

图1.2.6 路基填筑施工的工艺流程图

（二）路基填筑施工的主要施工工序

1. 基底处理

（1）路基用地范围内的树木、灌木丛等均应在施工前砍伐或移植清理。砍伐的树木应移置于路基用地之外，进行妥善处理。

（2）路堤压实

① 原地面的坑、洞、墓穴应用原地土或砂性土回填，并按规定压实。

② 原地基为耕地或松土时应先清除有机土、种植土、草皮等，清除深度应达到设计要求，一般不小于15cm。平整后按规定要求压实。

③ 原土强度不符合要求时，应进行换填，深度不小于30cm，并予分层压实到规定要求。

④ 路堤原地基应在填筑前进行压实。当路堤填土高度小于路床厚度（80cm）时，基底的压实度不宜小于路床的压实度标准。

⑤ 当路堤原地基陡于1∶5时，应挖成台阶，台阶宽度不小于1m，并夯实，如图1.2.7所示。

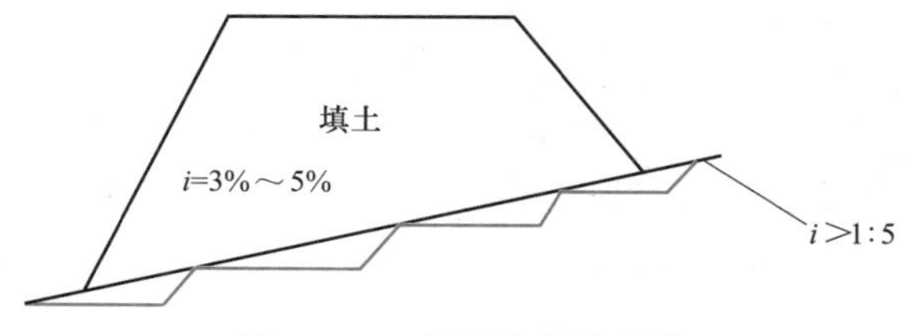

图1.2.7 坡面处理示意图

2. 土方路堤填筑

（1）填筑方法 土方路堤填筑常用推土机、铲运机、平地机、挖掘机、装载机等机械。

① 分层填筑法。可分为水平分层填筑法与纵向分层填筑法。

水平分层填筑法（图1.2.8）：按照横断面全宽分成水平层次，逐层向上填筑，是路基填筑的常用方法。

纵向分层填筑法（图1.2.9）：依路线纵坡方向分层，逐层向坡向填筑，宜用于用推土机从路堑取土填筑距离较短的路堤。

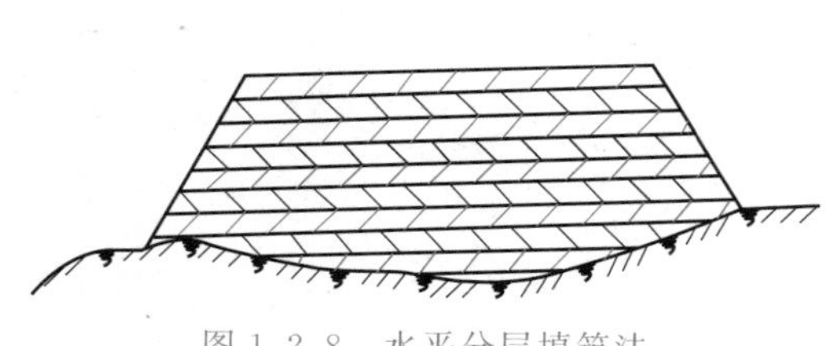
图1.2.8 水平分层填筑法

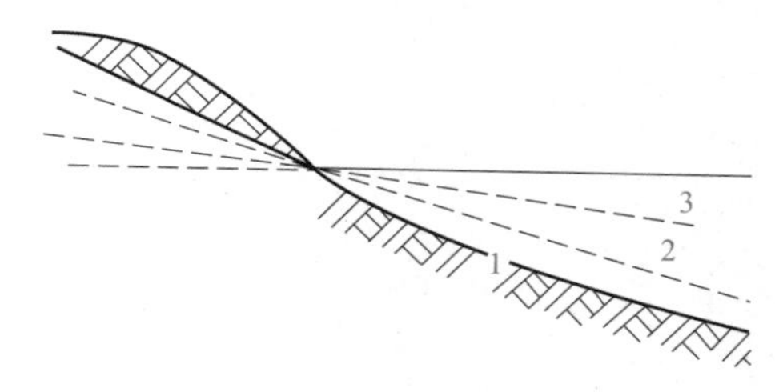

图1.2.9 纵向分层填筑法

② 竖向填筑法。如图1.2.10所示，从路基一端或两端按横断面全部高度，逐步推进填筑。填土过厚，不易压实。仅用于无法自下而上填筑的深谷、陡坡、断岩、泥沼等机械无法进场的路堤。

③ 联合填筑法。如图1.2.11所示，路堤下层用竖向填筑而上层用水平分层填筑。适用于因地形限制或填筑堤身较高，不宜采用水平分层法或竖向填筑法自始至终进行填筑的情况。单机或多机作业均可，一般沿线路分段进行，每段距离以20～40m为宜，多在地势平坦或两侧有可利用的山地土场的场合采用。

（2）土质路堤压实施工技术要点

① 压实机械对土进行碾压时，一般以慢速效果最好。除羊足碾或凸块碾外，压实速度以2～4km/h为宜。羊足碾可以快一点，最高可达到16km/h。

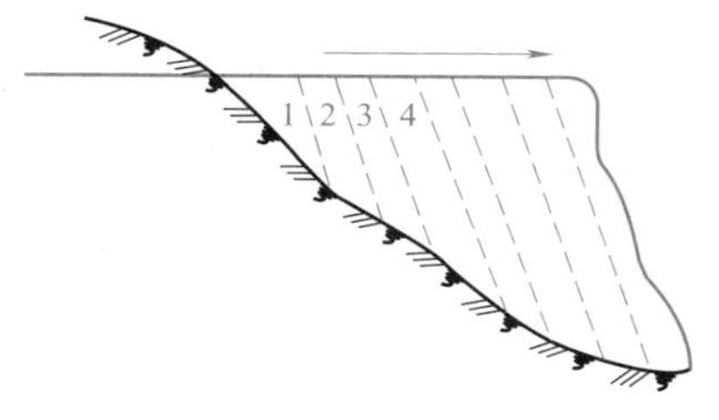

图 1.2.10　竖向填筑法

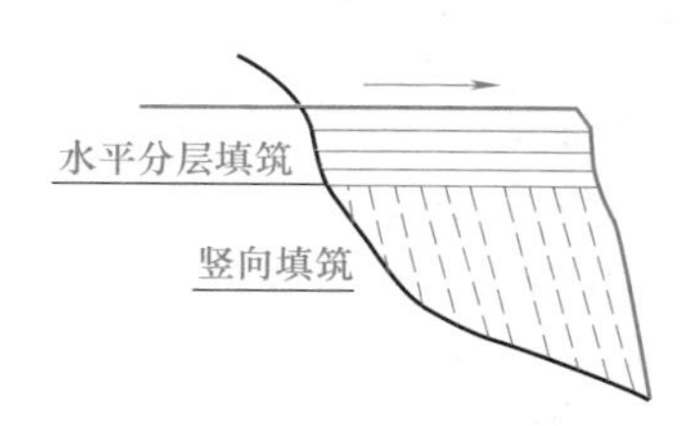

图 1.2.11　联合填筑法示意图

② 碾压一段终了时，宜采取纵向退行方式继续第二遍碾压，不宜采用掉头方式，以免因机械调头时搓挤土，使压实的土被翻松，故压路机始终要以纵向进退方式进行压实作业。

③ 在整个全宽的填土上压实，宜纵向分行进行，直线段由两边向中间，曲线段宜由曲线的内侧向外侧。两行之间的接头一般应重叠 1/4～1/3 轮迹；对于三轮压路机则应重叠后轮的 1/2。

④ 纵向分段压好以后，进行第二段压实时，其在纵向接头处的碾压范围，宜重叠 1～2m，以确保接头处平顺过渡。

（3）土质路堤施工技术要领

① 必须根据设计断面，分层填筑、分层压实。

② 路堤填土宽度每侧均应宽于填层设计宽度，压实宽度不得小于设计宽度，最后削坡。

③ 填筑路堤宜采用水平分层填筑法施工。如原地面不平，应由最低处分层填起，每填一层，经过压实符合规定要求之后，再填上一层。

④ 原地面纵坡大于 12％的地段，可采用纵向分层法施工，沿纵坡分层，逐层填压密实。

⑤ 山坡路堤，地面横坡不陡于 1∶5 且基底符合规定要求时，路堤可直接修筑在天然的土基上。地面横坡陡于 1∶5 时，原地面应挖成台阶（台阶宽度不小于 2m），并用小型夯实机加以夯实。填筑应由最低一层台阶填起，并分层夯实，然后逐台向上填筑，分层夯实，所有台阶填完之后，即可按平面分层填土。

⑥ 高速公路和一级公路，横坡陡峻地段的半填半挖路基，必须在山坡上从填方坡脚向上挖成向内倾斜的台阶。台阶宽度不应小于 2m。

⑦ 不同土质混合填筑路堤时，以透水性较小的土填筑于路堤下层，应做成 4％的双向横坡；如用于填筑上层，除干旱地区外，不应覆盖在由透水性较好的土所填筑的路堤边坡上。

⑧ 不同性质的土应分别填筑，不得混填。每种填料层累计总厚不宜小于 0.5m。

⑨ 凡不因潮湿或冻融影响而变更其体积的优良土均应填在上层，强度较小的土应填在下层。

⑩ 河滩路堤填土，应连同护道在内，一并分层填筑。可能受水浸淹部分的填料，应选用水稳性好的土料。

3. 填石路堤的填筑方法

（1）高等级道路和铺设高级路面的其他等级公路的填石路堤均应分层填筑，分层压实。低等级以下且铺设低级路面的道路在陡峻山坡段施工特别困难或大量爆破以挖作填时，可采用倾填方式将石料填筑于路堤下部，但倾填路堤在路床底面下不小于 1.0m 范围内仍应分层填筑压实。

（2）填石路堤的施工要求

① 填石路堤的石料强度不应小于 15MPa（用于护坡的不应小于 20MPa）。填石路堤的

石料最大粒径不宜超过层厚的 2/3。

② 分层松铺厚度：高等级道路都不宜大于 0.5m；其他道路不宜大于 1.0m。

③ 填石路堤倾填前，路堤边坡坡脚应用硬质石料码砌。当设计无规定时，填石路堤高度小于或等于 6m，其码砌厚度不应小于 1m；当高度大于 6m 时，码砌厚度不应小于 2m。

④ 高等级道路填石路堤路床顶面以下 50cm 范围内应填筑符合路床要求的土并分层压实，填料最大粒径不得大于 10cm。其他道路填石路堤路床顶面以下 30cm 范围内宜填筑符合路床要求的土并压实，填料最大粒径不应大于 15cm。

4. 土石路堤的混填方法

土石路堤填筑应分层填筑，分层压实。当含石量超过 70%时，整平应采用大型推土机辅以人工按填石路堤的方法进行；当含石量小于 70%时，土石混合直接铺筑。松铺厚度控制在 40cm 以内，接近路堤设计标高时，需改用土方填筑。

土石混合料中石料的强度大于 20MPa 时，其最大粒径不宜超过层厚的 2/3，否则应剔除。当石料的强度小于 15MPa 时，其最大粒径不宜超过压实层厚。

高等级道路土石路堤路床顶面以下 30～50cm 范围内应填筑符合路床要求的土并分层压实，填料最大粒径不得大于 10cm。其他道路土石路堤路床顶面以下 30cm 范围内宜填筑符合路床要求的土并压实，填料最大粒径不应大于 15cm。

（三）填土压实与质量检测

1. 影响土质路基压实效果的主要因素

影响路基压实效果的因素有内因和外因。内因主要是土的性质和含水率，外因主要是压实功能、压实方法和压实机具。

（1）土的性质　不同土质的压实性能差别较大。一般来说，非黏性土的压实效果较好，而且最佳含水量较小，最大干密度较大，在静力作用下，压缩性较小，在动力作用，特别是振动作用下很容易被压实。黏质土、粉质土等分散性土的压实效果较差。

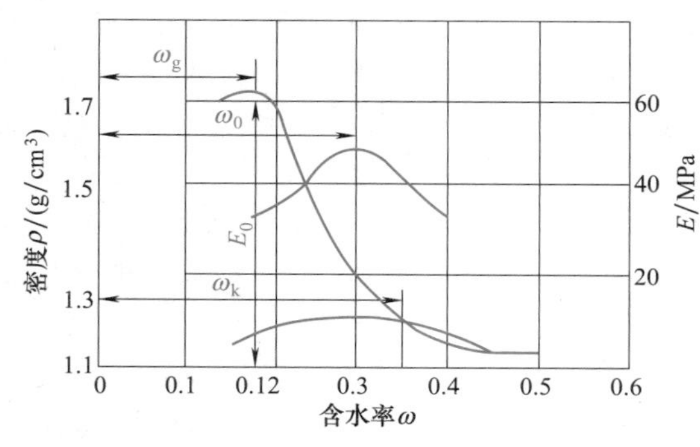

图 1.2.12　压实土的干密度、变形模量与含水率的关系

（2）土的含水量　任何有黏结力的土，在不同的湿度下，用同样压实功能来挤压将获得不同的密实度和不同的强度。如图 1.2.12 所示为压实土的密实度与土的变形模量、相对含水量的关系曲线。

（3）压实功能　压实功能是由碾压（或锤击）的次数及其单位压力（或荷重）决定的。土在不同压实功能作用下的压实性质，是决定压实工作量和选择机具、施工方法的依据。事实上，任何一种土，当其密实度超过某一限值时，欲继续提高它的密实度，降低含水量值，往往需要增加很大的压实功能。而过分加大压实功能，不仅密实度增加幅度小，还往往因所加荷载超过土的抵抗力，即土受压部位承受的压力超过土的极限强度，导致土体破坏。因此，对路基填土的压实，在工艺方法上要注意不使压实功能太大。

（4）碾压时的温度　在路基碾压过程中，温度升高可使被压土中的水黏滞度降低，从而在土粒间起润滑作用，利于压实。但气温过高时，又会由于水分蒸发太快而不利于压实。温度低于 0℃时，因部分水结冰，产生的阻力更大，起润滑作用的水更少，所以也得不到理想的压实效果。因此，碾压过程中要注意温度的变化。

（5）压实土层的厚度　土所受的外力作用，随深度增加而逐渐减弱，当超过一定范围时，土的密实度将与未碾压时相同。这个有效的压实深度（产生均匀变化的深度）与土质、含水量、压实机械构造特征等因素有关。

（6）地基或下承层强度　在填筑路堤时，若地基没有足够的强度，路堤的第一层难以达到较高的压实度，即使采用重型压路机或增加碾压遍数，也很难达到压实标准，甚至使碾压土变成“弹簧土”。因此，对于地基或下承层强度不足的情况，填筑路堤时通常采取适当处理措施。

（7）碾压机具和方法　为了能以尽可能小的压实功获得良好的压实效果，压实机械应先轻后重，以便能适应逐渐增长的土基强度；碾压速度宜先慢后快，以免松土被机械推走，形成不适宜的结构，影响压实质量，尤其是黏性土，高速碾压时，压实效果明显下降。通常压路机进行路基压实作业时，行驶速度在4km/h以内为宜。施工中，要根据不同的土质来选择机具和确定压实遍数。

2. 土质路基压实标准

土质路基压实标准包括两个方面：一是确定标准干密度的方法；二是要求的压实度。关于标准干密度的确定方法，目前推行的主要是与国外公路压实要求相同的重型击实试验。

3. 土质路基压实质量检测方法

土质路基压实质量检测方法有环刀法、灌砂法、灌水法（水袋法）和核子密度仪法。环刀法适用于细粒土，灌砂法适用于各类土。核子密度仪应与环刀法、灌砂法等进行对比标定后才可应用。

填石路堤，包括分层填筑和倾填爆破石块的路堤，不能用土质路基的压实度来判定其密实程度。其判定方法目前各国规范尚无统一规定。我国现行的《高速公路路基工程施工指南》仅对弯沉值做了规定，即对于填石、砂砾路基弯沉值不得大于100（单位：0.01mm）。国外填石路堤有采用在振动压路机的驾驶台上装设的压实计反映的计数值来判定是否达到要求的紧密程度，但无定量值的规定，且只限于有此种装置的压路机。

第四节 路堑施工

路堑施工就是按设计要求进行挖掘，并把挖掘出来的土方运到路堤地段作填料，或者运到弃土地点。

根据挖方土质的不同，路堑可以分为两类：土质路堑和石质路堑。两者的施工方式有很大的不同，下面分别进行叙述。

一、路堑开挖的特点

（1）开挖前均应先开挖截水沟，设法引走一切可能影响边坡稳定的地面水和地下水。

（2）开挖时应按横断面自上而下进行，切不可逆转施工。

（3）在地质不良拟设挡土墙的路堑中，路堑应分段开挖。

（4）路堑弃土应按要求，整齐地堆放在路基一侧或两侧。

（5）松软土地带或其他不符合要求的土质地段，要采取各种稳定处理措施。

二、土质路堑开挖

（一）土质路堑开挖方式

土质路堑开挖，根据挖方数量大小及施工方法的不同，可分为全断面横挖法、纵挖法和混合式开挖法等。

1. 全断面横挖法

从路堑的一端或两端按横断面全宽逐渐向前开挖，称为全断面横挖法。这种开挖方法适用于较短的路堑，分为单层横挖法和分层横挖法。横挖法开挖路堑示意见图 1.2.13。

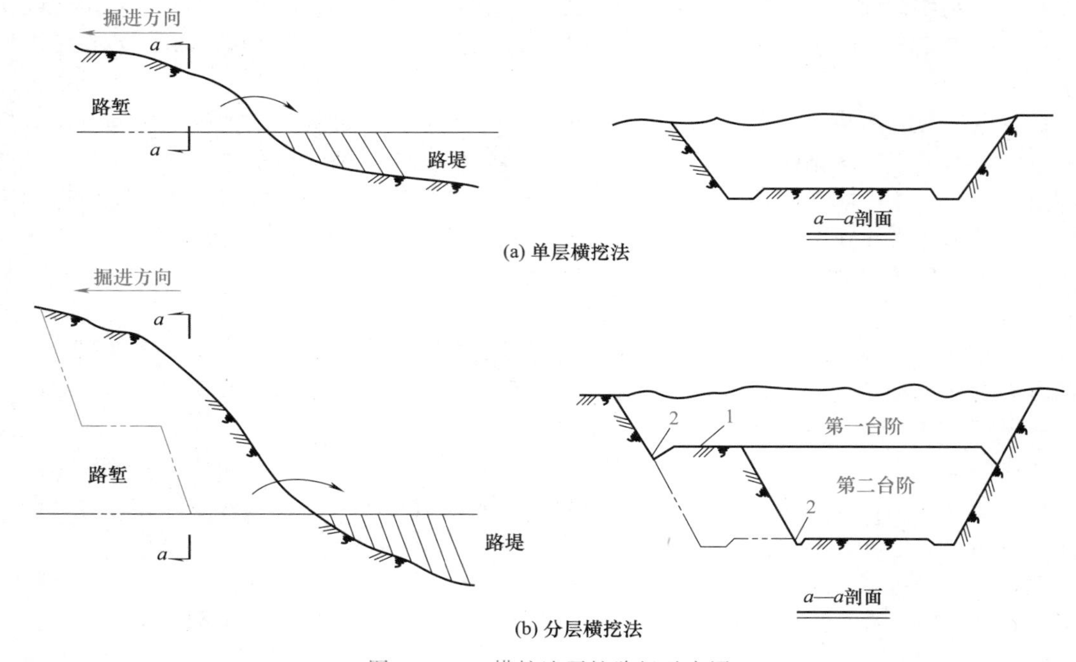

图 1.2.13　横挖法开挖路堑示意图

2. 纵挖法

沿路堑纵向将高度分成不大的层次依次开挖，见图 1.2.14。纵挖法适用于较长的路堑。

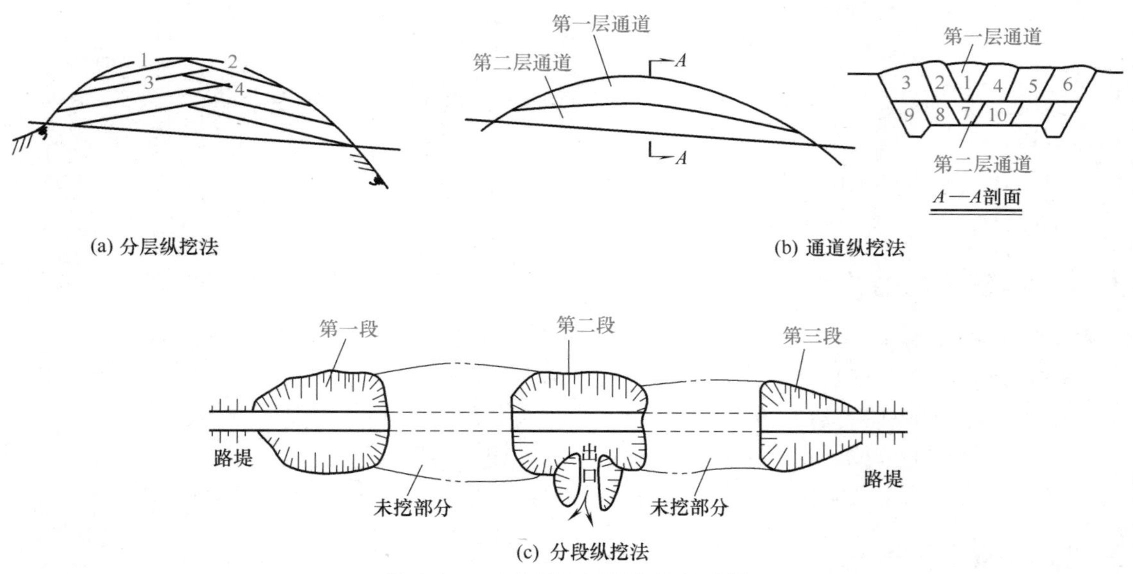

图 1.2.14　纵挖法开挖路堑示意图

3. 混合式开挖法

混合式开挖法是将横挖法、通道纵挖法混合使用，先沿路堑纵向开挖纵向通道，然后沿横向开挖横向通道，再沿双通道纵横向同时掘进，每一坡面均应设一个施工小组或一台机械作业，见图 1.2.15。

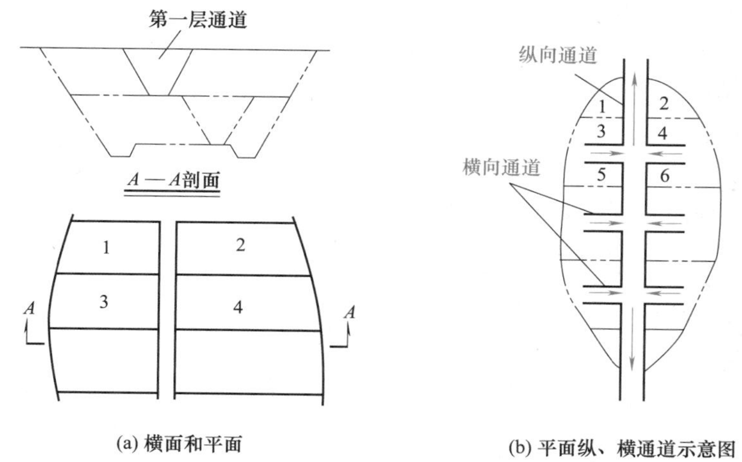

图 1.2.15 混合式路堑开挖法示意图

（二）路堑开挖原则及注意事项

1. 坡顶坡面检查

对危石、裂缝或其他不稳定情况必须进行妥善处理。开挖时，首先将表层腐殖土推开弃至指定弃土场，然后将合格土调配至填方路堤段进行填土。

2. 开挖顺序

从上至下，由中心向两边，逐层顺坡开挖，严禁掏底开挖。开挖过程中随时进行刷坡处理，使边坡一次成型，深挖路堑还应修出降坡台阶。在岩层走向、倾角不利于边坡稳定及施工安全的地段，改成顺层开挖，不挖断岩层，采取措施减弱施工振动。在设有挡墙的上述地段，采取短开挖或马口开挖，并设临时支护等措施。

3. 边坡开挖

开挖时，应自上而下，逐层进行，以防边坡塌方，尤其是在地质不良地段，应分段开挖，分段支护。

在有护坡的边坡，当防护不能紧跟开挖时，暂时留一定的保护层，待作防护层时再刷坡挖够。

4. 弃土处理

弃土不得妨碍路基的排水和路堑边坡的稳定，同时，弃土应尽可能用于改地造田，美化环境。

5. 排水设施的开挖

应先在适当的位置开挖截水沟，并设置排水沟，以排除地面水和地下水。开挖要求：

（1）排水沟渠的位置、断面尺寸应符合设计图纸的要求。

（2）平曲线外边沟沟底纵坡应与曲线前后的沟底相衔接。

（3）路基坡脚附近不得积水。

（4）排水沟渠应从下游出口向上游开挖。

三、石质路堑开挖

（一）石质路堑开挖方式

石质路堑的开挖通常采用爆破法，有条件时宜采用松土法，局部情况可采用破碎法开挖。施工时，采用的爆破方法，要根据石方的集中程度，地质、地形条件及路基断面形状等具体条件而定。主要方法有钢钎炮、深孔爆破、药壶炮、猫洞炮、光面爆破、预裂爆破、微差爆破、定向爆破、定向爆破和松动爆破。

（1）综合爆破。综合爆破是根据石方的集中程度，地质、地形条件，公路路基断面的形状，综合配套使用的一种比较先进的爆破方法，一般包括小炮和洞室炮两大类。小炮主要包括钢钎炮、深孔爆破等钻孔爆破；洞室炮主要包括药壶炮和猫洞炮，洞室炮则随药包性质、断面形状和地形的变化而不同。用药量1t以上为大炮，1t以下为中小炮。

（2）钢钎炮。钢钎炮通常是指炮眼直径小于70mm和深度小于5m的爆破方法。

（3）深孔爆破。深孔爆破就是孔径大于75mm、深度在5m以上、采用延长药包的一种爆破方法。

（4）药壶炮。药壶炮是指在深2.5～3.0m以上的炮眼底部用小量炸药经一次或多次烘膛，使炮眼底成葫芦形，将炸药集中装入药壶中进行爆破。

（5）猫洞炮。猫洞炮是指炮洞直径为0.2～0.5m，洞穴水平或略有倾斜（台眼），深度小于5m，将药集中于炮洞中进行爆破的一种方法。

（6）光面爆破。光面爆破是在开挖限界的周边，适当排列一定间隔的炮孔，在有侧向临空面的情况下，用控制抵抗线和药量的方法进行爆破，使之形成一个光滑平整的边坡。

（7）预裂爆破。预裂爆破就是事先沿设计开挖轮廓线爆破轮廓炮孔，形成裂缝，再起爆轮廓范围内的炮孔爆落岩石的方法。

（8）微差爆破。微差爆破又称毫秒爆破，是一种延期时间间隔为几毫秒到几十毫秒的延期爆破。

（9）定向爆破。在岩体内有计划地布置药包，将大量爆破的破碎介质按预定方向和地点抛落堆筑的爆破技术。

（10）松动爆破。松动爆破是指充分利用爆破能量，使爆破对象成为裂隙发育体，不产生抛掷现象的一种爆破技术。

（二）路堑开挖原则及注意事项

1. 路堑开挖原则

石方开挖应根据岩石的类别、风化程度、岩层产状、岩体断裂构造、施工环境等因素确定合理的开挖方案。

爆破法施工应先查明空中缆线和地下管线的位置、开挖边界线外可能受爆破影响的建筑物结构类型、居民居住情况等，然后制订详细的爆破技术安全方案。爆破施工组织设计经专家论证后应按相关规定进行报批。

2. 施工方法

施工时多采用以下工艺流程组织施工：手风钻配合潜孔钻钻眼爆破→推土机清方与积料→装载机配合自卸汽车运输。除爆破作业外，其他工序的施工机械选型与土质路堑开挖的机械选型一致。

爆破施工宜按以下程序进行：爆破影响调查与评估→爆破施工组织设计→专家论证→培训考核、技术交底→主管部门批准→布设安全警戒岗→清理爆破区施工现场的危石等→炮眼钻孔作业→爆破器材检查测试→炮孔检查合格→装炸药及安装引爆器材→布设安全警戒岗→堵塞炮孔→撤离施爆警戒区和飞石、振动影响区的人、畜等→爆破作业信号发布及爆破→安全员检查、清除盲炮→解除警戒→测定、检查爆破效果（包括飞石、地震波及对施爆区内构造物的损伤、损失等）。

（1）边坡整修：挖方边坡应从开挖面往下分段整修，每下挖2～3m，宜对新开挖边坡刷坡，同时清除危石及松动石块。石质边坡不宜超挖。

（2）路床清理：路床欠挖部分必须凿除。超挖部分应采用无机结合料稳定碎石或级配碎石填平，碾压密实，严禁用细粒土找平。

四、雨期开挖路堑

（1）在土质路堑开挖前，在路堑边坡坡顶 2m 以外开挖截水沟并接通出水口。

（2）土质路堑宜分层开挖，每挖一层均应设置排水纵横坡。挖方边坡不宜一次挖到设计标高，应沿坡面留 30cm 厚，待雨期过后再整修到设计坡度。以挖作填的挖方应随挖随运随填。

（3）土质路堑挖至设计标高以上 30～50cm 时应停止开挖，并在两侧挖排水沟。待雨期过后再挖到路床设计标高，然后再压实。

（4）土的强度低于规定值时应按设计要求进行处理。

（5）雨期开挖岩石路堑，炮眼应尽量水平设置。边坡应按设计坡度自上而下层层刷坡，坡度应符合设计要求。

五、冬期开挖路堑

（1）当冻土层开挖到未冻土后，应连续作业，分层开挖；中间停顿时间较长时，应在表面覆雪保温，避免重复被冻。

（2）挖方边坡不应一次挖到设计线，应预留 30cm 厚的台阶，待到正常施工季节再削去预留台阶，整理达到设计边坡。

（3）路堑挖至路床面以上 1m 时，挖好临时排水沟后，应停止开挖并在表面覆以雪或松土，待到正常施工时，再挖去其余部分。

（4）冬期开挖路堑必须从上向下开挖，严禁从下向上掏空挖“神仙土”。

（5）每日开工时先挖向阳处，气温回升后再挖背阴处；如开挖时遇地下水源，应及时挖沟排水。

（6）冬期施工开挖路堑的弃土要远离路堑边坡坡顶堆放，弃土堆高度一般不应大于 3m。弃土堆坡脚到路堑边坡顶的距离一般不得小于 3m，深路堑或松软地带应保持 5m 以上。弃土堆应摊开整平，严禁把弃土堆于路堑边坡顶上。

第五节 » 软土路基施工

习惯上常把淤泥、淤泥质土、软黏性土总称为软土，而把有机质含量很高的泥炭、泥炭质土称为泥沼。泥沼具有比软土更大的压缩性，但它的渗透性强，受荷后能够迅速固结，工程处理比较容易。所以主要讨论天然强度低、压缩性高且透水性小的软土的路基施工。软土作为地基受环境影响时又分为软土地基和湿软地基。

（1）软土地基：指强度低、压缩量较高的软弱土层，多数含有一定的有机物质。由于软土强度低、沉陷量大，往往给道路工程带来很大的危害，如处理不当，会给公路的施工和使用造成很大影响。软土地基处理的常用方法有换填土层法、排水固结法、化学加固法。

（2）湿软地基：受地表长期积水和地下水位影响较大的软土地基。湿软地基处理的主要方法是排水固结法。

在实际工程中多种方法结合使用效果更好。

一、换填土层法

换填法就是将基础底面以下不太深的一定范围内的软弱土层挖去，然后以质地坚硬、强度较高、性能稳定、具有抗侵蚀性的砂、碎石、卵石、素土、灰土、煤渣、矿渣等材料分层充填，并以人工或机械方法分层压、夯、振动，使之达到要求的密实度，成为良好的人工地基。

换填法不仅适用于浅层地基处理，包括淤泥、淤泥质土、松散素填土、杂填土、已完成自重固结的吹填土等地基处理以及暗塘、暗沟等浅层处理和低洼区域的填筑；还适用于一些地域性特殊土的处理，用于膨胀土地基可消除地基土的胀缩作用，用于湿陷性黄土地基可消除黄土的湿陷性，用于山区地基可处理岩面倾斜、破碎、高低差、软硬不匀以及岩溶等，用于季节性冻土地基可消除冻胀力和防止冻胀损坏等。

按换填材料的不同，可将垫层分为砂垫层、砂卵石垫层、碎石垫层、灰土或素土垫层、煤渣垫层、矿渣垫层以及用其他性能稳定、无侵蚀性的材料做的垫层等。换土垫层处理软基横断面见图 1.2.16 。垫层应力扩散角见表 1.2.4。

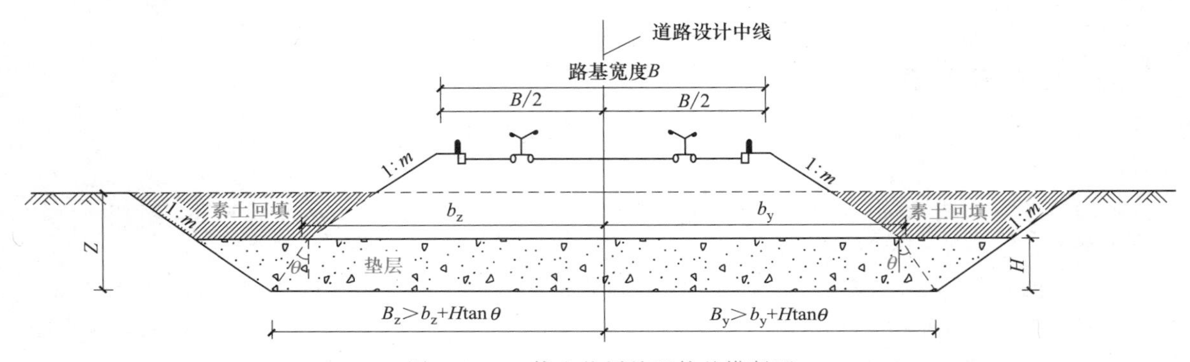

图 1.2.16 换土垫层处理软基横断面

表 1.2.4 垫层应力扩散角

垫层材料	垫层应力扩散角
中砂、粗砾、砾砂、圆砾、角砾、卵石、碎石	20°
素土	6°
石灰土	28°

（一）垫层压实法

目前国内常用的垫层压实方法，主要有机械碾压法、重锤夯实法和振动压实法。

1. 机械碾压法

机械碾压法是采用各种压实机械，如压路机、羊足碾、振动碾等来压实地基土的一种压实方法。这种方法常用于大面积填土的压实、杂填土地基处理、道路工程基坑面积较大的换土垫层的分层压实。施工时，先按设计挖掉要处理的软弱土层，把基础底部土碾压密实后，再分层填土，逐层压密填土。

1.2.1 重锤夯实法

2. 重锤夯实法

重锤夯实法是利用起重设备将夯锤提升到一定高度，然后自由落锤，利用重锤自由下落时的冲击能来夯实浅层土层，重复夯打，使浅部地基土或分层填土夯实。

主要设备为起重机、夯锤、钢丝绳和吊钩等。重锤夯实法一般适用于地下水位距地表 0.8m 以上非饱和的黏性土、砂土、杂填土和分层填土，但在其影响深度范围内，不宜存在饱和软土层，否则可能因软土排水不畅而出现“橡皮土”现象，达不到处理的目的。

3. 振动压实法

振动压实法是利用振动压实机将松散土振动密实。地基土的颗粒受振动而发生相对运动，移动至稳固位置，减小土的孔隙而压实。

此法适用于处理无黏性土或黏粒含量少、透水性较好的松散杂填土以及矿渣、碎石、砾砂、砾石、砂砾石等地基。

总的来说，垫层施工应根据不同的换填材料选择施工机械。粉质黏土、灰土宜采用平碾、振动碾和羊足碾，中小型工程也可采用蛙式打夯机、柴油夯；砂石等宜采用振动碾；粉煤灰宜用平碾、振动碾、平板式振动器、蛙式夯；矿渣宜采用平碾、振动碾、平板式振动器。

（二）抛石挤淤法

抛石挤淤法适用于常年积水的洼地，排水施工困难、表层土呈流动状态、厚度较薄、片石能沉到底部的泥沼或厚度小于 3.0m 的软土路段，尤其适用于石料丰富、运距较近的地区。

抛石挤淤法抛填的片石粒径宜大于 300mm，且小于 300mm 粒径的含量不超过 20%。抛填时从路堤中部开始，中部向前突进后再渐次向两侧扩展，以使淤泥向两旁挤出。

抛石挤淤法处理软基横断面见图 1.2.17。

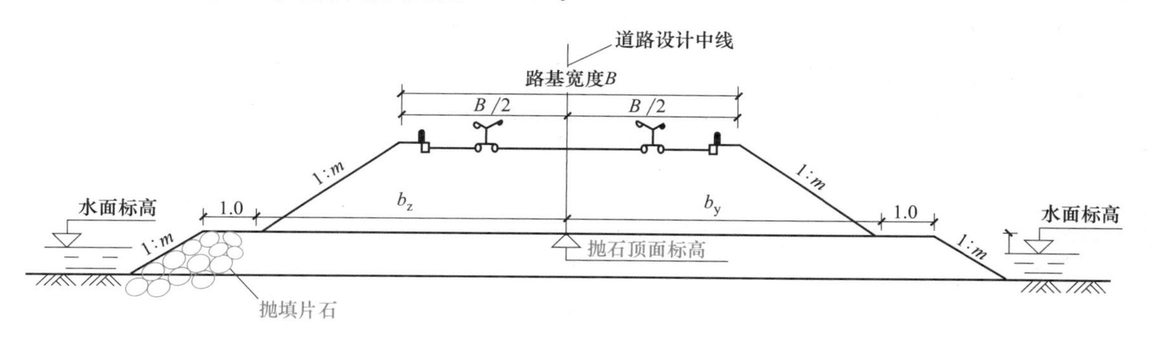

图 1.2.17 抛石挤淤法处理软基横断面（单位：m）

二、排水固结法

排水固结法的基本原理是软土地基在附加荷载的作用下，逐渐排出孔隙水，使孔隙比减小，产生固结变形。在这个过程中，随着土体超静孔隙水压力的逐渐消散，土的有效应力增加，地基抗剪强度相应增加，并使沉降提前完成或提高沉降速率。

排水固结法主要由排水和加压两个系统组成。排水可以利用天然土层本身的透水性，尤其是利用软土地区多夹砂薄层的特点设置水平排水体，也可设置砂井、袋装砂井和塑料排水板之类的竖向排水体。加压主要是地面堆载法、真空预压法和井点降水法。

排水固结法的排水系统由水平排水砂垫层和竖向排水体构成，主要起到改变地基原有排水边界条件、缩短地基孔隙水的排水距离、加速软土地基的固结过程作用。

1. 水平排水砂垫层

砂垫层厚 500mm，采用中砂或粗砂，有机质含量不大于 1%，含泥量不超过 5%，渗透系数大于 5×10^{-5}m/s。

水平砂垫层应宽出两侧路基下坡脚各 1.0m，并保证排水出路的畅通。

2. 竖向排水体

竖向排水体常选用砂井和塑料排水板。

(1) 砂井。采用洁净的中砂或粗砂，含泥量不超过 3%，大于 0.5mm 的砂其含量占总重的 50%以上，渗透系数不小于 5×10^{-5}m/s。砂井直径 70mm 左右，采用正三角形布置，其长度和间距通过计算确定，最大间距按井径比不大于 25 控制，一般以 1～2m 为宜。砂井处理软基布置见图 1.2.18。

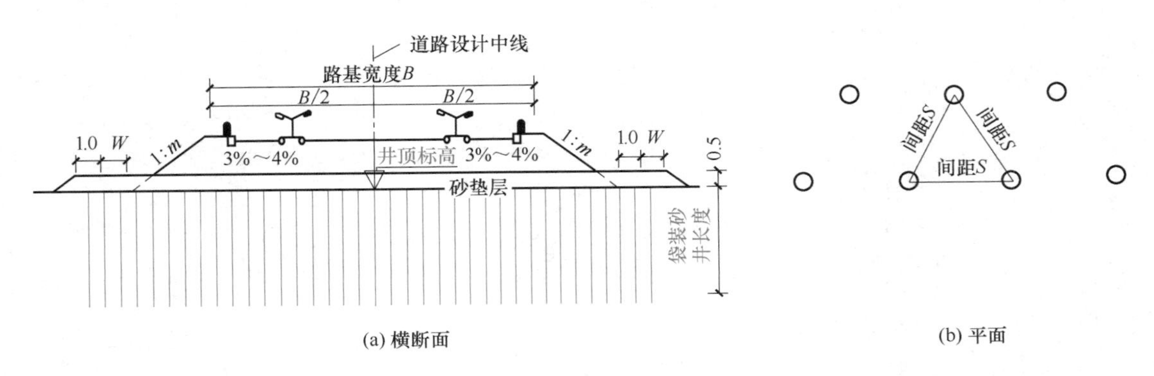

图 1.2.18 砂井处理软基布置（单位：m）

(2) 塑料排水板。排水板采用正三角形布置，板长和间距通过计算确定，最大间距按等效井径比不大于 25 控制，一般以 1～2m 为宜。塑料排水板处理软基布置见图 1.2.19。

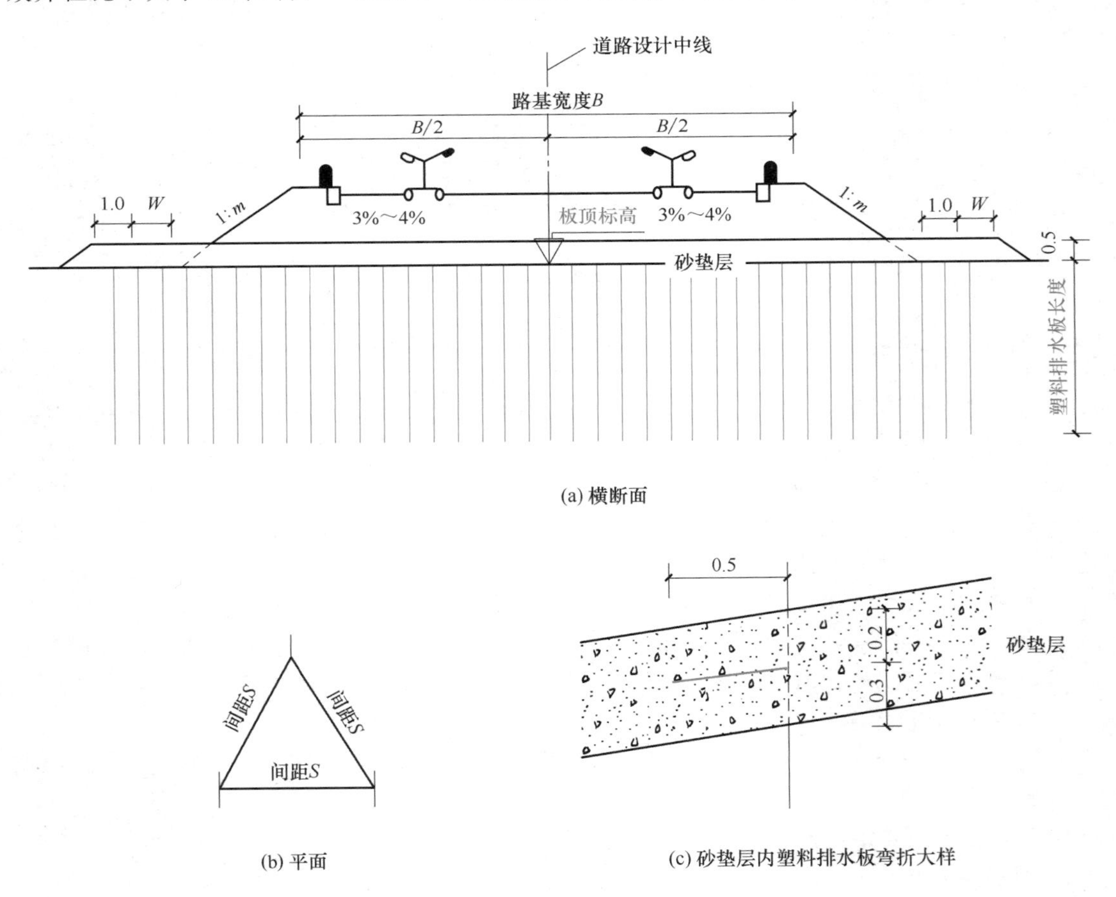

图 1.2.19 塑料排水板处理软基布置（单位：m）

排水板在插入过程中导轨应垂直，钢套管不得弯曲。排水板搭接应采用滤套内平接的方法，搭接长度不小于200mm，滤套包裹，用可靠措施固定。排水板施工过程中应防止泥土等杂物进入套管内，排水板与桩尖锚固要牢固，防止拔管时脱离将排水板带出。

（3）竖向排水体与水平砂垫层的连通。竖向排水体在施工前应先铺300mm厚的砂垫层，并做出3%～4%的横坡。对塑料排水板应沿流水方向弯折500mm，使其与砂垫层贯通，最后铺剩余的砂垫层。

（4）排水固结法的预压系统。预压可以采用堆载预压、真空预压或堆载-真空联合预压。根据当地筑路材料的来源及工程实际情况，堆载预压可以采用等载预压、欠载预压或过载预压。堆载预压时，应逐层填筑路堤并加强沉降观测，为保证地基的稳定预压荷载应分级施加以适应地基强度的增长；荷载施加过程中要加强监测，防止施工过程中发生地基失稳。

三、化学加固法

化学加固法是指通过压力灌注或搅拌混合等措施，使化学溶液或胶结剂进入土层，使土粒胶结，从而达到加固土基的目的。所用浆液主要有：高标号硅酸盐水泥和速凝剂配制成的水泥浆液；以水玻璃为主加氯化钙配制成的水玻璃浆液；以丙烯酸氨为主的浆液；以重铬酸盐木质素浆等纸浆液为主的浆液。应用较多的是水泥浆液；纸浆液虽加固效果较好，但有毒，会污染地下水。目前常用水泥搅拌桩和高压旋喷桩。

1.2.2 单轴水泥搅拌桩钻进喷浆

1. 水泥搅拌桩

水泥搅拌桩是以水泥作为固化剂的主剂，通过特制的深层搅拌机械，将固化剂和地基土强制搅拌，使软土硬结成具有整体性、水稳性和一定强度的桩体的地基处理方法。

根据固化剂的不同状态，通常将深层搅拌法细分为粉体喷射搅拌法（简称DJM法或粉喷法）和水泥土深层搅拌法（简称浆喷法）两种。喷浆法和喷粉法均是通过深层搅拌机械将软土和固化剂强制搅拌，固化剂采用水泥浆液时，称为水泥浆搅拌桩法或湿法；固化剂采用水泥粉时，称为粉体搅拌桩法或干法。

深层水泥搅拌桩，适用于处理正常固结的淤泥与淤泥质土、素填土、粉土、黏性土以及无流动地下水的松散砂土等土层。加固深度一般大于5.0m。

1.2.3 高压旋喷桩施工

2. 高压旋喷桩

即高压喷射注浆法。其原理是高压水泥浆通过钻杆由水平方向的喷嘴喷出，形成喷射流，以此切割土体并与土拌和形成水泥土加固体。利用钻机把带有喷嘴的注浆管钻至土层预定深度后，用设备使水射流（30～40MPa）从喷嘴喷射出来，冲击并破坏土体，使土颗粒从土体中剥落下来。一部分细小的土粒随浆液冒出地面，其余土粒在喷射流的冲击力和重力的作用下，与水泥浆液搅拌混合，并按一定的浆土比例和质量大小有规律地重新排列。浆液凝固后，便在土中形成一个强度较高的固结体，从而提高其强度和抵抗变形的能力。

高压喷射注浆法适用于处理淤泥、淤泥质土、黏性土、粉土、砂土、黄土、素填土和碎石土等地基。

四、土工合成材料处理

土工合成材料具有加筋、防护、过滤、排水、隔离等功能。土工合成材料的抗拉、抗剪强度好，可以均匀支承路堤荷载，减小地基的沉降和侧向位移，提高地基的承载力。

土工合成材料的种类有：土工网、土工格栅、土工模袋、土工织物、土工复合排水材料、土工垫等。

公路软土地基处理方法中，为解决路面竣工后残余沉降问题而采取的加筋垫层预压处理是最常见的措施之一。采用加筋垫层处理公路软基，既可以保证基底的完整性和连续性，又能约束浅层地基软土的侧向变形，均化应力分布，从而提高地基的承载力和稳定性，减少总沉降量和差异沉降。加筋垫层除可以增加路基的整体稳定性之外，还可以增加沿薄层软土层下卧硬土层顶面滑动的稳定性及地基侧向挤出滑动的稳定性。

1. 加筋土工布

加筋土工布一般被铺设在路堤底部，以调整上部荷载对地基的应力分布。通过加筋土工布的纵横向抗拉力，来提高地基的局部抗剪强度和整体抗滑稳定性，并减少地基的侧向挤出量，一般适用于强度不均匀的软基地段、路基高填土、填挖结合处或桥头填土的软基处理。

加筋土工布的材料不仅抗拉强度应符合设计要求，而且当填料为砂砾、土石混合料时还须满足一定的顶破强度。施工中加筋土工布应拉平紧贴下承层，其重叠、缝合和锚固应符合设计要求。

我国公路使用加筋土工布处理软基的时间不长、经验不多，对其施工尚无统一的标准。而大部分土工布的经、纬向强度是各不相同的，一般经向强度大于纬向强度。故在处理公路软基施工时，其经线向应垂直路基的轴线向铺设。

2. 土工格栅

土工格栅是经过高强度拉伸的聚丙烯等特殊材质按一定的间距纵横向纺织或排列，采用特殊强化粘接的熔焊技术焊接其交接点组合而成的网格状物。因此土工格栅有较强的抗拉强度及较好的延伸性，可解决土体的不均匀沉降及侧向位移问题。双向拉伸类土工格栅纵横向强度均匀、整体性好、刚性大、与土的嵌锁作用强、延伸变形量小，与单向土工格栅相比较能较好地消除软土地基沿路堤的纵横向不均匀沉降。土工格栅，尤其是在与砂垫层共同作用时能将应力均匀扩散到较大面积上，从而提高地基承载力；利用其与上下层土体的嵌锁作用，抗拔力大，加上整体性好，与土体接触面积大，与上下层土体形成一个较高强度的抗剪切层，从而增加土体的抗剪强度。并且，土工格栅的存在可防止边坡化滑坍，从而增加路基的稳定性。

五、反压护道

反压护道，是在路基两侧一定距离内堆土石以防路基土被挤出，从而达到提高路基稳定性的目的，见图 1.2.20。

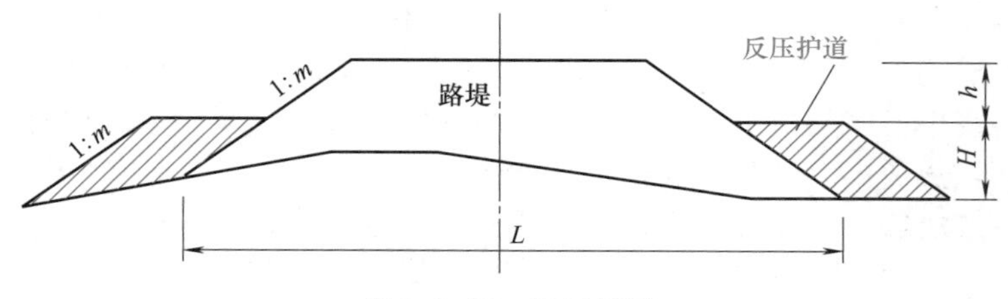

图 1.2.20 反压护道

当软土和沼泽较厚，路堤高度不超过极限高度的 2 倍时，路堤两侧填筑适当厚度和宽度的护道，在护道附加荷载的作用下，可限制软弱土体向旁挤出，保持地基的平衡，增加抗滑力矩以及路堤的抗剪能力，防止路堤的滑动破坏。反压护道法的优点是：施工简单方便，不需要特殊的施工机具；填料可就地取材，经济实用。但其施工用地较大，适合软土体分布面狭窄而厚度较大的软土地基处理。

思 考 题

1. 路基有哪几种断面形式？
2. 路基施工的基本方法和一般程序是什么？
3. 路堤施工的程序及注意事项有哪些？
4. 路堑施工的程序及注意事项有哪些？
5. 软土地基处理有哪些方法？

第三章 路面基层施工

【知识目标】

- 了解道路基层的分类及其技术要求。
- 掌握级配碎石基层施工，了解填隙碎石基层施工。
- 掌握石灰稳定土施工工序，熟悉水泥、工业废料等半刚性基层、底基层施工工序。

【能力目标】

- 能够进行道路基层的施工管理及质量控制。
- 能够根据设计要求正确选择道路基层施工机械。

第一节 路面基层概述

路面基层是直接位于沥青面层或水泥混凝土面板之下，用高质量材料铺筑的主要承重层或下承层。路面基层可以是一层或多层，也可以是一种或多种材料。基层由多层构成时，除最上一层外的其他层被称为底基层，在此情况下，最上一层相应地被称为基层。它是整个道路的承重层，位于路基与路面之间，起到“承上启下”的作用。

基层主要承受由面层传下来的车辆荷载竖向力，并把这种作用力扩散到垫层和土基中，故基层应有足够的强度和刚度。车轮荷载水平作用力，沿深度递减很快，对基层影响很小，故对基层没有耐磨性要求。基层应有平整的表面，保证面层厚度均匀。基层受气候因素的影响小，但因表面可能透水和受地下水浸入，要求基层结构有足够的水稳性。

一、路面基层的分类

从材料来源及施工技术条件看，目前我国路面基层典型结构均采用水泥或二灰稳定粒料作主要基层材料，以级配碎石（砾石）、手摆片石、填隙碎石等为底基层（或垫层）材料。

从路面结构在行车荷载作用下的力学特性出发，可将基层分为三类：

（1）柔性基层　刚度较小，抗弯拉强度较低，主要靠抗压、抗剪强度来承受荷载作用。

① 粒料类：如级配碎（砾）石、填隙碎石、泥结碎石、泥灰结碎石等。

② 沥青稳定类：如沥青碎石、沥青贯入式等。

（2）半刚性基层　前期强度低，随时间推移强度和刚度增大，介于柔性和刚性二者之间。无机结合料稳定类基层：如水泥稳定类、石灰稳定类、石灰工业废渣稳定类。

（3）刚性基层　水泥混凝土类基层。

常用的基层形式有粒料类基层、石灰稳定类基层、水泥稳定类基层、石灰工业废渣基层和沥青稳定基层。

二、路面基层的技术要求

（1）强度和刚度　有足够的强度和刚度，不产生不容许的残余变形，不产生剪切破坏（粒料基层）和弯拉破坏（结合料稳定基层）。基层的刚度（回弹模量）与面层的刚度相匹配，如面层和基层的刚度差别过大，面层会由于过大的拉应力产生的拉应变而开裂破坏。宜优先采用结合料稳定基层。

（2）稳定性　有足够的对水稳定性和抗冻性（冰冻地区）。调查试验表明，水分从沥青路面中蒸发出来要比渗透进去困难得多、慢得多。浸入路面结构层中的水可以使结构强度降低，沥青与集料的黏附性下降，从而导致沥青路面过早破坏。

（3）平整度　有足够的平整度。薄沥青面层的平整度受基层平整度的影响大，特别是沥青表面处治通常只有1.5～3cm厚，几乎不能调整基层表面的不平整。基层的不平整，常反映于面层。面层的结合基层应与面层结合良好，它可以减少面层底面的拉应力和拉应变（一般情况下可减少50%以上，甚至减少到原来的1/4），并且可以使薄沥青面层不发生滑动、推移等破坏。为此，基层表面应稳定、粗糙、干燥、无尘、无松散颗粒。

第二节 粒料类基层施工

粒料类基层是由有一定级配的矿质集料经拌和、摊铺、碾压而得到的基层。按强度形成原理的不同，矿质集料分为嵌挤型和密实型两种类型。嵌挤型粒料包括泥结碎石、泥灰结碎石、填隙碎石等，强度靠颗粒之间的摩擦和嵌挤锁结作用形成。密实型粒料具有连续级配，故也称级配型，包括级配碎（砾）石、符合级配要求的天然砂砾等。常用的是级配碎（砾）石基层和填隙碎（砾）石基层。

一、级配碎（砾）石

粗、细碎石集料和石屑各占一定比例的混合料，当其颗粒组成符合密实级配时，称为级配碎（砾）石。级配碎（砾）石基层的强度主要源于碎（砾）石本身的强度及碎（砾）石颗粒间的嵌挤力，它可以用于各等级道路的基层和底基层，还可以用作薄沥青面层与半刚性基层之间的中间层，减轻和消除半刚性基层开裂对沥青面层的影响，避免出现反射裂缝。

（一）材料基本要求

（1）砾石为天然材料，碎石可用各种岩石（软质岩石除外）、漂石或矿渣轧制。漂石轧制碎石时，其粒径应是碎石最大粒径的3倍以上，矿渣应是已崩解稳定的，其干密度不小于960kg/m^3，且干密度和质量比较均匀。碎（砾）石中针片状颗粒的总含量应不超过20%，且不含黏土块、植物等有害物质。用作基层时，碎（砾）石的最大粒径不应超过37.5mm；用作底基层时，不应超过53mm。

（2）石屑及其他细集料可以使用一般碎石场的细筛余料或专门轧制的细碎石集料，亦可用天然砂砾或粗砂代替，但其颗粒尺寸应合适，且天然砂砾或粗砂应有较好的级配。

（3）最大粒径D和压碎值Q_a应满足表1.3.1要求。粒径过大，易离析，也不利于机铺、机拌和整平。

（二）施工

1. 一般要求

① 级配碎石做次干道路以上基层时，采用厂拌法，并用摊铺机。

表 1.3.1 最大粒径 D 和压碎值 Q_a 不同路面的要求

项目	快速路、主干路	次干路及次干路以下
基层	$D \leqslant 31.5mm, Q_a \leqslant 26\%$	$D \leqslant 37.5mm, Q_a \leqslant 30\%$（次干以下 35%）
底基层	$D \leqslant 37.5mm, Q_a \leqslant 30\%$	$D \leqslant 53mm, Q_a \leqslant 35\%$（次干以下 40%）

② 使用 12t 以上的三轮压路机，每层压实厚度不应大于 15～18cm，用重型不应大于 20cm。

③ 在最佳含水量下碾压，压实度基层≥98%，底基层≥96%。

④ 未洒透层或未铺封层时，禁止开放交通。

2. 路拌法施工

级配砾（碎）石路面结构层一般采用路拌法施工，其施工工艺流程为：

下承层准备→施工放样→未筛分碎石运输及摊铺→洒水润湿→运输和撒布石屑→拌和并补充洒水→整型→碾压→接缝处理。

若采用预拌法施工，其施工工艺流程为：

拌和场加水湿拌→运至现场摊铺→补充拌和与洒水（预拌法）。

详细的施工工艺如下：

（1）准备工作

① 下承层检验：要求平整、密实，达到规定的路拱。不符合要求的，应及时进行处理。

② 恢复中桩：直线段每 15～20m，平曲线段每 10～15m 设一桩，并在两侧路面边缘外设指示桩。

③ 标记位置：在指示桩上用明显标记标出结构层边缘设计标高及松铺厚度的位置。

（2）备料　未筛分碎石和石屑可按预定比例在料场混合，同时洒水使含水量较最佳含水量大 1%左右。

（3）运输与铺料　石料是级配砾（碎）石结构的主要材料，为了保证混合料拌和均匀，宜先摊铺大石料，然后摊铺小石料，最后摊铺细料（砂或石屑）。松铺系数：人工为 1.4～1.5，平地机为 1.25～1.35。表面力求平整，并具有规定的路拱，控制松铺厚度。

（4）拌和与整型

① 次干及以上道路采用专用稳定土拌和机。拌和两遍以上，拌和深度达底。

② 次干以下道路可用多铧犁或平地机等进行拌和。

平地机拌和时，宜翻拌 5～6 遍，每段长度 300～500m，或多铧犁用于翻拌（翻犁），旋耕机拌和。

③ 缺口圆耙与多铧犁配合拌和时，用多铧犁在前面翻拌，圆盘耙在后面拌和，边翻边耙的办法，共 4～6 遍。第一遍从中心开犁，将混合料向中间翻，第二遍从两边开犁，将混合料向外侧翻。犁翻过程中，应注意犁翻的深度。

④ 拌和完成后，无明显粗细集料离析，且水分适合均匀。未筛分碎石最佳含水量约 4%，级配碎石最佳含水量约 5%。

1.3.1 级配碎石摊铺效果

（5）碾压

① 拌和好的混合料经过平地机、推土机或人工整平，并刮出路拱，然后进行压实作业。

② 用 12t 以上的压路机碾压。碾压不少于 6～8 遍。

③ 先两边后中间，先低后高，先内后外，轮迹重叠各 1/2 轮宽，先慢后快，速度为 1.5～2.5km/h。后轮压完全宽为一遍。

④ 碾压过程中表面保持湿润，有弹簧、松散、离析现象时，应及时处理。

⑤ 凡含土的级配碎石层，均进行滚浆碾压，一直压到碎石层中无多余细土泛到表面为止。

(6) 接缝处理

① 两作业段衔接处，应搭接拌和。第一段摊铺后留 5～8m，不进行碾压，第二段施工时，前段留下的未压部分与第二段一起拌和整平后进行碾压。

② 应避免纵向接缝，在不能避免纵向接缝的情况下，纵缝应采用搭接拌和的方法，即前一幅全宽碾压密实，在后一幅摊铺时，将相邻的前幅边部约 30cm 挖松并搭接拌和，整平后一起碾压密实。

(7) 铺封层（做路面） 碾压结束后，路表常会呈现骨料外露而周围缺少细料的麻面现象，在干燥地区做面层时，路表容易出现松散现象。为了防止产生这种缺陷应加铺封面，其方法是在面层上浇洒一层黏土浆，用扫帚扫匀后，随即覆盖粗砂或石屑。用轻型压路机碾压 3～4 遍，即可开放交通。

3. 厂拌法施工

厂拌法施工是在中心拌和厂用强制式拌和机、双转轴桨叶式拌和机等拌和设备将原材料拌和成混合料，然后运至施工现场进行摊铺、碾压等工序作业的施工方法。拌和机产量宜大于 400t/h。

二、填隙碎（砾）石

填隙碎（砾）石基层是用尺寸均匀的碎（砾）石作为基本材料，以石屑、黏土或石灰石作为填充结合料，经压实而成的结构层。碎石层的结构强度，主要靠碎石颗粒间的嵌挤作用以及填充结合料的黏结作用，可作为各级道路的底基层和次干路或支路的基层。

1. 填隙碎石特点

① 填隙碎石基层是用单一尺寸的粗碎石作主骨料，用石屑作填隙料铺筑而成的路面结构层。

② 适用于次干以下道路的基层及各级道路的底基层，具有良好的水温稳定性。在石料丰富地区常用作各等级道路中湿或潮湿路段的路面底基层或基层。

③ 压料层厚度 10～20cm。填隙料应填满粗碎石内部的全部孔隙，且填隙料不能覆盖粗集料而自成一层。碾压后，表面应看得见粗碎石。

2. 材料基本要求

① 填隙碎石基（垫）层由粗碎石和填隙料两部分组成，两种粒料颗粒的组成应符合要求。用作基层时，碎石最大粒径不应超过 53mm，压碎值不大于 26%；用作底基层时最大粒径不应超过 63mm，压碎值不大于 30%。

② 材料中扁平、长条和软弱颗粒的含量不应超过 15%。

③ 填隙料宜用机制石灰岩碎石的石屑（5mm 以下），若缺乏石屑可用细砂砾或粗砂等细集料。

填隙碎石层上，不能直接通车，它上面必须有面层。衡量填隙碎石施工质量好坏的关键是填隙料是否填满，但又不能自成一层，且能看得见粗碎石，外露 3～5mm，保证薄沥青面层与基层黏结良好，避免发生推移破坏。

填隙碎石的缺点是潮湿填料不可能填满，过振则使粗料悬浮，丧失稳定性。

3. 施工

湿法施工流程如下：准备下承层→施工放样→运输和摊铺粗骨料→稳压→撒布填隙料→振动压实→第二次撒布填隙料→振动压实→局部补撒并扫匀→振动压实、填满空隙→洒水饱和→碾压滚浆→干燥。

干法施工流程如下：准备下承层→施工放样→运输和摊铺粗骨料→稳压→撒布填隙料→振动压实→第二次撒布填隙料→振动压实→局部补撒并扫匀→振压后洒少量水→终压。

（1）备料：填隙料用量为粗碎石质量的30%～40%。

（2）运输和摊铺粗碎石：用平地机或其他机械均匀摊铺在预定宽度上，并形成路拱。检查松铺厚度。卸料距离严格掌握。

（3）初压：用6～8t的压路机碾压3～4遍。初压终了时，表面平整，具有要求的路拱和纵坡。

（4）撒布填隙料：用石屑撒布机或人工均匀撒布松铺2.5～3cm，并扫匀。

（5）碾压

① 将填隙料振入粗碎石间的孔隙中3～4遍，再撒一层2～2.5cm厚的填隙料，扫匀。

② 局部补撒填隙料，继续压，一直到全部孔隙被填满为止，多余的料铲除。

③ 填隙料不应在粗碎石表面自成一层，表面必须能看得见粗碎石。粗碎石外露3～5mm。

④ 孔隙全部填满后，洒适量水，用12～15t的压路机再压1～2遍（干法施工）。

⑤ 碾压滚浆用12～15t的压路机。洒水和碾压一直进行到填隙料和水形成粉浆为止，而后自然干燥成型（湿法施工）。

第三节 半刚性基层、底基层施工

在各种粉碎或原状松散的土、碎（砾）石、工业废渣中，掺入适当数量的无机结合料和水，经拌和得到的混合料压实养生后，抗压强度符合规定要求的称为无机结合料稳定材料。相应的基层为无机结合料稳定材料基层。

特点：强度高、刚度大、稳定性好，抗冻能力、板体性强等。但耐磨性差，易开裂。

按照土中单个颗粒的大小分细（最大粒径<9.5mm，其中2.36mm粒径占比≥90%）、中（最大粒径<26.5mm，19mm粒径占比≥90%）、粗（最大粒径<37.5mm，31.5mm粒径占比≥90%）三类，按结合料类型分水泥、石灰、工业废渣类，按土的类型分碎石、砾石、砂、土等。

一、石灰稳定土基层

在粉碎的土和原状松散的土（包括各种粗、中、细粒土）中掺入适量消解后的石灰和水，按照一定技术要求拌和后，在最佳含水量时摊铺、压实及养生，其抗压强度符合规定要求的路面基层称为石灰稳定类基层。

在土中掺入适当石灰，并在最佳含水量下压实后，既发生了一系列的物理力学作用，也发生了一系列的化学与物理化学作用，从而使土的性质发生根本改变。初期，主要表现在土结团、塑性降低、最佳含水量增大和最大密实度减小等；后期，变化主要表现在结晶结构的形成，从而提高其板体性、强度和稳定性。

用石灰稳定细粒土得到的混合料简称石灰土，所做成的基层称石灰土基层（底基层）；用石灰稳定天然砂砾土或稳定级配砾石时，简称石灰砂砾土；用石灰稳定天然碎石或稳定级配碎石时，简称石灰碎石土。

石灰稳定土不但具有较高的抗压强度，也具有一定的抗弯强度，且强度随龄期逐渐增加。因此，一般可用于低等级道路的基层或底基层。

石灰稳定土因水稳性较差，不应用作快速路及主干道的基层，必要时可以用作底基层。在冰冻地区的潮湿路段以及其他地区的过分潮湿路段，也不宜采用石灰土做基层。

（一）材料基本要求

（1）土　塑性指数在15～20之间的黏性土及含有一定数量黏性土的中、粗粒土适宜用石灰稳定。无塑性指数的级配砂砾、级配碎石和未筛分碎石，在添加15%左右的黏性土后才能用石灰稳定。塑性指数在10以下的亚砂土和砂土用石灰稳定时，应采取适当的措施或采用水泥稳定。塑性指数偏大的黏性土，施工中应加强粉碎，其土块最大尺寸不应大于15mm。

（2）石灰与石灰剂量　石灰剂量是石灰质量占全部土颗粒干质量的百分率，即石灰剂量=石灰质量/干土质量。石灰应为消石灰$Ca(OH)_2$或生石灰粉CaO。对于快速路及主干道，宜采用磨细生石灰，石灰质量应达到三级以上标准。活性成分、残渣含量、含水量、细度等要满足相关规范要求。

石灰剂量较低时（3%～4%）主要起稳定作用，对黏性土、粉性土最佳剂量为8%～14%，对砂性土为9%～16%。

（3）水　凡是饮用水（含牲畜饮用水）均可用于水泥稳定土的配合比设计或施工。

（二）石灰稳定土层的施工

1. 一般规定

（1）石灰稳定土宜在春末和气温较高的季节施工，施工期日最低气温应在5℃以上。在有冰冻的地区，在第一次重冰冻期（−3～−5℃）来之前30～45天完成，且经历15天以上温暖和热的养生期。石灰稳定土层28天强度达到30%左右，后期强度增长期长达8～10年。

1.3.2 石灰稳定土施工工艺

（2）用12～15t的压路机压实厚度不过15cm，18～20t不过20cm，否则应分层，且不低于10cm。在略小于最佳含水量下进行碾压。宜在当天碾压完成，最迟不超过3～4天。碾压完成后保湿养生，使表面不干燥、不过分潮湿。

（3）用于次干及以下道路的基层和底基层时，可采用路拌法，但次干路应采用稳定土拌和机。快速、主干路除直接铺筑在土基上的底基层下层可以用稳定土拌和机外，其余各层均应采用拌和法施工。

（4）在最佳含水量下压实效果最好，最佳含水率通常为10%～15%。

（5）要求拌和均匀，压实度达到设计或规范要求。

2. 路拌法施工

施工流程为：下承层准备→施工放样→备料摊铺土→洒水闷料→整平和轻压→卸置和摊铺石灰→拌和与洒水→碾压→接缝和调头处的处理→养生。

（1）下承层准备与施工放样

① 下承层检验：要求平整、密实，达到规定的路拱。不符合要求的，应及时进行处理。

② 恢复中桩：直线段每15～20m，平曲线段每10～15m设一桩，并在两侧路面边缘外设指示桩。

③ 标记位置：在指示桩上用明显标记标出结构层边缘设计标高及松铺厚度的位置。

（2）备料摊铺土

① 生石灰在使用前7～10天充分消解，消解后的石灰有一定湿度，不扬尘、不成团。土要粉碎过筛达15mm以下。未充分消解的石灰会继续吸水消解，引起局部鼓包，影响强

度和平整度。

② 根据不同的土质控制松铺系数（所谓松铺系数，是指在施工中铺筑材料的松铺厚度与压实厚度的比值。材料的松铺系数 k 经现场试验测得），采用平地机或人工摊铺土。

（3）洒水闷料　细粒土经一夜闷料，中粒土和粗粒土，视其中细粒土含量的多少，可缩短闷料时间。如为综合土（综合土就是普通土、砂砾土、硬土等之类的合称），将石灰拌和后闷料。洒水应均匀，防止局部水过多。

（4）整平和轻压　用平地机或人工整平，松铺厚度适宜，一般先低后高，先两边后中间，整平成要求的路拱和坡度，并用两轮压路机（6～8t）碾压1～2遍，使表面平整，具有一定的平整度。

（5）卸置和摊铺石灰　用刮板将石灰均匀铺开，铺完后表面没有空白位置，也不成团。

（6）拌和与洒水

① 次干及以上道路采用专用稳定土拌和机。拌和两遍以上。拌和深度达底并入下层5～10mm，随时检查和调整拌和深度。严禁在底部留有“素土”夹层，也应防止过多、过深破坏下承层的表面，以免影响结合料的剂量以及底部的压实。

② 次干道路可用农用旋耕机、多铧犁或平地机等进行拌和，平地机或多铧犁用于翻拌（翻犁），旋耕机用于拌和。

先翻拌或翻犁两遍。使用犁进行翻拌时，犁翻的遍数应成双倍数。第一遍从中心开犁，将混合料向中间翻，第二遍从两边开犁，将混合料向外侧翻。使用生石灰时，宜先用平地机或多铧犁钭将石灰翻到土层中间，不能到底部。

接着用旋耕机拌和二遍。再用多铧犁或平地机翻两遍，随时调整深度。全部翻透。

③ 干拌完成后，用管式喷水车洒水；不宜在拌和地段调头，以防局部水分过大。一般在洒水时，用水量应比最佳含水量小1%～2%。

④ 拌和机紧随洒水车拌和。拌和后色泽一致，没有白条、白团和花面，无明显粗细集料离析，且水分适合均匀。

（7）整型与碾压

① 拌和好的混合料经过平地机、推土机或人工整型，并刮出路拱，然后进行压实作业。

② 无机结合料稳定类结构层应用12t以上的压路机碾压。碾压不少于6～8遍。

③ 碾实工艺：先低后高、后边后中、先内后外，轮迹重叠1/2，速度宜为1.5～2.5km/h。后轮压完全路宽为一遍。

④ 碾压过程中表面保持湿润，有弹簧、松散、离析现象时，应及时处理。

（8）接缝和调头处的处理　两工作段的衔接应搭接拌和，即前一段拌和后留5～8m不进行碾压，第二段施工时，前段留下的未压部分要再加部分石灰重新拌和。对于每天最后一段末端缝的处理，要通过特殊措施（如放置方木或垂直切缝）来进行。

（9）养生与交通管理

① 无机结合料稳定类材料都要重视保湿养生。养生时间应不少于7天。

② 石灰稳定土层碾压结束后，过1～2天，当其表面较干燥时可以立即喷洒透层沥青，然后做下封层或铺筑面层。

③ 基层上未铺封层或面层时，不应该开放交通。

3. 厂拌法施工

图1.3.1为石灰稳定粒料厂拌法拌和流程图。厂拌法施工是在中心拌和厂用强制式拌和机、双转轴桨叶式拌和机等拌和设备将原材料拌和成混合料，然后运至施工现场进行摊铺、碾压、养生等工序作业的施工方法。拌和机产量宜大于400t/h。

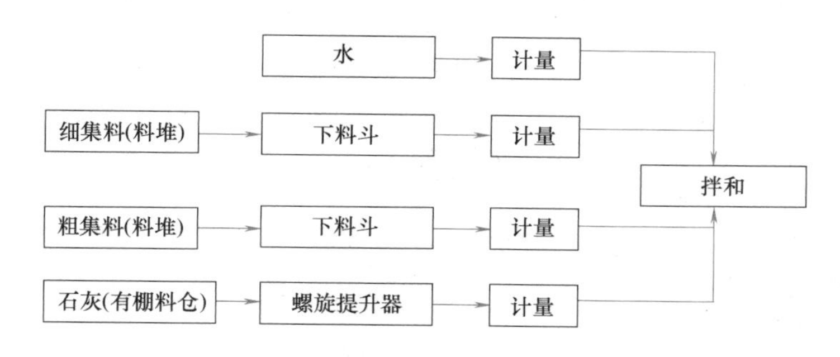

图 1.3.1 石灰稳定粒料厂拌法拌和流程图

快速路及主干路的半刚性基层应采用沥青混合料摊铺机、稳定土摊铺机摊铺。

摊铺过程中应设专人跟随摊铺机行进，随时消除粗、细集料严重离析的部位，严格控制基层的厚度和高程，确保基层的施工质量。

二、水泥稳定类基层

在粉碎的土或原状松散的土（包括各种粗、中、细粒土）中，掺入适量的水泥和水，按照技术要求拌和后，在最佳含水量时摊铺、压实及养生，其抗压强度符合规定要求的路面基层称为水泥稳定类基层。

水泥是水硬性结合料，绝大多数的土类（高塑性黏土和有机质较多的土除外）都可以用水泥来稳定，改善其物理力学性质，适应各种不同的气候条件与水文地质条件。

可用水泥稳定的材料包括级配碎石，砂砾、未筛分碎石，碎石土、土等。当用水泥稳定细粒土（砂性土、粉性土或黏性土）时，简称水泥土；用水泥稳定砂得到的混合料，简称水泥砂；用水泥稳定粗粒土和中粒土得到的混合料，视所用原材料，可简称水泥碎石（级配碎石和未筛分碎石）、水泥砂砾等。

水泥稳定类基层具有良好的整体性、足够的力学性能、水稳性和抗冻性。其初期强度较高，且强度随龄期增长而增长。水泥稳定类基层干缩和温缩系数大、易软化、抗冲刷能力差，石灰土还有聚冰现象。

水泥稳定类基层适用于各级道路的基层和底基层，但水泥稳定细粒土（水泥土）不得用作次干及以上道路高级路面的基层。

1. 材料基本要求

（1）集料和土：凡能经济地粉碎的土，都可用水泥稳定，但稳定效果不同。实践证明，用水泥稳定级配良好的碎（砾）石效果最好，其次是砂性土，再次是粉性土和黏性土。

级配碎石（砾石）、未筛分碎石、砂砾、碎石土、煤矸石和各种粒状矿渣均适用水泥稳定，见表 1.3.2。

表 1.3.2 不同路面的材料基本要求

项目	快速路及主干路	次干路及次干路以下
基层	①最大粒径 $D\leqslant31.5$mm，颗粒组成、级配符合要求 ②其中细粒土的液限 $L\leqslant28\%$，塑性指数 $I_P\leqslant9$ ③集料压碎值 $Q_a\leqslant30\%$	①最大粒径 $D\leqslant37.5$mm，颗粒组成、级配符合要求 ②集料中不宜含有塑性指数的土 ③集料压碎值 $Q_a\leqslant35\%$
底基层	①最大粒径 $D\leqslant37.5$mm，颗粒组成、级配符合要求。不均匀系数 C_u 大于 5，实际选用 C_u 大于 10 ②其中细粒土的液限 $L\leqslant40\%$，塑性指数 $I_P\leqslant17$，实际选用 I_P 小于 12 ③集料压碎值 $Q_a\leqslant30\%$	①最大粒径 $D\leqslant53$mm，颗粒组成、级配符合要求。不均匀系数 C_u 大于 5，实际选用 C_u 大于 10 ②其中细粒土的液限 $L\leqslant40\%$，塑性指数 $I_P\leqslant17$，实际选用 I_P 小于 12 ③集料压碎值 $Q_a\leqslant40\%$

① 土的液限不应超过40%，塑性指数不应超过17。实际工作中，宜选用均匀系数大于10、塑性指数小于12的土。对于塑性指数大于17的土，宜采用石灰稳定，或用水泥或石灰综合稳定。施工时土块应尽可能粉碎，其最大尺寸应不大于15mm。

② 有机质含量超过2%的土，必须先用石灰进行处理，形成石灰土以后，闷料一天（夜）再用水泥稳定。

③ 硫酸盐含量超过0.25%的土，不应用水泥稳定。

④ 重黏土由于难以粉碎和拌和，不宜单独用水泥稳定。

（2）水泥品种及剂量

① 普通硅酸盐水泥（P.O）、矿渣硅酸盐水泥（P.S）和火山灰质硅酸盐水泥（P.P）均可用于稳定粒料。

② 宜采用32.5级水泥。水泥初凝时间≥3h，终凝时间≥6h。

③ 不应使用快硬水泥、早强水泥以及已受潮变质的水泥。

④ 水泥剂量＝水泥质量/干土质量（一般为3%～6%）。水泥剂量低，则强度不足；水泥剂量高，则易开裂。

1.3.3 稳定土拌和站设备工作现场

2. 水泥稳定粒料基层的施工

水泥稳定粒料基层的施工一般规定如下：

（1）水泥稳定土宜在春末和气温较高的季节施工，施工期日最低气温应在5℃以上。在有冰冻的地区，应在第一次重冰冻期（气温在－3～－5℃）来之前15～30天完成。

1.3.4 稳定土摊铺施工

（2）用12～15t的压路机碾压，压实厚度不大于15cm，用18～20t的压路机碾压，压实厚度不大于20cm，否则应分层，且不低于10cm。如分层施工，底层完工后1天即可施工第二层。

（3）路拌法施工时延迟时间为3～4h，厂拌法时不超过2h。

（4）用于次干及以下道路的基层和底基层时，可采用路拌法，但次干道路应采用稳定土拌和机。快速路及主干道路除直接铺筑在土基上的底基层下层可以用稳定土拌和机外，其余各层均应采用拌和法施工。

（5）水泥稳定中粗粒土时，水泥剂量不大于6%，细粒土或强度有特殊要求时不受此限。

（6）应在最佳含水量下压实，压实度要求见表1.3.3。

表1.3.3 基层和底基层压实度要求

项目	快速路、主干路	次干路及次干路以下
基层	98%	97%中粗粒，93%细粒
底基层	97%中粗粒，95%细粒	95%中粗粒，93%细粒

水泥稳定粒料路拌法施工工艺流程（图1.3.2）如下。

（1）下承层准备与施工放样（参照石灰稳定土基层）。

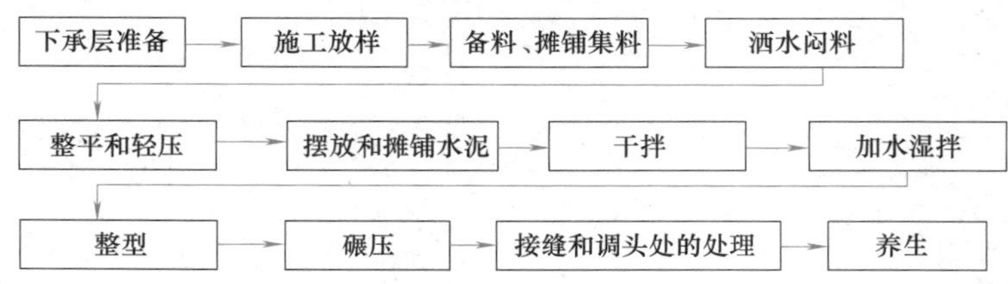

图1.3.2 水泥稳定粒料路拌法施工流程图

（2）备料、摊铺集料。

① 用专用机械粉碎土。视情况过筛。

② 根据混合料的配合比、材料的含水量以及所用车辆的吨位，计算各种材料每车料的堆放距离（水泥、石灰等结合料，常以袋为计量单位），或按混合料的松铺系数采用推土机、平地机或人工摊铺集料。

③ 运土比摊铺土提前1～2天，摊铺土在摊铺水泥前一天进行。进度满足次日工作量即可。

④ 摊铺均匀，表面平整，有路拱。

（3）洒水闷料和整平轻压（参照石灰稳定土基层）。

（4）摆放和摊铺水泥。根据计算的间距，在现场设置标记，划出摊铺水泥的边线，用刮板将水泥摊开。水泥铺完后表面无空白位置，也无水泥集中点。

（5）干拌、加水湿拌（参照石灰稳定土基层）。

（6）整型与碾压（参照石灰稳定土基层）。

（7）接缝和掉头处的处理（参照石灰稳定土基层）。

（8）养生与交通管理

① 无机结合料稳定类材料都要重视保湿养生，可洒水、覆盖湿砂。养生时间应不少于7天。

② 水泥稳定类混合料碾压完成后，即刻开始养生，也可采用沥青乳液封治（表面开始硬化时）。

③ 基层上未铺封层或面层时，不应该开放交通。

厂拌法施工的具体工艺及要求参照石灰稳定土基层。

三、工业废渣稳定类基层

一定数量的石灰和粉煤灰，或石灰和煤渣与其他集料（土）相配合，加入适量的水（通常为最佳含水量），经拌和、压实及养生后得到的路面结构层，当其抗压强度符合规定要求时，称为石灰工业废渣稳定（简称石灰工业废渣）基层。

用石灰稳定工业废渣时，石灰在水的作用下形成饱和的 $Ca(OH)_2$ 溶液，废渣的活性氧化硅和氧化铝在 $Ca(OH)_2$ 溶液中产生火山灰反应，生成水化硅酸钙和铝酸钙凝胶，使颗粒胶凝在一起。随着水化物不断产生而结晶硬化，在温度较高时，混合料的强度不断增长。

随着工业的发展，工业废渣逐渐增多，甚至到了污染环境的程度。利用工业废渣铺筑道路，不但能提高道路的使用品质，降低工程造价，而且能变废为宝，具有很大的意义。

常用的工业废渣包括粉煤灰、煤渣、高炉矿渣、崩解过（后）达到稳定的钢渣以及其他冶金矿渣、煤矸石等。粉煤灰中含有较多的二氧化硅、氧化硅或氧化钙或氧化铝等活性物质，应用最为广泛。因此，石灰工业废渣往往分为石灰粉煤灰类及石灰其他废渣类。

石灰工业废渣基层具有水硬性、缓凝性，强度高、稳定性好、板体性好，且强度随龄期不断增加，抗水、抗冻、抗裂且收缩性小等特点，能适应各种气候环境和水文地质条件，适用于各级道路的基层和底基层。但二灰土（石灰粉煤灰稳定土）不应该用作高等级道路沥青路面的基层，而只能用作底基层。在高等级道路上的水泥混凝土面板下，二灰土也不应该做基层。

1. 材料要求

（1）石灰应符合Ⅲ级消石灰或Ⅲ级生石灰的技术指标。

（2）废渣。主要以粉煤灰和煤渣为主。

粉煤灰中 SiO_2、Al_2O_3 和 Fe_2O_3 的总含量应大于 70%，粉煤灰的烧失量不应超过 20%；粉煤灰的比面积宜大于 2500cm^2/g，并具有较好的活性。

煤渣的主要成分是 SiO_2 和 Al_2O_3，松干密度为 700～1100kg/m^3，最大粒径小于 30mm，且不含有害物质。

（3）土或粒料

① 宜采用塑性指数为 12～20 的中液限黏土，土块的最大粒径应不大于 15mm。不宜选用有机质含量超过 10%的土。

② 用作二灰混合料的粒料应不含塑性，用于快速路及主干路集料基层和底基层的压碎值应不大于 30%和 35%，用于次干路及以下道路集料基层和底基层的压碎值应不大于 35%和 40%。

③ 对于次干路及以下道路，二灰稳定粒料用作基层时，石料颗粒的最大粒径应不大于 37.5mm，碎石、砾石或其他粒状材料的质量宜占 80%以上并符合规范级配规定。用作底基层时，石料颗粒的最大粒径应不超过 53mm。

1.3.5 二灰稳定土基层施工

④ 对于快速路和主干路，二灰稳定土用作基层时，石料的最大粒径不应超过 31.5mm，二灰的质量应占 15%，最多不超过 20%，颗粒组成符合要求。用作底基层时，集料的最大粒径不应超过 37.5mm，颗粒组成应符合规范要求。

2. 二灰稳定类基层的施工

一般规定：

（1）石灰工业废渣土宜在春末和气温较高的季节施工，施工期日最低气温应在 5℃以上。在有冰冻的地区，应在第一次重冰冻期（－3～－5℃）来之前 15～30 天完成。

（2）用 12～15t 的压路机压实厚度不超过 15cm，用 18～20t 的压路机压实厚度不超过 20cm，否则应分层，且不低于 10cm。如分层施工，底层完工后 1 天即可施工第二层。

（3）用于次干及以下道路的基层和底基层时，可采用路拌法，但次干道路应采用稳定土拌和机。快速路、主干路除直接铺筑在土基上的底基层下层可以用稳定土拌和机外，其余各层均应采用拌和法施工。

（4）在最佳含水量（或略大于）下碾压。

路拌法施工集料和二灰的投放顺序按下列程序进行，其他工序同水泥稳定集料施工。

准备下承层→施工放样→运输和摊铺集料→运输和摊铺粉煤灰或煤渣→运输和摊铺石灰→拌和及洒水→整型→碾压→接缝和调头处的处理→养生。

二灰稳定集料路拌法材料投放顺序见图 1.3.3。

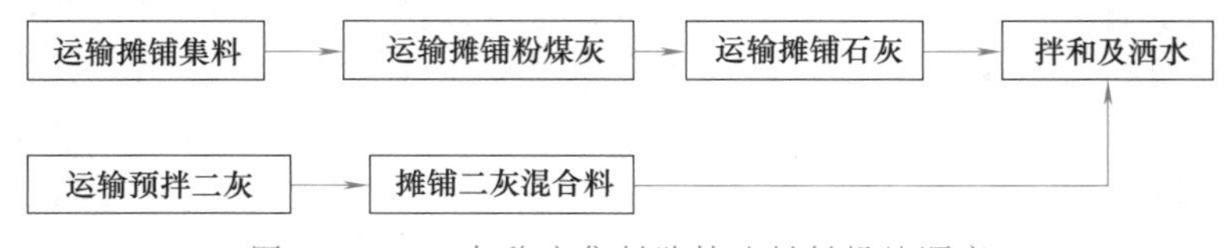

图 1.3.3　二灰稳定集料路拌法材料投放顺序

（1）下承层准备与施工放样（参照石灰稳定土基层）。

（2）备料、摊铺集料

① 生石灰在使用前 7～10 天充分消解，消解后的石灰有一定湿度，不扬尘、不成团。

运到现场的粉煤灰，应含有足够的水分，防止扬尘。下承层上堆料前先洒水，使其表面湿润。

② 用专用机械粉碎土。土要粉碎过筛达 15mm 以下。

③ 根据混合料的配合比、材料的含水量以及所用车辆的吨位，计算各种材料每车料的堆放距离（水泥、石灰等结合料，常以袋为计量单位），或按混合料的松铺系数采用推土机、平地机或人工摊铺集料。

④ 采用机械路拌时，应采用层铺法。每种材料摊铺均匀后，宜先用两轮压路机（6～8t）碾压 1～2 遍，使表面平整，具有一定的平整度，整型成设计要求的路拱和坡度。集料应较湿润，必要时先洒水。

⑤ 每层粒料铺完后，表面无空白位置，也无灰料集中点。

（3）拌和及洒水（参照石灰稳定土基层）。

（4）整型与碾压（参照石灰稳定土基层）。

（5）接缝和掉头处的处理（参照石灰稳定土基层）。

（6）养生与交通管理。无机结合料稳定类材料都要重视保湿养生。碾压完成后第二、三天开始，始终保持表面潮湿，养生时间应不少于 7 天。也可采用沥青乳液封治。基层上未铺封层或面层时，不应该开放交通。

分层施工时，下层碾压完成后立即铺第二层，也可 7 天后铺另一层。

厂拌法施工的具体要求参照石灰稳定土基层，二灰稳定粒料的厂拌法施工与水泥稳定粒料基本相同，其拌和流程如图 1.3.4 所示。

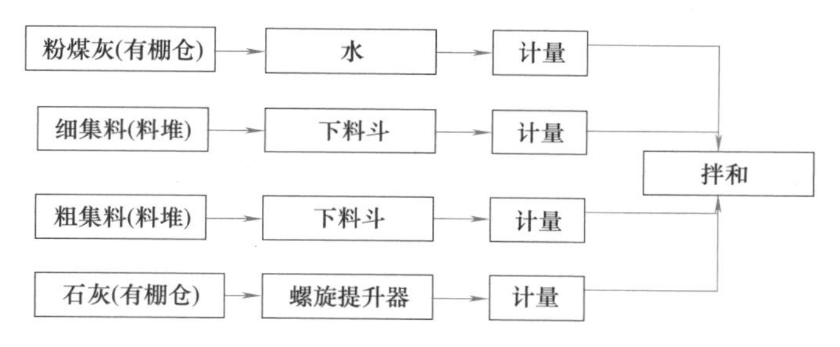

图 1.3.4　二灰稳定粒料厂拌法拌和流程图

四、沥青稳定类基层

沥青稳定碎石基层包括热拌沥青碎石、沥青贯入碎石、乳化沥青碎石混合料等。热拌沥青碎石指的是先将碎石与热沥青进行拌和形成混合料，然后再摊铺路面；沥青贯入碎石就是先把碎石布好，在上面洒布一定用量的沥青，然后再用细石料填缝；乳化沥青混凝土或乳化沥青碎石拌和后，尚未碾压成型的混合料统称为乳化沥青混合料。

热拌沥青碎石适用于柔性路面上基层及调平层；沥青贯入式碎石可设置在沥青混凝土与粒料基层之间，作上基层，此时应不撒封层料，也不做上封层；乳化沥青碎石混合料适用于各级道路调平层。

1.3.6 热拌沥青基层压实

（1）与沥青混凝土的主要区别

① 因公称最大粒径较大，有较好的抗剪和抗变形能力，特别适合用于高温、重载、有抗车辙性能要求的路面；

② 一般使用非改性沥青，且沥青用量稍低，抗拉强度和抗拉疲劳性能较差；

③ 铺筑在半刚性基层材料层上时，具有更好的抗反射裂缝适应和调整能力。

（2）与级配碎石的主要区别

① 材料组成不同，增加了沥青，整体性更好；

② 强度构成不同，除嵌挤形成的内摩擦角外，还有沥青提供的黏结力，模量较高；
③ 力学性能不同，除具有更好的抗压抗剪能力外，还具有一定的抗拉能力；
④ 排水性能不同，排水效率一般低于级配碎石。

思考题

1. 道路基层的分类有哪些？
2. 道路基层有哪些技术要求？
3. 简述级配碎石基层的施工工序。
4. 简述填隙碎石基层施工的工艺流程。
5. 简述石灰稳定土基层的施工步骤及技术要点。

第四章 沥青路面施工

【知识目标】

- 了解沥青路面的分类及特点。
- 了解沥青路面施工机械。
- 掌握热拌热铺混合料路面、沥青表面处治路面、沥青贯入式路面的施工工艺。
- 熟悉沥青路面的季节性施工。

【能力目标】

- 能够根据设计要求正确选择沥青路面施工机械。
- 能够进行沥青路面的施工管理及质量控制。

沥青路面是指在矿质材料中掺入路用沥青材料铺筑的各种类型的路面。沥青结合料提高了铺路用粒料抵抗行车和自然因素对路面损害的能力，使路面平整、少尘、不透水、经久耐用。因此，沥青路面是道路建设中一种被最广泛采用的高级路面。

第一节 沥青路面概述

一、沥青路面的基本特性

沥青路面是用沥青材料作结合料黏结矿料修筑面层与各类基层和垫层所组成的路面结构。

与水泥混凝土路面相比，沥青路面的优点有：表面平整、无接缝、行车舒适、耐磨、振动小、噪声低、施工期短、养护维修简便、适宜分期修建等。

沥青路面的缺点是：①沥青路面属于柔性路面，其强度与稳定性在很大程度上取决于土基和基层的特性。沥青路面的抗弯强度较低。②在低温时（易缩裂），沥青路面的抗变形能力很低。在寒冷地区为了防止土基不均匀冻胀而使沥青路面开裂，需设置防冻层。③沥青面层的透水性小，从而使土基和基层内的水分难以排出，在潮湿路段易发生土基和基层变软，导致路面破坏。④高温时易产生车辙。

二、沥青路面的分类

（1）按强度构成原理，沥青路面分为密实类和嵌挤类两大类。

① 密实类沥青路面要求矿料的级配按最大密实原则设计，其强度和稳定性主要取决于

混合料的黏聚力和内摩阻力。

② 嵌挤类沥青路面要求采用颗粒尺寸较为均一的矿料，路面的强度和稳定性主要依靠骨料颗粒之间相互嵌挤所产生的内摩阻力，而黏聚力则起着次要的作用。

(2) 按施工工艺，沥青路面可分为层铺法、路拌法和厂拌法三类。

① 层铺法。层铺法指的是集料与结合料分层摊铺、撒布、压实的路面施工方法。其主要优点是工艺和设备简便、功效较高、施工进度快、造价较低，其缺点是路面成型期较长，需要经过炎热季节行车碾压之后路面方能成型。适宜路面类型是沥青表面处治和沥青贯入式两种。

② 路拌法。路拌法是指在路上用机械将矿料与沥青材料就地拌和、摊铺和碾压密实而成沥青面层。此类面层所用的矿料为碎（砾）石者称为路拌沥青碎（砾）石；所用的矿料为土者则称为路拌沥青稳定土。路拌沥青面层，通过就地拌和，沥青材料在矿料中的分布比层铺法均匀，可以缩短路面的成型期。但因所用的矿料为冷料，需使用黏稠度较低的沥青材料，故混合料的强度较低。

③ 厂拌法。厂拌法是将规定级配的矿料和沥青材料在工厂用专用设备加热拌和，然后送到工地摊铺碾压而成沥青路面，可分为热拌热铺和热拌冷铺两种。厂拌法使用的是较黏稠的沥青材料，且矿料经过精选，因而混合料质量高、使用寿命长，但修建费用也较高。

(3) 根据沥青路面的技术特性，沥青面层分为沥青混凝土、热拌沥青碎石、乳化沥青碎石混合料、沥青贯入式、沥青表面处治五类。此外，沥青玛瑞脂碎石近年来在许多国家也得到了广泛应用。

三、沥青路面的特点

沥青路面属于柔性路面，其力学强度和稳定性主要取决于路面基层与路基的特性。

1. 沥青路面对基层的要求

沥青路面的基层，必须符合下列要求：

(1) 具有足够的强度。基层应能承受车轮荷载作用，在行车的反复作用下，不应超过允许的残余变形，也不允许产生剪切和弯拉破坏。为此，基层应具有必要的强度，包括矿料颗粒本身的强度和结构的整体强度。

(2) 具有良好的水稳性。沥青面层，特别是表面处治和贯入式，在使用初期，透水性较大，雨季时表面水有可能透过沥青面层进入基层和底基层中，导致基层材料含水量增加而强度降低。因此，必须用水稳性好的材料做基层，在潮湿多雨地区尤须重视。

(3) 表面平整，横坡度与面层一致。为了保证沥青面层的厚度均匀一致以及面层表面的平整度与横坡度，基层应平整，其横坡度应与面层一致。

(4) 与面层结合良好。基层与面层结合良好，可减少面层底部的拉应力与拉应变，防止面层发生滑动、推移等破坏。

2. 沥青路面对材料的要求

沥青与矿料的性质对沥青路面的强度、稳定性及其他路用性能影响很大，可以说高质量的原材料是铺筑高质量沥青路面的根本保证，所以，沥青路面使用的各种材料必须符合规定的质量要求。

修筑沥青路面一般要求等级高的矿料，等级稍差的矿料借助沥青的黏结作用，也可用来修筑路面。当沥青与矿料之间黏附得不好时，在水分作用下会逐步剥落。因此，在潮湿地区修筑沥青路面时，应采用碱性矿料，或采取一定的技术措施提高矿料与沥青间的黏结力。

3. 沥青路面对温度的要求

沥青路面施工时，要求有温暖的气候条件，各工序要紧密配合。沥青路面完工后，通常要求有一定的成型期。例如对于沥青贯入式路面与沥青表面处治路面，要在交通滚压的情况下逐步成型，在成型期内必须加强初期养护。在整个使用期间，沥青路面均需及时维修和保养。由于新旧路面一般能很好地结合，使得沥青路面不仅容易修补，而且适宜分期修建。

第二节 沥青路面施工机械

一、沥青加热设备

沥青加热设备的作用是将沥青储仓（罐）中的固体沥青加热，使其熔化、脱水并达到要求的工作温度。

储仓（罐）内沥青的加热方式可分为蒸汽加热式、火力加热式、电加热式、导热油加热式、太阳能加热式和远红外线加热式等几种，目前国内外广泛使用导热油加热式。导热油加热式是利用加热至较高温度的高闪火点矿物油作为热介质，使其在导管和蛇形管中循环流动来加热管外的沥青。这种方法的优点是所用的导热油加热器结构紧凑、使用方便、加热柔和、热效率高，易于自动控温，对沥青加热升温均匀、速度快。

1.4.1 沥青混凝土路面机械化施工

二、沥青洒布机

沥青洒布机是一种黑色路面机械，它是公路、城市道路、机场和港口码头建设的主要设备。当用贯入法和表面处治法修筑、修补沥青（渣油）路面时，沥青洒布机可以用来完成高温液态沥青（渣油）的储存、转运和洒布工作。

沥青洒布机主要由储料箱和洒布设备两大部分组成。储料箱的作用是储存高温液态的沥青，并且具有一定的保温作用；洒布设备的作用是洒布沥青。沥青的加温是由专门的熔化锅进行的。高温液态沥青向储料箱的注入或由储料箱向洒布设备的输出均靠沥青泵来完成。

沥青洒布机大致可分为三类，即手动式、机动式和自行式。

手动式沥青洒布机是将储料箱和洒布设备都装在一辆人力挂车上，利用人工手摇沥青泵或手压活塞泵泵送高温液态沥青，通过洒布软管和喷油嘴来进行沥青洒布作业；洒布管是手提的，储料箱较小（容积为200～400L）。这种洒布机的结构较简单，但劳动强度较大、工作效率低，一般只宜用于养路修补工作。

机动式沥青洒布机是利用发动机的动力来驱动沥青泵，即以发动机动力取代人力，从而提高了洒布能力，其洒布方法与手动相同。

自行式沥青洒布机是将储料箱和洒布设备等都装在汽车底盘上，由于行动灵活、工作效率高、洒布质量好，因此使用很广泛。目前这种沥青洒布机多用于新建路面工程或高等级道路路面的养护工程，特别适用于沥青熔化基地距施工工地较远的工程，如图 1.4.1 所示。

三、沥青混凝土搅拌设备

沥青混凝土搅拌设备按生产能力分为大型、中型和小型。大型的生产率为 400t/h 以上，适用于集中工程及城市道路工程。中型的生产率为 30～350t/h，适用于工程量大且集中的道路施工；小型的生产率为 30t/h 以下，多为移动式，适用于工程量小的道路施工工程或一般养路作业。

沥青混凝土搅拌设备分强制间歇式和连续滚筒式。强制间歇式搅拌设备的特点是，冷矿料的烘干、加热与热沥青的拌和先后在不同的设备中进行；连续滚筒式搅拌设备的特点是，冷矿料的烘干、加热与热沥青的拌和在同一滚筒内连续进行。按我国目前规范要求，高等级道路建设应使用间歇强制式搅拌设备，连续滚筒式搅拌设备用于普通道路建设。沥青混凝土搅拌设备见图 1.4.2。

图 1.4.1　自行式沥青洒布机

图 1.4.2　沥青混凝土搅拌设备

四、沥青混合料摊铺机

沥青混合料摊铺机是用来将拌和好的沥青混合料（沥青混凝土或黑色粒料）按一定的技术要求（厚度和横截面形式）均匀地摊铺在已整好的路基或基层上，并给以初步捣实和整平的专用设备。使用摊铺机施工，既可大大加快施工速度、节省成本，又可提高所铺路面的质量。

沥青混合料摊铺机按其结构、功能、摊铺宽度、传动方式等的不同可以有多种分类方法。

（1）按行走机构分类，分为轮胎式摊铺机、履带式摊铺机和轮胎-履带组合式摊铺机。

（2）按摊铺宽度分类，分为 2.5～16m 的系列摊铺机（采用机械式有级拼装的方法或液压式无级延伸的方法在一定范围内变更其摊铺宽度）。目前，沥青混合料摊铺机的最大摊铺宽度可达 16m。

（3）按传动和控制方式分类，分为机械式摊铺机、液压式摊铺机和液压-机械式摊铺机。目前沥青混合料摊铺机大多采用液压-机械传动、全液压传动，因而其性能和效率都有了很大的提高。

（4）按摊铺预压密实度分类，分为标准型摊铺机和高密实度摊铺机。标准型摊铺机采用标准型熨平装置，一般都装有振捣机构和振动机构，可对铺层混合料进行预压，预压密实度最高可达 85%。高密实度摊铺机则装有双振捣梁或双压力梁等装置，可对铺层混合料进行强力压实，使铺层材料的预压密实度高达 90%以上，有效地提高了摊铺的平整度，这可以减少压路机的压实遍数，提高生产率。

沥青混合料摊铺机主要由基础车（发动机与底盘）、供料设备（料斗、输送装置和闸门）、工作装置（螺旋摊铺器、振捣器和熨平装置）及控制系统等部分组成。混合料从自卸汽车上卸入摊铺机的料斗中，经由刮板输送后转送到摊铺室，在那里再由螺旋摊铺器横向推开。随着机械的行驶，这些被摊开的混合料又被振捣器初步捣实，接着再由后面的熨平板（或振动熨平板）根据规定的摊铺层厚度修整成适当的横断面，并加以熨平（或振实熨平）。

自卸汽车在卸料给摊铺机时，应倒退到使其后轮碰及摊铺机的前推辊，然后将变速器放置空挡，升起车厢，由摊铺机推着汽车一边前进一边卸料。卸料完毕，汽车驶离，更换另一辆汽车按同样方法卸料。

混合料进入摊铺器的数量可由装在刮板输送器上方的闸门来控制，或由刮板输送器的速度来控制。摊铺层的厚度由两侧臂牵引点的油缸和上下调整螺旋来调整。轮胎式摊铺机的前轮为一对或两对大型实心小胶轮，这样既可增强其承载能力，又可避免因受载变化而发生变形；后轮多为大尺寸的充气轮胎。履带式摊铺机的履带大多装有橡胶垫块，以免对地面造成履刺的压痕，同时降低了对地面的单位压力。

轮胎式摊铺机的优点是行驶速度高（可达20km/h)，可自动转移工地，费用低，机动性和操纵性能好，对单独的小面积不平整适应性好，不致过分影响铺层的平整度，弯道摊铺质量好，结构简单，造价低。其缺点是接地面积较小，牵引力较小，料斗内的材料多少会改变后驱动轮胎的变形量，从而影响铺层的质量。为了避免这种现象，自卸汽车应分次卸料，但这又会影响汽车的周转。轮胎式沥青混凝土摊铺机见图1.4.3。

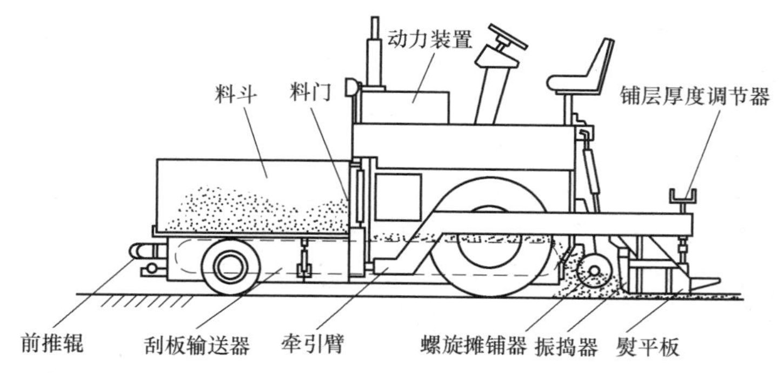

图1.4.3 轮胎式沥青混凝土摊铺机

履带式摊铺机的优点是接地面积大，对地面的单位压力小，牵引力大，能充分发挥其动力性，对路基的不平度不太敏感，尤其是对于有凹坑的路基不影响其摊铺质量。其缺点是行驶速度低，不能很快地自行转移工地，对地面较高的凸起点适应能力差，机械传动式的摊铺机在弯道上作业时会使铺层边缘不整齐。此外，其制造成本较高。

因为履带式摊铺机有上述优点，所以目前世界各国使用得比较多，尤其是大型机械，由于大型工程不需频繁转移工地，其行驶速度低的缺点也就不明显了。

第三节 沥青路面面层施工

一、施工前的准备工作

施工前的准备工作主要有：确定料源及进场材料的质量检验、施工机具检查、修筑试验路段。

1. 沥青材料

在全面了解各种沥青料源、质量及价格的基础上，无论是进口沥青还是国产沥青，均应从质量和经济两方面综合考虑选用。对进场沥青，每批到货均应检验生产厂家所附的试验报告，检查装运数量、装运日期、订货数量、试验结果等。

对每批沥青进行抽样检测，试验中如有一项达不到规定要求时，应加倍抽样做试验，如仍不合格，则退货并索赔。沥青材料的试验项目有：针入度、延度、软化点、薄膜加热、蜡含量、密度等。有时根据合同要求，可增加其他非常规测试项目。

沥青材料的存放应符合下列要求：①沥青运至沥青厂或沥青加热站后，应按规定分摊并检验其主要性质指标是否符合要求，不同种类和标号的沥青材料应分别储存，并应加以标记。②临时性的储油池必须搭盖棚顶，并应疏通周围排水渠道，防止雨水或地表水进入池内。

2. 矿料

矿料的准备应符合下列要求：

(1) 不同规格的矿料应分别堆放，不得混杂，在有条件时宜加盖防雨顶棚。

(2) 各种规格的矿料到达工地后，对其强度、形状、尺寸、级配、清洁度、潮湿度等进行检查。如尺寸不符合规定要求时，应重新过筛。若有污染时，应用水冲洗干净，待干燥后方可使用。

选择集料料场是十分重要的，对于粗集料料场，重要的是检查石料的技术性能（如石料等级、饱水抗压强度、磨耗率、压碎值、磨光值及石料与沥青的黏结力）能否满足要求。

细集料的质量是确定料场的重要条件。进场的砂、石屑及矿粉应满足规定的质量要求。

3. 施工机械检查

沥青路面施工前应对各种施工机械作全面检查，并应符合下列要求：

(1) 沥青洒布机应检查油泵系统、洒油管道、量油表、保温设备等有无故障，并将一定数量的沥青装入油罐，在路上先试洒，校核其洒油量。

(2) 沥青混合料拌和与运输设备的检查。拌和设备在开始运转前要进行一次全面检查，注意连接的紧固情况，检查搅拌器内有无积存余料，冷料运输机是否运转正常，仔细检查沥青管道的各个接头，严禁吸沥青管有漏气现象，注意检查电气系统。对于机械传动部分，还要检查传动链的张紧度。检查运输车辆是否符合要求，保温设施是否齐全。

(3) 摊铺机应检查其规格和主要机械性能，如振捣板、振动器、熨平板、螺旋摊铺器、离合器、刮板送料器、料斗闸门、振捣熨平系统、自动找平装置等是否正常。

(4) 压路机应检查其规格和主要机械性能（如转向、启动、振动、倒退、停驶等方面的能力）及振动轮表面的磨损情况，振动轮表面如有凹陷或坑槽不得使用。

4. 铺筑试验路段

高等级道路在施工前应铺筑试验段，铺筑试验段是不可缺少的步骤。

其他等级道路在缺乏施工经验或初次使用重大设备时，也应铺筑试验段。试验段的长度应根据试验目的确定，宜为100～200m，太短了不便施工，得不出稳定的数据。试验段宜在直线段上铺筑。如在其他道路上铺筑时，路面结构等条件应相同。路面各层的试验可安排在不同的试验段。

热拌热铺沥青混合料路面试验段铺筑分试拌及试铺两个阶段，应包括下列试验内容：

(1) 根据沥青路面各种施工机械相匹配的原则，确定合理的施工机械、机械数量及组合方式。

(2) 通过试拌确定拌和机的上料速度、拌和数量与时间、拌和温度等操作工艺。

(3) 通过试铺确定以下各项：

① 透层沥青的标号与用量、喷洒方式、喷洒温度；

② 摊铺机的摊铺温度、摊铺速度、摊铺宽度、自动找平方式等操作工艺；

③ 压路机的压实顺序、碾压温度、碾压速度及碾压遍数等压实工艺；

④ 松铺系数、接缝方法等。

(4) 验证沥青混合料配合比设计结果，提出生产用的矿料配合比和沥青用量。

(5) 建立用钻孔法及核子密度仪法测定密实度的对比关系。确定粗粒式沥青混凝土或沥青碎石面层的压实标准密度。

(6) 确定施工产量及作业段的长度，制定施工进度计划。

(7) 全面检查材料及施工质量。

(8) 确定施工组织及管理体系、人员、通信联络及指挥方式。

在试验段的铺筑过程中，施工单位应认真做好记录，监理工程师或工程质量监督部门应监督、检查试验段的施工质量，及时与施工单位商定有关结果。铺筑结束后，施工单位应就各项试验内容提出试验总结报告，并取得主管部门的批复，作为施工依据。

二、层铺法沥青路面施工

1. 沥青表面处治路面

沥青表面处治是用沥青和细粒料按层铺或拌和方法施工，厚度不超过 3cm 的薄层路面面层。由于处治层很薄，一般不起提高强度作用，其主要作用是抵抗行车的磨耗和大气作用，增强防水性，提高平整度，改善路面的行车条件。

沥青表面处治通常采用层铺法施工。按照洒布沥青及铺撒矿料的层次多少，沥青表面处治可分为单层式、双层式和三层式三种。单层式：洒布一次沥青，铺撒一次矿料，厚度为 1.0～2.0cm。用于交通量 300～500 辆/昼夜道路面层和厚沥青路面防滑层。双层式：洒布两次沥青，铺撒两次矿料，厚度为 2.0～2.5cm。用于交通量 500～1000 辆/昼夜道路和损坏较轻沥青面层加固（或改善、恢复已老化面层）。三层式：洒布三次沥青，铺撒三次矿料，厚度为 2.5～3.0cm。一般作交通量 1000～2000 辆/昼夜道路面层。

（1）施工工序及要求。层铺法沥青表面处治施工，有先油后料和先料后油两种方法，以前者使用较多，现以三层式为例说明其工艺程序。

三层式沥青表面处治路面的施工程序为：

备料→清扫基层、放样和安装路缘石→浇洒透层沥青→洒布第一层沥青→铺撒第一层矿料→碾压→洒布第二层沥青→铺撒第二层矿料→碾压→洒布第三层沥青→铺撒第三层矿料→碾压→初期养护。

单层式和双层式沥青表面处治的施工程序与三层式相同，仅需相应地减少两次或一次洒布沥青、铺撒矿料与碾压工序。

① 清扫基层。在表面处治层施工前，应将路面基层清扫干净，使基层矿料大部分外露，并保持干燥。对有坑槽、不平整的路段应先修补和整平，若基层整体强度不足，则应先予补强。

② 浇洒透层沥青。透层是为使沥青面层与非沥青材料基层结合良好，在基层上浇洒乳化沥青、煤沥青或液体沥青而形成的透入基层表面的薄层。沥青路面的级配砂砾、级配碎石基层及水泥、石灰、粉煤灰透层应紧接在基层施工结束表面稍干后浇洒。当基层完工后时间较长，表面过分干燥时应在基层表面少量洒水，并待表面稍干后浇洒透层沥青。

透层沥青应采用沥青洒布车喷洒。

在无机结合料稳定半刚性基层上浇洒透层沥青后，应立即撒铺用量为 $2\sim3m^3/km^2$ 的石屑或粗砂。在无结合料粒料基层上浇洒透层沥青后，当不能及时铺筑面层，并需开放施工车辆通行时，也应撒铺适量的石屑或粗砂，此种情况下，透层沥青的用量宜增加 10%。撒布石屑或粗砂后，应用 6～8t 的钢筒式压路机稳压一遍。

透层洒布后应尽早铺筑沥青面层。

③ 洒布第一次沥青。在透层沥青充分渗透，或已做透层并且已开放交通的基层清扫后，即可洒布第一次沥青。沥青的洒布温度根据施工气温及沥青标号选择。沥青洒布的长度应与矿料铺撒相配合，应避免沥青洒布后等待较长时间才铺撒矿料。

如需分两幅洒布时，应保证接茬搭接良好，纵向搭接宽度宜为 100～150mm。洒布第二次、第三次沥青，搭接缝应错开。

④ 铺撒第一次矿料。洒布第一次沥青后（不必等全段洒完），应立即铺撒第一次矿料，其数量按规定一次撒足。局部缺料或过多处，用人工适当找补，或将多余矿料扫出。两幅搭接处，第一幅洒布沥青后应暂留 100～150mm 宽度不撒矿料，待第二幅洒布沥青后再一起铺撒矿料。

无论是机械还是人工铺撒矿料，撒料后均应及时扫匀，普遍覆盖一层，厚度一致，不应有沥青露出。

⑤ 碾压。铺撒一段矿料后（不必等全段铺完），应立即用 6～8t 的钢筒双轮压路机或轮胎压路机碾压。

碾压时应从路边逐渐移至路中心，然后再从另一边开始压向路中心。每次轮迹重叠宽度宜为 30cm，碾压 3～4 遍。压路机的行驶速度开始时不宜超过 2km/h，以后可适当增加。

⑥ 第二层、第三层施工。第二层、第三层的施工方法和要求与第一层相同，但可采用 8～10t 的压路机压实。

⑦ 初期养护。除乳化沥青表面处治应待破乳后水分蒸发并基本成型后方可通车外，其他处治碾压结束后即可开放交通。通车初期应设专人指挥交通或设置障碍物控制行车，使路面全部宽度获得均匀压实。成型前应限制行车速度不超过 20km/h。

在通车初期，如有泛油现象，应在泛油地点补撒与最后一层矿料规格相同的养护料，并仔细扫匀。过多的浮动矿料应扫出路面，以免搓动其他已经黏着在位的矿料。

（2）施工要求。沥青表面处治施工时，应符合下列要求：沥青表面处治宜选择在一年中干燥和较炎热的季节施工，并宜在日最高温度低于 15℃到来以前半个月结束；各工序必须紧密衔接，不得脱节，每个作业段长度均应根据压路机数量、洒油设备等来确定，当天施工的路段应当天完成，以免产生因沥青冷却而不能裹覆矿料和尘土污染矿料等不良后果；除阳离子乳化沥青外不得在潮湿的矿料或基层上洒油。当施工中遇雨时，应待矿料晾干后才能继续施工。

2. 沥青贯入式路面

沥青贯入式路面是在初步碾压的矿料［碎石或碎（砾）石］上，分层洒布沥青，撒布嵌缝料，或再在上部铺筑热拌沥青混合料层，经压实而成的沥青路面。其厚度一般为 40～80mm（乳化沥青贯入式路面的厚度应小于 50mm），适用于次干及次干以下道路的面层，也可作为沥青混凝土路面的联结层。

沥青贯入式路面具有较高的强度和稳定性，其强度的构成主要依靠矿料的嵌挤作用和沥青材料的黏结力。由于沥青贯入式路面是一种多孔隙结构，为了防止路表水的浸入和增强路段的水稳性，其面层的最上层必须加铺拌和层或封层（沥青贯入式作为基层或联结层时，可不做此封层）。同时，做好路肩排水，使雨水能及时排除出路面结构。

（1）施工程序。沥青贯入式面层的施工程序为：

备料→放样和安装路缘石→清扫基层→浇洒透层或黏层沥青→铺撒主层集料→第一次碾压→洒布第一次沥青→铺撒第一次嵌缝料→第二次碾压→洒布第二次沥青→铺撒第二次嵌缝料→第三次碾压→洒布第三次沥青→铺撒封面集料→最后碾压→初期养护→封层。

其中，备料、放样和安装路缘石、清扫基层、初期养护等工序与沥青表面处治路面相同，这里就其余工序分述如下：

① 浇洒透层或黏层沥青。浇洒透层沥青前面已经介绍了，这里介绍黏层沥青。黏层是为使新铺沥青面层与下层表面黏结良好而浇洒的一种沥青薄层。黏层沥青宜用沥青洒布车喷洒，喷洒黏层沥青应注意：

a. 要均匀洒布。

b. 路面有杂物、尘土时应清除干净。当沾有土块时，应用水刷净，待表面干燥后再浇洒。

c. 当气温低于 10℃或路面潮湿时，不得浇洒黏层沥青。

d. 浇洒黏层沥青后，严禁除沥青混合料运输车外的其他车辆和行人通过。

② 铺撒主层集料。摊铺集料应避免大、小颗粒集中，并应检查其松铺厚度。应严禁车辆在铺好的矿料层上通行。

③ 第一次碾压。主层矿料摊铺后应先用 6～8t 的压路机进行初压，速度宜为 2km/h；

碾压应自路边线逐渐移向路中心，每次轮迹重叠值为300mm，接着应从另一侧以同样的方法压至路中心。碾压一遍后应检验路拱和纵向坡高，当不符合要求时应找平再压，直到石料基本稳定，无显著推移为止。然后应用10～12t的压路机（厚度大的贯入式路面可用12～15t的压路机）进行碾压，每次轮迹应重叠1/2以上，碾压4～6遍，直至主层矿料嵌挤紧密，无显著轮迹为止。

④ 洒布第一次沥青。主层矿料碾压完毕后，即应洒布第一次沥青。其作业要求与沥青表面处治相同。

⑤ 铺撒第一次嵌缝料。主层沥青洒布后，应立即趁热铺撒第一次嵌缝料；铺撒应均匀，铺撒后应立即扫匀，不足处应找补。当使用乳化沥青时，石料撒布必须在乳液破乳前完成。

⑥ 第二次碾压。嵌缝料扫匀后应立即用8～12t的压路机进行碾压，轮迹重叠1/2左右，随压随扫，使嵌缝料均匀嵌入，宜碾压4～6遍。如因气温高在碾压过程中发生蠕动现象时，应立即停止碾压，待气温稍低时再继续碾压。

碾压密实后，可洒布第二次沥青、铺撒第二次嵌缝料、第三次碾压、洒布第三次沥青、铺撒封层料，最后碾压，施工要求同上。最后碾压采用6～8t的压路机，碾压2～4遍即可开放交通。

如果沥青贯入式路面表面不撒布封层料，加铺沥青混合料拌和层时，应紧跟贯入层施工，使上下成为一个整体。贯入部分采用乳化沥青时，待其破乳、水分蒸发且成型稳定后方可铺筑拌和层。当拌和层与贯入部分不能连续施工，又要在短期内通行施工车辆时，贯入层与贯入部分的第二遍嵌缝料应增加用量2～3m^3/km^2。在摊铺拌和层沥青混合料前，应清除贯入层表面的杂物、尘土以及浮动石料，再补充碾压一遍，并应浇洒黏层沥青。

（2）施工要求。沥青贯入式路面的施工要求与沥青表面处治基本相同。适度的碾压在贯入式路面施工中极为重要。碾压不足会影响矿料嵌挤稳定，且易使沥青流失，形成层次，造成上、下部沥青分布不均。但过度的碾压，则易使矿料压碎，破坏嵌挤原则，造成空隙减少，沥青难以下渗，形成泛油。因此，应根据矿料的等级、沥青材料的标号、施工气温等因素来确定每次碾压所用的压路机质量和碾压遍数。

（3）封层施工。封层是指在路面上或基层上修筑的一个沥青表面处治薄层，其作用是封闭表面空隙、防止水分浸入面层（或基层）、延缓面层老化、改善路面外观等。封层分为上封层和下封层两种。

沥青贯入式作面层时，应铺上封层（在沥青面层以上修筑的一个薄层）；沥青贯入式作沥青混凝土路面的联结层或基层时，应铺下封层（在基层上修筑的一个薄层）。

上封层适用于在空隙较大的沥青面层上，有裂缝或已进行填缝及修补的旧沥青路面。下封层适用于多雨地区，沥青面层空隙较大，渗水严重，在铺筑基层后，应推迟修筑面层，且须维持一段时间（2～3个月）交通。

① 层铺法沥青表面处治铺筑上封层的集料质量应与沥青表面处治的要求相同，下封层的矿料质量可酌情降低。

② 拌和法沥青表面处治铺筑上封层及下封层，应按热拌沥青混合料的方法及要求进行。

③ 采用乳化沥青稀浆封层作为上封层（不宜作新建的快速路、主干道的上封层）及下封层时，稀浆封层的厚度值为3～6mm。稀浆封层混合料的类型及矿料级配可根据处治目的、道路等级选择；铺筑厚度、集料尺寸及摊铺用量按规范选用。

稀浆封层施工时应注意以下事项：

a. 应在干燥情况下施工，且施工时气温不应低于10℃。

b. 应用稀浆封层铺筑机施工时，铺筑机应具有储料、送料、拌和、摊铺和计量控制等功能。摊铺时应控制好集料、填料、水、乳液的配合比例。当铺筑过程中发现有一种材料用完时，必须立即停止铺筑，重新装料后再继续进行。搅拌形成的稀混合料应符合质量要求，并有良好的施工和易性。

c. 稀浆封层铺筑机工作时应匀速前进，以达到厚度均匀、表面平整的要求。

d. 稀浆封层铺筑后，必须待乳液破乳、水分蒸发、干燥成型后方可开放交通。

三、热拌沥青混合料路面施工

1.4.2 热拌沥青混凝土施工全过程讲解

热拌沥青混合料是矿料与沥青在热态下拌和而成的混合料的总称。热拌沥青混合料在热态下铺筑施工成型的路面，即称热拌沥青混合料路面。

热拌沥青混合料路面的施工包括混合料配合比的确定、拌和与运输、摊铺与压实等方面，其施工工艺和质量控制流程见图 1.4.4。

1. 沥青混合料配合比设计

铺筑高质量的沥青路面，除使用质量符合要求的沥青和矿料外，还必须进行混合料配合比设计，确定沥青混合料的最佳组成。通常按实验室目标配合比设计、生产配合比设计及生产配合比验证三个阶段进行，设计结果作为控制沥青路面施工质量的依据。

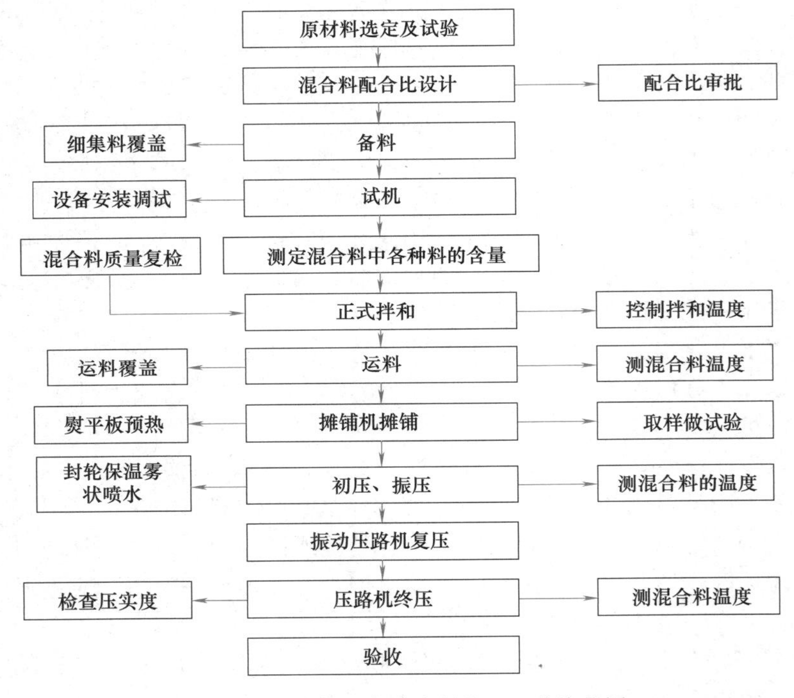

图 1.4.4 热拌沥青混合料施工工艺流程图

目标配合比，是理想状态下的各种材料的比例；生产配合比是施工中材料的配合比，要根据材料情况随时进行调整。

(1) 实验室目标配合比设计。目标配合比设计就是用工程实际使用的材料计算各种材料的用量比例，确定最佳沥青用量。目标配合比设计基本上是在实验室内完成的，是混合料组成设计的基础性工作，包括原材料试验、混合料组成设计试验和验证试验，在此基础上提出的配合比例称为目标配合比。具体设计步骤：①混合料类型与级配范围的确定；②原材料的选择与确定；③矿料级配选用；④进行马歇尔试验；⑤路用性能检验；⑥最佳沥青用量确定。

（2）生产配合比设计。拌和厂冷料仓的集料按目标配合比确定的比例进入烘干筒烘干后，如果采用间歇式拌和机，烘干的热料经过第二次筛分重新分成 3～5 个不同粒级的集料，分别进入拌和机内的热料仓（一般拌和机内有 3～5 个热料仓）。各个热料仓中集料颗粒组成已不同于冷料仓，因此，需要重新进行矿料配合比计算，以确定各个热料仓集料进入拌和室的比例，并检验确定最佳沥青用量，这一过程即为生产配合比设计。生产配合比设计流程如图 1.4.5 所示。

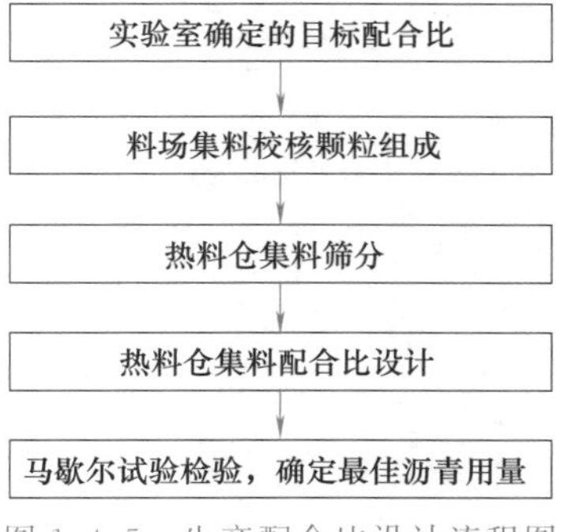

图 1.4.5　生产配合比设计流程图

如果使用连续式沥青混合料拌和机，从各冷料仓进入烘干筒的集料，除粉尘外将全部直接进入拌和室并与矿粉和沥青一起拌成沥青混合料，也就是说，进拌和机的矿料和成品混合料的矿料级配相同，因此，目标配合比设计就是生产配合比设计。

① 堆料场集料颗粒组成的校核。对沥青混合料拌和厂的堆料场中各种粗细集料均要重新取样进行筛分试验，如筛分结果发现集料的颗粒组成与进行目标配合比设计时的颗粒组成有明显差别，则要重新进行矿料配合比计算，重新确定各冷料仓的出料比例。

② 热料仓集料筛分试验。对各个热料仓矿料取样做筛分试验，得出各热料仓矿料的颗粒组成，用于热料仓矿料配合比设计。

③ 热料仓矿料配合比设计。根据各热料仓集料的颗粒组成，计算出拌和时从各个热料仓取料的比例，得出混合后矿料的级配，即生产配合比。所确定的生产配合比必须符合规范设计范围的要求，在这个阶段中，如果经计算得出的从各个热料仓取料的比例严重失衡，则需反复调整从冷料仓进料的比例，以达到供料均衡，提高拌和站的生产效率。

④ 马歇尔试验检验。采用矿料生产配合比级配组成、目标配合比设计阶段得出的最佳沥青用量以及最佳沥青用量的±0.3%等 3 种沥青用量进行马歇尔试验，确定生产配合比的最佳沥青用量。

（3）生产配合比验证。生产配合比验证阶段也是正式铺筑沥青面层之前的试拌试铺阶段，采用的机械设备、施工工序、质量管理和检验方法均与面层正式开工后的日常生产相同。通过试拌试铺，可为正式铺筑提供经验和数据。

施工单位进行试拌试铺时，应报告业主、监理部门，并会同设计部门一起进行评定。拌和机按照生产配合比进行试拌，得到的混合料在试验路段上试铺，在场人员对混合料级配、油石比、摊铺、碾压过程和成型混合料的表面状况进行观察和判断；同时，实验室密切配合，在拌和厂出料处或摊铺机旁采集沥青混合料试样，进行马歇尔试验，检验混合料是否符合规定的要求，并且还要进行车辙试验、浸水马歇尔试验以检验高温稳定性和水稳性，只有当试拌的混合料符合所有的要求时才能允许生产使用。在铺筑试验段时，实验室人员还应在现场取样进行抽提试验，再次检验实际铺筑的混合料矿料级配和沥青用量是否合格；同时，按照规范规定的试验段铺筑要求进行各种试验。生产配合比验证的流程如图 1.4.6 所示。

2. 施工准备及要求

施工前的准备工作主要有拌和设备的选型及场地布置、机械选型与配套和下承层准备与施工放样等。

（1）拌和设备的选型及场地布置

① 拌和设备选型。通常根据工程量、工期来选择拌和设备的生产能力、移动方式（固

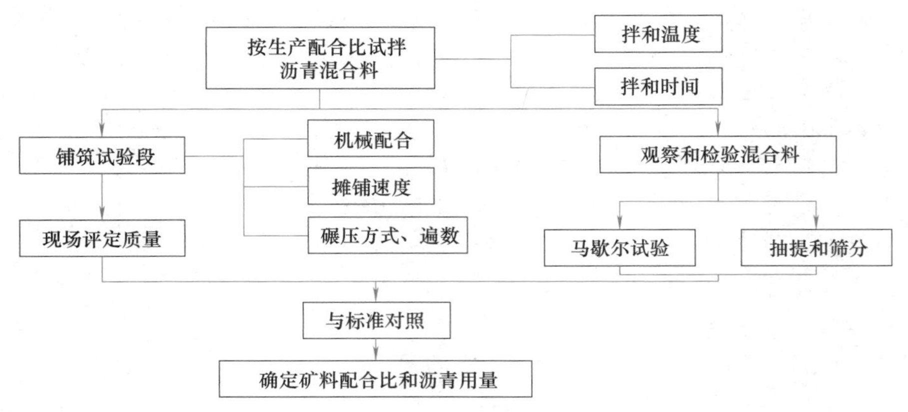

图 1.4.6 生产配合比验证流程图

定式、半固定式和移动式)，同时要求其生产能力和摊铺能力相匹配，不应低于摊铺能力，最好高于摊铺能力 5%左右。高等级道路沥青路面施工，应选用拌和能力较大的设备。目前使用较多的是生产率在 300t/h 以下的拌和设备。

② 拌和厂的选址与布置。沥青混合料拌和设备是一种由若干个能独立工作的装置组成的综合性设备。因此，不论哪一类型的拌和设备，其各个组成部分的总体布置都应满足紧凑、相互密切配合又互不干扰各自工作的原则。

(2) 施工机械组合　高等级道路路面的施工机械应优先选择自动化程度较高和生产能力较强的机械，以摊铺、拌和为主导机械并与自卸汽车、碾压设备配套作业，进行优化组合，使沥青路面施工全部实现机械化。目前常见的问题是摊铺与拌和生产能力不配套，不能保证摊铺机连续作业，从而影响施工进度和质量。特别是摊铺能力远大于拌和能力，使摊铺机频繁停机，影响了摊铺质量。运输车辆的数量可根据装料、运料、卸料、返回等工作环节所用的时间确定。压实机械的配套先根据碾压温度及摊铺进度确定合理的碾压长度，然后配备压实机具。

(3) 下承层准备与施工放样

① 下承层准备。摊铺沥青混合料时，其下承层可能是基层、路面下面层或中面层。基层完工后，一般浇洒透层油进行养生保护。因通车、下雨使表面发生破坏，出现松散、浮尘、下沉等，在摊铺沥青混合料前，应进行维修、重新分层填筑，并压实、清洗干净。对下承层表面缺陷进行处理后，即可再洒透层油或黏层油。

② 施工放样。用测量仪器定出摊铺路面的边线位置，并在边线桩上标出路面面层顶的设计高程位置，以控制沥青混合料面层的厚度。对于无自控装置的摊铺机，应根据下承层的实测高程和面层的设计高程，确定实铺厚度。

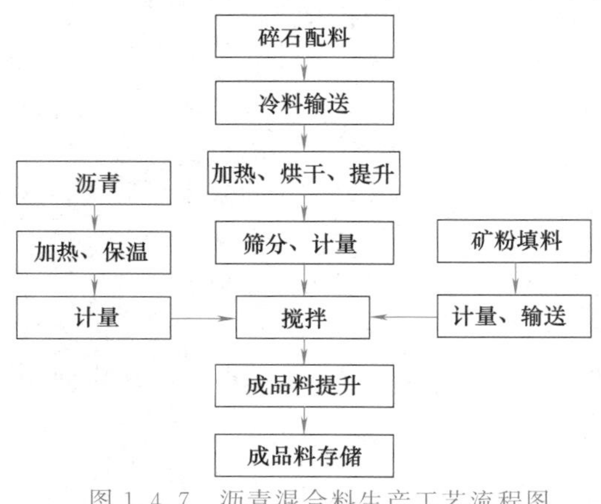

图 1.4.7 沥青混合料生产工艺流程图

当下承层的表面高程变化较多，使得沥青路面的总厚度与路面顶面设计高程的容许范围相矛盾时，应以保证厚度为主。

3. 拌和与运输

(1) 沥青混合料的拌制。根据配料单进料，严格控制各种材料用量及其加热温度。拌和后的混合料应均匀一致，无花白、离析和结团成块等现象。每班抽样做沥青混合料性能、矿料级配组成和沥青用量检验。每班拌和结束时，清洁拌和设备，放空管道中的沥青。做好各项检查记录，不符合技术要求的沥青混合料禁止出厂。沥青混合料生产工艺流程如图 1.4.7 所示。

（2）沥青混合料的运输。沥青混合料用自卸汽车运输的，底板及车壁应涂一薄层油水（柴油：水为 1：3）混合液。运输车辆应覆盖，运至摊铺地点的沥青混合料温度不宜低于规定值，运输中尽量避免紧急制动，以减少混合料离析。

4. **沥青混合料的摊铺**

1.4.3 热拌沥青混凝土摊铺全过程

（1）清理、修整基层。沥青面层铺筑前，首先将基层上的塑料薄膜、废纸等杂物清除干净，接着对基层路面的厚度、密实度、平整度、路拱等进行检查。基层若有松散、坑槽等必须进行修整，应检查工程范围内的井盖框、路缘石、消防栓等是否已固定到要求高程，侧壁是否已涂好沥青黏层，顶面是否已有保护隔离措施。

1.4.4 黏层沥青

（2）浇洒透层或黏层沥青。为使面层与基层黏结良好，在面层铺筑前 4～8h，应在粒料类的基层表面洒布透层沥青（或用煤沥青），用量为 1.0～1.2kg/m^2。若基层为旧沥青路面或水泥混凝土路面，则在面层铺筑之前，应在旧路面上洒布一层黏层沥青。黏层沥青的洒布量：液体石油沥青为 0.4～0.6kg/m^2，煤沥青为 0.5～0.8kg/m^2。若基层为灰土类，为加强面层与基层的黏结，减少水分漫入基层，可在面层铺筑前铺下封闭层。即在灰土基层上洒布 0.7～0.9kg/m^2 的液体石油沥青或 0.8～1.0kg/m^2 的煤沥青后，随即撒布 3～8mm 颗粒的石屑，用量为 5m^3/1000m^2，并用轻型压路机压实。

（3）摊铺沥青混合料。沥青混合料摊铺机摊铺的过程是自动倾卸汽车将沥青混合料卸到摊铺机料斗后，经链式传送器将混合料往后传到螺旋摊铺器，随着摊铺机向前行驶，螺旋摊铺器即在摊铺带宽度上均匀地摊铺混合料，随后由振捣板捣实，并由熨平板整平。

城市快速路、主干路及高速公路、一级公路等应尽可能采用全路幅铺筑，即按路面全宽一次进行铺筑。一台摊铺机不足路宽，可以多台平行梯队联合作业，纵向搭接约 10cm。所谓梯队是指纵向相邻两台摊铺机的间距约 10～20m，且不得造成前面摊铺的混合料冷却。当混合料供应能满足不间断摊铺时，也可采用全宽度摊铺机一幅摊铺，当班铺满全宽，一次摊铺长度宜大于 100m。事先按施工条件拟定摊铺机行程路线，按照计划行程进行摊铺。

1.4.5 热拌沥青混凝土摊铺层厚度控制

摊铺机自动找平时，中、下两层宜采用由一侧钢丝绳引导的高程控制方式。上面层宜采用摊铺层前后保持相同高的雪橇式摊铺厚度控制方式，经摊铺机初步压实的摊铺层要保证达到平整度和横坡的规定要求。铺筑多层混合料时，上、下层的接缝应错开；纵缝错开 15cm 以上，横缝错开 1m 以上。主干路面层接缝，应削齐接平，接缝处均应涂刷沥青黏层，接缝表面应予以烫平。

沥青混合料的摊铺温度与沥青品种、标号、黏度、摊铺厚度及气温有关。较稠沥青的施工温度可选用接近高限，较稀沥青的施工温度可选用接近低限，正常施工最低不得低于 110℃，也不得高于 165℃。

当气温低于 5℃时（主干路 10℃），不宜摊铺热拌沥青混合料。若需要低温摊铺时，则应提高混合料的拌和温度，运料车必须采取覆盖保温措施；应采用严密程度高的摊铺机，熨平板应加热；摊铺后紧接着碾压，缩短摊铺长度，保证摊铺时混合料的温度不致很快降低。

5. **沥青混合料的压实**

沥青混合料面层碾压通常分为初压、复压和终压三个阶段。碾压要有专人负责，并在开工前对压路机司机进行培训交底。压路机每天在正式开铺之前，均应全部做好加油、加水、维修、调试等准备工作，严禁在新铺沥青路面上停车、加油、加水；当确实必需时应在头一天施工的路段上以及桥涵顶面处进行，但在加油时严禁将油滴洒在沥青路面上。

(1) 初压。初压又称为稳压，是压实的基础，其目的是整平和稳定混合料，同时为复压创造有利条件。因此，要注意压实的平整度。

1.4.6 沥青混凝土路面轮胎式碾压机碾压

由于沥青混合料在摊铺机的熨平板前已经过初步整平压实，而且刚摊铺的混合料温度较高，常在140℃左右，因此，只要较小的压实功就可以达到较好的稳定压实效果。初压通常用6～8t的双钢轮压路机或6～10t的振动压路机（前进时关闭振动装置）以2km/h左右的速度碾压2～3遍，一般不采用普通轮胎压路机。初压温度为125～145℃，低温施工时还要高5～10℃。碾压时驱动轮在前静压匀速前进，后退时沿前进碾压时的轮迹行驶并可振动碾压。也可用组合式钢轮-轮胎压路机（钢轮在接近摊铺机端）进行初压，前进时静压匀速碾压，后退时沿前进碾压时的轮迹行驶并可振动碾压。初压后检查平整度、路拱，必要时予以修正。如在碾压时出现推移，可待温度稍低后再压；如出现横向裂纹，应检查原因并及时采取纠正措施。

(2) 复压。复压是压实的主要阶段，其目的是使混合料密实、稳定、成型，因此，复压应在较高的温度下并紧跟初压后面进行。复压期间的温度不应低于120～130℃。通常用双轮振动压路机（用振动压实）或重型静力双轮压路机和16t以上的轮胎压路机先后进行碾压，也可用组合式压路机、双轮振动压路机和轮胎压路机一起进行碾压，碾压方式与初压相同，碾压遍数参照铺筑试验段时所得的结果确定，通常不少于6遍。

(3) 终压。终压是消除轮迹、缺陷和保证面层有较好平整度的最后一步。由于终压要消除复压过程中面层遗留的不平整问题，又要保证路面的平整度，因此，沥青混合料也需要在较高但又不能过高的碾压温度下结束碾压。终压结束时的温度不应低于90℃。终压常使用静力双轮压路机，并应紧接复压进行，碾压遍数为2～3遍。

1.4.7 静力双轮压路机沥青混凝土路面碾压

不同压路机在初压、复压和终压三个阶段的压实速度见表1.4.1。

(4) 接缝碾压。接缝的碾压是压实工序中的重要一环，其处理的好坏也直接影响到路面质量。它分为横向接缝碾压和纵向接缝碾压。

表1.4.1 压路机碾压速度 单位：km/h

压路机类型	初压		复压		终压	
	适宜	最大	适宜	最大	适宜	最大
钢筒式压路机	2～3	4	3～5	6	3～6	6
轮胎压路机	2～3	4	3～5	6	4～6	8
振动压路机	2～3 (静压或振动)	3 (静压或振动)	3～4.5 (振动)	5 (振动)	3～6 (静压)	6 (静压)

① 横向接缝的碾压。在纵向的相邻铺幅已经成型，必须做冷纵向接缝时，可先用钢轮压路机沿纵缝碾压一遍（大部分钢轮位于成型的相邻路幅上，在新铺层上的碾压宽度为15～20cm），然后再沿横向接缝进行横向碾压，横向碾压结束后进行正常的纵向碾压。图1.4.8为横向接缝的几种形式。

横向碾压时，先用双轮压路机在垂直于路面中心线的横向进行碾压（碾压时压路机应主要位于已压实的混合料层上，伸入新铺层的宽度不超过20cm），接着每碾压一遍向新铺混合料移动约20cm，直到压路机全部在新铺层上碾压为止。在进行横向碾压的过程中，有时摊铺层的外侧应放置供压路机行驶的垫木。

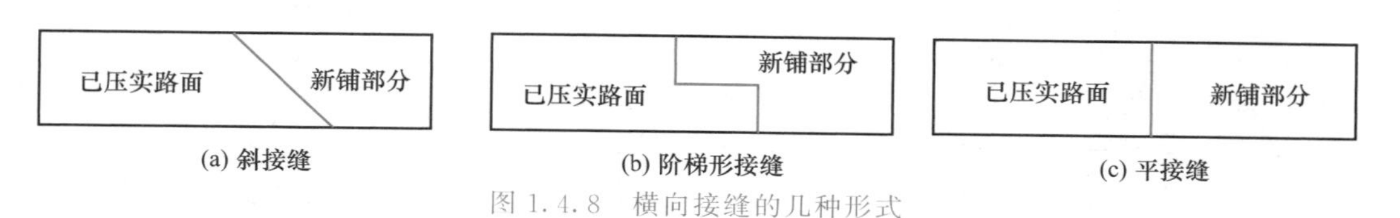

图 1.4.8 横向接缝的几种形式

② 纵向接缝的碾压。

a. 热料层与冷料层相接（冷接缝）。对这种接缝可采用两种方法碾压。第一种方法是压路机位于热沥青混合料上，然后进行振动碾压，这种碾压方法，是把混合料从热边压入相对的冷结合边，从而产生较高的结合密实度；第二种方法是在碾压开始时，只允许轮宽的10～20cm 在热料层上，压路机的其余部分位于已成型的冷料层上，碾压时，过量的混合料从未压实的料中挤出，这样就减少了结合边缘的料量，这种方法产生的结合密度较低。在这两种碾压过程中，压路机的碾压速度都应很低。

b. 热料层与热料层相接（梯队作业时）。这种接缝的压实方法是：先压实离热接缝中心两边大约为 20cm 以外的地方，最后压实中间剩下来的一窄条混合料。这样，材料就不会从旁边挤出，并能形成良好的结合。

6. 开放交通

热拌沥青混合料路面应待摊铺层完全自然冷却，混合料表面温度低于 50℃后，方可开放交通。需要提早开放交通时，可洒水冷却降低混合料温度。

第四节 沥青路面季节性施工

沥青路面施工有很强的季节性，其路面质量以及路面结构强度的形成受施工季节的气温和外界自然条件的影响很大。经过实践证明，在低温或雨季施工的路面工程，其路面质量和使用寿命都不同程度地受到影响，因而，施工季节通常选择在干燥和较热的季节。当遇到低温季节和雨季施工时，就必须采取相应的施工措施，以尽可能利于施工和保证施工质量。

一、低温施工措施

1. 热拌沥青混合料路面的低温施工措施

施工温度在 5℃以下或冬季气温虽在 5℃以上，但有 4 级以上大风时应按冬季施工处理。城市快速路、主干路和高速公路、一级公路施工气温低于 10℃，其他等级道路施工气温低于 5℃时，不宜摊铺热拌沥青混合料。必须施工时，应采取以下施工措施：

（1）提高混合料的出厂、摊铺和碾压温度，使其符合表 1.4.2 的低温施工要求。

表 1.4.2 低温施工温度控制要求

施工工序	普通沥青混凝土	改性沥青混凝土
沥青混合料出料温度/℃	165～175	180～190
运输到现场温度(不低于)/℃	160	175
混合料摊铺温度(不低于)/℃	150	170
初压温度(不低于)/℃	145	160
碾压终了温度(不低于)/℃	80	90

（2）运输沥青混合料的车辆必须有严密覆盖设备保温。

（3）采用高密度的摊铺机、熨平板及接触热混合料的机械工具要经常加热，在现场应准备好挡风、加热、保温工具和设备等。

(4) 卸料后应用苫布等及时覆盖保温。

(5) 摊铺宜在上午9时至下午4时进行，做到三快两及时（快卸料、快摊铺、快搂平、及时找细、及时碾压）。一般摊铺速度1t（料）/min。

(6) 接茬处要采取直茬热接。在混合料摊铺前必须保持底层清洁干净且干燥无冰雪，并用喷灯将接缝处加热至60～75℃。摊铺沥青混合料后，应用热夯夯实、热烙铁烫平，并应用压路机沿缝加强碾压。

(7) 碾压次序为先重后轻、重碾先压。先用重碾快速碾压，重轮（主动轮）必须在前，再用两轮轻碾消灭轮迹。

(8) 施工与供料单位要密切配合，做到定量定时，严密组织生产，及时集中供料，以减少接缝过多。

(9) 乳化沥青碎石混合料施工的所有工序，包括路面成型及铺筑上封层等，均必须在冰冻前完成。

2. 贯入式和表面处治路面的低温施工措施

对于贯入式和表面处治路面都是就地洒油，油的热量极易散发而很快降温，因而要求在干燥和较热的季节施工，并宜在日最高温度低于15℃到来以前半个月结束；当气温低于5℃时不得施工；当春季气温低于10℃、秋季气温低于15℃时，应采用低温施工措施。

(1) 碾压碎石要尽量少洒水，必要时水中可掺入6%～9%的氯盐以防止寒冻，洒水时宜在半日内完成。

(2) 选用较稀软的沥青，贯入层宜选用针入度为170～200的石油沥青，或用软化点为30～33℃的煤沥青。

(3) 喷油宜在上午10时至下午3时，且地表温度不低于5℃时进行。应随喷油随撒嵌缝料，每次撒布长度不宜过长；喷油要均匀，一次喷足，不要找补。

(4) 要做好充分准备，以便喷油、撒料、扫匀和碾压四个工序紧密衔接，中途不能间断。

(5) 对透层、黏层与封层的施工气温不得低于10℃。

二、雨季施工措施

沥青路面不允许在下雨时进行施工，一般应在雨季到来以前半个月结束施工。进入雨季施工时，必须采取如下防雨措施：

(1) 注意气象预报，加强工地现场与沥青拌和厂的联系。

(2) 现场应尽量缩短施工路段，各工序要紧凑衔接。

(3) 汽车和工地应备有防雨设施，并做好基层及路肩的排水措施。

(4) 下雨、基层或多层式面层的下层潮湿时，均不得摊铺沥青混合料。对未经压实即遭雨淋的沥青混合料，应全部清除，更换新料。

(5) 阳离子乳化沥青碎石混合料，在施工过程中遇雨应停止铺筑，以防雨水将乳液冲走。

思 考 题

1. 简述沥青路面的分类、优缺点。
2. 简述沥青表面处治面层的施工工序。
3. 简述沥青贯入式面层的施工工序。
4. 简述热拌沥青混合料路面的施工工序。

第五章 水泥混凝土路面施工

【知识目标】

- 了解水泥混凝土路面的分类及其特点。
- 了解水泥混凝土路面的构造及材料要求。
- 掌握水泥混凝土路面的施工工艺。

【能力目标】

- 能够进行水泥混凝土路面施工管理与质量控制。

水泥混凝土路面是指以水泥混凝土为主要材料做面层的路面，简称混凝土路面，亦称刚性路面，俗称白色路面，它是一种高级路面。

第一节 水泥混凝土路面概述

一、水泥混凝土路面的分类

水泥混凝土路面按照组成材料和施工方法的不同，分为普通混凝土路面、钢筋混凝土路面、连续配筋混凝土路面、预应力混凝土路面、装配式混凝土路面、钢纤维混凝土路面、碾压混凝土路面等。

1. 普通混凝土路面

它是指用素混凝土或仅在路面板边缘和角隅少量配筋的混凝土，就地灌筑成的路面结构，施工方便、造价低廉。目前我国采用得最广泛的就是这类混凝土路面，亦称素混凝土路面。

2. 钢筋混凝土路面

它是指为防止可能产生的裂缝缝隙张开，板内配置纵、横向钢筋或钢筋网的水泥混凝土路面。当混凝土板的平面尺寸较大，或者预计路基或基层有可能产生不均匀沉降，或者板下埋设有地下设施等情况时，宜采用钢筋混凝土路面。值得注意的是，设置钢筋网的主要目的是控制裂缝缝隙的张开量，把开裂的板拉在一起，使板依靠断裂面上的集料嵌锁作用而保证结构强度，并非增加板的抗弯强度。

3. 连续配筋混凝土路面

它是指沿纵向配置连续的钢筋，除了在与其他路面交接处或邻近构造物处设置的胀缝以及视施工需要设置的施工缝以外，不设横向伸缩缝的水泥混凝土路面。这种面层会在温度和湿度变化引起的内应力作用下产生许多横向裂缝，裂缝的间距为1.0～3.0m，平均宽度为

0.2～0.5mm。但是，由于配置了许多纵向连续钢筋，这些横向裂缝不至于张开而使杂物侵入或使混凝土剥落，因此不会影响行车的使用品质。

4. 预应力混凝土路面

预应力混凝土路面是指对水泥混凝土路面面板施加预压应力而构成的高级路面结构。预应力混凝土路面就是充分利用混凝土的抗压强度远大于抗拉强度这一特性，事先在工作截面上施加压应力，以提高混凝土的抗弯拉强度，从而提高承受荷载能力。由于预应力混凝土路面提高了截面的实际抗弯强度，因此在相同的荷载作用下，路面板的厚度比较薄，一般为普通混凝土路面厚度的65%左右。预应力可使混凝土路面板的长度大大增大，一般取90～180m。预应力混凝土路面又分为有钢筋预应力路面、无钢筋预应力路面和自应力路面三种。

5. 装配式混凝土路面

装配式混凝土路面是一种在工厂形成预制板，然后在施工地点进行铺装的路面。其缺点是路面的接缝较多，并不能广泛使用。目前主要研究试用于如施工现场临时性道路，可以周转使用。

6. 钢纤维混凝土路面

它是指在普通混凝土中掺入一些低碳钢、不锈钢或玻璃钢的纤维形成的一种均匀而多向配筋的水泥混凝土路面。钢纤维混凝土路面的抗疲劳强度、抗冲击能力和防止裂缝的能力比普通混凝土路面要好得多，一般可以减薄30%～50%的路面厚度。

7. 碾压混凝土路面

它是指一种含水率低，通过振动碾压施工工艺达到高密度、高强度的水泥混凝土路面。碾压混凝土路面与普通水泥混凝土路面相比能节省大量的水泥，且施工速度快、养生时间短、强度高，具有很好的社会经济效益。碾压混凝土路面一般适用于次干道及以下等级的道路。

二、水泥混凝土路面的特点

1. 优点

(1) 强度高。混凝土路面具有较高的抗压强度、抗弯拉强度以及抗磨耗能力。

(2) 稳定性好。混凝土路面的水稳性、热稳性均较好，特别是它的强度能随着时间的延长而逐渐提高，不存在沥青路面的那种老化现象。

(3) 耐久性好。因为混凝土路面的强度和稳定性好，所以它经久耐用，一般能使用20～40年，而且它能通行包括履带式车辆等在内的各种运输工具。

(4) 养护费用少、经济效益高。与沥青混凝土路面相比，水泥混凝土路面的养护工作量和养护费用均较少。它的建筑投资虽较大，但使用年限长，故分摊于每年的工程费用较少。

(5) 有利于夜间行车。混凝土路面色泽鲜明、能见度好，对夜间行车有利。

(6) 抗滑性能好。混凝土路面由于表面粗糙度大，能保证车辆有较高的安全行驶速度。特别是在下雨时路面虽然潮湿，仍能保持较高的粗糙度而使车辆不滑行，从而提高车辆行驶的稳定性。

(7) 抗侵蚀能力强。水泥混凝土对油和大多数化学物质不敏感，有较强的抗侵蚀能力。

2. 缺点

(1) 对水泥和水的需要量大。这给水泥供应不足和缺水地区带来较大困难。

(2) 有接缝。一般混凝土路面要建造许多接缝，这些接缝不但增加了施工和养护的复杂性，而且容易引起行车跳动。

(3) 开放交通较迟。一般混凝土路面完工后，要经过15～20天的湿治养生，才能开放交通。

（4）修复困难。混凝土路面损坏后，开挖很困难，修补工程量大，费用高，且影响交通。

（5）对超载敏感。水泥混凝土是脆性材料，一旦作用荷载超出了混凝土的期限强度，混凝土板便会出现断裂。

三、水泥混凝土路面的构造

水泥混凝土路面由上至下依次是面层、基层以及垫层。在温度以及湿度状况不良的城镇道路上，应设置垫层，以改善路面结构使用性能。基层具有足够的抗冲刷能力和较大的刚度，抗变形能力强且坚实、平整，整体性比较好。水泥混凝土的面层应具有足够的强度、耐久度，表面抗滑、耐磨、平整。水泥混凝土路面组成见图 1.5.1。

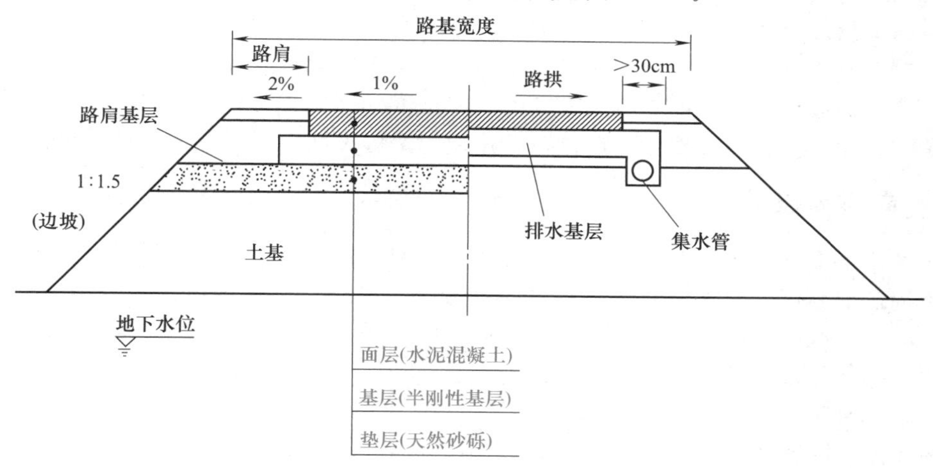

图 1.5.1 水泥混凝土路面组成

1. 垫层

在温度和湿度状况不良的环境下，城市水泥混凝土道路应设置垫层。

（1）在季节性冰冻地区，道路结构设计总厚度小于最小防冻厚度要求时，根据路基干湿类型和路基填料的特点设置垫层，其差值即是垫层的厚度。

（2）水文地质条件不良的土质路堑，路基土湿度较大时，宜设置排水垫层。路基可能产生不均匀沉降或不均匀变形时，宜加设半刚性垫层。

（3）垫层的宽度应与路基宽度相同，其最小厚度为 150mm。

（4）防冻垫层和排水垫层宜采用砂、砂砾等颗粒材料。半刚性垫层宜采用低剂量水泥、石灰等无机结合稳定粒料或土类材料。

2. 基层

（1）水泥混凝土道路基层的作用。防止或减轻由于唧泥产生板底脱空和错台等病害；与垫层共同作用，可控制或减少路基不均匀冻胀或体积变形对混凝土面层产生的不利影响；为混凝土面层施工提供稳定而坚实的工作面，并改善接缝的传荷能力。

（2）基层材料的选用原则。根据道路交通等级和路基抗冲刷能力来选择基层材料。特重交通道路宜选用贫混凝土、碾压混凝土或沥青混凝土；重交通道路宜选用水泥稳定粒料或沥青稳定碎石；中、轻交通道路宜选择水泥或石灰粉煤灰稳定粒料或级配粒料。湿润和多雨地区，繁重交通路段宜采用排水基层。

（3）基层的宽度应根据混凝土面层施工方式的不同，比混凝土面层每侧至少宽出 300mm

（小型机具施工时）或 500mm（轨模或摊铺机施工时）或 650mm（滑模或摊铺机施工时）。

（4）各类基层结构性能、施工或排水要求不同，厚度也不同。

（5）为防止下渗水影响路基，排水基层下应设置由水泥稳定粒料或密级配粒料组成的不透水底基层，底基层顶面宜铺设沥青封层或防水土工织物。

（6）碾压混凝土基层应设置与混凝土面层相对应的接缝。

3. 面层

（1）目前我国多采用普通（素）混凝土板。水泥混凝土面层应具有足够的强度、耐久性（抗冻性），表面抗滑、耐磨、平整。

（2）混凝土板在温度变化的影响下会产生胀缩。为防止胀缩作用导致板体裂缝或翘曲，设有垂直相交的纵向和横向缝，将混凝土板分成矩形板。一般相邻的接缝对齐，不错缝。每块矩形板的板长按面层类型、厚度并考虑应力计算来确定。

（3）对于特重及重交通等级的混凝土路面，横向胀缝、缩缝均设置传力杆。

（4）抗滑构造。混凝土面层应具有较大的粗糙度，即应具备较高的抗滑性能，以提高行车的安全性。因此，可采用刻槽、压槽、拉槽或拉毛等方法形成一定的构造深度。

四、主要原材料选择

（1）城市快速路、主干路应采用道路硅酸盐水泥或硅酸盐水泥、普通硅酸盐水泥，其他道路可采用矿渣水泥。水泥应有出厂合格证（含化学成分、物理指标），并经复验合格，方可使用。不同等级、厂牌、品种、出厂日期的水泥不得混存、混用。出厂期超过三个月或受潮的水泥，必须经过试验，合格后方可使用。

（2）粗骨料应采用质地坚硬、耐久、洁净的碎石、砾石、破碎（砾）石，技术指标应符合规范要求。粗骨料宜使用人工级配，其最大公称粒径，碎（砾）石不得大于 26.5mm，碎石不得大于 31.5mm，砾石不宜大于 19.0mm；钢纤维混凝土粗骨料最大粒径不宜大于 19.0mm。

（3）细骨料宜采用质地坚硬、细度模数在 2.5 以上、符合级配规定的洁净粗砂、中砂。使用机制砂时，还应检验砂浆磨光值，其值宜大于 35，不宜使用抗磨性较差的水成岩类机制砂。海砂不得直接用于混凝土面层。淡化海砂不得用于城市快速路、主干路、次干路，可用于支路。

（4）外加剂应符合国家现行的有关规定，并有合格证。比如满足快速路混凝土路面所有施工、物理力学和耐久性性能要求的外加剂一般是复合型外加剂，包括普通缓凝引气减水剂、保塑高效引气减水剂、冬季施工用引气剂、高效引气减水剂或加防冻剂构成的引气高效防冻减水剂等。

（5）钢筋的品种、规格、成分，应符合设计和现行国家标准规定，具有生产厂的牌号、炉号，检验报告和合格证，并经复试（含见证取样）合格。

（6）胀缝板宜用厚 20mm、水稳性好、具有一定柔性的板材制作，且经防腐处理。填缝材料宜用树脂类、橡胶类、聚氯乙烯胶泥类、改性沥青类，并宜加入耐老化剂。

第二节 水泥混凝土路面施工机械

一、滑模摊铺机械配备

1. 滑模摊铺机选型

快速路、主干道施工，宜选配能一次摊铺 2～3 个车道宽度（7.5～12.5m）的滑模摊铺机；次干道及以下路面的最小摊铺宽度不得小于单车道设计宽度。硬路肩的摊铺宜选配中、小型多功能滑模摊铺机，并宜连体一次铺路缘石。滑模摊铺机的基本技术参数见表 1.5.1。

表 1.5.1 滑模摊铺机的基本技术参数表

项目	发动机功率/kW	摊铺宽度/m	摊铺厚度/mm	摊铺速度/(m/min)	空驶速度/(m/min)	行走速度/(m/min)	履带数/个	整机自重/t
三车道滑模摊铺机	200～300	12.5～16.0	0～500	0～3	0～5	0～15	4	57～135
双车道滑模摊铺机	150～200	3.6～9.7	0～500	0～3	0～5	0～18	2～4	22～50
多功能单车道滑模摊铺机	70～150	2.5～6.0	0～400(护栏高度800～1900)	0～3	0～9	0～15	2、3、4	12～27
路缘石滑模摊铺机	≤80	<2.5	<450	0～5	0～9	0～10	2、3	≤10

滑模摊铺机可按特大、大、中、小四个级别的基本技术参数选择。无论是哪种设备，首先都必须满足施工路面、路肩、路缘石和护栏等的基本施工要求；其次摊铺机本身的工作配置件要齐全，应配备螺旋或刮板布料器、松方高度控制板、振动排气仓、夯实杆或振动搓平梁、自动抹平板、侧向打拉杆及同时摊铺双车道的中部打拉杆装置，如图 1.5.2 所示。

图 1.5.2 滑模摊铺机

2. 布料设备选择

滑模摊铺路面时，可配备 1 台挖掘机或装载机辅助布料。采用前置钢筋支架法设置缩缝传力杆的路面、钢筋混凝土路面、桥面和桥头搭板时，应选配下列适宜的布料机械：

①侧向上料的布料机；②侧向上料的供料机；③带侧向上料机构的滑模摊铺机；④挖掘机加料斗侧向供料；⑤吊车加短便桥钢凳，车辆直接卸料；⑥吊车加料斗起吊布料。

3. 抗滑构造施工机械

可采用拉毛养生机或人工软拉槽制作抗滑沟槽。工程规模大、日摊铺进度快时，宜采用拉毛养生机。快速路、主干道宜采用刻槽机进行硬刻槽，其刻槽作业宽度不宜小于 500mm，所配备的硬刻槽机数量及刻槽能力应与滑模摊铺进度相匹配。

4. 切缝机械

滑模混凝土路面的切缝，可使用软锯缝机、支架式硬锯缝机和普通锯缝机。配备的锯缝机数量及切缝能力应与滑模摊铺进度相适应。

5. 滑模摊铺系统配套

滑模摊铺系统机械配套宜符合表 1.5.2 的要求。选配机械设备的关键，一是按工艺要求配套齐全，缺一不可；二是生产稳定可靠，故障率低。

表 1.5.2 滑模摊铺机施工主要机械和机具配套表

工作内容	主要施工机械设备	
	名称	机型及规格
钢筋加工	钢筋锯断机、折弯机、电焊机	根据需要定规格和数量
测量基准线	水准仪、经纬仪、全站仪	根据需要定规格和数量
	基准线、线桩及紧线器	300 个桩、5 个紧线器、3000m 基准线绳
搅拌	强制式搅拌楼	≥50m³/h，数量由计算确定
	装载机	2～3m³
	发电机	≥120kW
	供水泵和蓄水池	≥250m³
运输	运输车	4～6m³，数量由匹配计算确定
	自卸车	4～24m³，数量由匹配计算确定
摊铺	布料机、挖掘机、吊车等布料设备	根据需要定规格和数量
	滑模摊铺机 1 台	技术参数见表 1.5.1
	手持振捣棒、整平梁、模板	根据人工施工接头需要确定
抗滑	拉毛养生机 1 台	与滑模摊铺机同宽
	人工拉毛齿耙、工作桥	根据需要定规格和数量
	硬刻槽机 刻槽宽度≥50mm，功率≥7.5kW	数量与摊铺进度匹配
切缝	软锯缝机	根据需要定规格和数量
	常规锯缝机或支架锯缝机	根据需要定规格和数量
	移动发电机	12～60kW，按施工需要定数量
磨平	水磨石磨机	需要处理欠平整部位时
灌缝	灌缝机或插胶条工具	根据需要定规格和数量
养生	压力式喷洒机或喷雾器	根据需要定规格和数量
	工地运输车	4～6t，按需要定数量
	洒水车	4.5～8t，按需要定数量

滑模摊铺前台设备配套有重型和轻型之分，重型配置前台有布料机、摊铺机和拉毛养生机；重型设备的优点是施工钢筋混凝土路面和桥面很便捷，缺点是前台设备越多，出故障的概率越大。国内大部分为轻型配置，只有一台摊铺机，其缺点是人工辅助工作量大，且需其他设备辅助施工钢筋混凝土桥面。

二、三辊轴机组铺筑设备选择与配套

1. 三辊轴整平机

三辊轴整平机的主要技术参数应符合表 1.5.3 的要求。板厚 200mm 以上宜采用直径 168mm 的辊轴；桥面铺装或厚度较小的路面可采用直径 219mm 的辊轴。轴长宜比路面宽度长出 600～1200mm。振动轴的转速不宜大于 380r/min。

表 1.5.3 三辊轴整平机的主要技术参数

型号	轴直径/mm	轴速/(r/min)	轴长/m	轴质量/(kg/m)	行走机构质量/kg	行走速度/(m/min)	整平轴距/mm	振动功率/kW	驱动功率/kW
5001	168	300	1.8～9	65±0.5	340	13.5	504	7.5	6
6001	219	300	5.1～12	77±0.7	568	13.5	657	17	9

三辊轴整平机实质上属于小型机具的改造形式，是将小型机具施工时的振动梁和滚杠合

并安装在有驱动力轴的设备上。所以，在高等级道路施工中，仅靠三辊轴整平机是不能保证面板中下部路面混凝土振捣密实的。因此，必须同时配备密集排式振捣机。三辊轴整平机，见图 1.5.3。

图 1.5.3　三辊轴整平机

2. 振捣机

三辊轴机组铺筑混凝土面板时，必须同时配备一台安装插入式振捣棒组的排式振捣机，该机是在密集排振的观点指导下开发的配套设备。目前振捣机有仅安装一排振捣棒的形式，也有同时安装有辅助摊铺的螺旋布料器和松方控制刮板的形式。振捣棒的直径宜为 50～100mm，间距不应大于其有效作用半径的 1.5 倍，并不大于 500mm。插入式振捣棒组的振动频率可在 50～200Hz 之间选择，当面板厚度较大和坍落度较低时，宜使用 100Hz 以上的高频振捣棒。现行相关施工规范推荐采用同时配备螺旋布料器和松方控制刮板，并具备自动行走功能的振捣机。排式振捣机见图 1.5.4。

图 1.5.4　排式振捣机

3. 振捣梁

桥面铺装时（厚度不超过 150mm）可使用振捣梁。振捣频率宜为 50～100Hz，振捣加速度宜为 4～5 倍重力加速度。

4. 拉杆插入机

在摊铺双车道路面时，拉杆插入机是在中间纵缝中插入拉杆的专用装置。当一次摊铺双车道路面时应配备纵缝拉杆插入机，并配有插入深度控制和拉杆间距调整装置。

5. 工艺流程

工艺流程为：布料→密集排振→拉杆安装→人工补料→三辊轴整平→(真空脱水)→精平饰面→拉毛→切缝→养生→(硬刻槽)→填缝。

三辊轴机组的施工工艺流程与小型机具施工接近。不同之处有两点：一是使用排式振捣机代替手持式振捣棒；二是将振动梁与滚杠两步工序合成为三辊轴整平机一步。三辊轴机组施工时，推荐使用真空脱水工艺和硬刻槽来保证表面的耐磨性和抗滑性。

三、轨道摊铺机铺筑机械选型与配套

1. 轨道摊铺机的选型

应根据路面车道数或设计宽度按表 1.5.4 的技术参数选择，最小摊铺宽度不得小于单车道 3.75m。

表 1.5.4　轨道摊铺机的基本技术参数表

项目	发动机功率 /kW	最大摊铺宽度 /m	摊铺厚度 /mm	摊铺速度 /(m/min)	整机质量 /t
三车道轨道摊铺机	33～45	11.75～18.3	250～600	1～3	13～38
双车道轨道摊铺机	15～33	7.5～9.0	250～600	1～3	7～13
单车道轨道摊铺机	8～22	3.5～4.5	250～450	1～4	≤7

2. 轨道摊铺机的布料方式

轨道摊铺机按布料方式可选用刮板式、箱式和螺旋式；刮板式、箱式适用于摊铺连续配筋或钢筋水泥路面。轨道摊铺机如图 1.5.5 所示。

图 1.5.5 轨道摊铺机

四、小型铺筑机具选型与配套

小型机具应性能稳定可靠、操作简易、维修方便，机具配套应与工程规模、施工进度相适应。选配的成套机械、机具应符合表 1.5.5 的要求。

表 1.5.5 小型铺筑机具选型与配套要求

工作内容	主要施工机械机具	
	机械机具名称、规格	数量、生产能力
钢筋加工	钢筋锯断机、折弯机、电焊机	根据需要定规格和数量
测量	水准仪、经纬仪	根据需要定规格和数量
架设模板	与路面厚度等高 3m 长槽钢模板、固定钢钎	数量不少于 3 天摊铺用量
搅拌	强制式搅拌楼，单车道≥25m³/h，双车道≥50m³/h	总搅拌生产能力及搅拌楼数量，根据施工规模和进度由计算确定
	装载机	2～3m³
	发电机	≥120kW
	供水泵和蓄水池	单车道≥100m³，双车道≥200m³
运输	5～10t 自卸车	数量由匹配计算确定
振实	手持振捣棒，功率≥1.1kW	每 2m 宽路面不少于 1 根
	平板振动器，功率≥2.2kW	每车道路面不少于 1 个
	振捣整平梁，刚度足够，2 个振动器功率≥1.1kW	每车道路面不少于 1 个振动器 每车道路面不少于 1 根振动梁
	现场发电机功率≥30kW	不少于 2 台
提浆整平	提浆滚杠直径 15～20mm，表面光滑无缝钢管，壁厚≥3mm	长度适应铺筑宽度，一次摊铺单车道路面 1 根，双车道路面 2 根
	叶片式或圆盘式抹面机	每车道路面不少于 1 台
	3m 刮尺	每车道路面不少于 1 根
	手工抹刀	每米宽路面不少于 1 把
真空脱水	真空脱水机有效抽速≥15L/s	每车道路面不少于 1 台
	真空吸垫尺寸不小于 1 块板	每台吸水机应配 3 块吸垫
抗滑构造	工作桥	不少于 3 个
	人工拉毛齿耙、压槽器	根据需要定数量
切缝	软锯缝机	根据需要定数量
	手推锯缝机	根据进度定数量
磨平	水磨石磨机	需要处理欠平整部位时
灌缝	灌缝机具	根据需要定规格和数量
养生	洒水车(4.5～8.0t)	按需要定数量
	压力式喷洒机或喷雾器	根据需要定规格和数量
	工地运输车(4～6t)	按需要定数量

第三节 水泥混凝土路面施工工艺

水泥混凝土路面面层施工主要工序如下：①测量放样；②基层准备；③模板安装固定；④接缝施工准备；⑤施工机具准备；⑥混凝土拌和；⑦混凝土运输；⑧混凝土摊铺；⑨混凝土振捣；⑩表面抹平；⑪拉毛；⑫接缝施工；⑬洒水养生及交通管制；⑭拆除模板；⑮填接缝料；⑯开发交通。

以上为水泥混凝土路面小型机具的施工工序，本节主要讲述混凝土面层小型机具的施工方法。

一、施工前的准备工作

（一）施工场地布置及材料、机械准备

1. 拌和厂

水泥混凝土路面施工一般采用集中拌和，根据工程规模和施工环境，选定拌和厂的位置和临时占地面积，注意不要选择地势低洼地带和交通不便位置。承包商在初步选定拌和厂后应及时向业主单位请示，经业主单位同意后办理相关手续，如临时占地手续，用电、用水协议，租赁合同等。联系有关交通部门，以便在施工期间实行必要的封闭交通或交通管制。

2. 备料

根据材料的各种规格和比例，合理地估算各种材料备料数量，按着方便拌和、方便运输的原则，分堆堆放，严禁两种规格的材料混堆或交叉。各料堆立标志牌，标明名称、规格、产地、用途。整批水泥应储藏在附近仓库内，每天需用的可临时放在拌和机旁，离地面半米高以上，以免受潮。水泥进场时，应有产品合格证及化验单，承包商应会同试验监理对材料品种、标号、厂牌、包装、数量、出厂日期等进行检查验收。不同标号、厂牌、品种、出厂日期的水泥，不许混合堆放，严禁使用。出厂期超过三个月或受潮的水泥，必须经过试验，按试验结果决定是正常使用还是降级使用，已经结块变质的水泥不准使用。

3. 机械及小型工具准备

混凝土拌和设备必须采用强制式混凝土搅拌机，不允许采用自由式搅拌机和人工拌和。根据工程规模和施工进度选择合理的型号和数量。小型机具应备齐，如模板、振捣棒、平板振动器、磅秤、拉毛压纹辊或钢丝弯曲耙。

此外，还要准备运输车辆及防雨用的防雨棚。

（二）基层准备

在混凝土路面施工前，应对基层进行一次检验，对松散粒料进行清除，局部坑槽要修补压实；对被污染的基层表面应进行清扫，并浇少量的水，湿润基层表面。

（三）测量放样

（1）根据设计图纸放出路中心及路边线桩，直线段按 20m 设一组，曲线段按 5m 或 10m 设一组，胀缝、曲线起终点桥涵位置和纵横变坡点等都要设中桩和边桩。

（2）放样时应注意曲线上外侧和内侧纵向混凝土板分块距离的伸长和缩短，要使横向分块线与路中心线垂直。

（3）测量放样、挂线应经常校核，保证放样的准确。

（四）模板安装与固定

水泥混凝土路面模板必须采用钢模板，严禁采用木模。一般采用槽钢，每块长度一般为

3～6m，高度为16～24cm，根据路面深度合理选用，原则是模板高度与路面厚度相同。在支模前应对模板进行检验，经检验不合格的模板不允许用于支模。

在安装模板时，按放线位置，先将模板安放在基层上，初步固定后，用水准仪检查其高程。高程控制允许误差为±15mm，支模时，当高程控制与板厚度控制发生矛盾时应保证板厚，舍弃高程。沿模板内外两侧将铁钎打入基层，铁钎的间距以能保证模板在摊铺振捣混凝土时不致变形为度。一般铁钎间距内侧为1.0～1.5m，外侧为0.5～1.0m。对弯道及交叉口边缘处的模板、铁钎应当加密，以免浇筑混凝土时模板变形。操作时注意摊铺混凝土后，即将内侧铁钎拔除，外侧铁钎的顶端稍低于模板顶高，以便于混凝土摊铺机、振捣器的操作。

模板底面与基层之间如有空隙，则应用石子或木片垫衬，以免摊铺和振捣时模板下沉。对于垫衬后剩余的空隙，可用砂浆填满补实或用塑料布包裹上，以免漏浆而使混凝土板侧面形成蜂窝、麻面。

施工缝端头模板应按设计图纸要求设置传力杆水平孔，每隔0.5m打入一个钢钎，固定模板。模板安装后，施工人员应用水准仪检查支模后的高程是否满足要求，然后在模板内侧涂刷肥皂水、废机油或其他润滑剂，以便于拆模。

（五）接缝施工准备工作

水泥混凝土路面接缝一般分为纵缝和横缝。纵缝分为纵向缩缝和纵向施工缝，横缝分为横向缩缝、胀缝、施工缝。路面内部构造见图1.5.6。

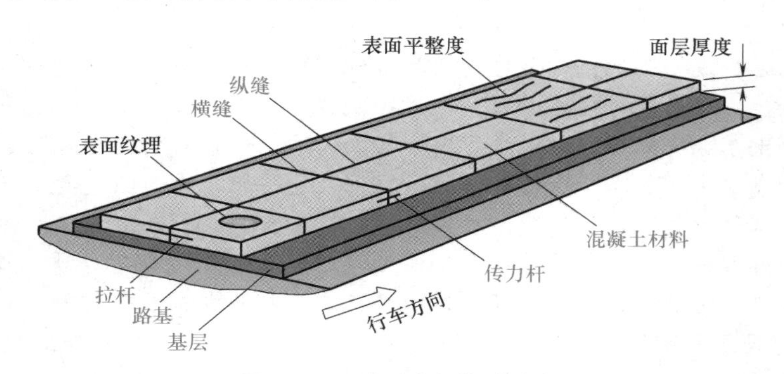

图1.5.6 路面内部构造示意

纵向施工缝设有拉杆，所以在施工前应在模板上预留拉杆孔，相邻孔间距应满足设计图纸要求；拉杆采用螺纹钢筋，在施工前应按设计图纸要求的长度、直径和数量预先加工好。横向缩缝采用假缝，施工时一般采用切缝法。在条件受限制时可采用切压结合法，切缝法应备好切缝机，压缩法应准备一定数量的压缝板。

压缝板的厚度一般为5mm，宽度为压缝的设计深度，长度为半幅路面宽度，即两模板间的垂直距离。横向缩缝不设传力杆。胀缝按设计的要求准备好材料，设计无要求时可采用涂沥青的软木板；其厚度为2cm，宽度等于板厚，长度为半幅路面宽度。胀缝设滑动传力杆，按设计图纸要求的尺寸制作好。胀缝传力杆和横向施工缝传力杆采用光圆钢筋，传力杆尺寸、直径和间距应满足设计图纸要求。

（六）浇筑混凝土前应检查的工作内容

浇筑混凝土前应检查模板尺寸、位置、高程等是否满足设计要求，要求支撑牢固稳定，隔离剂涂刷均匀，模板接缝严密、模内洁净。若有检查井井盖井座、雨水口箅子箅圈应预先安装完成，且安装牢固、位置准确，其标高与路面标高协调一致。

二、混凝土的拌和及运输

水泥混凝土的强度主要取决于配料的比例、拌和质量、振捣质量，因此混凝土拌和很重要，路面混凝土的拌和必须采用强制式混凝土搅拌机。施工时，首先注意控制用水量；其次，应设立标牌将实验室提供的合理配合比写在牌上，并且每天开始拌和前根据天气变化情况测定砂、石含水量，将理论配合比换算成施工配合比，然后将当日的施工配合比也写在牌上。进入拌和机的材料必须过秤，根据拌和机的容量计算出每搅拌一盘各种材料的重量。散装水泥必须过秤，袋装水泥当以袋计量时，应抽查其实际重量进行调整，补足所缺水泥的重量。

混凝土原材料按重量计的允许误差：水泥为±1%，碎（砾）石为±3%，砂为±3%，水为±1%，外加剂为±2%。施工时每天应至少检查2次混凝土坍落度，不符合要求时应分析原因，适当调整水量。

混凝土每盘的搅拌时间一般不少于2min，出料时的混凝土应拌和均匀、颜色一致。混凝土拌合物出料到运输、铺筑完毕允许的最长时间见表1.5.6。

表1.5.6 混凝土拌合物出料到运输、铺筑完毕的允许最长时间

施工气温[①]/℃	到运输完毕的允许最长时间/h		到铺筑完毕的允许最长时间/h	
	滑模、轨道	三轴、小机具	滑模、轨道	三轴、小机具
5～9	2.0	1.5	2.5	2.0
10～19	1.5	1.0	2.0	1.5
20～29	1.0	0.75	1.5	1.25
30～35	0.75	0.50	1.25	1.0

① 指施工时间的日间平均气温，使用缓凝剂延长凝结时间后，本表数值可增加0.25～0.5h。

为了避免第一盘混凝土中的水泥砂浆被鼓壁吸附而影响混凝土的质量，一般在拌和前先对25kg水泥、砂和水加以拌和形成水泥砂浆（水泥和砂的质量比例为1∶2），使其鼓壁上预先吸附，排出水泥砂浆后再正式搅拌混凝土。

每天拌和前和结束后，均应冲洗拌和鼓内部，以免水泥粘在拌和鼓内结成硬块，影响生产效率。

在混凝土拌和时要特别注意，不同厂家、不同出厂日期的水泥必须分别堆放、分别使用，严禁混用。搅拌机一般都在露天作业，所以在下雨时应立即停止搅拌。受雨淋的混凝土不能使用。有时搅拌机的加水计量器不准或操作不当导致混凝土过稀、坍落度过大，混凝土离析，这样的混凝土不能使用。

混凝土通常采用人工运输和自卸汽车运输。拌和厂与施工现场距离较近，工程规模小的项目可采用人工手推车运输，自卸汽车运送混凝土是水泥混凝土路面施工中采用的主要运输方式。自卸汽车应选用铁皮厢，车厢后门挡板必须紧密，装载不应过满，以防漏浆或外溢。

运料车的数量要与拌和机的生产率及混凝土的摊铺、振捣、整平速度相匹配，根据车速、装载和运距，通过计算确定。在炎热、干燥、大风天气，为防止水分蒸发，车厢应覆盖，每车卸料后必须及时清除车厢内黏附的残料。出料及铺筑时的卸料高度，不应超过1.5m。

运输过程中应行车平稳，以免车辆颠动而使混凝土产生离析现象；若个别车有离析现象，应用人工翻拌后再使用；若一批混凝土都存在离析现象应立即通知拌和厂停止搅拌，待分析原因，问题解决后再重新开始拌和。混凝土从搅拌机出料后，运至铺筑地点进行摊铺、振捣、整平、修面完毕的允许最长时间应符合表1.5.6的规定，同时应符合实验室提供的水泥初凝时间。

混凝土运输时要注意不要碰撞模板和拉杆，尽量保护好已铺完的塑料薄膜，并注意将临时运输用的模板开口堵好。

三、混凝土的摊铺与振捣

1.5.1 混凝土路面施工

1. 摊铺

摊铺混凝土混合料之前，应检查拉杆钢筋是否插入孔内，是否有遗漏。施工另半幅时应提前校正拉杆位置，检查传力杆是否与横缝垂直，绑扎是否牢固，其半段是否已涂好沥青，钢筋网是否制作完毕，是否已备到施工现场等。

摊铺前按设计图纸要求在已铺完半幅混凝土板的侧面（纵向施工缝位置）涂刷沥青，涂刷工作在拆模后纵向施工缝表面干燥时进行，并应注意沥青温度不够不刷，表面有泥砂清理后再刷，不要污染拉杆。自卸汽车卸料后发现有离析的混凝土必须用人工进行翻拌，才能进行摊铺，在缺料处必须用铁锹以反扣锹法将混凝土扣入缺料部位，禁止扬料、抛掷。

摊铺时应考虑振实后的下沉量，可在模板顶加一厚约 2cm 的木板，以防止振动时混凝土外溢；木板可用 U 形铁夹子紧卡在模板顶上，随摊铺进度向前移动。在摊铺传力杆处的混凝土混合料时，应先铺下半层，用振捣器振实，并校正传力杆位置后再摊铺上半层。

混凝土板的摊铺振捣工作应连续进行，不允许中途间断。若有特殊的原因，在初凝时间内被迫临时停工，中断施工的一块混凝土板上应用湿麻布覆盖，以防假凝；恢复施工时，应将此处混凝土耙松补浆后再继续浇筑。若停工超过混凝土的初凝时间，应清除没有振实、平整的混凝土，按施工缝处理。

施工缝应设在缩缝处，若无法设在缩缝处，其位置应设在板的正中部分。要特别注意，禁止在假凝或已经初凝的混凝土上直接浇水重新拌和，对于超过初凝时间没有振实的混凝土及因暴晒而干燥变白的混凝土应及时清除。

若在浇筑混凝土过程中遇雨，停止拌料，及时通知拌和厂并在事先准备好的防雨棚内进行摊铺、振实和抹面工作。

混凝土摊铺前，应在刚卸的料堆上取样，制作试块，每工作班（或每 $200m^3$）制作 2 组抗折试件（15cm×15cm×55cm）、1 组抗压试件（15cm×15cm×15cm）。抗折试件送到工地标准养护，用于质量评定，抗压试件放在路段上，与混凝土板同步养生，为施工控制及开放交通提供强度依据。

2. 振捣

摊铺好的混凝土混合料应立即用振捣器振实，使摊铺、振捣、抹平、拉毛、养护形成流水作业。

水泥混凝土路面振捣首选排式振捣机，其施工操作简单、使用方便，能保证振捣质量。振捣机横向每隔 40cm 设置一根插入式振捣棒，纵向每隔 50cm 振捣操作一次，振捣时间为 20s，与三轴配合振捣效果更好。

1.5.2 排式振捣机振捣

插入式振捣：当混合料基本铺平后，便可进行振捣，不能边摊边振，以防漏振和过振。振捣棒在同一位置持续振动时间不少于 20s，并以振至混合料泛浆、不明显下沉、不冒气泡、表面均匀为度。振捣棒移动间距不宜大于其作用半径的 1.5 倍，与模板间的最近距离为 10cm，不碰撞模板、钢筋和传力杆。一般振捣棒的插入角度为 30°～45°，深度距离基层 5cm，应轻插慢提，严禁摊行和拖拉振捣。在振捣过程中，应对缺料处辅以人工补料，并随时检查模板、钢筋、拉杆、传力杆的变形、漏浆、移位、松动等情况，及时纠正。

平板式振捣：当插入式振捣器振捣完成后，即可开始平板式振捣。振动板应纵向和横向交错振动各一遍。振动板移位时可重叠10～20cm，在一个位置持续振动时间不少于15s；振动板由两人持力拉起振捣和移位，不准振捣板自由放置振动。移位时振动板底部和边缘泛浆厚度以3～5mm为限，发现缺料应人工补平。

振动梁振捣：振动梁是有足够刚度和振动力的一个提浆整平机具，振动时它在模板上往返平行移动2～3遍，使表面水泥浆均匀平整。在振动梁拖振整平过程中，凹陷处应使用原混合料填补，严禁使用砂浆找平。多料的高处也应适当铲除，达到石子不外露，表面应有3～5mm的水泥浆为宜。

1.5.3 振动梁振捣混凝土路面

混凝土振实的过程，也是整平的过程，三辊轴往返滚动3遍后应用5m长铝合金靠尺检查表面平整程度；将高处和低处重新处理好后，再往返滚动，直至平整度达到要求。

四、混凝土表面整修

混凝土表面的整修工作必须在工作跳板上进行，严禁操作人员直接站在混凝土面层上工作。

水泥混凝土表面整修按如下五个阶段进行。

1. 木抹初平

一般在振动平整完毕10min后进行，用长45cm、宽20cm、厚2.5cm的大木抹子进行初抹，操作人员站在工作跳板上来回抹面，每次重叠1/2。木抹初抹后，表面形成较好的毛面，有利于水分的蒸发，水泥浆与砂子在面层上的分布也较为均匀。

2. 铁抹初平

大铁抹的长度和宽度与大木抹相同，厚度为3mm，用钢板制成，并做成两边比中间低2mm的坡度，使其在路面上来回抹面时不至于被混凝土面吸住。来回抹面时重叠1/2，并注意不要用力向下压。

3. 铁抹细平

用小铁抹仔细抹光2遍。抹面时手腕动作要灵活、用力均匀，来回抹面重叠1/2。

4. 铁抹压光

当混凝土处于初凝终止状态之前，表面尚呈湿润时，应趁此时机进行压光，将混凝土表面砂浆进一步挤压紧密。在抹面过程中，严禁用洒水、撒干水泥、补浆等方法找平，要求压光后表面平整、密实、无抹痕、不露石子、无砂眼和气眼。

5. 拉毛或压槽

为了使混凝土路面有一定的粗糙度，保证行车安全，压光后应沿横向拉毛或压槽，其方向始终与中线垂直。拉毛或压槽的深度为1～2mm。拉毛采用拉毛器，压槽采用压槽机。拉毛或压槽注意把握时机，一般在压光后，多余水分基本蒸发，用食指稍微加压按下去能出现2mm左右深度的凹痕，即为最佳拉毛或压槽时间。注意不要拉毛或压槽过早而使深度过深并扰动表面砂浆，也不要拉毛或压槽太晚而使深度过浅，影响行车安全。

五、混凝土路面养生

水泥混凝土路面层成活后，应及时养护。养护应根据施工工地情况及条件，选用喷洒养生剂养生、覆盖保湿养生或塑料薄膜覆盖养生等。

混凝土路面采用喷洒养生剂养生时，喷洒应均匀，成膜厚度应足以形成完全密闭水分的薄膜，喷洒后的表面不得有颜色差异。喷洒宜在表面混凝土泌水完成后进行。不得使用易被雨水冲刷掉的和对混凝土强度、表面耐磨性有影响的养生剂。当喷洒一种养生剂达不到90%以上有效保水率要求时，可采用两种养生剂各喷洒一层或喷一层养生剂再加覆盖的方法。

覆盖保湿养生宜使用保湿膜、土工毡、土工布、麻袋、草袋、草帘等进行覆盖，混凝土成活后应及时覆盖、及时洒水，保持混凝土表面始终处于潮湿状态。覆盖物覆盖时，应确保混凝土表面、侧面覆盖到位，不漏盖。

塑料薄膜覆盖养生所用薄膜厚度（韧度）应合适，宽度应大于覆盖面600mm。两条薄膜对接时，搭接宽度不应小于400mm。养生期间应始终保持薄膜完整盖满。

养生时间应根据混凝土弯拉强度的增长情况而定，不宜小于混凝土设计弯拉强度的80%，应特别注重前7天的保湿（温）养生。一般养生天数宜为14～21天，气温较高时，养生期不宜少于14天；低温时，养生期不宜少于21天；掺粉煤灰的混凝土路面最短养生时间不宜少于28天。

昼夜温差大于10℃以上的地区或日平均温度小于5℃施工的混凝土路面应采取保温保湿养生措施，防止混凝土板产生收缩裂缝。

混凝土板在养护期间和填缝前，禁止车辆通行，在达到设计强度的40%以后，方可允许行人通行。

养护期间应封闭交通，不得堆放重物；面板达到设计弯拉强度后，方可开放交通；养护终结，应及时清除路面层养护材料。

六、接缝施工

接缝是混凝土路面的薄弱环节，接缝施工质量不高，会引起板的各种损坏，并影响行车的舒适性。因此，应特别认真地做好接缝施工。

（一）纵缝

小型机具施工时，按一个车道的宽度（3.75～4.5m）一次施工，纵向施工缝一般采用平缝加拉杆或企口缝加拉杆的形式。但在道口等特殊部位，一次性浇筑的混凝土板宽度可能会大于4.5m，这就需要设纵向缩（假）缝。纵向假缝一般亦应设置拉杆。

纵向施工缝拉杆可采用三种方式设置：第一种是在模板上设孔，立模后在浇筑混凝土之前将拉杆穿在孔内，这种方式的缺点是拆模板较困难。第二种是把拉杆弯成直角形，立模后用铁丝将其一半绑在模板上，另一半浇在混凝土内，拆模后将露在已浇筑混凝土侧面上的拉杆弯直。第三种是采用带螺栓的拉杆，一半拉杆用支架固定在基层上，拆模后另一半带螺栓接头的拉杆同埋在已浇筑混凝土内的半根拉杆相接。

（1）纵向接缝的布设应符合下列规定：

① 当一次铺筑宽度小于路面宽度时，应设置纵向施工缝。纵向施工缝宜采用平缝形式，上部应锯切槽口，深度宜为30～40mm，宽度宜为3～8mm，槽内应灌塞填缝料［图1.5.7（a)］。

② 当一次铺筑宽度大于4.5m时，应设置纵向缩缝。纵向缩缝宜采用假缝形式，锯切的槽口深度应大于施工缝的槽口深度。当采用粒料基层时，槽口深度应为板厚的1/3；当采用半刚性基层时，槽口深度应为板厚的2/5［图1.5.7（b)］。

（2）纵缝应与路线中线平行。在路面等宽的路段内或路面变宽路段的等宽部分，纵缝的间距和形式应保持一致。路面变宽段的加宽部分与等宽部分之间，应以纵向施工缝隔开。加宽板在变宽段起终点处的宽度不应小于1m。

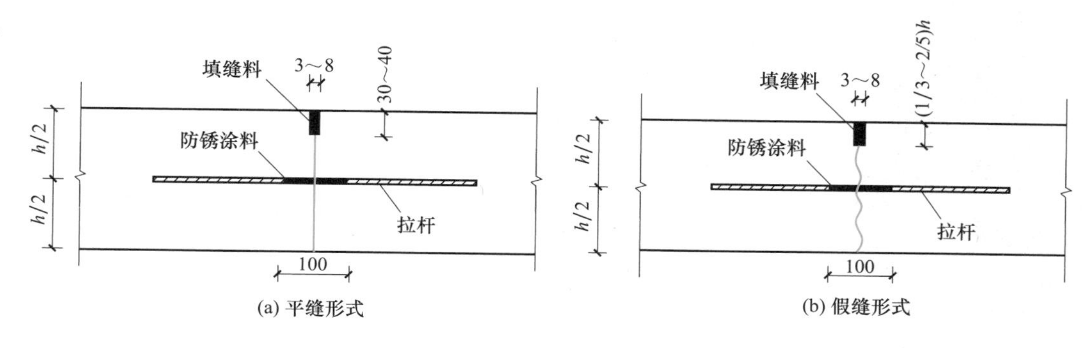

图 1.5.7　纵向缩缝构造

(3) 拉杆应采用螺纹钢筋，宜设在板厚中央，应对拉杆中部 100mm 范围内进行防锈处理。拉杆的直径、长度和间距，可按表 1.5.7 选用。当施工布设时，拉杆的间距应按横向接缝的实际位置予以调整，最外侧的拉杆距横向接缝的距离不得小于 100mm。

表 1.5.7　拉杆直径、长度和间距　　单位：mm

面层厚度	拉杆	到自由边或未设拉杆纵缝的距离					
		3.00m	3.50m	3.75m	4.50m	6.00m	7.50m
180～250	直径	14	14	14	14	14	14
	长度	700	700	700	700	700	700
	间距	900	800	700	600	500	400
260～300	直径	16	16	16	16	16	16
	长度	800	800	800	800	800	800
	间距	900	800	700	600	500	400

(4) 连续配筋混凝土面层的纵缝拉杆可由板内横向钢筋延伸穿过接缝代替。

（二）横缝

1. 缩缝

横向缩缝可采用在混凝土凝结后（碎石混凝土抗压强度达到 6.2～12.0MPa，砾石混凝土达到 9.0～12.0MPa）锯切或在混凝土铺筑时压缝的方式修筑。横缝间距 4～6m（缩缝），我国缩缝间距一般为 5m。临近胀缝或自由端部的三条最靠近的缩缝，采用设传力杆的假缝形式，做法同横向施工缝，构造如图 1.5.8 所示。其他情况采用不设传力杆的假缝形式，构造如图 1.5.9 所示。

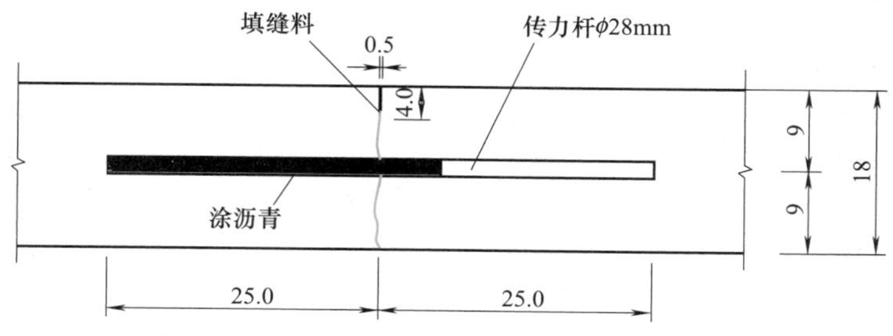

图 1.5.8　横向缩缝（带传力杆，单位为 cm）

(1) 压缝法。混凝土在木抹初平后、铁抹初平前应用振动压缝刀压缝，当压至规定深度时应提出压缝刀，放入软木板或胶合板（5 合板），用原浆修平缝槽，严禁另外调浆。软木板或胶合板预埋在混凝土路面中，不必取出。

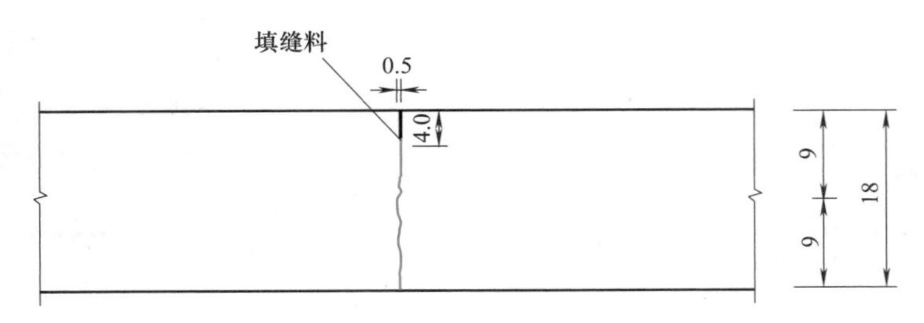

图 1.5.9　横向缩缝（不设传力杆，单位为 cm）

图 1.5.10　切缝机

（2）切缝法。由于切缝可以得到比压缝质量好的缩缝，因此，应尽量采用这种方式，特别是高等级道路必须采用切缝法。切缝法根据切割时混凝土强度的不同分为硬切缝和软切缝。硬切缝是在混凝土凝结产生一定的强度时，用切缝机切入一定深度并灌注填缝料。软切缝是一种刚浇筑完混凝土路面后就切割的变形缝，一般为横向缩缝。具体切缝时间及深度参考表 1.5.8。切缝机见图 1.5.10。

表 1.5.8　当地昼夜温差与缩缝适宜切缝方式、时间和深度参考表

昼夜温差①/℃	缩缝切缝方式与时间②	缩缝切割深度
<10	硬切缝：切缝时不啃边即可开始硬切缝，纵缝可略晚于横缝，所有纵、横缩缝最晚切缝时间均不得超过 24h	缝中无拉杆、传力杆时，深度 1/4～1/3 板厚，最浅 60mm；缝中有拉杆、传力杆时，深度 1/3～2/5 板厚，最浅 80mm
10～15	软硬结合切缝：每隔 1～2 条提前软切缝，其余用硬切缝补切	硬切缝深度同上。软切深度不应小于 60mm；不足者应硬切补深到 1/3 板厚，已断开的缝不补切
>15	软切缝：抗压强度为 1～1.5MPa，人可行走时开始软切。软切缝时间不应超过 6h	软切缝深度不应小于 60mm，未断开的接缝，应硬切补深到≥2/5 板厚

① 当降雨、刮风引起路面温度骤降时，应提早软切缝或硬切缝。
② 三种切缝方式均应冲洗干净切缝泥浆，并恢复表面养生覆盖。

切缝施工工艺为：

① 切缝前应检查电源、水源及切缝机组试运转的情况，切缝机刀片应与机身中心线成 90°角，并应与切缝线在同一直线上。

② 开始切缝前，应调整刀片的进刀深度，切割时应随时调整刀片的切割方向。停止切缝时，应先关闭旋钮开关，然后将刀片提升到混凝土板面上，停止运转。

③ 切缝时刀片冷却用水的压力不应低于 0.2MPa。同时应防止切缝水渗入基层和土基。

④ 当混凝土的强度达到设计强度的 25%～30%时，即可进行切割。当气温突变时，应适当提早切缝时间，或每隔 20～40m 先割一条缝，以防因温度应力产生不规则裂缝。应严禁一条缝分两次切割的操作方法。

⑤ 切缝后，应尽快灌注填缝料。

这里应指出的是，切割时间要特别注意掌握好。切得过早，由于混凝土的强度不足，会引起粗集料从砂浆中脱落，而不能切出整齐的缝。切得过迟，则混凝土由于温度下降和水分减少而产生的收缩因板长而受阻，导致收缩应力超出其抗拉强度而在非预定位置出现早期裂

缝。合适的切割时间应控制在混凝土获得足够的强度，而收缩应力并未超出其强度的范围时。它随混凝土的组成和性质（集料类型、水泥类型和含量、水灰比等）、施工时的气候等因素而变化，施工技术人员须依据经验并进行试切后决定。

2. 胀缝

胀缝指的是在水泥混凝土路面板上设置的膨胀缝，其作用是使水泥混凝土板在温度升高时能自由伸展。

（1）胀缝设置原则。普通混凝土路面、钢筋混凝土路面和钢纤维混凝土路面的胀缝间距根据集料的温度膨胀性大小、当地年温差和施工季节综合确定。

高温施工，可不设胀缝。常温施工，集料温缩系数和年温差较小时，可不设胀缝；集料温缩系数或年温差较大，路面两端构造物间距大于等于500m时，宜设一道中间胀缝。低温施工，路面两端构造物间距大于等于350m时，宜设一道胀缝。邻近构造物、平曲线或与其他道路相交处的胀缝应按《公路水泥混凝土路面设计规范》（JTG D40）的规定设置。

（2）胀缝设置方法。胀缝应与路中心线垂直，缝壁必须垂直，缝隙宽度必须一致，缝中不得连浆。缝隙下部设胀缝板，上部灌胀缝填缝料。传力杆的活动端，可设在缝的一边或交错布置，固守后的传力杆必须平行于板面及路面中心线，其误差不得大于5mm。传力杆的固定，可采用顶头木模固定或支架固定安装两种方法。胀缝构造见图1.5.11。

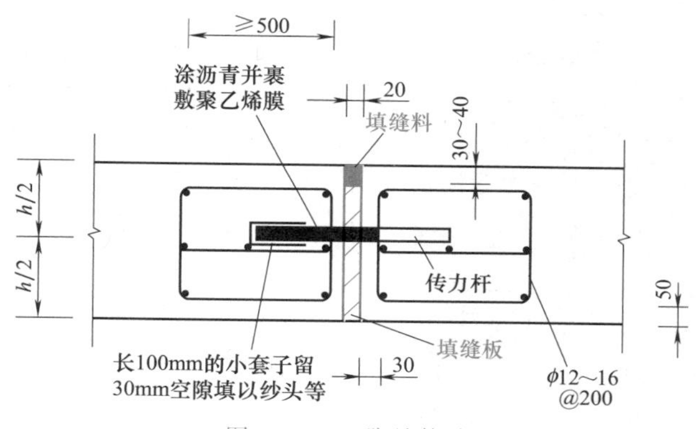

图1.5.11　胀缝构造

①顶头木模固定传力杆安装方法。宜用于混凝土板不连续浇筑时设置的胀缝。传力杆长度的一半应穿过端头挡板，固定于外侧定位模板中。混凝土拌合物浇筑前应检查传力杆的位置。浇筑时应先摊铺下层混凝土拌合物，并用插入式振捣器振实，在校正传力杆位置后，再浇筑上层混凝土拌合物。浇筑卸板时应拆除顶头木模，并应设置胀缝板、木制嵌条和传力杆套管。胀缝传力杆的架设（顶头模固定法）见图1.5.12。

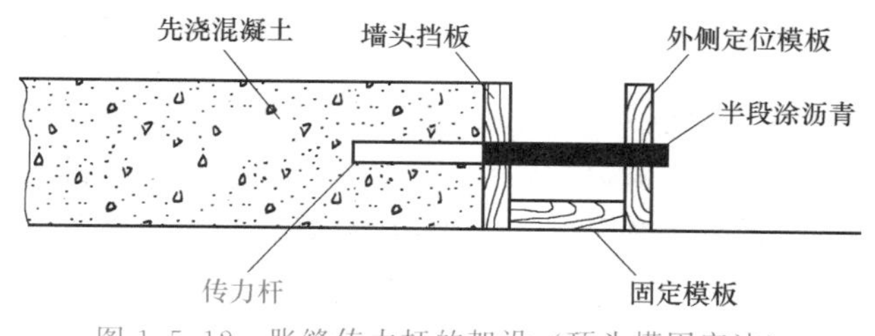

图1.5.12　胀缝传力杆的架设（顶头模固定法）

②支架固定传力杆安装方法。宜用于混凝土板连续浇筑时设置的胀缝。传力杆长度的一半应穿过胀缝板和端头挡板，并应用钢筋支架固定就位。浇筑时应先检查传力杆的位置，再在胀缝两侧摊铺混凝土拌合物至板面；振捣密实后，抽出端头挡板，空隙部分填补混凝土拌合物，并用插入式振捣器振实。胀缝传力杆的架设（钢筋支架法）见图1.5.13。

3. 施工缝

施工缝宜设于胀缝或缩缝处，多车道施工缝应避免设在同一横断面上。施工缝如设于缩缝处，板中应增设传力杆，其一半锚固于混凝土中，另一半应先涂沥青，允许滑动。传力杆必须与缝壁垂直。横向施工缝见图1.5.14。

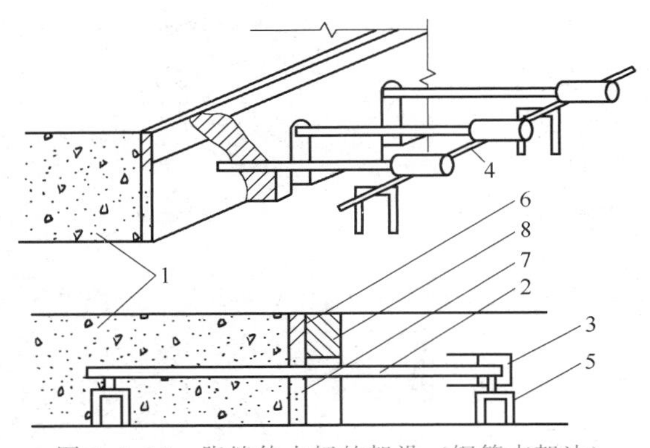

图 1.5.13 胀缝传力杆的架设（钢筋支架法）
1—先浇的混凝土；2—传力杆；3—金属套管；4—钢筋；
5—支架；6—压缝板条；7—嵌缝板；8—胀缝模板

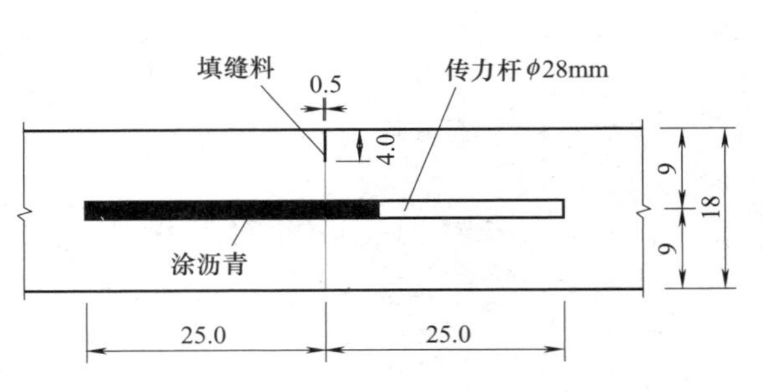

图 1.5.14 横向施工缝（单位：cm）

（三）水泥混凝土路面加强钢筋

1. 边缘钢筋

一般设置在纵向，横向只在胀缝两侧或起终点处设置。采用两根直径 12～16mm 的钢筋，用直径 6mm 的钢筋固定，端部应弯起，放置在板面下 1/4～1/3 处，并保证离板边缘 5cm 的净距。边缝钢筋布置见图 1.5.15。

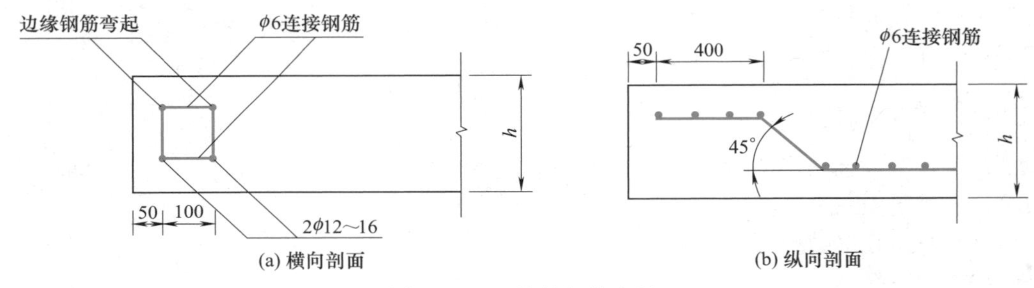

图 1.5.15 边缝钢筋布置

2. 角隅钢筋

设置在胀缝两侧板的角隅处，采用两根直径 12～14mm、长度 2.4m 的螺纹钢筋，设在板的上部，并离板顶留有 5cm 以上净距，距板纵、横边缘各 10cm。当交叉口或斜桥处出现板块锐角时，应增加双层补强钢筋网，以直径 6mm 的钢筋、10cm 间距斜交平行排列，设在距板顶、板底 5～7cm 处。角隅钢筋布置见图 1.5.16。

（四）水泥混凝土路面与其他面层交接的处理

1. 混凝土路面与桥梁相接的处理

（1）一般桥梁：设置桥头搭板，一端放置于桥台上，设置防滑锚固钢筋。

（2）斜交桥梁：设置渐变板，斜角大于 70°设置一块，45°～70°设置两块，小于 45°设置至少三块；并要求渐变板短边不小于 5m，长边不大于 10m。角隅处要设置钢筋网补强。

（3）渐变板和搭板均应按计算配筋量设置钢筋。

2. 水泥混凝土路面与其他路面相接时的处理

（1）混凝土路面与固定构造物相衔接的胀缝无法设置传力杆时，可在毗邻构造物的板端部配置双层钢筋网，或端部增加板厚；设置胀缝并以混凝土预制块过渡，以混凝土平道牙隔断。混凝土路面相接示意图见图 1.5.17。

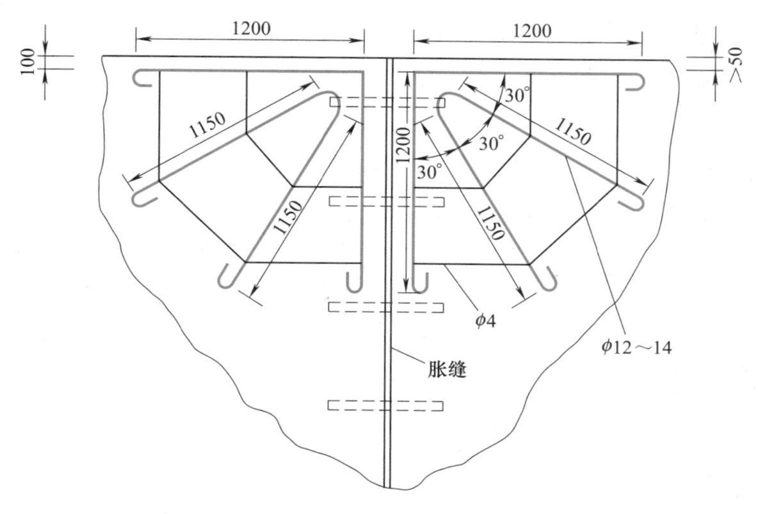

图 1.5.16 角隅钢筋布置

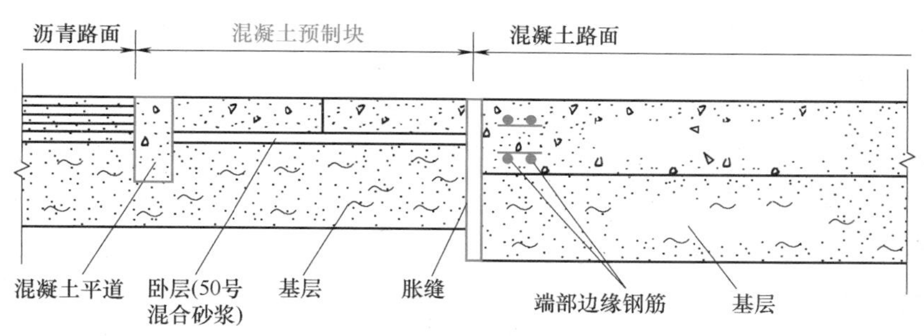

图 1.5.17 混凝土路面相接示意图

(2) 混凝土路面与桥梁连接，设置 6～10m 的过渡板，或设置 2～3 道传力杆胀缝。

(3) 桥头未设置搭板，应设计钢筋混凝土路面。

(4) 设置水泥混凝土下埋板，其上设置渐变厚度的联结层。混凝土路面相接情况示意图见图 1.5.18。

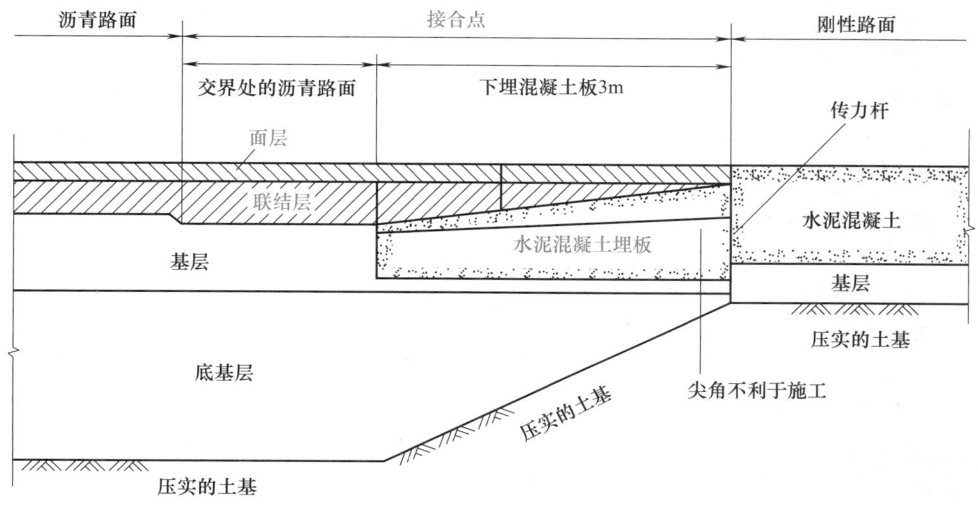

图 1.5.18 混凝土路面相接情况示意图

七、拆模及填料

1. 拆模

当路面混凝土抗压强度不小于 8.0MPa 时，方可拆模。如缺乏强度实测数据，边模的允许最早拆模时间应符合表 1.5.9 的规定。达不到要求，不能拆除端模时，可空出一块面板，重新起头摊铺。空出的面板待两端均可拆模后再补做。

表 1.5.9 混凝土路面板的允许最早拆模时间 单位：h

昼夜平均气温/℃	−5	0	5	10	15	20	25	≥30
硅酸盐水泥、R 型水泥	240	120	60	36	34	28	24	18
道路、普通硅酸盐水泥	360	168	72	48	36	30	24	18
矿渣硅酸盐水泥	—	—	120	60	50	45	36	24

注：允许最早拆模时间从混凝土面板精整成型后开始计算。

拆模时应先起下模板支撑、铁钎等，然后用扁头小铁铲轻轻插入模板，慢慢向外撬动。注意不要损坏混凝土板的边、角，不得用力撬，拆下的模板应及时修理、校正，备下次使用。

2. 填缝

混凝土板按不少于 7 天养护，养护期满后，缝槽应及时填塞；填前保持缝内清洁，防止杂物掉入缝内。常用的填缝方法有灌入式和预制嵌缝条填缝两种。采用灌入式填缝施工，填缝与填缝方法须满足有关规定；若采用预制嵌缝条填缝施工，胀缝板嵌入前，应保持缝壁干燥，并清除缝内杂物，使嵌缝条与缝壁紧密结合。缩缝、纵缝、施工缝的预制嵌缝条，可在缝槽形成时嵌入。嵌缝条应顺直整齐。

填缝前需用钩子将缝内小石子、砂浆块等杂物钩清，灰土则用吹灰器吹净，必要时可用水冲刷洗净。灌填缝料一般低于路面 5mm 以免受胀挤出，污染路面。

填料应按设计图纸要求配备，设计无要求时，可采用沥青马琋脂或沥青橡胶混合料作为填缝料。

混凝土板达到设计强度时，可允许开放交通，强度应以同步养生的试块强度作为依据。

第四节 » 水泥混凝土路面季节性施工

一、雨季施工

1. 防雨准备

（1）地势低洼的搅拌场、水泥仓、备件库及砂石料堆场，应按汇水面积修建排水沟或预备抽排水设施。搅拌楼的水泥和粉煤灰罐仓顶部的通气口、料斗及不得遇水部位应有防潮、防水覆盖措施，砂石料堆应防雨覆盖。

（2）雨天施工时，在新铺路面上，应备足防雨篷、帆布和塑料布或薄膜。

（3）防雨篷支架宜采用可推行的焊接钢结构，并具有人工饰面拉槽的足够高度。

2. 防雨水冲刷

（1）摊铺中遭遇阵雨时，应立即停止铺筑混凝土路面，并紧急使用防雨篷、塑料布或塑料薄膜等覆盖尚未硬化的混凝土路面。

（2）被阵雨轻微冲刷过的路面，视平整度和抗滑构造破损情况，采用硬刻槽或先磨平再刻槽的方式处理。对被暴雨冲刷后，路面平整度严重劣化或损坏的部位，应尽早铲除重铺。

（3）降雨后开工前，应及时排除车辆、搅拌场及砂石料堆场内的积水或淤泥。运输便道应排除积水，并进行必要的修整。摊铺前应扫除基层上的积水。

二、高温季节施工

（1）施工现场的气温高于30℃，拌合物摊铺温度在30～35℃，同时，空气相对湿度小于80%时，混凝土路面和桥面的施工应按高温季节施工的规定进行。

（2）高温天气铺筑混凝土路面和桥面应采取以下措施：

① 当现场气温大于等于30℃时，应避开中午高温时段施工，可选择在早晨、傍晚或夜间施工。夜间施工应有良好的操作照明，并确保施工安全。

② 砂石料堆应设遮阳篷；采用冷水或冰屑水拌和。拌合物中宜加允许最大掺量的粉煤灰或磨细矿渣，但不宜掺硅灰。拌合物中宜掺足够剂量的缓凝剂、高温缓凝剂、保塑剂或缓凝（高效）减水剂等。

③ 混凝土运输车上的混凝土拌合物应加遮盖。

④ 应加快施工各环节的衔接，尽量压缩搅拌、运输、摊铺、饰面等各工艺环节所耗费的时间。

⑤ 可使用防雨篷作防晒遮阴篷，在每日气温最高和日照最强烈时段遮阴。

⑥ 高温天气施工时，混凝土拌合物的出料温度不宜超过35℃，并应随时监测气温、水泥、拌和水、拌合物及路面混凝土的温度。必要时加测混凝土水化热。

⑦ 在采用覆盖保湿养生时，应加强洒水，并保持足够的湿度。

⑧ 切缝应视混凝土强度的增长情况进行，宜比常温施工适当提早，以防止断板。特别是在昼夜温差较大时，应提早切缝。

三、低温季节施工

（1）当摊铺现场连续5昼夜平均气温高于5℃，夜间最低气温在－3～5℃之间时，混凝土路面和桥面的施工应按下述低温季节施工规定的措施进行。

① 拌合物中应优选和掺用早强剂或促凝剂。

② 应选用水化总热量大的R型水泥或单位水泥用量较多的32.5级水泥，不宜掺粉煤灰。

③ 搅拌机出料温度不得低于10℃，摊铺混凝土温度不得低于5℃。在养生期间，应始终保持混凝土板最低温度不低于5℃。否则，应采用热水或加热砂石料拌和混凝土。热水温度不得高于80℃；砂石料温度不宜高于50℃。

④ 应加强保温保湿覆盖养生，可先用塑料薄膜保湿隔离覆盖或喷洒养生剂，再采用草帘、泡沫塑料垫等保温覆盖初凝后的混凝土路面。遇雨雪必须再加盖油布、塑料薄膜等。

⑤ 应随时检测气温、水泥、拌和水、拌合物及路面混凝土的温度，每工班至少测定3次。

（2）混凝土路面或桥面的弯拉强度未达到1.0MPa或抗压强度未达到5.0MPa时，应严防路面受冻。

（3）低温天施工，路面或桥面覆盖保温保湿的养生天数不得少于28天。

思 考 题

1. 简述水泥混凝土路面的分类与特点。
2. 简述水泥混凝土路面的构造组成。
3. 论述水泥混凝土路面的施工工艺流程。
4. 季节性施工包括哪几个方面？各有何要求？

第二篇

市政管道工程施工

第一章 概述

【知识目标】

- 了解市政管道术语。
- 了解市政管道布置。
- 熟悉市政管道分类。

【能力目标】

- 能够大概掌握市政管道基础知识。

市政管道工程是市政工程的重要组成部分，是城市重要的基础工程设施。它犹如人体内的“血管”和“神经”，日夜担负着传送信息和输送能量的任务，是城市赖以生存和发展的物质基础，是城市的生命线。

第一节 市政管道的分类

一、管道术语

各种用途的管道都是由管子和管道附件组成的。管道附件是指连接在管道上的阀门、接头配件等部件的总称。为便于生产厂家制造、设计以及施工单位选用，国家对管子和管道附件制定了统一的规定标准。管子和管道附件的通用标准主要是下面所说的公称直径、公称压力、试验压力和工作压力等。

1. 公称直径

公称直径，又称为公称尺寸，指用于管道系统元件的字母和数字组合的尺寸标识，由字母 DN 和后跟的无量纲的整数数字组成。这个无量纲数字与端部连接件的孔径或外径（用 mm 表示）等特征尺寸直接相关。除相关标准中另有规定外，DN 后跟的无量纲数字不代表测量值，也不应用于计算。

公称直径一般是针对有缝钢管、铸铁管、混凝土管等管子的标称，但无缝钢管不用此表示法。管子和管道附件以及各种设备上的管子接口，都要符合公称直径标准，根据公称直径生产制造或加工，不得随意选定尺寸。

2. 公称压力

公称压力是指，与管道系统元件的力学性能和尺寸特性相关的字母和数字组合的标识，由字母 PN 或 Class 和后跟的无量纲数字组成。除相关标准中另有规定外，无量纲数字不代表测量值，也不应用于计算。除与相关的管道元件标准有关联外，字母 PN 或 Class 不具有意义。管道元件的最大允许工作压力取决于管道元件的 PN 数值或 Class 数值、材料、元件设计和最高允许工作温度等。具有相同 PN 或 Class 和 DN 数值的管道元件，同与其相配合的法兰具有相同的连接尺寸。

3. 试验压力

管材和管件出厂前，为检验其机械强度和严密性能，用来进行压力试验的压力值，称为试验压力，用符号 Ps 表示。试验压力一般为公称压力的 1.5～2 倍，它是在常温条件下制定的检验管材机械强度和严密性的标准。

4. 工作压力

管材和管件不但承受介质的压力作用，同时还承受介质的温度作用。材料在不同温度条件下具有不同的机械强度，因而其允许承受的介质工作压力是随介质温度不同而不同的。工作压力以符号 Pt 表示，一般是指给定温度下的操作（工作）压力。

通常情况下，工作压力小于或等于公称压力。因此，在工程中，试验压力、公称压力、工作压力之间的关系应满足 Ps＞PN≥Pt，这是保证管路系统安全运行的必要条件。

二、市政管道的分类

（一）按管道功能分

市政管道工程包括的种类很多，按其功能主要分为给水管道、排水管道、燃气管道、热力管道、电力管道和电信管道 6 大类。

1. 给水管道

给水管道主要为城市输送供应生活用水、生产用水、消防用水和市政绿化及喷洒道路用水，包括输水管道和配水管网两部分。给水厂中符合国家现行生活饮用水卫生标准的成品水经输水管道输送到配水管网，然后再经配水干管、连接管、配水支管和分配管分配到各用水点上，供用户使用。

2. 排水管道

排水管道主要是及时收集城市中的生活污水、工业废水和雨水，并将生活污水和工业废水输送到污水处理厂进行适当处理后再排放。雨水一般既不处理也不利用，而是就近排放，以保证城市的环境卫生和生命财产的安全。一般有合流制和分流制两种排水体制，在一个城市中也可合流制和分流制并存。因此，排水管道一般分为污水管道、雨水管道、合流管道。

3. 燃气管道

燃气管道主要是将燃气分配站中的燃气输送分配到各用户，供用户使用。一般包括分配管道和用户引入管。我国城市燃气管道根据输气压力的不同一般分为：低压燃气管道（$p \leqslant 0.005$MPa）、中压 B 燃气管道（0.005MPa＜$p \leqslant 0.2$MPa）、中压 A 燃气管道（0.2MPa＜$p \leqslant 0.4$MPa）、高压 B 燃气管道（0.4MPa＜$p \leqslant 0.8$MPa）、高压 A 燃气管道（0.8MPa＜$p \leqslant 1.6$MPa）。高压 A 燃气管道通常用于城市间的长距离输送管线，有时也构成大城市输配管网系统的外环网；高压 B 燃气管道通常构成大城市输配管网系统的外环网，是城市供气的主动脉。高压燃气必须经调压站调压后才能送入中压管道，中压管道燃气经用户专用调压站调压后，才能经中压或低压分配管道向用户供气，供用户使用。

4. 热力管道

热力管道是将热源中产生的热水或蒸汽输送分配到各用户，供用户取暖使用。一般有热水管道和蒸汽管道 2 种。

5. 电力管道

电力管道内敷设电力电缆，主要为城市输送电能，按其功能可分为动力电缆、照明电缆、电车电缆等；按电压的高低又可分为低压电缆、高压电缆和超高压电缆3种。

6. 电信管道

电信管道内敷设电信电缆，主要为城市传送信息，包括市话电缆、长话电缆、光纤电缆、广播电缆、电视电缆、军队及铁路专用通信电缆等。

（二）按管道材料分

给排水工程所选用的管材，分为金属与非金属管材两大类。金属管材有无缝钢管、有缝钢管（焊接钢管）、铸铁管、铜管、不锈钢管等；非金属管材分为塑料管、玻璃钢管、混凝土管、钢筋混凝土管、陶土管等。

1. 素混凝土管和钢筋混凝土管

素混凝土管是没有配钢筋的混凝土管，是用水泥、砂、碎石按一定比例混合加水搅拌浇筑而成的。素混凝土管能承受的内水压力较小。这种管体积大，应尽量争取在现场附近浇制，而不要远途运输，以免在运输过程中损坏、破裂。但是，素混凝土管的性能与制管所用的材料、制管工艺水平有很大关系。因此，在有条件的地方，应通过测试来确定工作压力。

钢筋混凝土管有预应力钢筋混凝土管和自应力钢筋混凝土管两种，都是在混凝土浇制过程中使钢筋受到一定的拉力，从而使管子在工作压力范围内不会产生裂缝。可承受内压400～500kPa，常用直径为70～1200mm。钢筋混凝土管的优点是：钢材用量仅为铸铁管的10%～15%，而且不会因锈蚀使输水性能降低，使用寿命长，一般可使用70年或更长时间。但其质脆、较重，运输有一定困难，而且目前制造工艺比较复杂。

混凝土和钢筋混凝土管适用于排除雨水、污水，可在专门的工厂预制，也可在现场浇制。素混凝土管和钢筋混凝土管分为混凝土管、轻型钢筋混凝土管、重型钢筋混凝土管3种。混凝土管管径一般不超过400mm，长度一般为1m。为了抵抗外压力，直径大于400mm时，一般加配钢筋制成钢筋混凝土管，其长度在1～4m之间。混凝土管和钢筋混凝土管可以根据抗压能力的不同要求，制成无压管、低压管、预应力管等。混凝土管和钢筋混凝土管可用作一般自流排水管道，钢筋混凝土管及预应力钢筋混凝土管可用作泵站的压力管及倒虹管。它们的主要缺点是抗酸、碱侵蚀及抗渗性能较差，管节短、接头多，施工复杂。另外，大管径钢筋混凝土管的自重大，搬运不便。

2. 陶土管

陶土管由耐火土经焙烧制成，一般是承插式。陶土管直径一般不超过500mm，长度一般为1000mm。带釉的陶土管内外壁光滑，水流阻力小，不透水性好，耐磨损，抗腐蚀。但其质脆易碎，不宜远运，不能受内压，抗弯抗拉强度低，不宜敷设在松土或埋深较大的地方。此外，其管节短，需要较多的接口，增加施工费用。陶土管常用于排除酸性废水，或管外有侵蚀性地下水的污水管道。

3. 金属管

常用的金属管有铸铁管和钢管，只有在排水管道承受高内压、高外压时或对渗漏要求特别高的地方，才使用金属管。金属管质地坚硬，抗压、抗振性强，管节长，但价格较贵，对酸碱的防腐蚀性较差，在使用时必须涂刷耐腐蚀的涂料并注意绝缘。

铸铁管一般可承压1MPa，优点是工作可靠和使用寿命长，一般可使用60～70年，但一般在30年后就要开始陆续更换。其缺点是较脆，不能经受较大的动荷载，比钢管要多花1.5～2.5倍的材料；每根管子长度仅为钢筋的1/4～1/3，故接头多，增加施工工作量；另外，在长期输水后，由于锈蚀，内壁会产生锈瘤，使内径逐渐变小，阻力逐渐加大，而大大降低其过水能力。

钢管可承压1.5～6.0MPa，与铸铁管相比，它的优点是能经受较大的压力、韧性强、能承受动荷载、管壁较薄、节省材料、管段长而接口少、敷设简便，但易腐蚀，寿命仅为铸铁管的一半，因此敷设在土中时表面应有良好的保护层。常用的钢管有热轧无缝钢管、冷轧（冷拔）无缝钢管、水煤气输送钢管和电焊钢管等，一般用焊接、螺纹接头或法兰接头。

4. 塑料管

塑料管是由不同种类的树脂掺入稳定剂、添加剂和润滑剂等配合后，挤压成型的。采用不同的树脂就产生出不同的塑料管，品种很多。现在常用的塑料管有聚氯乙烯管（PVC）、聚乙烯管（PE）和聚丙烯管（PP）等。塑料管道通常采用粘接、对接熔接和电熔管件熔接等。不同厚度的管子可承受内压力 400～1000kPa，其优点是施工容易，能适应一定的不均匀沉陷，内壁光滑，水头损失小。其老化问题值得注意，但埋在地下可减慢老化速度。各种塑料管的规格各不相同，管径为 5～500mm，壁厚为 0.5～8.0mm。

5. 其他管材

随着新型市政材料的不断研制，用于制作排水管道的材料也日益增多。如玻璃钢管、玻璃纤维增强塑料管等，具有弹性好、耐腐蚀、重量轻、不漏水、管节长、接口施工方便等特点。在国外，英国生产有玻璃纤维筋混凝土管，美国生产有一种用塑料填充珍珠岩水泥的“构架管”等。

第二节 ▸▸ 市政管道布置

市政管道大都铺设在城市道路下，为了合理地进行市政管道的施工和便于日后的养护管理，需要正确确定和合理规划每种管道在城市道路上的平面位置和竖向位置。

根据城市规划布置要求，市政管道应尽量布置在人行道、非机动车道和绿化带下，只有在不得已时，才考虑将埋深大、维修次数少的污水管道和雨水管道布置在机动车道下。管线平面布置的次序，一般从建筑规划红线向道路中心线方向依次为：电力电缆、电信电缆、燃气管道、热力管道、给水管道、雨水管道、污水管道。当各种管线布置发生矛盾时，处理的原则是：未建让已建、临时让永久、小管让大管、压力管让重力管、可弯管让不可弯管。城市工程管线综合布置见图 2.11。

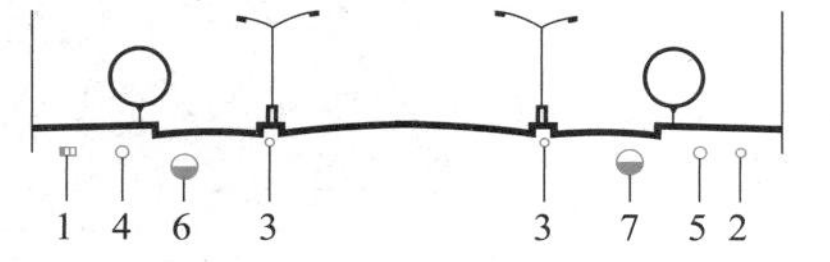

图 2.1.1 城市工程管线综合布置示意图
1—电信电缆；2—电力电缆；3—路灯电缆；4—煤气管；5—给水管；6—雨水管；7—污水管

当工程管线交叉敷设时，自地面向地下竖向的排列顺序一般为：电力电缆、电信电缆、热力管道、燃气管道、给水管道、雨水管道、污水管道。

市政管道工程均为线性工程，其施工大都在市区内部进行，受城市道路交通情况、环境条件、地形条件、地质条件影响较大，有时还不能中断城市交通，这就给市政管道工程的施工带来了一定的难度，客观上要求施工人员要具有一定的专业素质，以便在合理利用现场条件的前提下尽快完成施工任务。另外，还需研究如何采用先进、合理的施工技术，在保证工程质量的前提下，最快、最经济、最合理地完成每个工种工程的施工工作。不但要研究施工工艺和施工方法，而且还要研究保证工程质量、降低工程成本和保证施工安全的技术措施与组织措施。

思考题

1. 什么是公称直径？
2. 什么是公称压力、试验压力和工作压力？三者的关系如何？
3. 市政管道工程包括的种类很多，按其功能主要分为哪些？
4. 给排水工程管道非金属管材目前常用的有哪些类型？

第二章 市政管道开槽施工

【知识目标】

- 了解市政管道工程施工前期的准备工作。
- 熟悉下管和稳管工艺。
- 掌握球墨铸铁管、聚乙烯管（PE）、预应力混凝土管给水管施工工艺。
- 掌握排水混凝土管和双壁波纹管施工工艺。

【能力目标】

- 能够正确选取市政给排水管材，初步掌握市政管道的施工工艺。

第一节 管道工程的施工准备

一、工程交底

施工单位应对施工图及所有施工文件认真学习研究，了解设计意图和要求，并对现场踏勘（重点检查环境保护、建筑设施、公用管线、交通配合、地区排水以及工程施工等情况），考虑必要的技术措施和要求，在图纸会审时提出意见。“图纸会审纪要”是编制施工组织设计的必要依据。

二、现场核查

认真分析建设单位提供的地质勘探报告中的工程地质、水文地质资料和工程范围内现有的地下构筑物和管线的详细资料。对于所给资料应进行现场核查，经过现场核查后的资料才能作为编制施工组织设计的依据。

现场核查的主要内容有：摸清原有的地下管线系统，如管道长度、管径、标高、渗漏情况、排水管道的排水方向、检查井的完好状况以及河流位置、地貌变化等情况，并摸清以往暴雨后的积水情况，以便考虑施工期间的排水措施；调查工程范围内的建筑物，包括结构特征、基础做法、建筑年代等，估计施工期间的影响程度；核实地下建筑物的位置、深度，施工范围内树木、坟墓、临时堆放物、堆土等的数量，联系建设单位和相关单位予以清除、迁移、砍伐；对于施工现场的农业用地、农作物，联系建设单位落实征地及青苗补偿等手续；核对各种地下管线的位置、数量、深度、接头形式，各种架空线的杆位、高度（地面至架空线的净高、数量及电压等）；了解工程用地情况、施工期间现场交通状况、交通运输条件以及受施工的影响程度；在水体中和岸边施工时，应掌握水体的水位、流量、流速、潮汐、浪高、冲刷、淤积、漂浮物、冰凌和航运等状况以及有关管理部门的法规和对施工的要求。核实现场附近的测量标志。

在工程开工前，还必须办好施工执照（包括掘路执照施工许可证和临时占用道路许可证等），并与工程所在地有关单位、部门取得联系，召开施工配合会议，取得支持，搞好协调配合工作。

接受工程任务后，在深入调查研究和现场核实的基础上，根据工程性质、特点、地质环境和施工条件，提出施工方案，编制施工组织设计方案和施工图预算，安排劳动力、材料供应和施工机具的配备，有效地指导和组织施工。

三、施工测量

1. 施工测量的内容

（1）桩橛交接。在开工前施工单位应请设计单位到工地共同进行交接桩工作，在交接桩前双方应共同拟定交接桩计划。交接桩时，由设计单位备齐有关图表，包括给水排水的基线桩、辅助基线桩、水准基点桩、构筑物中心桩以及各桩的控制桩和护桩示意图等，并按上述图表逐个桩橛进行交点。交接桩完毕后，双方应作交接记录，说明交接情况和存在的问题及解决方法，由双方交接负责人及具体交接人员签章。

（2）测量放线。有压管道放线，一般每隔 20m 设中心桩；无压管道放线，一般每隔 10m 设中心桩。给排水管道在检查井处、变换管径处、分支处、阀门井室处均应设中心桩，必要时要设置护桩或控制桩。给水排水管道放线抄平后，应绘制管路纵断面图。给水排水管线测量工作应在正规的测量记录本上认真详细记录，必要时应附示意图，并应将测量的日期、工作地点、工作内容以及司镜、记录、对点、拉线、扶尺等参加测量人员的姓名记录。测量记录应由专人妥善保管，随时备查，作为工程竣工的原始资料。

2. 临时水准点的设置和要求

开工前应根据设计图纸和由建设单位指定的水准点设置临时水准点，临时水准点应设置在不受施工影响的固定构筑物上，并应妥善保护，详细记录在测量手册上。临时水准点的设置要求如下：

（1）开槽敷设管道的沿线临时水准点，每 200m 不宜少于一个；

（2）设置的临时水准点应与沿线泵站、桥梁、道路设置的水准点相校核直至符合要求；

（3）施工设置的临时水准点、管道轴线控制柱、高程桩必须经过复核方可使用，并应经常校核；

（4）临时水准点的设置应靠近观测点，不应设置在现场堆料或构筑物施工开挖处；

（5）临时水准点应设置在交通要道、主要管道和挖填方范围以外，房屋和构筑物基础压力影响以及机械振动范围以外。

3. 施工测量的允许偏差

应符合规范相关规定。

4. 施工测量注意事项

（1）在两个以上施工单位施工的工程衔接处，所设置的临时水准点应相互测校调整，以防差错；

（2）在管道中心线和转折点的适当位置设置施工控制桩，控制桩应妥善保护；

（3）测量时，应对仪器进行检查调整，对原始记录作详细校对。

四、施工交底

施工交底是实施全员参加施工管理的重要环节，应予以足够的重视。交底时，必须讲清施工的意义、设计要求、工程性质、环境条件、施工进度、操作方法、质量目标、技术要点、要求、安全措施及主要经济技术指标等，技术关键部位应组织专题交底，使每一位施工参与者都明确自己的任务和目标。

五、编制施工组织设计和施工方案

大型管道工程施工应编制施工组织设计，一般的管道工程施工编制施工方案。施工组织设计及施工方案应在充分调查研究的基础上，根据工作性质、特点、地址环境和施工条件编制，以有效地指导施工。

1. 施工组织设计的内容

（1）工程概况

① 一般情况包括工程名称、造价、建设资金来源、工程地点、建设单位、设计单位、总包单位、工期要求等；

② 工程特点及技术关键；

③ 主要工程量、工作量和投资额。

（2）施工布置

① 施工组织机构及技术力量编制；

② 施工布置的原则；

③ 施工准备工作（包括技术、物资、机具、施工现场布置及后勤服务的准备）；

④ 任务划分及施工顺序安排；

⑤ 施工配合要求。

（3）主要施工方法

① 管道的施工方法；

② 主要运输、吊装方法；

③ 特殊部位、高要求部位、大工作量部位及高危作业、危险施工方法；

④ 防腐保温方法；

⑤ 特殊材料、新工艺、新技术的施工方法；

⑥ 调试、试车施工要点。

（4）保证质量措施

① 质量目标及组织措施；

② 安装中应遵守的规程、规范和工艺标准；

③ 技术措施，如防漏、防堵、安装固定、安装与土建的配合、成品保护、物资供应、调试试车、试压、重点部位质量保证措施以及大型设备的运输、吊装措施。

（5）施工管理　主要包括总平面管理、物资管理、施工进度和施工技术管理以及制定会议制度。

（6）施工安全措施　制定安全教育、安全组织、重点部位的安全等措施，并建立施工现场安全检查及文明施工制度。

（7）降低成本的措施　根据工程的具体情况，拟定降低人工费、材料费、机械使用费的节约措施。

（8）施工组织设计还应编入的附件　包括施工平面布置图、施工作业进度计划、劳动力计划表和主要仪器设备需要计划等。

2. 施工方案的内容

施工方案一般包括下列内容：

（1）工程概况简要说明；

（2）主要施工方法及技术组织措施；

（3）保证工程质量和安全生产的措施；

（4）施工进度计划；

（5）主要劳动力、材料、机具、加工件计划；

（6）施工现场平面布置。

六、其他准备工作

1. 施工排水

在管道现场施工时，要重视地面水的侵入和地下水的排除，特别是在多雨时节、汛期，必须提出有效防止雨水侵入和排除的措施，确保施工范围内建（构）筑物的安全和施工的顺利进行。

2. 封拆管道头子

封堵和拆除管道头子，是城市排水工程的一项关键性工作，它既是保证分段施工，施工排水、截流、改道、连通等必需的技术措施，也是质量检验、闭水试验的必要手段。

第二节 » 下管和稳管

给排水管道铺设前，首先应检查管道沟槽开挖深度、沟槽断面、沟槽边坡、堆土位置是否符合规定，管道地基处理情况等。同时还必须对管材、管件进行检验，质量要符合设计要求，确保不合格或已经损坏的管材及管件不下入沟槽。

一、下管

管子经过检查、验收后，将合格的管材及管件运至沟槽边。按设计进行排管，经核对管节、管件位置无误方可下管。

下管应以施工安全、操作方便、经济合理为原则，可根据管材种类、单节管重及管径、管长、机械设备、施工环境等因素来选择下管方法。下管方法分人工下管和机械下管两类。无论采取哪一种下管方法，一般均沿沟槽分散下管，以减少在沟槽内的运输。当不便于沿沟槽下管时，允许在沟槽内运管，可以采用集中下管法。

图 2.2.1 贯绳法下管

1. 人工下管

人工下管适合于较轻的中小型管子而且施工现场狭窄的工地环境。此工艺施工方便、操作安全、经济合理。

（1）贯绳法（图 2.2.1）。适用于管径 300mm 以下的混凝土管、缸瓦管。用一端带有铁钩的绳子钩住管子一端，绳子另一端由人工徐徐放松直至将管子放入槽底。

（2）压绳下管法。压绳下管法是人工下管法中最常用的一种方法，适用于中、小型管子，方法灵活。压绳下管法包括人工撬棍压绳下管法和立管压绳下管法等。人工撬棍压绳下管法的具体操作是：在沟槽上边土层打入两根撬棍，分别套住一根下管大绳，绳子一端用脚踩牢，用手拉住绳子的另一端，听从一人号令，徐徐放松绳子，直至将管子放至沟槽底部，如图 2.2.2 所示。立管压绳下管法的具体操作是：在距离沟边一定距离处，直立埋设一节或两节管子，管子埋入一半立管长度，内填土方，将下管用两根大绳缠绕在立管上（一般绕一圈），绳子一端固定，另一端由人工操作，利用绳子与立管管壁之间的摩擦力，控制下管速度，如图 2.2.3 所示。操作时注意两边放绳要均匀，防止管子倾斜。

图 2.2.2 人工撬棍压绳下管法

图 2.2.3 立管压绳下管法

（3）集中压绳下管法。此种方法适用于较大管径。集中压绳下管法是从固定位置往沟槽内下管，然后在沟槽内将管子运至稳管位置。下管用的大绳应质地坚固、不断股、不糟朽、无夹心。

（4）搭架下管法（图 2.2.4）。常用有三脚架或四脚架法。其操作过程如下：首先在沟槽上搭设三脚架或四脚架等塔架，在塔架上安设吊链；然后在沟槽上铺设方木或细钢管，将管子运至方木或细钢管上；最后用吊链将管子吊起，撤出原铺方木或细钢管，操作吊链使管子徐徐放入槽底。

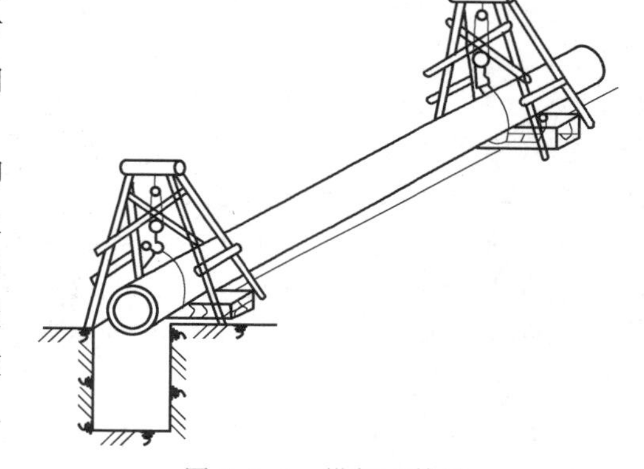

图 2.2.4 搭架下管法

（5）溜管法。将由两块木板组成的三角木槽斜放在沟槽内，管子一端用带有铁钩的绳子钩住，绳子另一端由人工控制，将管子沿三角木槽缓慢溜入沟槽内。此法适用于管径 300mm 以下的混凝土管、缸瓦管等。

2.2.1 混凝土管道机械铺设

2. 机械下管

因为机械下管速度快、安全，并且可以减轻工人的劳动强度，劳动效率高，所以有条件尽可能采用机械下管法。

机械下管视管的重量选择起重机械，常用汽车式或履带式起重机下管。下管时，起重机沿沟槽开行。起重机的行走道路应平坦、畅通。当沟槽两侧堆土时，其一侧堆土与槽边应有足够的距离，以便起重机开行。起重机距沟边至少 1m，以免槽壁坍塌。起重机与架空输电线路的距离应符合电力管理部门的有关规定，并由专人看管。禁止起重机在斜坡地方吊着管回转。轮胎式起重机作业前应将支腿撑好，轮胎不应承担起吊重量；支腿距沟边要有 2m 以上距离，必要时应垫木板。在起吊作业区内，任何人均不得在吊钩或被吊起的重物下面通过或站立。

机械下管一般为单机单管节下管。下管时起重吊钩与铸铁管或混凝土及钢筋混凝土管端相接触处，应垫上麻袋，以保护管口不被破坏。起吊或搬运管材、配件时，对于法兰盘面、非金属管材承插口工作面、金属管防腐层等，均应采取保护措施，以防损坏。吊装闸阀等配件时不得将钢丝绳捆绑在操作轮及螺栓孔上。管节下入沟槽时，不得与槽壁支撑及槽下的管道相互碰撞，沟内运管不得扰动天然地基。塑料管道铺设应在沟底标高和管道基础质量检查合格后进行，在铺设管道前要对管材、管件、橡胶圈等重新进行一次外观检查，发现有损坏、变形、变质迹象等问题的管材、管件均不得采用。塑料管材在吊运及放入沟内时，应采用可靠的软带吊具，平稳下沟。

机械下管不应一点起吊，采用两点起吊时吊绳应找好重心，平吊轻放。

为了减少沟内接口工作量，同时由于钢管有足够的强度，所以通常在地面将钢管焊接成长串，然后由 2～3 台起重机联合下管，称为长串下管。由于多台设备不易协调，长串下管一般不要多于 3 台起重机。起吊管时，管应缓慢移位避免摆动，同时应有专人负责指挥。下管时应按有关机械安全操作规程执行。

二、稳管

稳管是按设计的高程与平面位置将管稳定在地基或基础上的施工过程。稳管包括管对中和对高程两个环节，两者同时进行。压力流管道铺设的高程和平面位置的精度都可低些。通常情况下，铺设承插式管节时，承口朝向介质流来的方向。在坡度较大的斜坡区域，承口应朝上，应由低处向高处铺设。重力流管道的铺设高程和平面位置应严格符合设计要求，一般以逆流方向进行铺设，使已铺的下游管道先期投入使用，同时供施工排水。

稳管工序是决定管道施工质量的重要环节，必须保证管道中心线与高程的准确。允许偏差值应按现行《给水排水管道工程施工及验收规范》的规定执行，一般均为±10mm。

稳管时，相邻两管节底部应齐平。为避免因紧密相接而使管口破损，便于接口，柔性接口允许有少量弯曲，一般大口径管子两管端面之间应预留约 10mm 的间隙。

承插式给水铸铁管稳管是将插口装在承口中，称为撞口。撞口前可在承口处作出记号，以保证一定的缝隙宽度。

胶圈接口的承插式给水铸铁管或预应力钢筋混凝土管及给水用 UPVC 管的稳管与接口同时进行，即稳管和接口为一个工序。撞口的中线和高程误差，一般控制在 20mm 以内。撞口完毕找正后，一般用铁牙背匀间隙，然后在管身两侧同时填土夯实或架设支撑，以防管道错位。

第三节 给水管道施工

室外给水工程管材常用的有球墨铸铁管、钢管、预应力钢筋混凝土管、聚乙烯（PE）给水管等，接口方式及接口材料受管道种类、工作压力、经济因素等影响而不同。

一、给水铸铁管

给水铸铁管按材质分为普通铸铁管和球墨铸铁管。普通铸铁管质脆，球墨铸铁管有强度高、韧性大、抗腐蚀能力强的特点，又称为可延性铸铁管。球墨铸铁管本身有较大的延伸率，同时管口之间采用柔性接头，在埋地管道中能与管周围的土体共同工作，改善了管道的受力状况，提高了管网的工作可靠性，故得到了越来越广泛的应用。下面仅讲述目前比较常用的球墨铸铁管。

球墨铸铁管均采用柔性接口，按接口形式分为推入式（简称 T 型）和机械式（简称 K 型）两类。

1. 推入式球墨铸铁管接口

2.2.2 球墨铸铁管承插式安装

球墨铸铁管采取承插式柔性接口，其工具配套，操作简便、快速，适用于DN80～DN2600的输水管道，在国内外输水工程上广泛采用。

(1) 施工工具　推入式球墨铸铁管的安装应选用叉子、手动葫芦、连杆千斤顶等配套工具。

(2) 施工操作程序　推入式球墨铸铁管的施工程序为：下管→清理承口和胶圈→上胶圈→清理插口外表面及刷润滑剂→接口→检查。

将管子完整地下到沟槽后，应清刷承口，铲去所有的黏结物，如砂、泥土和松散涂层及可能污染水质、划破胶圈的附着物等。随后将胶圈清理洁净，把弯成心形或花形（大口径管）的胶圈放入承口槽内就位。把胶圈都装入承口槽，确保各个部位不翘不扭，仔细检查胶圈的固定是否正确。清理插口外表面，插口端应是圆角并有一定锥度，以便容易插入承口。在承口内胶圈的内表面刷润滑剂（肥皂水、洗衣粉），插口外表面刷润滑剂。插口对承口找正后，上安装工具，扳动手扳葫芦（或叉子），使插口慢慢装入承口。最后用探尺插入承插口间隙中，以确定胶圈位置。

(3) 施工注意事项

① 正常的接口方式是将插口端推入承口，但特殊情况下，承口装入插口亦可。

② 胶圈存放应注意避光，不要叠合挤压，长期储存应放在盒子里，或用其他材料覆盖。

③ 上胶圈时，不得将润滑剂刷在承口内表面，以免接口失败。

④ 安装前应准备好配套工具。为防止接口脱开，可用手扳葫芦锁管。

2. 机械式（压兰式）球墨铸铁管接口

(1) 接口形式及特点　球墨铸铁管机械式（压兰式）接口属于柔性接口，是将铸铁管的承插口加以改造，使其适应特殊形状的橡胶圈作为挡水材料，外部不需要其他填料，不需要复杂的安装设备。其主要优点是抗振性能较好，并且安装与拆修方便；缺点是配件多，造价高。它主要由球墨铸铁直管、管件、压兰、螺栓及橡胶圈组成。按填入的橡胶圈种类不同，分为N1型接口（图2.2.5）、X型接口（图2.2.6）和S型接口。

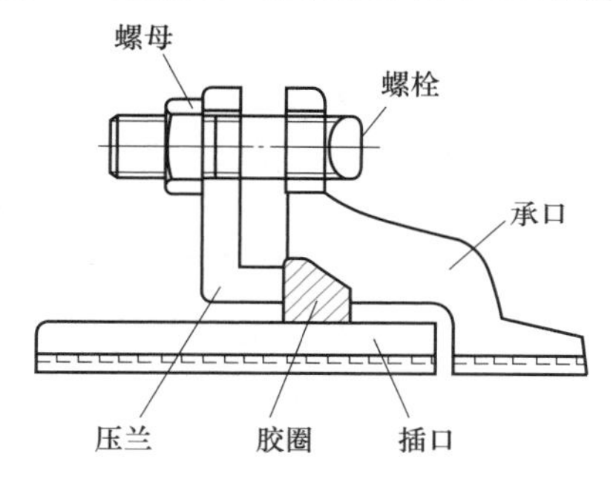

图2.2.5　N1型接口

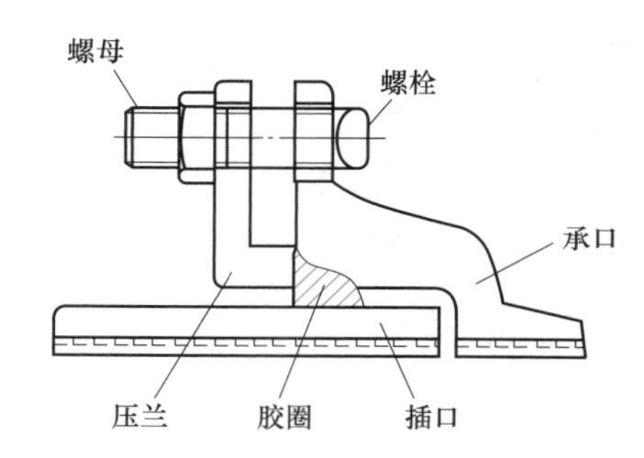

图2.2.6　X型接口

其中N1型及X型接口使用较为普遍。当管径为100～350mm时，选用N1型接口；管径为100～700mm，选用X型接口。S型接口可参看有关施工手册。

(2) 施工工艺及要求

① 施工工序：下管→清理插口、压兰和胶圈→压兰与胶圈定位→清理承口→涂刷润滑剂→对口→临时紧固→螺栓全方位紧固→检查螺栓转矩。

② 工艺要求：

a. 下管。按下管要求将管材、管件下入沟槽，不得抛掷管材、管件及其他设备。机械下管应采用两点吊装，应使用尼龙吊带、橡胶套包钢丝绳或其他适用的吊具，防止管材、管件的防腐层损坏，宜在管与吊具间垫以缓冲垫，如橡胶板等制品。

b. 清理连接部位。用棉纱和毛刷将插口端外端表面、压兰内外面、胶圈表面、承口内表面彻底清洁干净。

c. 压兰与胶圈定位。插口及压兰、胶圈清洁后，吊装压兰并将其推送至插口端部定位，然后人工把胶圈套在插口上（注意胶圈不要装反）。

d. 涂刷润滑剂。在插口及密封胶圈的外表面和承口内表面涂刷润滑剂，要求涂刷均匀，不能太多。

e. 对口。将管子吊起，使插口对正承口，对口间隙应符合设计规定。在插口进入承口并调整好管中心和接口间隙后，在管两侧填砂固定管身，然后卸去吊具，将密封胶圈推入承口与插口的间隙。

f. 临时紧固。将橡胶圈推入承口后，调整压兰，使其螺栓孔和承口螺栓孔对正，压兰与插口外壁间的缝隙均匀。用螺栓在垂直四个方位临时紧固。

g. 螺栓紧固。将接口所用的螺栓穿入螺孔，安上螺母，按上下左右交替紧固程序，均匀地将每个螺栓分数次上紧，穿入螺栓的方向应一致。

h. 检查螺栓转矩。螺栓上紧后，应用力矩扳手检验每个螺栓的转矩。

（3）施工注意事项

① 接口前应彻底清除管内杂物。

② 管道砂垫层的标高必须准确，以控制高程，并以水准仪校核。

③ 管接口后不得移动，可用在管底两侧回填砂土并夯实，或用垫块等将管临时固定等方法。

④ 三通、变径管和弯头等处，应按设计要求设置支墩。浇筑混凝土支墩时，管外表面应洗净。

⑤ 橡胶圈应随用随从包装中取出，暂时不用的橡胶圈一定要用原包装封存，放在阴凉、干燥处保存。

二、聚乙烯（PE）给水管

PE管材是以优质聚乙烯树脂为主要原料，添加必要的抗氧剂、紫外线吸收剂等助剂经挤出加工而成的一种新型产品。按照其密度不同分为高密度聚乙烯（HDPE）管、中密度聚乙烯（MDPE）管和低密度聚乙烯（LDPE）管。目前市政给排水管道工程中常用的PE管材主要是以HDPE为原料加工而成的单层实壁管、双壁波纹管和螺旋缠绕管。

聚乙烯（PE）管具有优良的性能，具体如下：卫生条件好，无毒，不含重金属添加剂，不结垢，不滋生细菌；柔韧性好，抗冲击强度高，耐强振、扭曲；独特的电熔焊接和热熔对接技术使接口强度高于管材本体，保证了接口的安全可靠。

2.2.3 PE给水管热熔对接施工

1. PE给水管管道连接方式

（1）聚乙烯管的连接方便简单，连接的方法也多种多样，常见的连接方式见表2.2.1。

（2）管道连接宜采用同种牌号级别、压力等级相同的管材、管件。不同牌号的管材以及管件间的连接应经试验，连接质量得到保证后方可连接。

（3）管道连接时必须将连接部位、密封配件清理干净，连接用的钢制套筒、法兰、螺栓等金属制品应根据现场土质并参照相关标准采取防腐措施；法兰连接、钢塑过渡接头连接时，应连接件齐全、位置正确、安装牢固，连接部位无扭曲、变形。

表 2.2.1 PE 给水管管道连接方式

连接方法	具体方式	适用范围/mm	连接示意图	注意事项
热熔连接	热熔对接	DN≥63	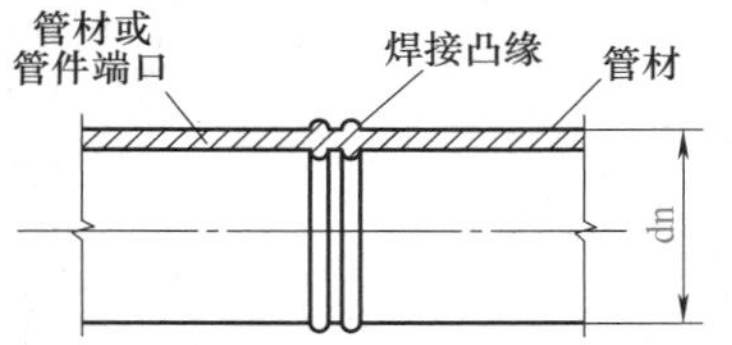 管材或管件端口 焊接凸缘 管材 dn	不同 SDR 系列不得采用热熔对接连接
	热熔承插连接	DN32～DN110	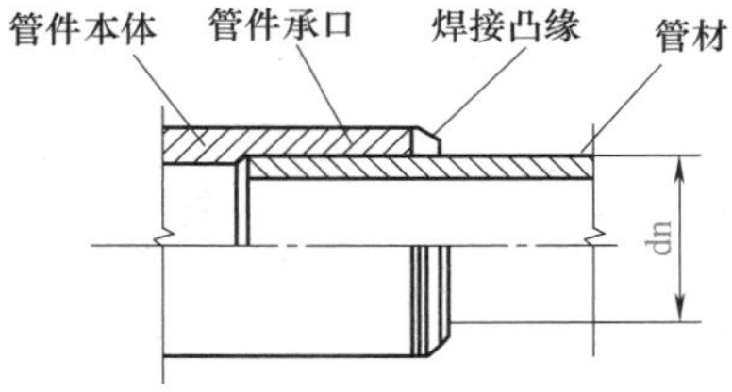 管件本体 管件承口 焊接凸缘 管材 dn	DN≥63 时不得采用手工热熔承插连接
	热熔鞍形连接	DN63～DN315	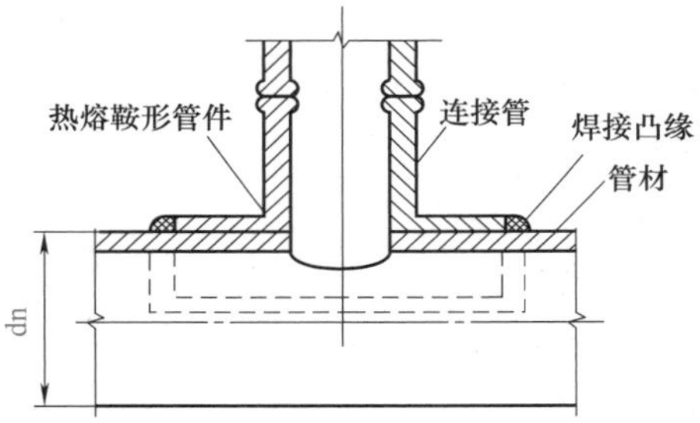 热熔鞍形管件 连接管 焊接凸缘 管材 dn	
电熔连接	电熔承插连接	DN32～DN315	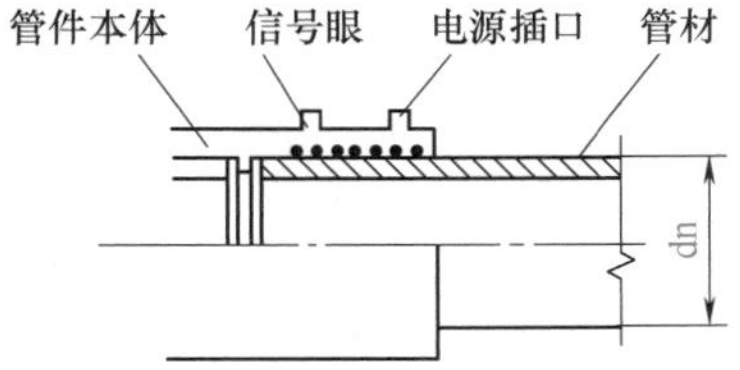 管件本体 信号眼 电源插口 管材 dn	
	电熔鞍形连接	DN63～DN315	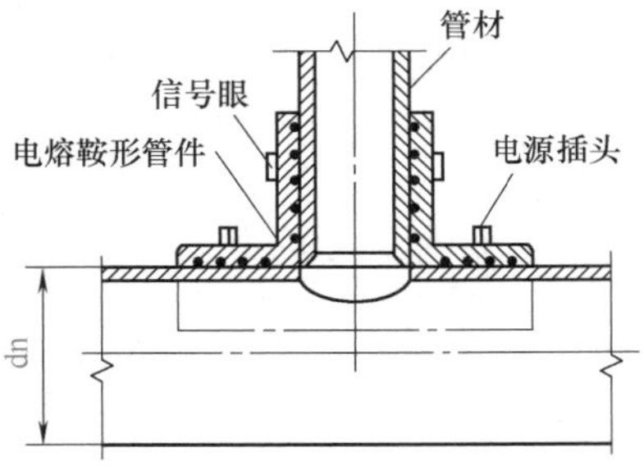 管材 信号眼 电熔鞍形管件 电源插头 dn	
机械连接	锁紧型承插式连接	DN32～DN315	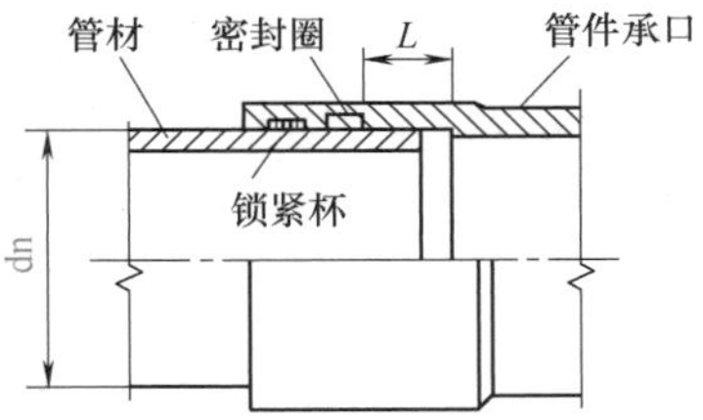 管材 密封圈 L 管件承口 锁紧杯 dn	

续表

连接方法	具体方式	适用范围/mm	连接示意图	注意事项
机械连接	非锁紧型承插式连接	DN90～DN315	密封圈 管材 L 管件承口 dn	
	法兰连接	DN≥63	背压活套法兰 钢质法兰片 法兰连接件 垫片 钢管或管道附件 dn DN 管道法兰连接	与金属管材、管件采用法兰或钢塑过渡接头连接
	钢塑过渡接头连接	DN≥32	管材 钢制喷塑件 dn	

(4) 承插式柔性接口连接宜在当日温度较高时进行，插口端不宜插到承口底部，应留出不小于 10mm 的伸缩空隙。插入前应在插口端外壁做出插入深度标记；插入完毕后，承插口周围空隙应均匀，连接的管道应平直。

(5) 电熔连接、热熔连接、法兰连接、卡箍连接应在当日温度较低或接近最低时进行；电熔连接、热熔连接时必须严格按接头的技术指标和设备的操作程序进行；在寒冷气候(－5℃以下)或大风环境条件下进行时应采取保护措施或调整连接机具的工艺参数。接头处应有沿管节圆周平滑对称的外翻边，内翻边应铲平。

(6) 承插连接时，承口、插口部位应连接紧密，无破损、变形、开裂等现象；接口的插入深度应符合要求，相邻管口的纵向间隙应不小于 10mm，环向间隙应均匀；插入后胶圈应位置正确，无扭曲等现象；双道橡胶圈的单口水压试验应合格。

(7) 管道与井室宜采用柔性连接，连接方式应符合设计要求；设计无要求时，可采用承插管件连接或中介层做法。

(8) 管道系统设置的弯头、三通、变径处应采用混凝土支墩或金属卡箍拉杆等技术措施；在消火栓及闸阀的底部应加垫混凝土支墩；非锁紧型承插连接管道，每根管节均应有 3 点以上的固定措施。

2.2.4 管道敷设及阀门井

(9) 安装完的管道中心线及高程调整合格后，即将管底有效支撑角范围用中粗砂回填密实，不得用土或其他材料回填。

2. 管道敷设与回填

(1) 电熔、热熔连接管道应分段在槽边进行连接后，以弹性铺管法移入沟槽；移入沟槽时，管道表面不得有明显的划痕。

（2）采用承插式（或套筒式）接口时，宜人工布管且在沟槽内连接；槽深大于3m或管外径大于400mm的管道，宜用非金属绳索兜住管节下管，严禁将管节翻滚抛入槽中。

（3）管道穿越重要道路、铁路等需设置金属或混凝土套管时，套管内径不得小于穿越管外径加100mm，且应伸出路边或路基1.00～1.50m；必要时穿过套管的管道表面应加护套保护。

（4）穿越的管道应采用电熔或热熔连接，经试压且验收合格后方可与套管外管道连接；管道在涵洞内通过时，涵洞宜留有通行宽度。

（5）管道分段敷设结束，选择运行水温与施工环境温度差最小的时段进行系统闭合连接。

（6）管道铺设后及时进行回填，回填时应留出管道连接部位，连接部位待管道水压试验合格后再行回填。管道系统应根据管径、水压、环境温度变化状况、连接形式、敷设及回填土条件等情况，在转弯、三通、变径及阀门处，采取防推脱的混凝土支墩或金属卡箍拉杆等技术措施；焊制的三通、弯管管件部位应采取混凝土包覆措施。

（7）管道经试压且通过隐蔽工程验收，人工回填到管顶以上0.5m后，方可采用机械回填，但不得在管道上方行驶。机械回填应在管道内充满水的情况下进行。管材以及管件间的连接应经试验，连接质量得到保证后方可连接。

3. PE给水管水压试验、冲洗与消毒

（1）管道安装完成后，要进行充水浸泡、冲洗、消毒和水压试验。

（2）管道冲洗后，应进行有效氯浓度不低于20mg/L的含氯水浸泡消毒，而后再冲洗，取水化验合格为止。

三、钢管

钢管自重轻，强度高，抗应变性能优于铸铁管、硬聚氯乙烯管及预应力钢筋混凝土管，接口方便，耐压程度高，水力条件好，但其耐腐蚀能力差，必须作防腐处理。

用于给水的钢管主要有有缝钢管（焊接钢管）、无缝钢管、不锈钢管。管道的连接视钢管的材质与管径的不同，分为焊接、法兰连接及螺纹连接。

现在用于给水管道的钢管由于耐腐性差而越来越多地被衬里（衬塑料、衬橡胶、衬玻璃钢、衬玄武岩）钢管代替。

四、预应力混凝土管

预应力混凝土管作压力给水管，可代替钢管和铸铁管，降低工程造价，它是目前我国常用的给水管材。预应力混凝土管除成本低外，其耐腐蚀性也远优于金属管材。

国内圆形预应力混凝土管采用纵向与环向都有预应力钢筋的双向预应力混凝土管，具有良好的抗裂性能，接口形式一般为承插式胶圈接口。

承插式预应力混凝土管的缺点是自重大，运输及安装不便；由于预应力混凝土管特殊的施工工艺导致承、插口尺寸误差离散性较大。因此施工时对承口要详细检查与量测，为选配胶圈提供依据。

预应力混凝土管的规格：公称直径DN400～DN2000，有效长度5m，静水压力0.4～1.2MPa。目前我国在预应力混凝土管道施工中，在管网分支、变径、转向时必须采取铸铁或钢制管件。

目前我国生产的预应力混凝土管胶圈接口一般为圆形胶圈（“O”形胶圈），能承受1.2MPa的内压力和一定量的沉陷、错口和弯折；抗震性能良好，在地震烈度为10°～11°区内，接口无破坏现象；胶圈埋入地下耐老化性能好，使用期可长达数十年。圆形胶圈应符合《预应力与自应力钢筋混凝土管用橡胶密封圈》（JC/T 748—2010）的要求。

1. 选配胶圈应考虑的因素

（1）管道安装水压试验压力；

（2）管子出厂前的抗渗检验压力；

（3）管子承口与插口的实际尺寸和环向间隙；

（4）胶圈硬度和性能；

（5）胶圈使用的条件（包括水质）。

2. 预应力混凝土管的施工程序

排管→下管→清理管膛、管口→清理胶圈→初步对口找正→顶管接口→检查中线、高程→用探尺检查胶圈位置→锁管→部分回填→水压试验合格→全部回填。

3. 预应力混凝土管的施工工艺

（1）排管。将管节和管件按顺序置于沟槽一侧或两侧。

（2）下管。下管时，吊装管子的钢丝绳与管节接触处，必须用木板、橡胶板、麻袋等垫好，以免将管节勒坏。

（3）清理管膛、管口。在铺管前，应对每根管进行检查，查看有无露筋、裂纹、脱皮等缺陷，尤其应注意承插口工作面部分。如有上述缺陷，应用环氧树脂水泥修补好。

（4）清理胶圈。橡胶圈必须逐个检查，不得有割裂、破损、气泡、大飞边等缺陷，黏结要牢固，不得有凸凹不平的现象。

（5）将胶圈上到管节的插口端。

（6）初步对口找正。一般用起重机吊起管节对口。

（7）顶管接口。一般采用顶推与拉入两种方法，可根据施工条件、顶推力大小、机具配备情况和操作熟练程度确定。

4. 顶管接口常用的几种安装方法

① 千斤顶小车拉杆法（图 2.2.7） 由后背工字钢、螺旋千斤顶（一或二台）、顶铁（纵、横铁）、垫木等组成的一套顶推设备安装在一辆平板小车上，特制的弧形卡具固定在已经安装好的管子上，用符合管节模数的钢拉杆把卡具和后背顶铁拉起来，使小车与卡具、拉杆形成一个自锁推拉系统。自锁完成后找好顶铁的位置及垫木、垫铁、千斤顶的位置，摇动螺旋千斤顶，将套有胶圈的插口徐徐顶入已安好的管子承口中，随顶随调整胶圈使之就位准确（终点在距小台 5mm 处）。每顶进一根管子，加一根钢拉杆，一般安装 10 根管子移动一次位置。

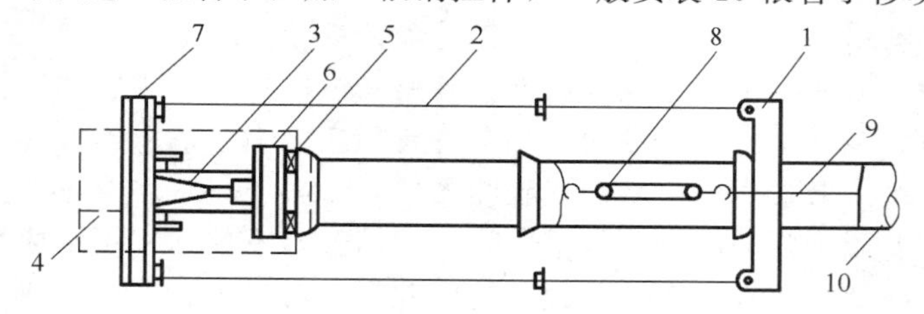

图 2.2.7 千斤顶小车拉杆安装预应力混凝土管示意图

1—卡具；2—钢拉杆（活接头组合）；3—螺旋千斤顶；4—双轮平板小车；5—垫木（一组）；6—顶铁（一组）；7—后背工字钢（焊有拉杆接点）；8—吊链（卧放手拉葫芦）；9—钢丝绳套子；10—已安装好的管子

② 吊链（手拉葫芦）拉入法（图 2.2.8） 在已安装稳固的管子上拴住钢丝绳，在待拉入管子承口处架上后背横梁，用钢丝绳和吊链连好绷紧对正，两侧同步拉吊链，将已套好胶

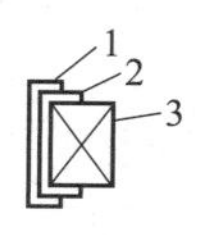

图 2.2.8 吊链拉入法安管示意图

1—槽钢（横梁）；2—缓冲橡胶带（或汽车外带）；3—方木

圈的插口经撞口后拉入承口中。注意随时校正胶圈位置。

③ 牵引机拉入法（图 2.2.9） 安好后背方木、滑轮（或滑轮组）和钢丝绳后，启动牵引机械或卷扬机将对好胶圈的插口拉入承口中，随拉随调整胶圈，使之就位准确。

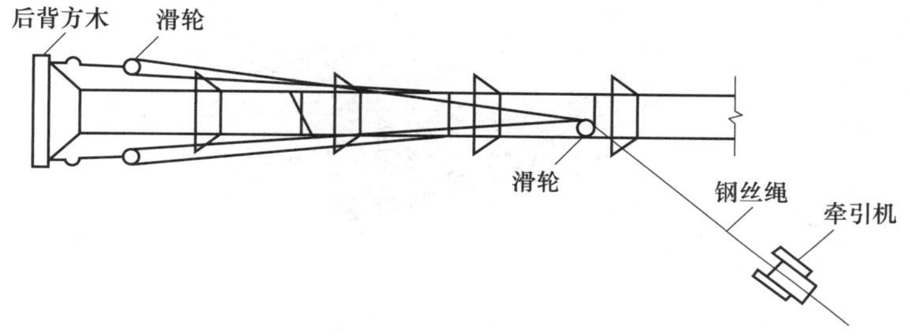

图 2.2.9 牵引机安装示意图

④ DKJ 多功能快速接管机（图 2.2.10） 北京市政设计研究院研制的 DKJ 多功能快速接管机，可快速地进行管道接口作业，并具有自动对口、纠偏功能，人只需站在接口处手点按钮即可操作，操作简便。

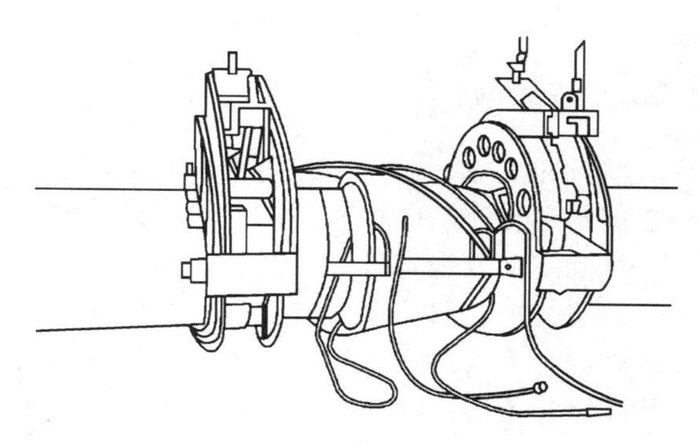

图 2.2.10 DKJ 多功能快速接管机

⑤ 撬杠顶进法 将撬杠插入已对口待连接管承口端的土层中，在撬杠与承口端之间垫上木块，扳动撬杠使插口进入已连接管承口内。此法适用于小管径管道安装。采用上述方法铺管后，为防止前几节管子管口移动，可用钢丝绳和吊链锁在后面的管子上，也即进行锁管（图 2.2.11）。

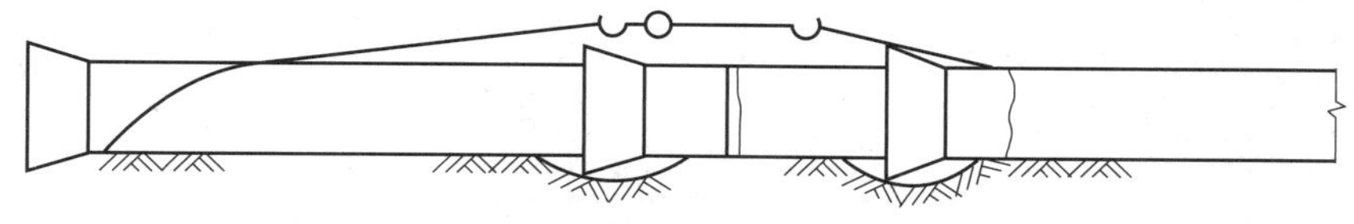

图 2.2.11 锁管示意图

五、预应力钢筒混凝土管（PCCP）

预应力钢筒混凝土管是由钢板、钢丝和混凝土构成的复合管材，分为两种形式：一种是内衬式预应力钢筒混凝土管（PCCP-L），是在钢筒内衬以混凝土，钢筒外缠绕预应力钢丝，再敷设砂浆保护层而成的。

另一种是埋置式预应力钢筒混凝土管（PCCP-E），是将钢筒埋置在混凝土里面，然后在混凝土管芯上缠绕预应力钢丝，再敷设砂浆保护层（图 2.2.12）。

PCCP 接头采用承、插口连接方式。承口钢圈和插口钢圈是管材连接、止水的重要部件，可经钢板剪切、卷环焊接、承口钢圈压边成型、承口和插口钢圈胀圆等工序，达到承、插口两钢圈应有的配合精度。

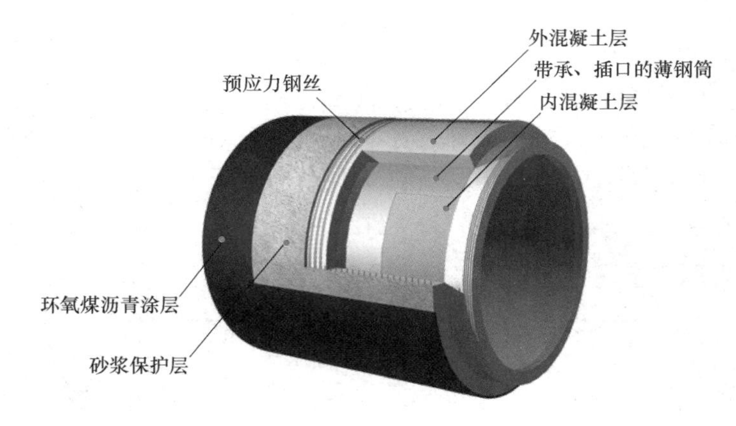

图 2.2.12　埋置式预应力钢筒混凝土管

第四节 » 排水管道施工

一、排水体制

城镇和工业企业排出的废水通常分为生活污水、工业废水和雨水三类。排水体制一般分为合流制和分流制两种，前者为污（废）水和雨水合一的系统。

合流制又分为直排式（图 2.2.13）和截流式（图 2.2.14）。直排式直接收集污水排放水体。截流式即临河建造截流干管，同时在合流干管与截流干管相交前或相交处设置溢流井，并在截流干管下游设置污水处理厂；当混合污水的流量超过截流干管的输水能力后，部分污水经溢流井溢出，直接排入水体。

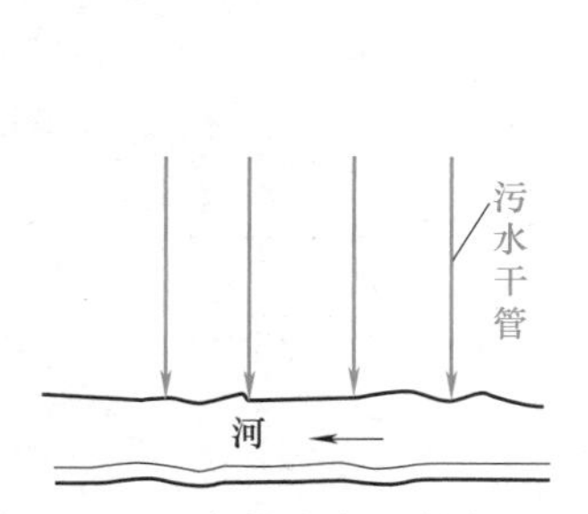

图 2.2.13　直排式合流制布置方式

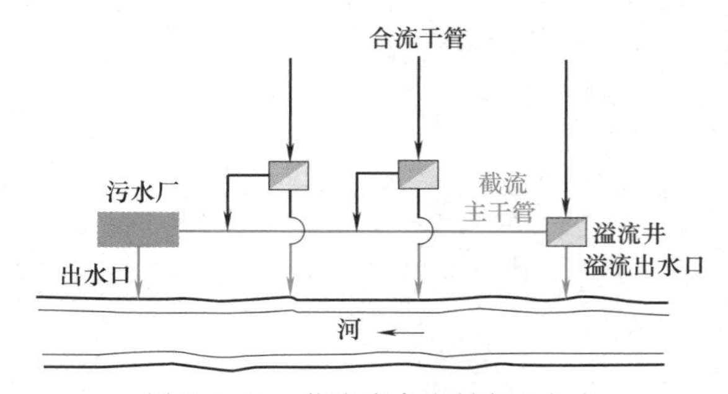

图 2.2.14　截流式合流制布置方式

分流制为污（废）水和雨水在两个或两个以上管渠排放的系统，有完全分流和不完全分流两种。完全分流制（图 2.2.15）具有污水排水系统和雨水排水系统；不完全分流制（图 2.2.16）未建雨水排水系统。在分流系统中还可以有污水和洁净废水的独立系统，以便于处理或回用。合流制系统造价低、施工容易，但不利于污水处理和系统管理。分流制系统造价较高，但易于维护，有利于污水处理。

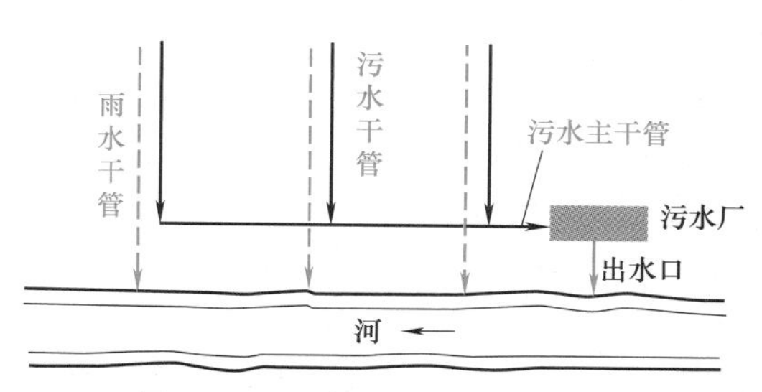

图 2.2.15　完全分流制排水系统

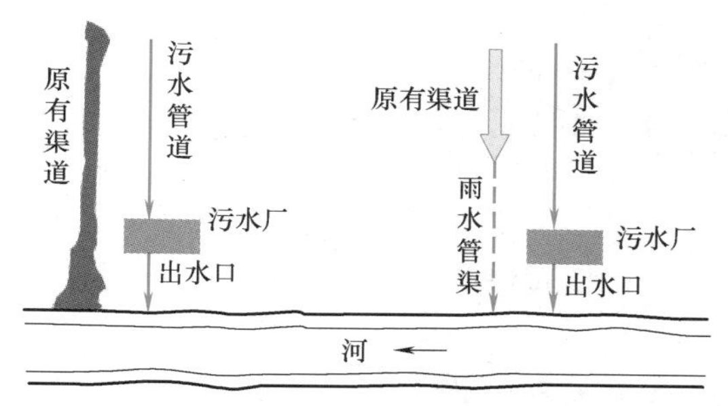

图 2.2.16　不完全分流制排水系统

二、排水管道施工

排水管道指汇集和排放污水、废水与雨水的管渠及其附属设施所组成的系统，包括干管、支管以及通往处理厂的管道。无论是修建在街道上还是其他任何地方，只要是起排水作用的管道，都应作为排水管道统计。排水管道属于重力流管道。

市政排水管道管材选用原则如下：

① 管材的物理性能好（抗压能力强、环柔性好）；②管道接口形式及止水密封性好（污水要求零渗漏，以保护地下水免受污染）；③管道综合单价低（包括管材、运捻、施工条件、施工工期等综合因素）；④符合市场行为规范，质量可控性好（原材料要求 97%～98%为新料+(2%～3%）的母料，杜绝使用再生料）。

室外排水管道通常为非金属管材，常用的有混凝土管、钢筋混凝土管及排水塑料管等。

（一）排水管道的铺设

排水管道铺设的方法较多，常用的方法有平基法、垫块法、“四合一”施工法。应根据管道种类、管径大小、管座形式、管道基础、接口方式等来选择排水管道铺设的方法。

1. 平基法

排水管道平基法施工，首先是浇筑平基（通基）混凝土，待平基达到一定强度再下管、安管（稳管）而后再浇筑管座及抹带接口。这种方法常用于雨水管道，尤其适合地基不良或雨季施工的场合。

平基法施工程序为：支平基模板→浇筑平基混凝土→下管→安管（稳管）→支管座模板→浇筑管座混凝土→抹带接口→养护。

平基法施工操作要点如下：

（1）浇筑混凝土平基顶面高程，不能高于设计高程，低于设计高程不超过 10mm。

（2）平基混凝土强度达到 5MPa 以上时，方可直接下管。

（3）下管前可直接在平基面上弹线，以控制安管中心线。

（4）安管的对口间隙，管径≥700mm，按 10mm 控制，管径<700mm 可不留间隙。安较大的管子，宜进入管内检查对口，减少错口现象。稳管以达到管内底高程偏差在±10mm 之内，中心线偏差不超过 10mm，相邻管内底错口不大于 3mm 为合格。

（5）管子安好后，应及时用干净石子或碎石卡牢，并立即浇筑混凝土管座。

管座浇筑要点如下：

（1）浇筑管座前，平基应凿毛或刷毛，并冲洗干净。

（2）对平基与管接触的三角部分，要选用同强度等级混凝土中的软灰，先行捣密实。

(3) 浇筑混凝土时，应两侧同时进行，防止挤偏管。

(4) 较大管子浇筑时，宜同时进入管内配合勾捻内缝；直径小于 700mm 的管，可用麻袋球或其他工具在管内来回拖动，将流入管内的灰浆拉平。

2. 垫块法

排水管道工先在预制混凝土垫块上安管（稳管），然后再浇筑混凝土基础和接口的施工方法，称为垫块法。采用这种方法可避免平基、管座分开浇筑，是污水管道常用的施工方法。

垫块法施工程序为：预制垫块→安垫块→下管→在垫块上安管→支模→浇筑混凝土基础→接口→养护。

预制混凝土垫块的强度等级同混凝土基础；垫块的几何尺寸：长为管径的 0.7，高等于平基厚度，允许偏差 ±10mm，宽大于或等于高；每节管垫块一般为两个，一般放在管两端。

垫块法施工操作要点如下：

(1) 垫块应放置平稳，高程符合设计要求。

(2) 安管时，管两侧应立保险杠，防止管从垫块上滚下伤人。

(3) 安管的对口间隙：管径 700mm 以上者按 10mm 左右控制；安较大的管时，宜进入管内检查对口，减少错口现象。

(4) 管安装好后一定要用干净石子或碎石卡牢，并及时浇筑混凝土管座。

3. “四合一”施工法

排水管道施工，将混凝土平基、稳管、管座、抹带四道工艺合在一起施工的做法，称为“四合一”施工法（图 2.2.17）。这种方法速度快、质量好，是 DN≤600mm 管道普遍采用的方法。其施工程序为：验槽→支模→下管→“四合一”施工→养护。“四合一”施工做法如下：

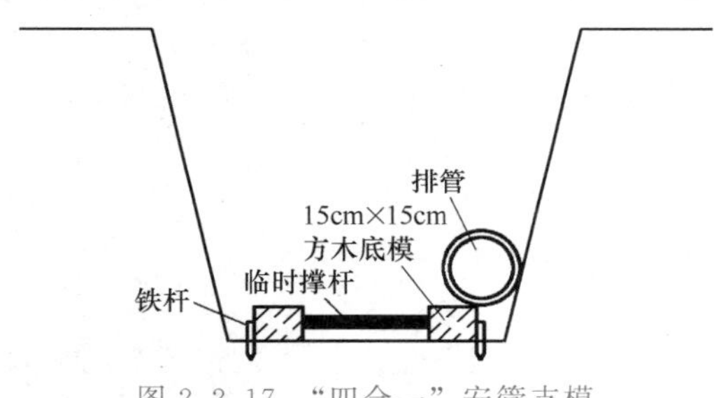

图 2.2.17 “四合一”安管支模

(1) 平基　灌注平基混凝土时，一般应使平基面高出设计平基面 20～40mm（视管径大小而定），并进行捣固。管径 400mm 以下者，可将管座混凝土与平基一次灌齐，并将平基面做成弧形以利于稳管。

(2) 稳管　使管从模板上滚至平基弧形内，前后揉动，将管揉至设计高程（一般高于设计高程 1～2mm，以备下一节时又稍有下沉），同时控制管中心线位置准确。

(3) 管座　完成稳管后，立即支设管座模板，浇筑两侧管座混凝土，捣固管座两侧三角区，补填对口砂浆，抹平管座两肩。如管道采用钢丝网水泥砂浆抹带接口时，混凝土的捣固应注意钢丝网位置正确。为了配合管内缝勾捻，管径在 600mm 以下时，可用麻袋球或其他工具在管内来回拖动，将管口内溢出的砂浆抹平。

(4) 抹带　管座混凝土灌注后，马上进行抹带，随后勾捻内缝。抹带与稳管至少相隔 2～3 节管，以免稳管时不小心碰撞管，影响接口质量。

（二）混凝土管和钢筋混凝土管接口施工

混凝土管的规格为 DN100～DN600，长为 1m；钢筋混凝土管的规格为 DN300～DN2400，长为 2m。管口形式有承插口、平口、圆弧口、企口几种（图 2.2.18）。

混凝土管和钢筋混凝土管的接口形式有刚性和柔性两种。

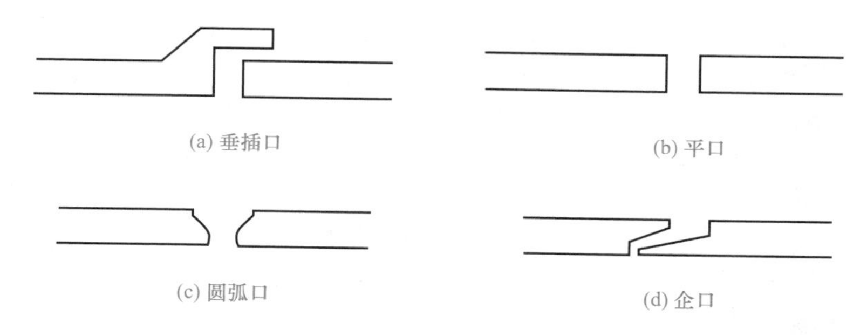

图 2.2.18　管口形式

1. 抹带接口

（1）水泥砂浆抹带接口（图 2.2.19）。水泥砂浆抹带接口是一种常用的刚性接口，一般在地基较好、管径较小时采用。

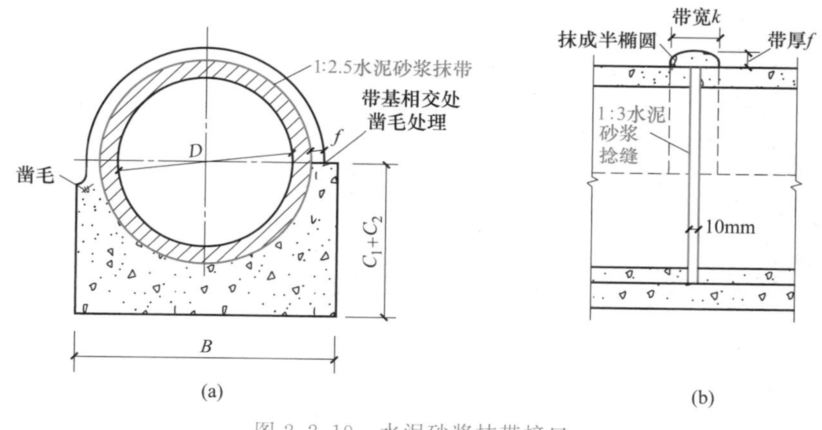

图 2.2.19　水泥砂浆抹带接口

水泥砂浆施工程序为：浇管座混凝土→勾捻管座部分管内缝→管带与管外皮及基础结合处凿毛清洗→管座上部内缝支垫托→抹带→勾捻管座以上内缝→接口养护。

水泥砂浆抹带材料及质量配合比：采用 32.5 号水泥（普通硅酸盐水泥），水泥：砂＝1：2.5，水灰比一般不大于 0.5。勾捻内缝水泥砂浆的质量配合比，水泥：砂＝1：3，水灰比一般不大于 0.5。

水泥砂浆抹带接口工具有浆桶、刷子、铁抹子、弧形抹子等。抹带接口操作如下：

① 抹带

a. 抹带前将管口及管带覆盖到的管外皮刷干净，并刷水泥浆一遍。

b. 抹第一层砂浆（卧底砂浆）时，应注意找正使管缝居中，厚度约为带厚的 1/3，并压实使之与管壁黏结牢固，在表面划成线槽，以利于与第二层结合（管径 400mm 以内者，抹带可一次完成）。

c. 待第一层砂浆初凝后抹第二层，用弧形抹子捻压成型，待初凝后再用抹子赶光压实。

d. 带、基连接处（如基础混凝土已硬化需凿毛洗净，刷素水泥浆）三角形灰要饱实，大管径可用砖模，防止砂浆变形。

② DN≥700mm 管勾捻内缝

a. 管座部分的内缝应配合浇筑混凝土时勾捻；管座以上的内缝应在管带缝凝后勾捻，

亦可在抹带之前勾捻，即抹带前将管缝支上内托，从外部用砂浆填实，然后拆去内托，将内缝勾捻整平，再进行抹带。

b. 勾捻管内缝时，人在管内先用水泥砂浆将内缝填实抹平，然后反复捻压密实，灰浆不得高出管内壁。

③ DN<700mm 管，应配合浇筑管座，用麻袋球或其他工具在管内来回拖，将流入管内的灰浆拉平。

（2）钢丝网水泥砂浆抹带接口（图 2.2.20）。钢丝网水泥砂浆抹带接口由于在抹带内埋置了 10mm×10mm 方格的 20 钢丝网，因此其强度高于水泥砂浆抹带接口。

施工程序：管口凿毛清洗（管径≤500mm 者刷去浆皮）→浇筑管座混凝土→将钢丝网片插入管座的对口砂浆中并以抹带砂浆补充肩角→勾捻管内下部管缝→为勾上部内缝支托架→抹带（素灰、打底、安钢丝网片、抹上层、赶压、拆模等）→勾捻管内上部管缝→内外管口养护。

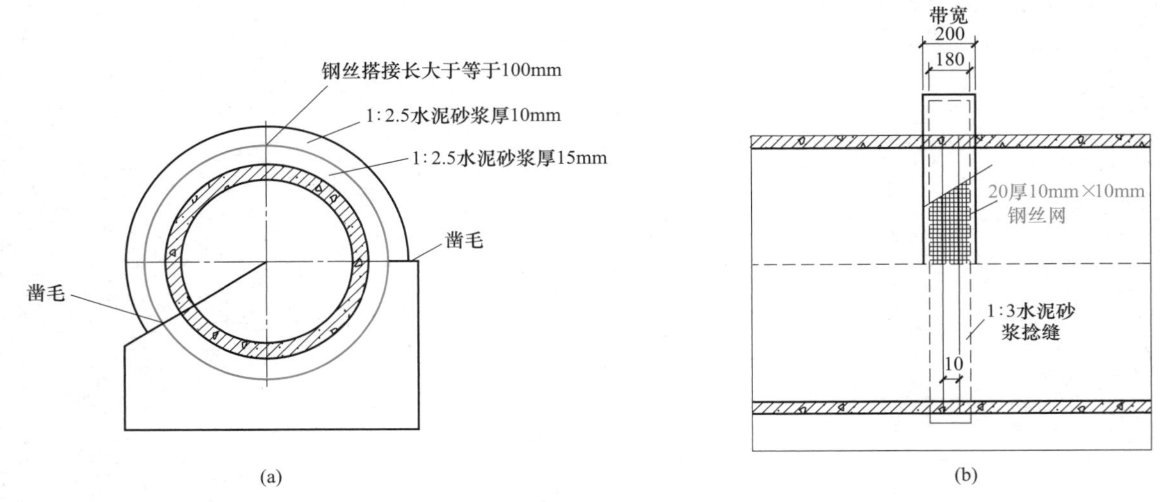

图 2.2.20　钢丝网水泥砂浆抹带接口

抹带接口操作如下：

① 抹带

a. 抹带前将已凿毛的管口洗刷干净并刷水泥浆一道；在抹带的两侧安装好弧形边模。

b. 抹第一层砂浆应压实，与管壁粘牢，厚 15mm 左右，待底层砂浆稍晾有浆皮儿后将两片钢丝网包拢使其挤入砂浆浆皮中，用 20 或 22 细铁丝（镀锌）扎牢；同时要把所有的钢丝网头塞入网内，使网面平整，以免产生小孔漏水。

c. 第一层水泥砂浆初凝后，再抹第二层水泥砂浆使之与模板平齐，砂浆初凝后赶光压实。

d. 抹带完成后立即养护，一般 4～6h 可以拆模；应轻敲轻卸，避免碰坏抹带的边角，然后继续养护。

② 勾捻内缝及接口养护方法与水泥砂浆抹带接口相同。钢丝网水泥砂浆接口的闭水性较好，常用于污水管道接口，管座采用 135°或 180° V 形座。

2. 套环接口

套环接口的刚度好，常用于污水管道接口，分为现浇套环接口和预制套环接口两种。

（1）现浇套环接口。采用的混凝土强度等级一般为 C20；捻缝用 1∶3 水泥砂浆；配合比（质量比），水泥：砂：水=1：3：0.5；钢筋为HPB300级。

施工程序：浇筑管基→凿毛与管相接处的管基并清刷干净→支设马鞍形接口板→浇筑混凝土→养护后拆模→养护。

捻缝与混凝土浇筑相配合进行。

（2）预制套环接口。采用预制套环可加快施工进度。套环内可填塞油麻石棉水泥或胶圈石棉水泥。石棉水泥配合比（质量比），水：石棉：水泥=1：3：7；捻缝用砂浆配合比（质量比），水泥：砂：水=1：3：0.5。

施工程序：在垫块上安管→安套环→填油麻→填打石棉水泥→养护。

3. 承插管水泥砂浆接口

承插管水泥砂浆接口，一般适合小口径雨水管道施工。水泥砂浆配合比（质量比），水泥：砂：水=1：2：0.5。

施工程序：清洗管口→安第一节管并在承口下部填满砂浆→安第二节管，并在接口缝隙填满砂浆→将挤入管内的砂浆及时抹光并清除→湿养护。

4. 沥青麻布（玻璃布）柔性接口

沥青麻布（玻璃布）柔性接口适用于无地下水、地基不均匀沉降不严重的平口或企口排水管道。接口时，先清刷管口，并在管口上刷冷底子油，然后热涂沥青，作四油三布，并用铁丝将沥青麻布或沥青玻璃布绑扎，最后捻管内缝（1：3水泥砂浆）。

5. 沥青砂浆柔性接口

沥青砂浆柔性接口的使用条件与沥青麻布（玻璃布）柔性接口相同，但不用麻布（玻璃布），成本降低。沥青砂浆质量配合比，石油沥青：石棉粉：砂=1：0.67：0.69。制备时，待锅中沥青（10号建筑沥青）完全熔化超过220℃时，加入石棉（纤维占1/3左右）、细砂，不断搅拌使之混合均匀。浇灌时，沥青砂浆温度控制在200℃左右，具有良好的流动性。

施工程序：管口凿毛及清理→管缝填塞油麻、刷冷底子油→支设灌口模具灌注沥青砂浆→拆模→捻内缝。

6. 承插管沥青油膏柔性接口

这是利用一种黏结力强、高温不流淌、低温不脆裂的防水油膏，进行承插管接口，施工较为方便。沥青油膏有成品，也可自配。这种接口适用于小口径承插口污水管道。沥青油膏质量配合比，石油沥青：松节油：废机油：石棉灰：滑石粉=100：11.1：44.5：77.5：119。

施工程序：清刷管口、保持干燥→刷冷底子油→油膏捏成圆条备用→安第一节管→将粗油膏条垫在第一节管承口下部→插入第二节管→用油麻填塞上部及侧面沥青膏条。

7. 塑料止水带接口

塑料止水带接口是一种质量较高的柔性接口，常用于现浇混凝土管道。它不仅具有一定的强度，而且具有柔性，抗地基不均匀沉陷性能较好，但成本较高。这种接口适合敷设在沉降量较大的地基上，需修建基础，并在接口处用木丝板设置基础沉降缝。

（三）地埋排水塑料管施工

目前市政排雨水、污水所用的塑料管材比较常用的是HDPE塑料排水管。HDPE塑料排水管根据构造不同分为双壁波纹管、双壁工字型管、钢带增强管、缠绕结构壁管等。这里主要讲述双壁波纹管施工工艺。

双壁波纹管材是以高密度聚乙烯为原料的一种新型轻质管材，具有重量轻、耐高压、韧性好、施工快、寿命长等特点。其因优异的管壁结构设计，与其他结构的管材相比，成本大大降低；并且由于连接方便、可靠，在国内外得到了广泛应用，大量替代混凝土管和铸铁管。

双壁波纹管施工程序：开槽→砂垫层→接口→下管→砌筑→检查井→闭水→回填。

HDPE 双壁波纹管排水管道安装如下。

（1）管材的运输与储存

① 管材、管件在装卸、运输、堆放时，应轻抬轻放，严禁抛落、拖滚和相互撞击。管材成批运输时，承、插口应分层交错排放，用缆绳捆扎成整体，并固定牢固。在缆绳固定处和管端宜用软质材料加以保护。

② 管材、管件如需长时间存放，应置于库房内；当露天堆放时，必须加以遮盖，防止暴晒。管材存放场地应平整，必须远离热源，并有防水、防火措施。管材堆放应整齐，两侧应采用木楔和木板挡住，防止滑动，并应注明类型、规格和数量。聚乙烯双壁波纹排水管堆放高度不得超过 4m，聚乙烯缠绕结构壁排水管堆放高度不得超过 2m。

③ 聚乙烯双壁波纹排水管管材、管件自生产之日起，存放时间不宜大于 18 个月；聚乙烯缠绕结构壁排水管管材、管件自生产之日起，存放时间不宜大于 12 个月。

（2）管材的检验

① 管材在使用前应进行外观质量检查和环向弯曲刚度检测，同时对密封橡胶圈等附件也应进行检查。

② 管材外观结构特征应明显、颜色一致、内壁光滑平整。管体不得有破裂、凹陷及可见的缺损，管口不得有损坏、裂口、变形等缺陷，管外壁不应有气泡和明显杂质。管端面应平整，与管中心轴线垂直。

③ 管材应根据管道承受外压荷载的受力条件选择适当的环向弯曲刚度，并应按照批次，对不同规格的管材随机抽取试样送到国家认证的检测部门进行环向弯曲刚度检测。

④ 密封橡胶圈的外观应光滑平整，不得有气孔、裂缝、卷褶、破损、重皮等缺陷。

（3）管道安装及连接　硬聚氯乙烯双壁波纹管安装要点如下：

① 管道可采用人工安装及连接。槽深大于 3m 或管径大于 DN400 的管道，可用非金属绳索溜管，勾住两端管口或将管道抛入槽中。

2.2.5 双壁波纹管安装步骤指导

② 承、插口管安装应将插口顺水流方向，承口逆水流方向，由低点向高点依次安装。承口不得留在井壁内。

③ 管道可用手锯切割，但断面应垂直平整。

④ 双壁波纹管一般采用承插口和橡胶圈连接或哈夫固件连接，见图 2.2.21。

a. 管道采用带有密封橡胶圈的套管或承插口连接时，可采用便携式的专用连接机具，将密封橡胶圈安装到位，不得扭曲、翻边；然后将连接的管端套上连接机具，操作机具使管段准确就位，严禁使用施工机械强行推顶就位。

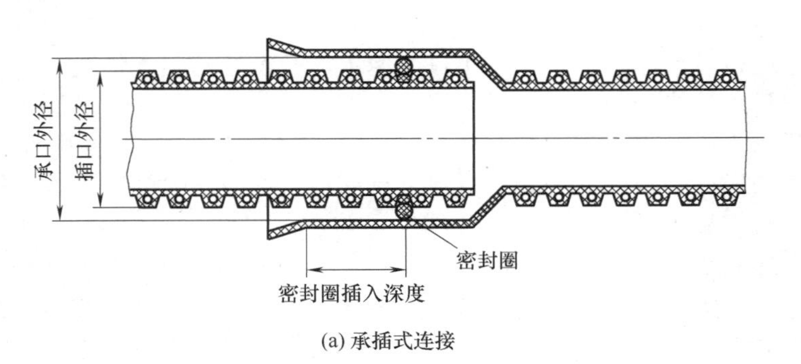

(a) 承插式连接

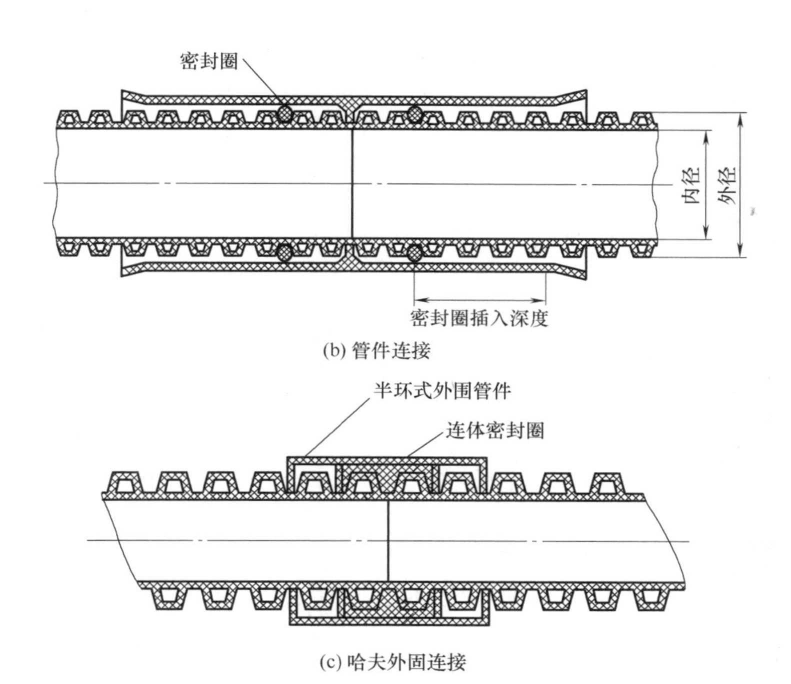

(b) 管件连接

(c) 哈夫外固连接

图 2.2.21 管材连接示意

b. 采用哈夫固件连接时，先将连体胶圈套上其中一根管端，翻起外侧边缘；再将另一根管对正靠紧，放下胶圈，套进肋槽；确认安装平整后，将哈夫件安好，均匀拧紧螺栓。

（4）管道与检查井的连接

① 聚乙烯管与检查井连接时，管道与井壁连接处砂浆应饱满密实，沿管道中心的井壁外一侧须浇筑不小于 1.5 倍管道内径的 C20 混凝土或砖砌保护体，检查井井底混凝土基础也应相应延伸，见图 2.2.22。

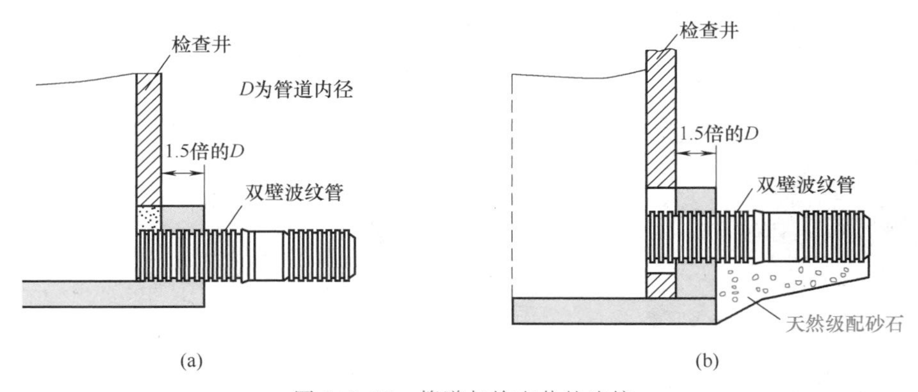

图 2.2.22 管道与检查井的连接

② 预制混凝土检查井与聚乙烯管道采用刚性连接时，预制井的预留孔应比管径大 20mm（图 2.2.23）。在安装前预留孔周表面应凿毛处理，连接处宜采用微膨胀细骨料混凝土封堵。

③ 管材承口部位不可直接砌筑在井壁内，宜在检查井两端各设置 2m 长的短管。管材插入检查井内壁应大于 30mm，置于混凝土底板上。

（5）管道的回填

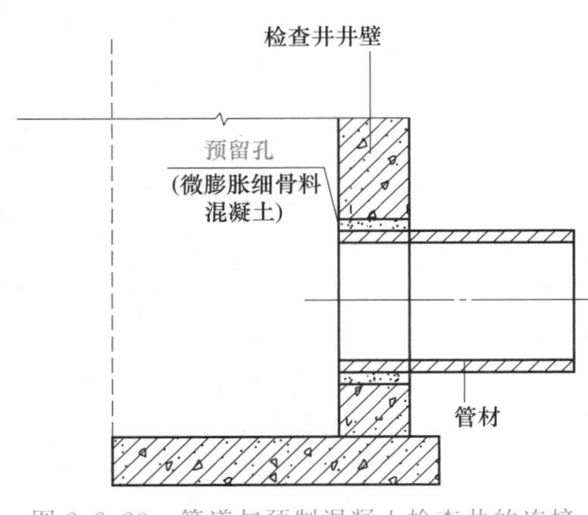

图 2.2.23 管道与预制混凝土检查井的连接

① 回填一般要求。

a. 管道隐蔽工程验收合格后应立即回填至管顶以上一倍管径高度。

b. 沟槽回填从管底基础部位开始到管顶以上 0.7m 范围内，必须用人工回填，严禁用机械回填。

c. 管顶 0.7m 以上部位，可用机械从管道轴线两侧同时回填、夯实或碾压。

d. 回填前应排出沟槽积水。不得回填淤泥、有机质土及冻土。回填土中不应含有石块、砖及其他杂带有硬棱角的大块物体。

e. 回填时应分层对称进行，每层回填高度不大于 0.2m，以确保管道及检查井不产生位移。

② 回填材料及回填要求。

a. 从管底到管顶以上 0.4m 范围内的沟槽回填材料，可采用碎石屑、粒径小于 40mm 的砂砾、中粗黄砂、粉煤灰或开挖出来的易于夯实的良质土。

b. 设计管基支承角 2α 范围内必须用中粗砂填充密实。

c. 管道位于车行道下，铺设后即修筑路面或管道位于软土地层以及低洼、沼泽、地下水位高的地区时，沟槽回填应先用中粗砂将管底腋角部位填充密实后，再用中粗砂或石屑分层回填至管顶以上 0.4m，再往上可回填良质土。

d. 回填土的压实度详见表 2.2.2。管顶 0.4m 以上若修建道路则按道路规范要求执行。

表 2.2.2 沟槽回填土压实度要求

槽内部分		最佳压实度/%	回填土质
超挖部分		≥95	砂石料或最大粒径小于 40mm
管道基础	管底以下	≥90	中砂、粗砂，软土地基按表注执行
	管底腋角 2α 范围	≥95	中砂、粗砂
管两侧		≥95	中砂、粗砂、碎石屑、最大粒径小于 40mm 的砂砾或符合要求的原状土
管顶以上 0.4m	管顶两侧	≥90	
	管顶部位	≥80	
管顶以上 0.4m		按地面或道路要求，但不得<80	原土回填

注：管道位于软土地基或低洼、沼泽、地下水位高的地段时，与检查井宜采用短管连接，即在直接与检查井连接的管段长度宜采用 0.5m，后面再连接不大于 2.0m 的短管，以下再与整根管连接。

第五节 管道的试验与验收

验收压力管道时必须对管道、接口、阀门、配件、伸缩器及其他附属构筑物仔细进行外观检查，复测管道的纵断面，并按设计要求检查管道的放气和排水条件。地下管道必须在管基检查合格、管身两侧及其上部回填不小于 0.5m、接口部分尚敞露时，进行初次试压。已全部回填土，完成该管段各项工作后，进行末次试压。

压力管道工作压力大于或等于 0.1MPa 时，应进行压力管道的强度及严密性试验；当管道压力小于 0.1MPa 时，除设计另有规定外，应进行无压力管道严密性试验。

试压管段的长度不宜大于 1km，非金属管段不宜超过 500m。地下钢管或铸铁管，在冬季或缺水情况下，可用空气进行压力试验，但均须有防护措施。

一、压力管道的水压试验

压力管道的水压试验包括强度试验（又称落压试验）和严密性试验（又称渗水量试验）。试压前管段两端要封以试压堵板，堵板应有足够的强度，试压过程中与管身接头处不能漏水。试压管道两端应设试压后背，后背应有足够的强度来满足试压需要。可用天然土壁作试压后背，也可用已安装好的管道作试压后背。管道水压试验后背装置如图 2.2.24 所示。

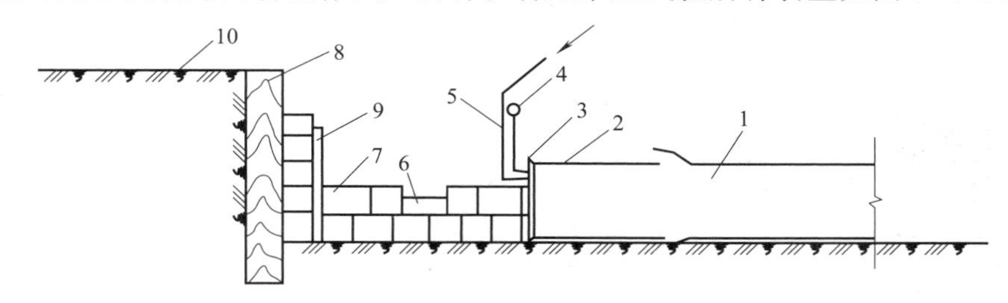

图 2.2.24　给水管道水压试验后背

1—试验管段；2—短管乙；3—法兰盖堵；4—压力表；5—进水管；6—千斤顶；7—顶铁；8—方木；9—铁板；10—后座墙

管道试压前应排除管内空气，灌水进行浸润。试验管段灌满水后，应在不大于工作压力的条件下充分浸泡不低于 24h 后进行试压。试验压力按表 2.2.3 确定。

表 2.2.3　压力管道水压试验压力值　（单位：MPa）

管材种类	工作压力 p	试验压力
钢管	p	$p+0.5$，且不小于 0.9
球墨铸铁管	≤0.5	$2p$
	>0.5	$p+0.5$
预(自)应力混凝土管、预应力钢筒混凝土管	≤0.6	$1.5p$
	>0.6	$p+0.3$
现浇钢筋混凝土管渠	≥0.1	$1.5p$
化学建材管	≥0.1	$1.5p$，且不小于 0.8

1. 落压试验法

在已充水的管道上用手摇泵向管内充水，待升至试验压力后，停止加压，观察表压下降情况。如 10min 压力降不大于 0.05MPa，且管道及附件无损坏，将试验压力降至工作压力，恒压 2h，进行外观检查，无漏水现象表明试验合格。落压试验装置见图 2.2.25。

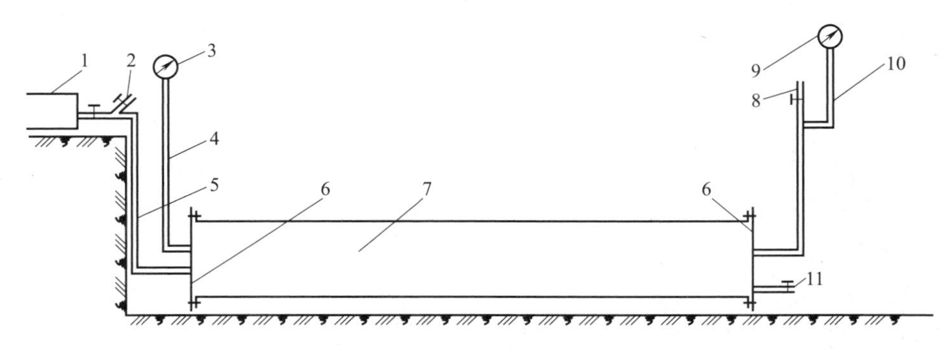

图 2.2.25　落压试验设备布置示意

1—手摇泵；2—进水总管；3、9—压力表；4—压力表连接管；5—进水管；6—盖板；7—试验管段；8—放水管兼排气管；10—连接管；11—泄水管

2. 渗水量试验法

将管段压力升至试验压力后，记录表压降低 0.1MPa 所需的时间 T_1（min）；然后再升至试验压力，从放水阀放水，并记录表压下降 0.1MPa 所需的时间 T_2（min）和此间放出的水量 W。按下式计算渗水率：$q=W/[(T_1-T_2)L]$。式中，L 为试验管段长度（km）。若 q 值小于或等于《给水排水管道工程施工及验收规范》（GB 50268）中压力管道严密性试验允许渗水量，即认为合格。渗水率试验见图 2.2.26。

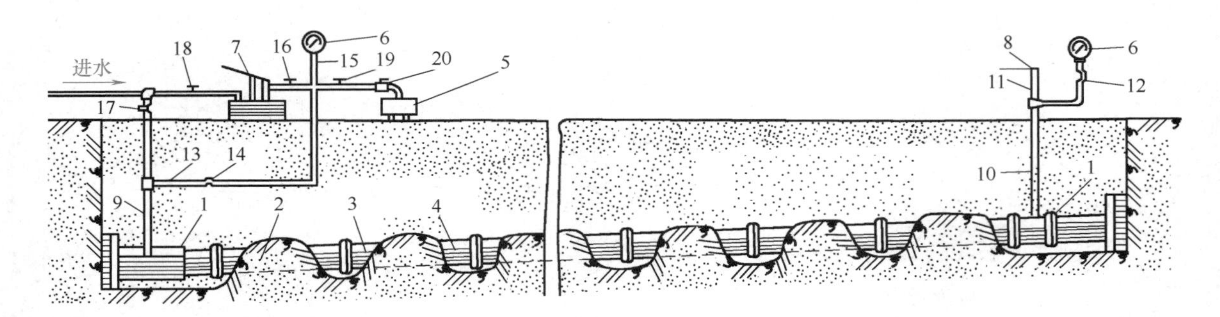

图 2.2.26 渗水率试验示意图

1—封闭端；2—回填土；3—试验管段；4—工作坑；5—水筒；6—压力表；7—手摇泵；8—放水阀；9—进水管；10,13—压力表连接管；11,12,14～19—闸门；20—龙头

二、无压管道的严密性试验

污水、雨污水合流及湿陷土、膨胀土地区的雨水管道，回填土前应采用闭水法进行严密性试验。试验管段应按井距分隔，长度不宜大于 1km。带井试验管段应符合：管道及检查井外观质量已验收合格；管道未回填且沟槽内无积水；全部预留孔均应封堵坚固，不得渗水；管道两端堵板承载力经核算应大于水压力的合力。

闭水试验应符合：试验段上游设计水头不超过管顶内壁时，试验水头应以试验段上游管顶内壁加 2m 计；当上游设计水头超过管顶内壁时，试验水头应以上游设计水头加 2m 计；当计算出的试验水头小于 10m，但已超过上游检查井井口时，试验水头应以上游检查井井口高度为准。无压管道闭水试验装置见图 2.2.27。

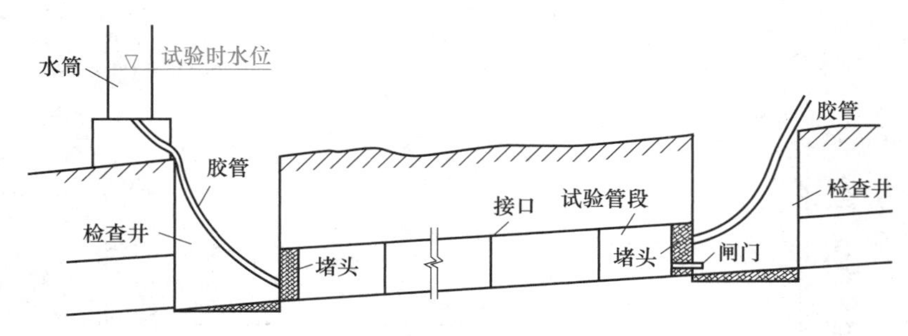

图 2.2.27 闭水试验示意

试验管段灌满水浸泡时间不小于 24h。当试验水头达到规定水头时，开始计时，观测管道的渗水量；观测时间不少于 30min，期间应不断向试验管段补水，以保持试验水头恒定。实测渗水量小于或等于《给水排水管道工程施工及验收规范》（GB 50268）中无压力管道严密性试验允许渗水量，即认为合格。

三、给水管道的冲洗和消毒

给水管道试验合格后，竣工验收前应冲洗、消毒，使管道出水符合《生活饮用水的水质标准》，经验收才能交付使用。

1. 管道冲洗

（1）放水口　管道冲洗主要使管内杂物全部冲洗干净，使排出水的水质与自来水状态一致。在没有达到上述水质要求时，这部分冲洗水要有放水口。冲洗水可排至附近河道、排水管道。排水时应取得有关单位协助，确保安全排放、畅通。

安装放水口时，其冲洗管接口应严密，并设有闸阀、排气管和放水龙头，弯头处应进行临时加固，如图 2.2.28 所示。

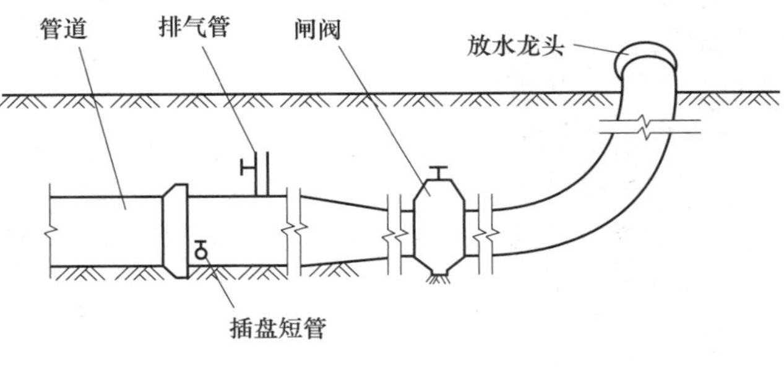

图 2.2.28　冲洗管放水口

冲洗水管可比被冲洗的水管管径小，但其断面不应小于被冲洗管断面的 1/2。管径较大时，需用的冲洗水量较大，可在夜间进行冲洗，以不影响周围的正常用水。

（2）冲洗步骤及注意事项

① 准备工作。会同自来水管理部门，商定冲洗方案，如冲洗水量、冲洗时间、排水路线和安全措施等。

② 冲洗时应避开用水高峰，以流速不小于 1.0m/s 的冲洗水连续冲洗。

③ 冲洗时应保证排水管路畅通安全。

④ 开闸冲洗。放水时，先开出水阀再开来水闸阀；注意排气，并派专人监护放水路线；发现情况及时处理。

⑤ 检查放水口水质。观察放水口水的外观，直至水质外观澄清、化验合格为止。

⑥ 关闭闸阀。放水后尽量使来水闸阀、出水闸阀同时关闭。如做不到，可先关闭出水闸阀，但留几扣暂不关死，等来水闸阀关闭后，再将出水闸阀关闭。

⑦ 放水完毕，管内存水 24h 以后再化验为宜，合格后即可交付使用。

2. 管道消毒

管道消毒的目的是消灭新安装管道内的细菌，使水质不致污染。

消毒液通常采用漂白粉溶液，注入被消毒的管段内。灌注时可少许开启来水闸阀和出水闸阀，使清水带着漂白液流经全部管段；以放水口检验出高含量氯水为止，然后关闭所有闸阀，使含氯水浸泡 24h 为宜。

四、地下给水排水管道工程施工质量检验与验收

工程验收制度是检验工程质量必不可少的一道程序，也是保证工程质量的一项重要措施。如质量不符合规定时，可在验收中发现和处理，并避免影响使用和增加维修费用。因此，必须严格执行工程验收制度。

给水排水管道工程验收分为中间验收和竣工验收。中间验收主要是验收埋在地下的隐蔽工程，凡是在竣工验收前被隐蔽的工程项目，都必须进行中间验收，当隐蔽工程全部验收合格后，方可回填沟槽。竣工验收是全面检验给水排水管道工程是否符合工程质量标准，它不仅要查出工程的质量结果怎样，更重要的是还应该找出产生质量问题的原因；对不符合质量

标准的工程项目必须经过整修，甚至返工，经验收达到质量标准后，方可投入使用。

地下给水排水管道工程属隐蔽工程。给水管道的施工与验收应严格按国家颁布的《给水排水管道工程施工及验收规范》《工业管道工程施工及验收规范》《室外硬聚氯乙烯给水管道工程施工及验收规程》进行；排水管道按《市政排水管渠工程质量检验评定标准》《给水排水管道施工及验收规范》进行施工与验收。

给水排水管道工程竣工后，应分段进行工程质量检查。

（1）外观检查。对管道基础、管座、管子接口、节点、检查井、支墩及其他附属构筑物进行检查。

（2）断面检查。对管子的高程、中线和坡度进行复测检查。

（3）接口严密性检查。给水管道一般进行水压试验，排水管道一般做闭水试验。生活饮用水管道，还必须进行水质检查。

给水排水管道工程竣工后，施工单位应提交下列文件。

（1）施工设计图并附设计变更图和施工洽商记录；

（2）管道及构筑物的地基及基础工程记录；

（3）材料、制品和设备的出厂合格证或试验记录；

（4）管道支墩、支架、防腐等工程记录；

（5）管道系统的标高和坡度测量的记录；

（6）隐蔽工程验收记录及有关资料；

（7）管道系统的试压记录、闭水试验记录；

（8）给水管道通水冲洗记录；

（9）生活饮用水管道的消毒通水，消毒后的水质化验记录；

（10）竣工后管道平面图、纵断面图及管件结合图等；

（11）有关施工情况的说明。

思 考 题

1. 给排水管道施工测量的内容有哪些？
2. 稳管工作包括哪些环节？
3. 球墨铸铁管通常有哪几类？简述其施工工序。
4. 简述给水预应力管的施工工序。
5. 什么叫平基法施工？施工程序如何？平基法施工操作要求是什么？
6. 什么叫垫块法施工？施工程序如何？垫块法施工操作要求是什么？
7. 试述“四合一”施工法的定义以及施工顺序。
8. 简述压力管道的水压试验。
9. 简述无压管道的严密性试验。
10. 室外给水管道试验合格后如何进行冲洗消毒工作？

第三章 市政管道不开槽施工

【知识目标】

- 了解盾构法、机械取土顶管法、水力掘进顶管法和挤压掘进顶管法等。
- 熟悉水平定向钻法。
- 掌握人工取土顶管法施工工艺过程。

【能力目标】

- 能够正确选取市政管道不开槽施工的方法。
- 基本掌握市政管道不开槽施工的方法。

地下管道在穿越铁路、河流、重要建筑物或在城市干道上不适宜采用开槽法施工时，可选用不开槽法施工。不开槽法施工的优点：不需要拆除地上建筑物、不影响地面交通、减少土方开挖量、管道不必设置基础和管座、不受季节影响、有利于文明施工等。不开槽法施工用于地下水地段时，应做好施工排水，以便于操作和安全施工。管道不开槽法施工种类较多，常用的有掘进顶管法、盾构法、水平定向钻法等。

第一节 掘进顶管法

顶管施工是一种非开挖铺设地下管线的施工方法，是借助工作井后座主顶油缸及管道间中继环等的推力，把顶管机及紧随其后的管道从工作井穿越土层一直推到接收井内，最后在接收井内将顶管机吊起，这样就完成了整个管道的铺设。顶管具体构造如图 2.3.1 所示。

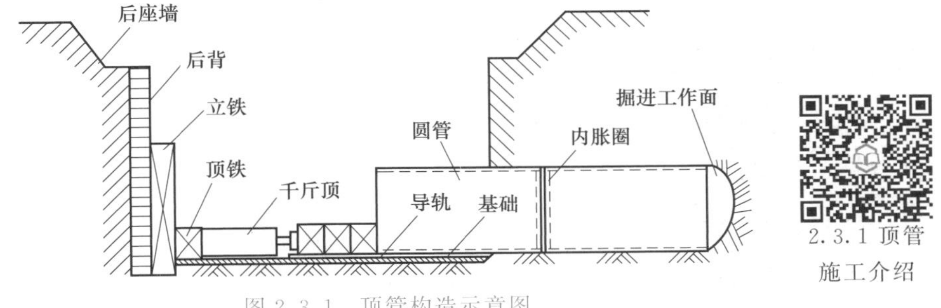

2.3.1 顶管施工介绍

图 2.3.1　顶管构造示意图

它可以用于铺设穿越河流、房屋、铁路及公路等各种管道的施工，具体涉及电力电缆管道、通信电缆管道、给排水管道、煤气管道等各系统的管道工程。具体工艺就是在管线的一端做一个工作井，另一端做一个接收井，然后将顶管机安装在工作井内，具体见图2.3.2。

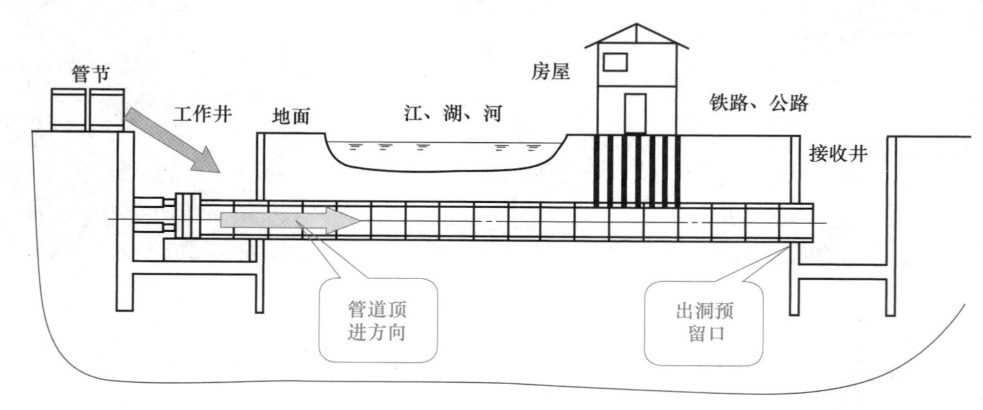

图2.3.2 顶管施工简图

掘进顶管法敷管的施工工艺类型很多，按照开挖工作面的施工方法，可以分为敞开式和封闭式两种。

一、顶管施工的准备工作

顶管施工前，进行详细调查研究，编制可行的施工方案。

(1) 需掌握的情况

① 管道埋深、管径、管材和接口要求；

② 管道沿线水文地质资料，如土质、地下水等；

③ 顶管地段内地下管线交叉情况，并取得主管单位同意和配合；

④ 现场地势、交通运输、水源、电源情况；

⑤ 可能提供的掘进、顶管设备情况；

⑥ 其他有关资料。

(2) 编制施工方案的主要内容

① 选定工作坑位置和尺寸，顶管后背的结构选型和验算；

② 确定掘进和出土的方法、下管方法和工作平台支搭形式；

③ 进行顶力计算，选择顶进设备，是否采用中继间、润滑剂等措施，以增加顶管段长度；

④ 遇有地下水时，采取降水方法；

⑤ 顶进钢管时，确定每节管长、焊缝要求、钢管的防腐措施；

⑥ 保证工程质量和安全的措施。

二、顶管施工工艺

(一) 敞开式施工工艺

敞开式施工工艺一般适用于土质条件稳定，无地下水干扰，工人可以进入工作面直接挖掘而不会出现大塌方或涌水的施工环境。因其工作面常处于开放状态，故也称为开放式施工工艺。

根据工具管的不同可分为手掘式、挤压式、机械开挖式、挤压土层式顶管。

1. 手掘式顶管

工人可以直接进入工作面挖掘，施工人员可随时观察土层与工作面的稳定状态，造价低、便于掌握，但效率低，必须将水位降低至管基以下0.5m后，方可施工。在土质比较稳定的情况下，首节管可以不带前面的管帽，直接由首节管作为工具管进行顶管施工。这是常用的一种顶管施工方法，也称为人工掘进顶管。

2. 挤压式顶管

挤压式掘进顶管一般适用于大中口径的管道，对潮湿、可压缩的黏性土、砂性土较为适宜。该方法设备简单、安全，又避免了挖装土的工序，相比人工挖掘可提高效率1～2倍。它是将工作面用胸板隔开后，在胸板上留一喇叭口形的锥筒，当顶进时将土体挤入喇叭口内，土体被压缩成从锥筒口吐出的条形土柱；待条形土柱达到一定长度后，再用钢丝将其割断，由运土工具吊运至地面。其结构形式如图2.3.3所示。

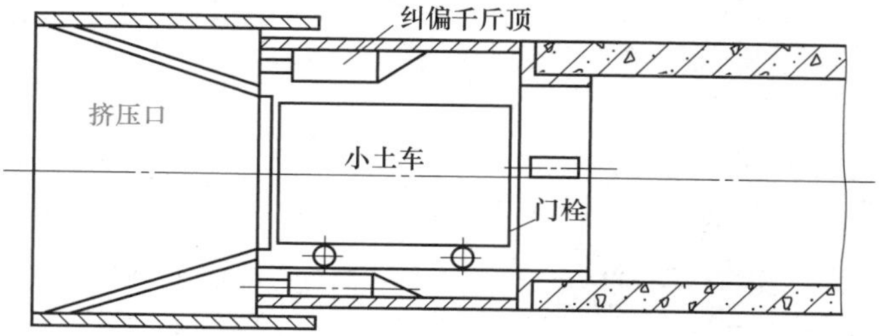

纠偏千斤顶
挤压口
小土车
门栓

图2.3.3 挤压式顶管示意图

3. 机械开挖式顶管

机械取土顶管与人工取土顶管相比除了掘进和管内运土不同外，其余部分大致相同。机械取土顶管是在被顶进管道前段安装机械钻进的挖土设备，配上皮带运土，可代替人工挖、运土。

当管前土被切削形成一定的孔洞后，开动千斤顶，将管道顶进一段距离；机械不断切削，管道不断顶入。同样，每顶进一段距离，需要及时测量及纠偏。

目前机械钻进设备有两种安装形式。一种是将机械固定在特制钢管内，称为工具管，将其安装在被顶进的混凝土管前端，如图2.3.4所示，亦称为套筒式装置。另一种是将机械直接固定在顶进的首节管内，顶进时安装，竣工后拆卸，称为装配式。图2.3.5为一水平式钻

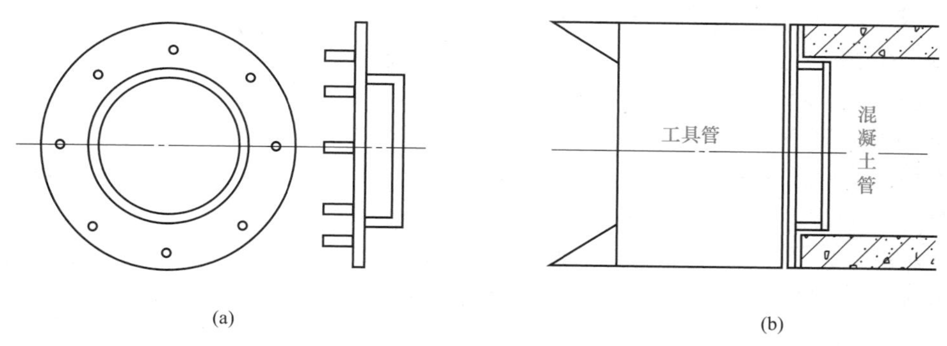

图2.3.4 工具管装置示意图

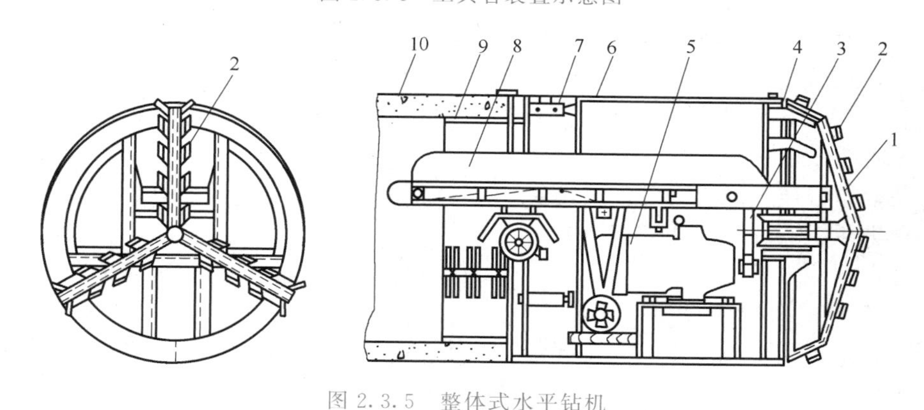

图2.3.5 整体式水平钻机

1—刀齿架；2—刀齿；3—减速齿轮；4—刮泥板；5—减速电动机；6—机壳；7—校正千斤顶；8—链带运送器；9—内胀圈；10—管道

机。钻机前端安装刀齿架 1 和刀齿 2，刀齿架由减速电动机 5 带动旋转进行切土，切土掉入刮泥板 4 经链带运送器 8 转运到运土小车或皮带运输机运出管外。在机壳 6 和顶进管道之间，均匀布置校正千斤顶 7，用于顶进时校正偏差。

这种钻机适用于土质较好的场合。它的优点是构造简单、安装方便，但是它只适用于一机一种管径，遇到地下障碍物时便无法顶进。

采用机械顶进改善了工作条件，减轻了劳动强度，一般土质均能顺利顶进。但在使用中也存在一些问题，影响推广使用。

4. 挤压土层式顶管

挤压土层式顶管前端的工具管可分为锥形和管帽形，仅适用于潮湿的黏土、砂土、粉质黏土，顶距较短的小口径钢管、铸铁管，且对地面变形要求不甚严格的地段。这种工具管安装在被顶管道的前方，顶进时，工具管借助千斤顶的顶力将管子直接挤入土层里，管子周围的土层被挤压密实，常引起地面较大的变形。其结构形式如图 2.3.6 所示。

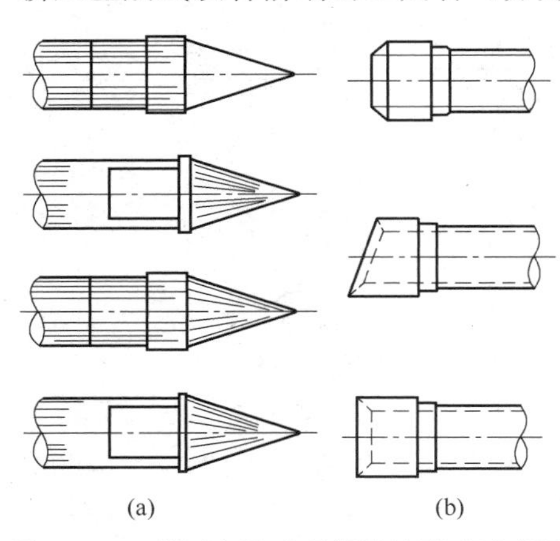

图 2.3.6 挤压土层式顶管结构形式示意图

（二）封闭式施工工艺

封闭式施工工艺一般适用于土质不稳定、地下水位高、工人不能直接进行开挖的施工条件。为防止工作面塌方、涌水对人身造成危害，常将机头前端的挖掘面与工人操作室用密封舱隔开，并在密封舱内充入空气、泥浆、泥水混合物等，借助气压、土压、泥水混合物的压力支撑开挖面，以达到稳定土层，防止塌方、涌水以及控制地面沉降的目的。

1. 水力掘进顶管法

水力掘进主要设备是在首节混凝土管前端装一工具管，工具管内包括封板、喷射管、真空室、高压水管、排泥系统等。其装置如图 2.3.7 所示。

尾管 校正管 前端工具管

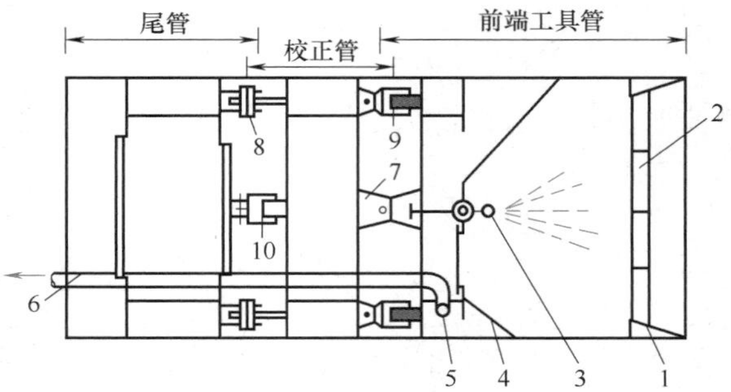

图 2.3.7 水力掘进装置

1—刀刃；2—格栅；3—水枪；4—格网；5—泥浆吸入口；6—泥浆管；7—水平铰；8—垂直铰；9—上下纠偏千斤顶；10—左右纠偏千斤顶

水力掘进顶管依靠环形喷嘴射出的高压水，将顶入管内的土冲散，利用中间喷射水枪将工具管内下方的碎土冲成泥浆，经过格网流入真空吸水室，依靠射流原理将泥浆输送至地面储泥场。校正管段设有水平铰、垂直铰和相应纠偏千斤顶。水平铰起纠正中心偏差作用，垂直铰起高程纠偏作用。

水力掘进便于实现机械化和自动化，边顶进、边水冲、边排泥。

水力掘进顶管法的优点是：生产效率高；其冲土、排泥连续进行；设备简单，成本低；改善了劳动条件，减轻了劳动强度。但是需要耗用大量的水，顶进时，方向不易控制，容易发生偏差，而且需要有存泥浆场地。

2. 土压平衡式顶管法

土压平衡就是在刀盘切削下来的土、砂中注入流动性和不透水性的“做泥材料”，然后在刀盘强制转动、搅拌下，使切削下来的土变成流动性的、不透水的特殊土体充满密封舱，并保持一定压力来平衡开挖面的土压力。

此法的密封舱设置在工具管的前方，工作人员可在密封舱外，通过操作电控开关来控制刀盘切削和顶进速度。

螺旋输送器的出土量和顶进速度，应与刀盘的切削速度相配合，以保持密封舱内的土压力与开挖面的土压力始终处于平衡状态。

土压平衡式顶管法常用于含水量较高的黏性、砂性土以及地面隆陷值要求控制较严格的地区。其结构形式如图 2.3.8 所示。

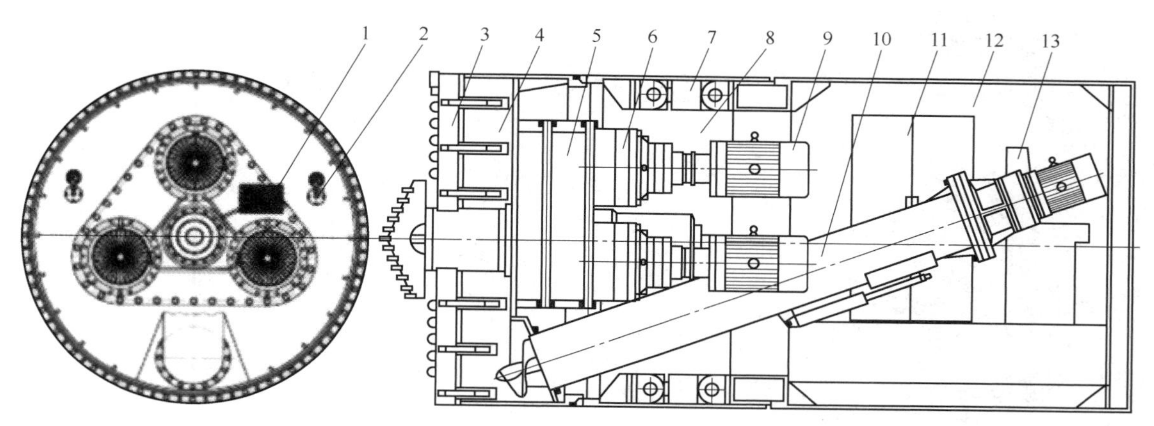

图 2.3.8　加泥式土压平衡顶管机构造示意图

1—测量靶；2—压力表；3—刀盘；4—土压仓；5—刀盘动力箱；6—行星减速器；7—纠偏油缸；8—前壳体；9—刀盘驱动电动机；10—螺旋输送机；11—电气控制箱；12—后壳体；13—操纵台

3. 泥水平衡式顶管法

泥水平衡顶管常用于控制地面变形小于 3cm，工作面位于地下水位以下，渗透系数大于 1～10cm/s 的黏性土、砂性土、粉砂质土的作业条件。其特点是挖掘面稳定，地面沉降小，可以连续出土，但因泥水量大，弃土的运输和堆放都比较困难。

2.3.2 泥水机械平衡式顶管机 3D 演示

此法和土压平衡式顶管法一样，都是在前方设有密封舱、刀盘、螺旋输送器等设备。施工时，随着工具管的推进，刀盘不停地转动，进泥管不断地进泥水，而抛泥管则不断地将混有弃土的泥水抛出密封舱。在密封舱内，常采用护壁泥浆来平衡开挖面的土压力，即保持一定的泥水压力，以此来平衡土压力和地下水压力。

管道顶进方法的选择，应根据管道所处土层的性质，管径，地下水位，附近地上与地下的建筑物、构筑物和各种设施等因素确定。

下面将重点介绍手掘式顶管法的施工工艺。

三、顶管工作坑的布置

顶管工作坑又称竖井，是顶管施工起始点、终结点、转向点的临时设施，是掘进顶管施工的工作场所。工作坑内安装有导轨、后背及后背墙、千斤顶等设备。根据工作坑顶进方向，可分为单向坑、双向坑、交汇坑和多向坑等形式，如图 2.3.9 所示。

1. 工作坑的位置确定条件

（1）根据管线设计，排水管线可选在检查井处；

（2）单向顶进时，应选在管道下游端，以利于排水；

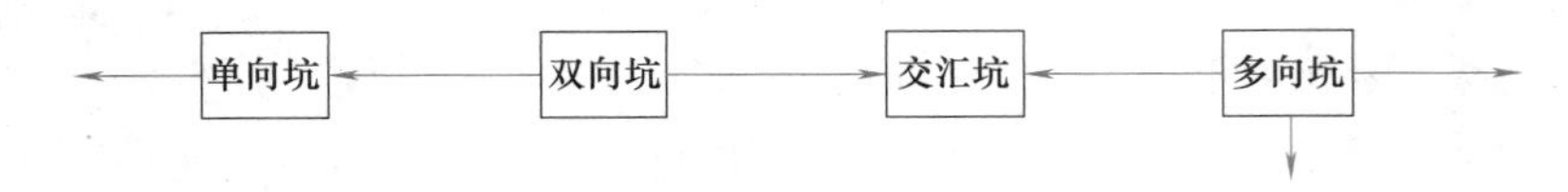

图 2.3.9　工作坑类型

(3) 考虑地形和土质情况，有无可利用的原土后背；

(4) 工作坑与被穿越的建筑物要有一定安全距离；

(5) 距水、电源较近的地方等。

2. 工作坑的尺寸

工作坑应有足够的空间和工作面，保证下管、安装顶进设备和操作间距。坑底长、宽尺寸可按图 2.3.10 及下列公式计算。

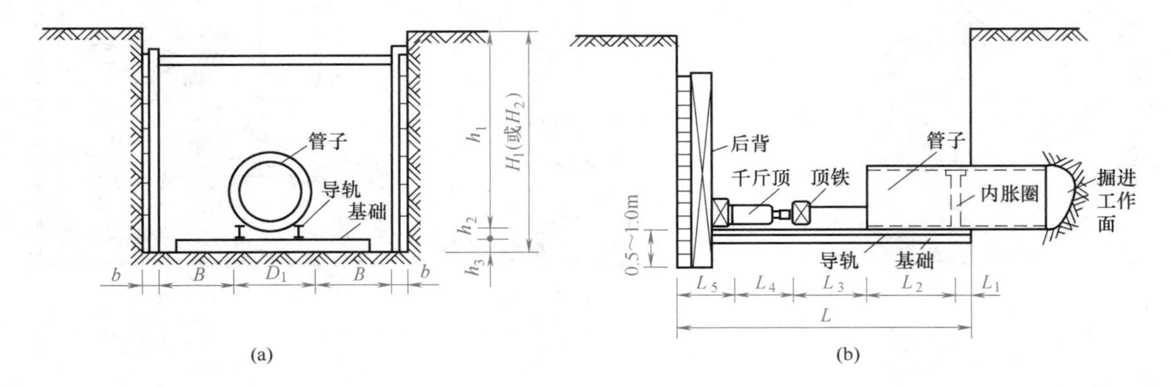

图 2.3.10　工作坑尺寸图

(1) 工作坑的宽度

$$W=D_1+2B+2b \tag{2.3.1}$$

式中　W——工作坑底宽度，m；

D_1——管道外径，m；

$2B+2b$——管道两侧操作空间及支撑厚度，一般可取 2.4～3.2m。

(2) 工作坑的长度

$$L=L_1+L_2+L_3+L_4+L_5 \tag{2.3.2}$$

式中　L——工作坑底长，m；

L_1——管道顶进后，尾端压在导轨上的最小长度，混凝土管一般留 0.3m，钢管留 0.6m；

L_2——每节管道长度，m；

L_3——出土工作间隙，根据出土工具确定，一般为 1.0～1.5m；

L_4——千斤顶长度，m；

L_5——后背所占工作坑厚度，m。

(3) 工作坑的深度　当工作坑为顶进坑时，其深度按式 (2.3.3) 计算。

$$H_1=h_1+h_2+h_3 \tag{2.3.3}$$

当工作坑为接收坑时，其深度按式 (2.3.4) 计算。

$$H_2=h_1+h_3 \tag{2.3.4}$$

式中　H_1——顶进坑地面至坑底的深度，m；

H_2——接收坑地面至坑底的深度，m；

h_1——地面至管道底部外缘的深度，m；

h_2——管道底部外缘至导轨底面的高度，m；

h_3——基础及其垫层的厚度，但不应小于该处井室的基础及垫层厚度，m。

3. 工作坑的施工

工作坑的施工方法有两种：一种方法是采用钢板桩或普通支撑，用机械或人工在选定的地点，按设计尺寸挖成，坑底用混凝土铺设垫层和基础。该方法适用于土质较好、地下水位埋深较大的情况，顶进后背支撑需要另外设置。另一种方法是利用沉井技术，将混凝土井壁下沉至设计高度，用混凝土封底。混凝土井壁既可以作为顶进后背支撑，又可以防止塌方。当采用永久性构筑物作工作坑时，也可采用钢筋混凝土结构等。

四、顶进系统

（一）基础

工作坑的基础形式取决于地基土的种类、管节的轻重以及地下水位的高低。一般的顶管工作坑，常用的基础形式有三种。

1. 土槽木枕基础

土槽木枕基础适用于地基土承载力大又无地下水的情况。将工作坑底平整后，在坑底挖槽并埋枕木，枕木上安放导轨并用道钉将导轨固定在枕木上。这种基础施工操作简单，用料不多且可重复使用，造价较低。

2. 卵石木枕基础

卵石木枕基础适用于虽有地下水但渗透量不大，而地基土为细粒的粉砂土。为了防止安装导轨时扰动地基土，可在地基土上铺一层卵石或级配砂石，以增加其承载能力，并能保持排水通畅。在枕木间填粗砂找平。这种基础形式简单实用，较混凝土基础造价低，一般情况下可代替混凝土基础。

3. 混凝土木枕基础

混凝土木枕基础（图 2.3.11）适用于地下水位高、地基承载力差的地方。在工作坑浇筑混凝土，同时预埋方木作轨枕。这种基础能承受较大荷载，工作面无泥泞，但造价较高。

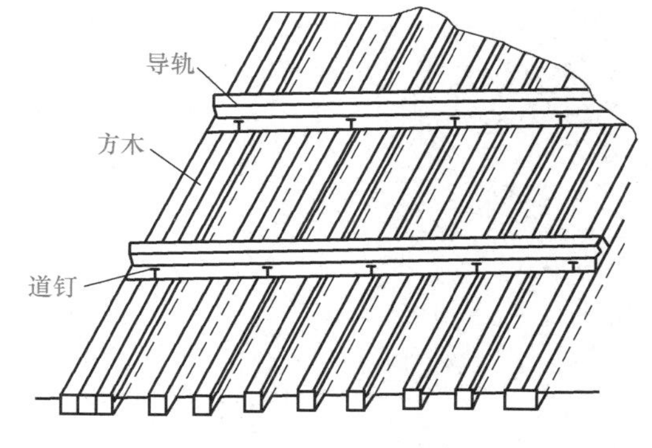

图 2.3.11　枕木基础图

（二）导轨

导轨的作用是引导管道按设计的中心线和坡度顶进，保证管道在顶入土之前位置正确。导轨安装牢固与准确对管道的顶进质量影响较大，因此，安装导轨必须符合管道中心、高程和坡度的要求。

导轨有木导轨和钢导轨。常用钢导轨，钢导轨又分轻轨和重轨，管径大的采用重轨。导轨与枕木装置如图 2.3.12 所示。

采用木导轨时，可不设枕木，直接将锚固导轨的螺栓预埋于混凝土中。

（三）后背与后背墙

后背与后背墙是千斤顶的支撑结构，在管子顶进过程中所受到的全部阻力，可通过千斤顶传递给后背及后背墙。为了使顶力均匀地传递给后背墙，在千斤顶与后背墙之间设置了木

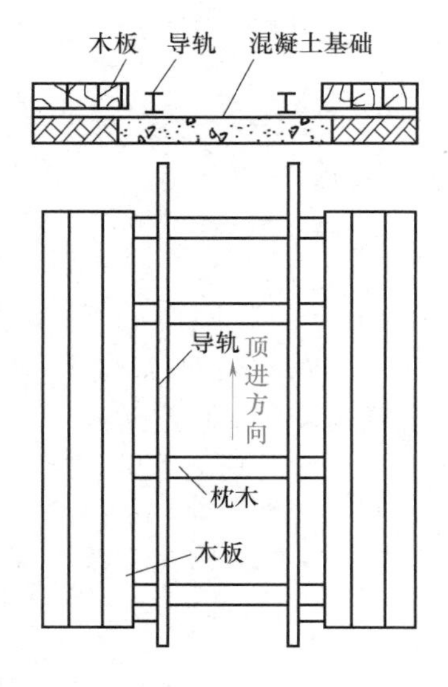

图 2.3.12 导轨安装图

板、方木等传力构件，称为后背。后背墙应具有足够的强度、刚度和稳定性，当最大顶力发生时，不允许产生相对位移和弹性变形。常用的后背形式有原土后背墙、人工后背墙等。当土质条件差、顶距长、管径大时，也可采用地下连续式后背墙、沉井式后背墙和钢板桩式后背墙。

1. 原土后背墙

最好采用原土后背墙，这种后背墙造价低、修建方便，适用于顶力较小、土质良好、无地下水或采用人工降低地下水效果良好的情况。一般的黏土、亚黏土、砂土等都可做原土后背墙。

原土后背墙安装时，紧贴垂直的原土后背墙密排 15cm×15cm 或 20cm×20cm 的方木，其宽度和高度不小于所需的受力面积，排木外侧立 2～4 根立铁，放在千斤顶作用点位置，在立铁外侧放一根大刚度横铁，千斤顶作用在横铁上。

根据施工经验，当顶力小于 400t 时，原土后背墙的长度一般不小于 7.0m，就不致发生大位移现象（墙后开槽宽度不大于 3.0m）。其结构形式如图 2.3.13 所示。

2. 人工后背墙

当无原土做后背墙时，应采用设计结构简单、稳定可靠、就地取材、拆除方便的人工后背墙。人工后背墙做法很多，例如修筑跨在管道上的块石挡土墙可作为人工后背墙的一种。

(四) 顶进设备

顶进设备主要包括千斤顶、高压油泵、顶铁、下管及运土设备等。

1. 千斤顶和油泵

千斤顶又称为“顶镐”，是顶进顶管的主要设备，目前多采用液压千斤顶。千斤顶在工作坑内常用的布置方式为单列、并列和环周等，如图 2.3.14 所示。当采用单列布置时，应使千斤顶中心与管中心的垂线对称；采用并列或环周布置时，顶力合力作用点与管壁反作用力合力作用点在同一轴线上，防止产生顶进力偶造成顶进偏差。根据施工经验，采用人工挖土，管上半部管壁与土壁有间隙时，千斤顶的着力点作用在垂直直径的 1/5～1/4 为宜。

油泵宜设在千斤顶附近，油路应顺直、转角少；油泵应与千斤顶相匹配，并应有备用油泵。油泵安装完毕，应进行试运转。

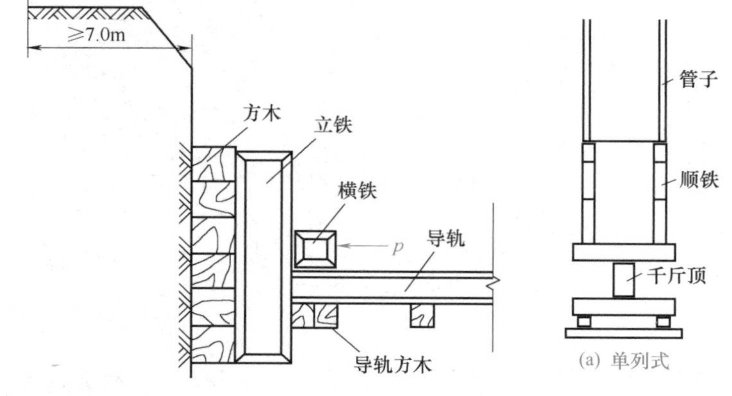

图 2.3.13 原土后背墙

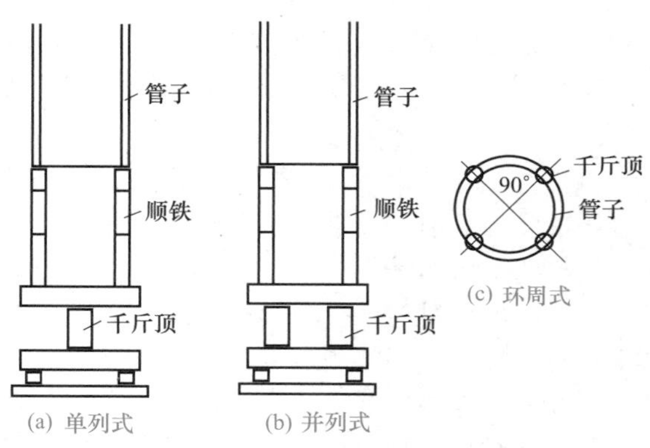

图 2.3.14 千斤顶布置方式

2. 顶铁

顶铁是为了弥补千斤顶行程不足而设置的，是管道顶进时，在千斤顶与管道端部之间临时设置的传力构件。其作用是将千斤顶的合力通过顶铁比较均匀地分布在管端，同时也调节千斤顶与管端之间的距离，起到伸长千斤顶活塞的作用。因此，顶铁两面要平整，厚度要均匀，要有足够的刚度和强度，以确保工作时不会失稳。

顶铁是由各种型钢拼接制成的，有U形、弧形和环形几种，如图2.3.15所示。其中U形顶铁一般用于钢管顶管，使用时开口朝上。弧形内圆与顶管的内径相同，弧形的顶铁使用方式与U形相似，一般用于钢筋混凝土管顶管。环形顶铁是直接与管段接触的顶铁，它的作用是将顶力尽量均匀地传递到管段上。

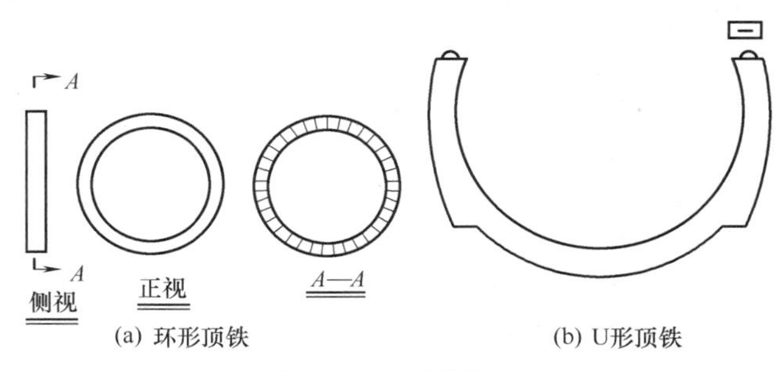

图2.3.15 顶铁

顶铁与管口之间的连接，无论是混凝土管还是金属管，都应垫以缓冲材料，使顶力比较均匀地分布在管端，避免应力集中对管端的损伤。当顶力较大时，与管端接触的顶铁应采用U形顶铁或环形顶铁，以使管端承受的压力低于管节材料的允许抗压强度。缓冲材料一般可采用油毡或胶合板。

3. 下管和运土设备

工作坑的垂直运输设备是用来完成下管和出土工作的。运输方法应根据施工具体情况而定，通常采用三脚架配电葫芦、龙门吊、汽车吊和轮式起重机等。

五、顶管接口

1. 钢管接口

钢管接口一般采用焊接接口。顶进钢管采用钢丝网水泥砂浆和肋板保护层时，焊接后应补做焊口处的外防腐处理。

2. 钢筋混凝土管接口

钢筋混凝土管接口分为刚性接口与柔性接口。采用钢筋混凝土管时，在管节未进入土层前，接口外侧应垫以麻丝、油毡或木垫板，管口内侧应留有10～20mm的空隙。顶紧后两管间的空隙宜为10～15mm。管节入土后，管节相邻接口处安装内胀圈时，应使管节接口位于内胀圈的中部，并将内胀圈与管端之间的缝隙用木楔塞紧。

钢筋混凝土管常用钢胀圈接口、企口接口、T形接口等几种方式进行连接。

（1）钢胀圈连接。常用于平口钢筋混凝土管。管节稳好后，在管内侧两管节对口处用钢胀圈连接起来，形成刚性口，以避免顶进过程中产生错口。钢胀圈是用8mm左右的钢板卷焊成圆环，宽度为300～400mm。环的外径小于管内径30～40mm。连接时将钢胀圈放在两管节端部接触的中间，然后打入木楔，使钢胀圈下方的外径与管内壁直接接触；待管道顶进就位后，将钢胀圈拆除，内管口处用油麻、石棉水泥填打密实，如图2.3.16所示。

（2）企口连接。企口连接通常可以采用刚性接口和柔性接口，如图2.3.17、图2.3.18所示。采用企口连接的钢筋混凝土管不宜用于较长距离的顶管。

（3）T形接口。T形接口的做法是在两管段之间插入一钢套管，钢套管与两侧管段的插入部分均有橡胶密封圈，如图2.3.19所示。

采用T形钢套环橡胶圈防水接口时，混凝土管节表面应光洁、平整，无砂眼、气泡，

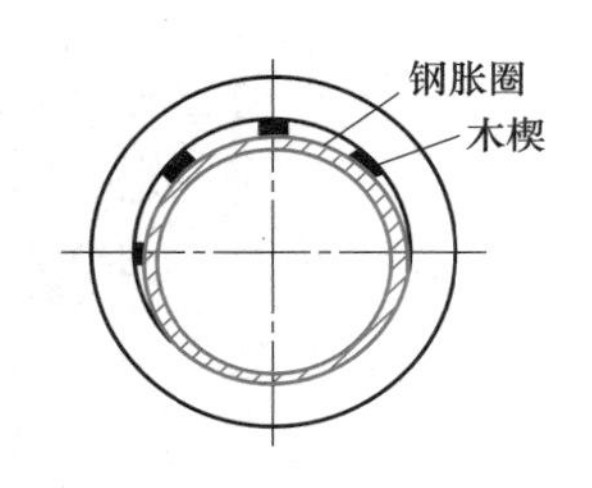

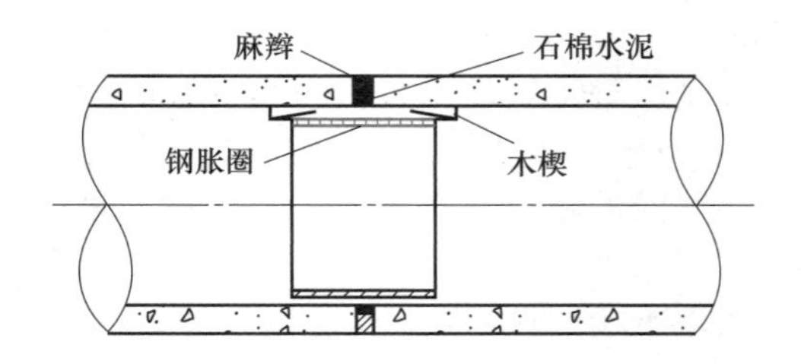

图 2.3.16 钢胀圈接口

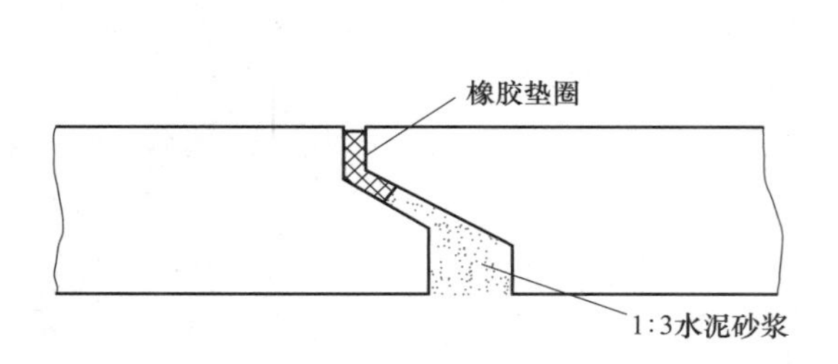

图 2.3.17 企口刚性连接

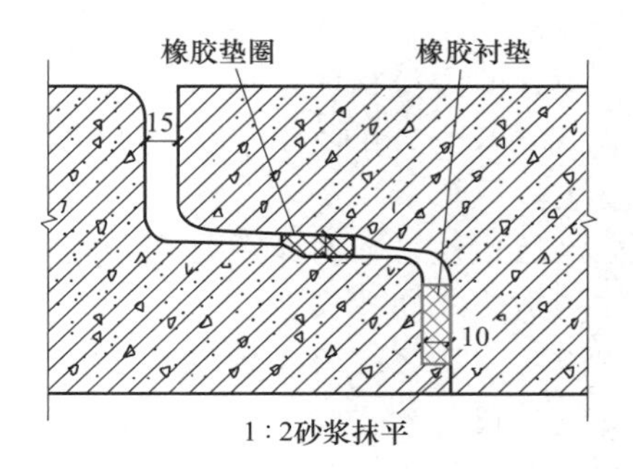

图 2.3.18 企口柔性连接

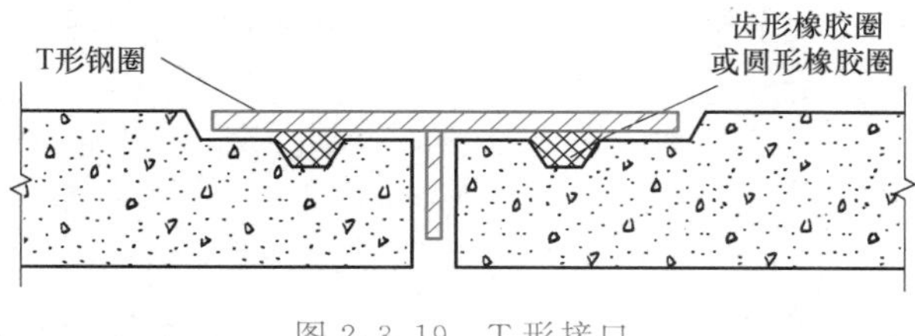

图 2.3.19 T 形接口

接口尺寸符合规定；橡胶圈的外观和断面组织应致密、均匀，无裂缝、孔隙或凹痕等缺陷，安装前应保持清洁，无油污，且不得在阳光下直晒；钢套环接口应无疵点，焊接接缝平整，肋部与钢板平面垂直，且应按设计规定进行防腐处理；木衬垫的厚度应与设计顶力相适应。

六、顶进

管道的顶进过程包括挖土、顶进、测量、纠偏等工序。工作坑内设备安装完毕，经检查各部处于正常良好状态，即可进行开挖和顶进。首先将管道下到导轨上，就位以后，装好顶铁，校测管中心和管底标高是否符合设计要求，合格后即可进行管前端挖土。

1. 挖土与运土

管前挖土是保证顶进质量及地上构筑物安全的关键。管前挖土的方向和开挖形状，直接影响顶进管位的准确性，因为管道在顶进中是遵循已挖好的土壁前进的，因此，管前周围超挖应严格控制。对于密实土质，管端上方可有 1.5cm 空隙，以减少顶进阻力，管端下部 135°中心角范围不得超挖，保持管壁与土壁相平，也可预留 1cm 厚的土层，在管道顶进过程中切去，这样可防止管端下沉。在不允许顶管上部土壤下沉地段顶进时（如铁路、重要建筑物等），管周围一律不得超挖。

管前挖土深度，一般等于千斤顶出镐长度，如土质较好，可超前 0.5m。超挖过大，土壁开挖形状就不易控制，容易引起管位偏差和下方土坍塌。

在松软土层中顶进时，应采取管顶上部土壤加固或管前安设管檐措施，操作人员在其内挖土，防止坍塌伤人。

管内挖土工作条件差、劳动强度大，应组织专人轮流操作。管前挖出的土及时外运，管径较大时，可用双轮手推车推运，管径较小时，应采用双筒卷扬机奉引四轮小车出土。土运至管外，再用工作平台上的电动葫芦吊至平台上，然后运到坑外。

2. 顶进操作

顶进利用千斤顶出镐在后背不动的情况下将被顶进管道向前推进。

(1) 顶进操作过程

① 安装好顶铁挤牢，管前端已挖一定长度后，启动油泵，千斤顶进油，活塞伸出一个工作行程，将管道推进一定距离。

② 停止油泵，打开控制阀，千斤顶回油，活塞回缩。

③ 添加顶铁，重复上述操作，直至需要安装下一节管道为止。

④ 卸下顶铁，下管，在混凝土管接口处放一圈麻绳，以保证接口缝隙和受力均匀。

⑤ 在管内口处安装一个内胀圈（图 2.3.20），作为临时性加固措施，防止顶进纠偏时错口。

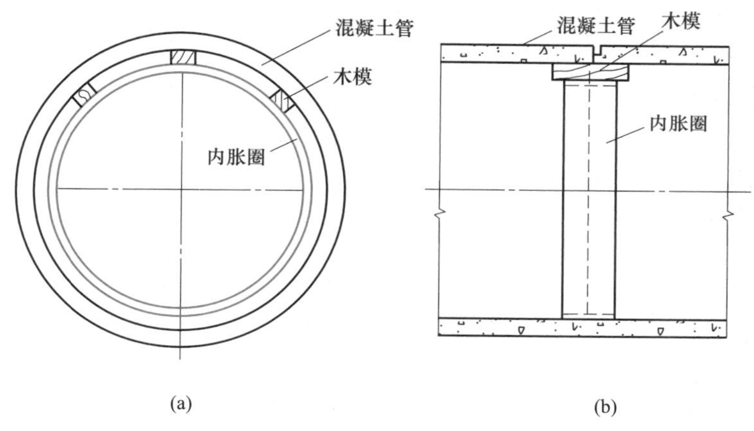

图 2.3.20 钢制内胀圈安装图

⑥ 重新装好顶铁，重复上述操作。

(2) 顶进时应注意的事项

① 顶进时应遵照“先挖后顶，随挖随顶”的原则。应连续作业，避免中途停止，造成阻力增大，增加顶进的困难。

② 首节管道顶进的方向和高程，关系到整段顶进质量，应勤测量、勤检查及时校正偏差。

③ 安装顶铁应平顺，无歪斜扭曲现象。每次收回活塞加放顶铁时，应换用可能安放的最长顶铁，使连接的顶铁数目为最少。

④ 顶进过程中，发现管前土方坍塌、后背倾斜，偏差过大或油泵压力表指针骤增等情况时，应停止顶进，查明原因，排除故障后，再继续顶进。

3. 顶管测量

① 测量次数。开始顶第一节管道时，每顶进 20～30cm，测量一次高程和中心线。正常顶进中，每顶进 50～100cm 测量一次。校正时，每顶进一镐即测量一次。

② 如图 2.3.21 所示，通过顶管中线桩拉一条细线，并在细线上挂两垂球，两垂球的连线即为管道方向；若坑底已经设置有顶管中线桩，可将经纬仪安置在坑底中线桩上，照准坑

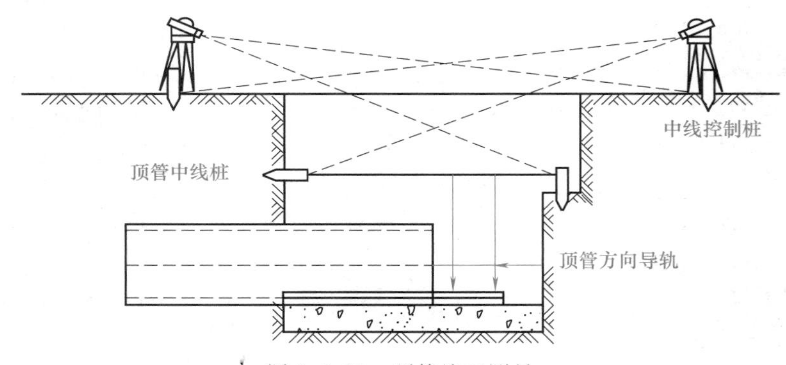

图 2.3.21　顶管施工测量

壁上中线桩，也可以指示顶管的中线方向。在管内前端水平放置一把木尺，尺长等于或略小于管径，使它恰好能放在管内。木尺上的分划以中央为零向两侧对称增加。如果两垂球的方向线与木尺上的零分划线重合，则说明管子中心在设计中线上；若不重合，则说明管子有偏差。偏差超过±1.5cm 时，管子需要校正。

③ 为了控制管道按设计高程和坡度顶进，还应在工作坑内设置临时水准点。为便于检核，最好设置两个临时水准点。

4. 顶进偏差的校正

顶进中发现管位偏差 10mm 左右，即应进行校正。纠偏校正应缓慢进行，使管道逐渐复位，不得猛纠硬调。人工挖土顶进的校正方法如下。

(1) 挖土校正法　偏差值为 10～20mm 时，可采用此法。即在管道偏向设计中心左侧时，可在管道中心右侧适当超挖，而在偏向一侧不超挖或留台，使管道在继续顶进中，逐渐回设计位置。

(2) 斜撑校正法　当偏差较大或采用挖土校正法无效时，可采用斜撑校正法。如图 2.3.22 所示，用圆木或方木，一端顶在偏斜反向的管子内壁上，另一端支撑在垫有木板的管前土层上，开动千斤顶，利用顶木产生的分力使管子得到校正。此法也适合管子错口的校正。

(3) 衬垫校正法　对于在淤泥或流沙地段施工的管子，因地基承载力较弱，经常出现管子低头现象，这时在管底或管子一侧添加木楔，使管道沿着正确的方向顶进，如图 2.3.23 所示。

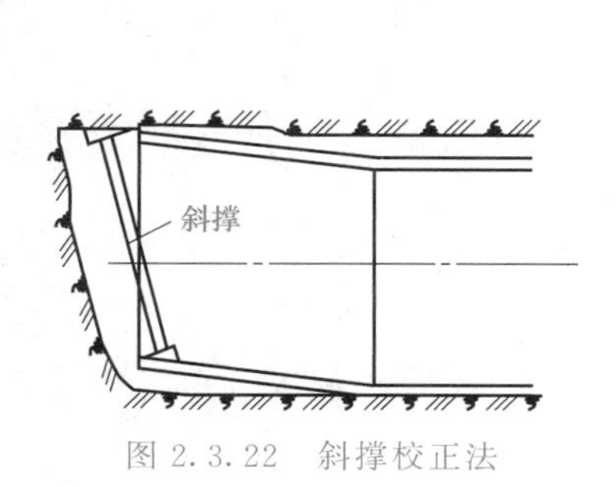

图 2.3.22　斜撑校正法

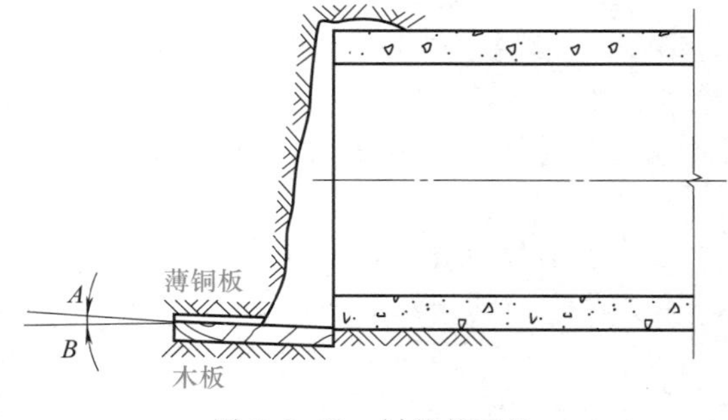

图 2.3.23　衬垫校正法

七、长距离顶管措施

由于受顶力大小、管材强度、后背强度诸因素的限制，一次顶进长度约为 40～50m，若要再增长，可采用中继间、泥浆套层顶进等方法。提高一次顶进长度，可减少工作坑数目。

1. 中继间顶进法

中继间（图 2.3.24）是在顶进管段中间设置的接力顶进工作间，此工作间内安装中继千斤顶，担负中继间之前的管段顶进。中继间千斤顶推进前面管段后，主压千斤顶再推进中继间后面的管段。此种分段接力顶进方法，称为中继间顶进法，不分级别。

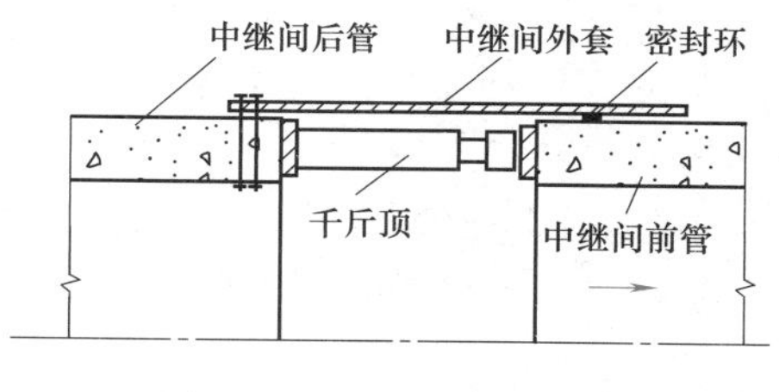

图 2.3.24　中继间示意图

采用中继间施工时，顶进一定长度后，即可安设中继间，之后继续向前顶进。当工作坑千斤顶难以顶进时，即开动中继间内的千斤顶，此时以后边管为后背，向前顶进一个行程，然后开动工作坑内的千斤顶，使中继间后面的管道也向前推进一个行程。这时，中继间随之向前推进，再重复开动中继间的千斤顶，如此循环操作，即可增加顶进长度，但此法顶进速度较慢。

2. 泥浆套层顶进法

泥浆套层顶进法又称触变泥浆法，是将泥浆灌注于所顶管道四周，形成一个泥浆套层，这样可以减少顶力和防止土坍塌。

触变泥浆由膨润土掺和碳酸钠调制而成。为了增加触变泥浆凝固后的强度，又掺入了凝固剂（石膏）；使用凝固剂的同时，必需掺放少量缓凝剂（工业六糖）和塑化剂（松香酸钠）。

（1）触变泥浆拌制的过程

① 将定量的水放入搅拌罐内，并取其中一部分水溶解碳酸钠；

② 边搅拌，边将定量的膨润土徐徐加入，直至搅拌均匀；

③ 将溶解的碳酸钠溶液倒入已搅拌均匀的膨润土内，搅拌均匀，放置 12h 后即可使用。

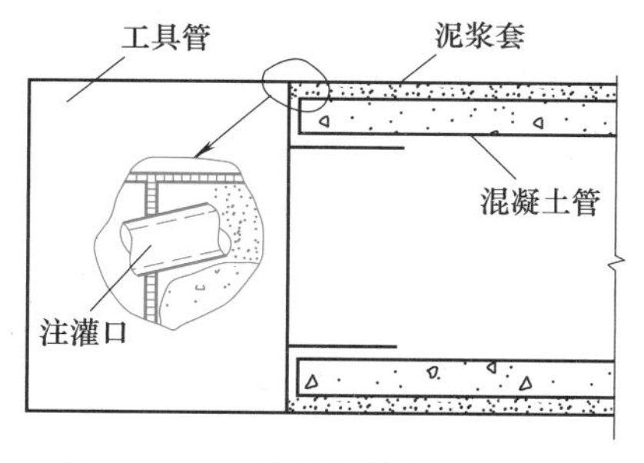

图 2.3.25　前封闭管装置示意图

（2）触变泥浆顶管的装置设备

① 泥浆封闭设备有前封闭管和后封闭圈，是为了防止泥浆从管端流出。

② 灌浆设备有空气压缩机、压浆罐、输浆管、分浆罐及喷浆管等。

③ 调浆设备有拌和机及储浆罐等。

前封闭管的外径比被顶管道外径大 40～80mm，在管外形成一个 20～40mm 厚的泥浆环。前封闭管前端应有刃角，顶进时切土前进，使管外土紧贴管的外壁，以防漏，如图 2.3.25 所示。

混凝土管接口衬垫麻辫，防止接口漏浆。内胀圈可用分块组装式胀圈，并垫放防漏材料。输浆管一般直径 80mm，喷浆管直径 25mm，均匀分布。

第二节 盾 构 法

盾构法是暗挖法施工中的一种全机械化施工方法，它是将盾构机械在地中推进，通过盾构外壳和管片支承四周围岩防止发生往隧道内的坍塌，同时在开挖面前方用切削装置进行土体开挖，通过出土机械运出洞外，靠千斤顶在后部加压顶进，并拼装预制混凝土管片，形成隧道结构。如图 2.3.26 所示。

盾构法修建地下隧道已有 170 余年的历史。它最早由法国工程师布鲁诺尔发明，并于 1825 年开始用一矩形盾构在英国伦敦泰晤士河下面修建世界第一条水底隧道。但施工中未能解决好密封问题，几次被水淹，被迫停工，后经改进，才于1843年完工，全长458m。后来，美国、日本等开始用盾构法修建水底公路隧道、地下铁道、水工隧道和小断面城市市政管线等，得到了广泛的应用。

中国20世纪50年代开始引进盾构法，并在上海、苏州、北京、厦门、武汉等地进行了小型盾构法施工试验，有的已取得较好效果。

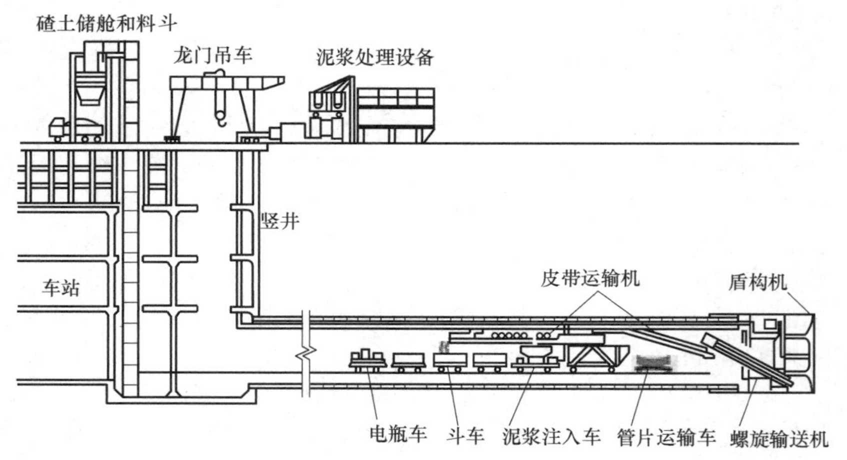

图 2.3.26　盾构法施工概貌图

一、盾构法的适用条件及优缺点

（一）盾构法的适用条件

在松软含水地层或地下线路等设施埋深达到10m或更深时，可以采用盾构法，即：

(1) 线位上允许建造用于盾构进出洞和出碴进料的工作井；

(2) 隧道要有足够的埋深，覆土深度宜不小于6m且不小于盾构直径；

(3) 相对均质的地质条件；

(4) 如果是单洞则要有足够的线间距，洞与洞及洞与其他建（构）筑物之间所夹土（岩）体加固处理的最小厚度为水平方向1.0m，竖直方向1.5m；

(5) 从经济角度来讲，连续的施工长度不小于300m。

（二）盾构法的优点

(1) 安全开挖和衬砌，掘进速度快；

(2) 盾构的推进、出土、拼装衬砌等全过程可实现自动化作业，施工劳动强度低；

(3) 不影响地面交通与设施，同时不影响地下管线等设施；

(4) 穿越河道时不影响航运，施工中不受季节、风雨等气候条件影响，没有噪声和扰动；

(5) 在松软含水地层中修建埋深较大的长隧道往往具有技术和经济方面的优越性。

（三）盾构法的缺点

(1) 断面尺寸多变的区段适应能力差；

(2) 新型盾构购置费昂贵，对施工区段短的工程不太经济；

(3) 工人的工作环境较差。

二、盾构机的组成

盾构机械的基本构造由开挖系统、推进系统和衬砌拼装系统三部分组成。

1. 开挖系统

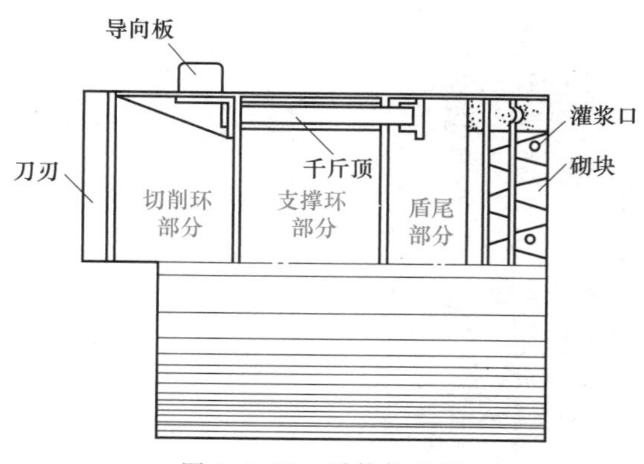

图 2.3.27 盾构构造图

盾构壳体形状可任意选择，用于给排水管沟，多采用钢制圆形筒体，由切削环部分、支撑环部分、盾尾部分组成，由外壳钢板连接一个整体，如图 2.3.27 所示。

（1）切削环部分位于盾构的最前端，它的前端做成刃口，以减少切土时对地层的扰动。切削环也是盾构施工时容纳作业人员挖土或安装挖掘机械的部位。

（2）支撑环部分位于切削环之后，处于盾构中间部位。它承担地层对盾构的土压力、千斤顶的顶力以及刃口、盾尾、砌块拼装时传来的施工荷载等。它的外沿布置千斤顶，大型盾构将液压、动力设备，操作系统，衬砌拼装机等均集中布置在支撑环中。在中、小型盾构中，可把部分设备设在盾构后面的车架上。

（3）盾尾部分的作用主要是掩护衬砌拼装，并且防止水、土及注浆材料从盾尾间隙进入盾构。

2. 推进系统

推进系统是盾构的核心部分，依靠千斤顶将盾构往前移动，千斤顶控制采用油压系统。它由高压油泵、操作阀件和千斤顶等设备构成。

3. 衬砌拼装系统

盾构顶进后应及时进行衬砌工作。衬砌后砌块作为盾构千斤顶的后背，承受顶力；施工过程中作为支撑结构，施工结束后作为永久性承载结构。

三、盾构施工

1. 施工准备工作

盾构施工前应根据设计提供图纸和有关资料，对施工现场进行详细观察，对地上、地下障碍物，地形，土质，地下水和现场条件等诸方面进行了解，根据勘察结果，编制盾构施工方案。

盾构施工的准备工作还应包括测量定线、衬块预制、盾构机械组装、降低地下水位、土层加固以及工作坑开挖等。上述这些准备工作视情况选用，并编入施工方案中。

2. 盾构法施工

2.3.3 长江一号盾构机演示

首先在置放盾构机的地方打一个垂直井（工作坑），再用混凝土墙进行加固；然后将盾构机安装到井底，并装配相应的千斤顶；用千斤顶之力驱动井底部的盾构机往水平方向前进，形成隧道；将开挖好的隧道边墙用事先制作好的混凝土衬砌加固，地压较高时可以采用浇铸的钢制衬砌加固来代替混凝土衬砌。盾构施工具体工艺如图 2.3.28 所示。

（1）盾构工作坑及始顶。盾构法施工也应当设置工作坑（也称工作室），作为盾构开始、中间、结束井。开始工作坑作为盾构施工起点，将盾构放入工作坑内；结束工作坑用于全线顶进完毕，将盾构取出；中间工作坑根据需要设置，如为了减少土方、材料的地下运输距离或者中间需要设置检查井、车站等构筑物时而设置中间工作坑。

开始工作坑与顶管工作坑相同，其尺寸应满足盾构和其顶进设备尺寸的要求。工作坑周壁应做支撑或者采用沉井或连续墙加固，防止坍塌，同样在盾构顶进方向对面做好牢固后

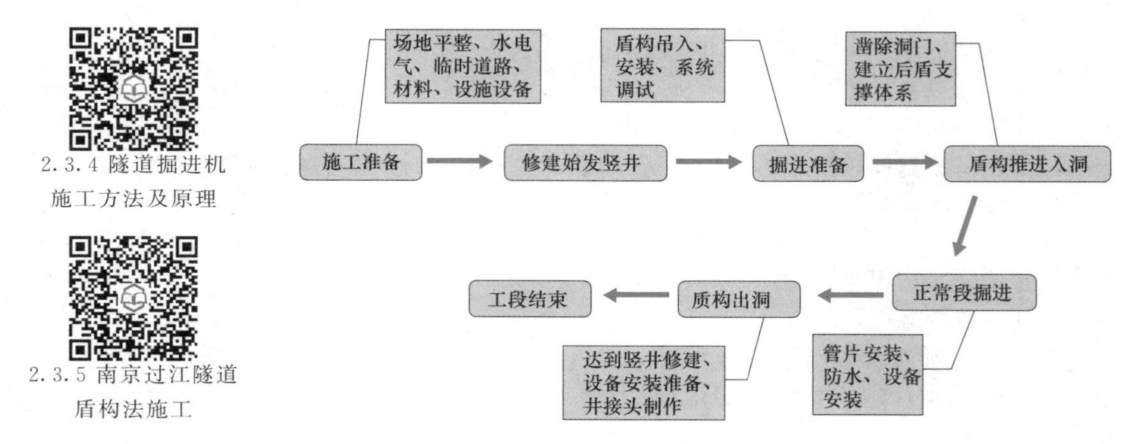

图 2.3.28　盾构施工具体工艺

背。盾构在工作坑导轨上至完全进入土中的这一段距离，借助外部千斤顶顶进，与顶管方法相同，如图 2.3.29 所示。

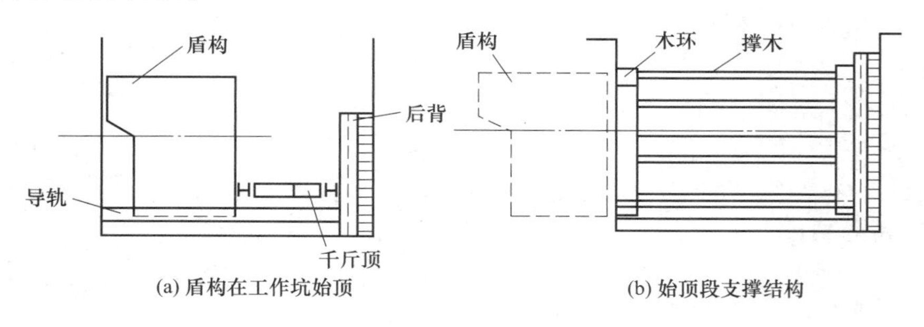

图 2.3.29　始顶工作坑

（2）衬砌和灌浆。盾构法施工中，其隧道一般采用以预制管片拼装的圆形衬砌，也可采用挤压混凝土圆形衬砌，必要时可再浇筑一层内衬砌，形成防水功能好的圆形双层衬砌，如图 2.3.30 所示。

预制管片砌块（图 2.3.31）通常采用钢筋混凝土或预应力钢筋混凝土砌块，砌块形状有矩形、梯形、中缺形等。按照设计要求，确定砌块形状和尺寸以及接缝方法，接口有平口、企口和螺栓连接。企口接缝防水性能好，但拼装复杂；螺栓连接整体性能好，刚度大。

砌块接口涂抹胶黏剂，提高防水性能，常用的胶黏剂有沥青玛瑞脂、环氧胶泥等。砌块

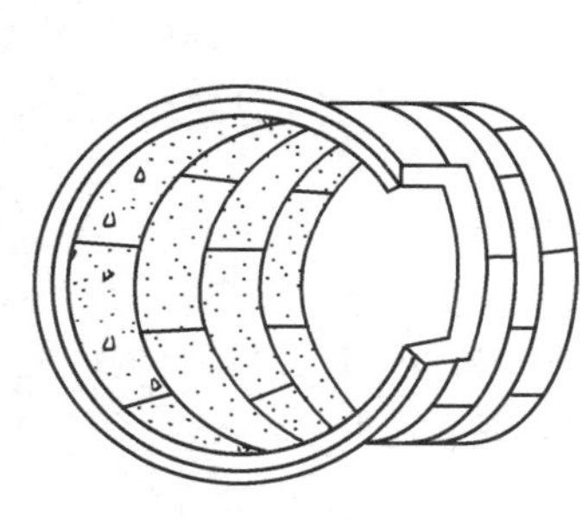

图 2.3.30　砌块形式

图 2.3.31　预制管片砌块

外壁与土壁间应用水泥砂浆或豆石混凝土灌注。通常每隔3～5衬砌环有一灌注孔环，在此之前应做好止水。

砌块衬砌和缝隙注浆合称为一次衬砌。按照功能要求，在一次衬砌合格后，可进行二次衬砌。二次衬砌可浇筑豆石混凝土、喷射混凝土等。

第三节 水平定向钻法

水平定向钻法是在不开挖地表面的条件下，利用水平定向钻机铺设多种地下公用设施（管道、电缆等）的一种施工方法。它广泛应用于供水、电力、电讯、天然气、煤气、石油等管线铺设施工中，适用于砂土、黏土、卵石等地况，我国大部分非硬岩地区都可施工。

水平定向钻进技术是将石油工业的定向钻进技术和传统的管线施工方法结合在一起的一项施工新技术，它具有施工速度快、施工精度高、成本低等优点。

一、水平定向钻施工的特点

（1）定向钻穿越施工不会阻碍交通，不会破坏绿地、植被，不会影响商店、医院、学校和居民的正常生活与工作秩序，解决了传统开挖施工对居民生活的干扰，对交通、环境、周边建筑物基础的破坏和不良影响。

（2）现代化的穿越设备穿越精度高，易于调整敷设方向和埋深，管线弧形敷设距离长，完全可以满足设计要求埋深，并且可以使管线绕过地下的障碍物。

（3）城市管网埋深一般达到3m以下，穿越河流时，一般埋深在河床下9～18m，所以采用水平定向钻机穿越，对周围环境没有影响，不破坏地貌和环境，适应环保的各项要求。

（4）采用水平定向钻机穿越施工时，没有水上、水下作业，不影响江河通航，不损坏江河两侧堤坝及河床结构，施工不受季节限制，具有施工周期短、人员少、成功率高、施工安全可靠等特点。

（5）与其他施工方法相比，进出场地速度快，施工场地可以灵活调整，尤其是在城市施工时可以充分显示出其优越性，并且施工占地少、工程造价低、施工速度快。

（6）大型河流穿越时，由于管线埋在地层以下9～18m，地层内部的氧及其他腐蚀性物质很少，所以起到自然防腐和保温的功用，可以保证管线运行时间更长。

二、水平定向钻机系统

各种规格的水平定向钻机（图2.3.32）都是由钻机系统、动力系统、控向系统、泥浆系统、钻具及辅助机具组成的，它们的结构及功能介绍如下。

（1）钻机系统　它是穿越设备钻进作业及回拖作业的主体，由钻机主机、转盘等组成。钻机主机放置在钻机架上，用来完成钻进作业和回拖作业。转盘装在钻机主机前端，连接钻杆，并通过改变转盘转向和输出转速及扭矩大小，达到不同作业状态的要求。

图2.3.32　钻机样图

（2）动力系统　它由液压动力源和发电机组成动力源。液压动力源是为钻机系统提供高压液压油作为钻机的动力，发电机为配套的电气设备及施工现场照明提供电力。

（3）控向系统　控向系统是通过计算机监测与控制钻头在地下的具体位置和其他参数，引导钻头正确钻进的方向性工具。由于有该系统的控制，钻头才能按设计曲线钻进，现经常采用的有手提无线式和有线式两种形式的控向系统。

（4）泥浆系统　泥浆系统由泥浆混合搅拌罐和泥浆泵及泥浆管路组成，为钻机系统提供适合钻进工况的泥浆。

（5）钻具及辅助机具　它是钻机钻进中钻孔和扩孔时所使用的各种机具。钻具主要有适合各种地质的钻杆、钻头、泥浆马达、扩孔器、切割刀等机具。辅助机具包括卡环、旋转活接头和各种管径的拖拉头。

三、水平定向钻施工

（一）施工前的准备工作

一旦施工地点确定，就应对相应区域进行勘测并绘制详细准确的地质地貌图纸。最终施工的精度取决于这一勘测结果的精度。

1. 地下管线探测

（1）地下管线探查。目前的水平定向钻施工存在城市地下管线资料残缺不全，有的资料精度不高或与现状不符等问题，以致影响地下管线规划建设的科学性及在工程建设过程中挖断、挖穿地下管线的事故时有发生。需要通过地下管线探查、现场调查和不同的探测方法探寻各种管线的埋设位置和深度，具体操作是要求业主提供工程现场地下管网资料、现场寻找施工现场周围的工作井、查看管线的走向、情况不明打电话让相应负责部门到现场标明、询问当地居民、用管线探测仪进行测量等。

（2）地下管线测绘。地下管线测绘是对已查明的地下管线平面位置和深度进行测量，要沿穿越方向对已探测地下管线的深度及管线走向做出标记；根据探查结果，对现场地下管网进行复查，准确掌握地下各种管线和其他基础设施的分布及埋深，为导向孔轨迹提供准确的设计依据。

2. 地质勘察

较长穿越工程应当让业主提供工程现场的地质勘察报告，根据地质勘察报告可以进行钻机及钻具组合的选择，也是我们提供工程报价的依据。

（二）水平定向钻施工过程

使用水平定向钻机进行管线穿越施工，一般分为两个阶段：第一阶段是按照设计曲线尽可能准确地钻一个导向孔；第二阶段是将导向孔进行扩孔，并将产品管线（一般为 PE 管道、光缆套管、钢管）沿着扩大了的导向孔回拖，完成管线穿越工作。用到的施工设备及材料有水平定向钻机、钻杆、发电机、泥浆泵、水罐车、膨润土等。

具体施工流程（图 2.3.33）如下：测量放线→钻机场地布置→钻机安装调试→钻导向孔→扩孔→洗孔→回拖→清理场地。

1. 测量放线

根据设计交底（桩）与施工图纸放出钻机场地控制线及设备摆放位置线，确保钻机中心线与入土点、出土点成一条直线。

2. 测量控向参数

按操作规程标定控向参数。为保证数据准确，在穿越轴线的不同位置测取，且每个位置至少测四次，进行对比，并做好记录，取其有效值的平均值作为控向参数值。

3. 泥浆配制

由于穿越经过地层主要是砂土和黏土，因此对泥浆的配比，通常采取以下措施：

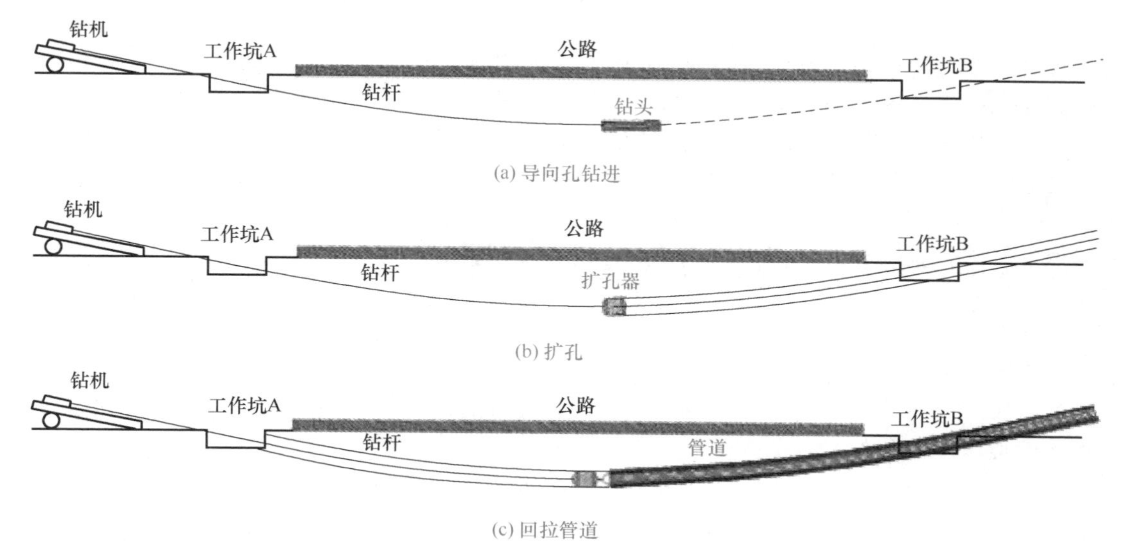

图 2.3.33　水平定向钻施工流程

水源采取市区自来水进行配浆。按照实验室确定好的泥浆配比用膨润土加上泥浆添加剂，配出适合不同地层要求的泥浆。为了确保泥浆的性能，使膨润土有足够的水化时间，增加泥浆储存罐和泥浆快速水化装置。

泥浆的回收利用：钻机场地和管线组装场地各有一个泥浆收集池，泥浆通过泥浆池收集，再经过泥浆回收系统回收再使用。

4. 钻机试钻

开钻前做好钻机的安装和调试等一切准备工作，确定系统运转正常。

钻杆和钻头吹扫完毕并连接后，严格按照设计图纸和施工验收规范进行试钻，检查各部位运行情况。如各种参数正常即可正常钻进。

5. 钻导向孔

要根据穿越的地质情况，选择合适的钻头和导向板或地下泥浆马达。开动泥浆泵对准入土点进行钻进，钻头在钻机的推力作用下由钻机驱动旋转（或使用泥浆马达带动钻头旋转）切削地层，不断前进；每钻完一根钻杆均要测量一次钻头的实际位置，以便及时调整钻头的钻进方向，保证所完成的导向孔曲线符合设计要求。如此反复，直到钻头在预定位置出土，完成整个导向孔的钻孔作业。

2.3.6 钻导向孔

钻机被安装在入土点一侧，从入土点开始，沿着设计好的线路，钻一条从入土点到出土点的曲线，作为预扩孔和回拖管线的引导曲线。

6. 预扩孔和回拖产品管线

一般情况下，使用小型钻机时，直径大于 200mm，就要进行预扩孔；使用大型钻机时，当产品管线直径大于 DN350，就需进行预扩孔。预扩孔的直径和次数，视具体的钻机型号和地质情况而定。

图 2.3.34　扩孔工具

回拖产品管线时，先将扩孔工具（图 2.3.34）

和管线连接好，然后，开始回拖作业，并由钻机转盘带动钻杆旋转后退，进行扩孔回拖。产品管线在回拖过程中是不旋转的，由于扩好的孔中充满泥浆，因此产品管线在扩好的孔中处于悬浮状态，管壁四周与孔洞之间由泥浆润滑，这样既减少了回拖阻力，又保护了管线防腐层。经过钻机多次预扩孔，最终成孔直径一般比管子直径大200mm，所以不会损伤防腐层。

在钻导向孔阶段，钻出的孔往往小于回拖管线的直径，为了使钻出的孔径达到回拖管线直径的1.3～1.5倍，需要用扩孔器从出土点开始向入土点将导向孔扩大至要求的直径。

地下孔经过预扩孔，达到了回拖要求之后，将钻杆、扩孔器、回拖活节和被安装管线依次连接好，从出土点开始，一边扩孔一边将管线回拖至入土点。

在回拖时进行连续作业，避免因停工造成阻力增大。管线回拖前要仔细检查各连接部位是否牢固。为保证回拖顺利和防腐层不受破坏，将采取以下措施：

(1) 管线回拖，采用发送沟的方式进行。在挖发送沟时，计算好管线进入孔洞的这一段发送沟的坡度，确保发送沟与穿越孔洞的圆滑平缓。

(2) 在回拖作业时，增加高润滑泥浆，使高润滑泥浆像薄膜一样附着于防腐层表面，保护防腐层。

思 考 题

1. 顶管施工的原理是什么？
2. 简述顶管工作坑。
3. 盾构法的工艺原理是什么？
4. 水平定向钻法的工艺原理是什么？

第四章 市政给排水构筑物施工

【知识目标】

- 熟悉沉井施工工艺过程。
- 理解钢筋混凝土构筑物施工的注意事项。
- 掌握检查井、阀门井、雨水口等施工工艺过程。

【能力目标】

- 能够达到对基本的构筑物进行指导施工。

第一节 检查井、阀门井、雨水口等施工

一、检查井施工

检查井（图 2.4.1）一般分为现浇钢筋混凝土、砖砌、石砌、混凝土或钢筋混凝土预制等结构形式，其中以砖（或石）砌检查井居多。

2.4.1 检查井模块

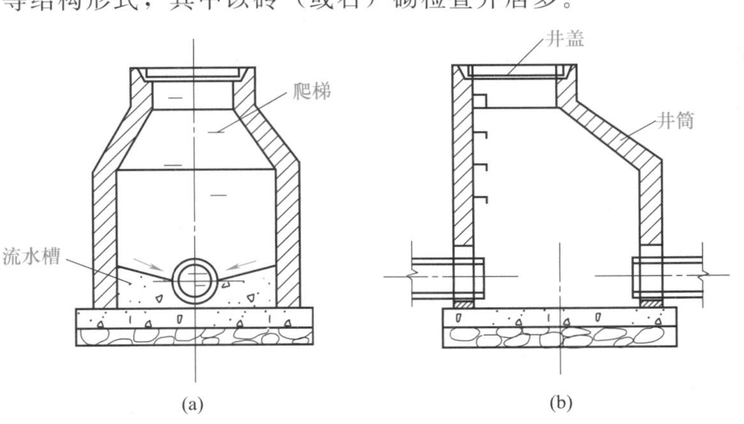

图 2.4.1 检查井结构图

1. 砌筑检查井施工

（1）检查井砌筑施工程序　测量放线→检查井基础处理→井室砌筑→井室内流槽砌筑（浇筑）→井筒砌筑→踏步安装→井圈（盖）安装→井周土回填。

（2）施工方法

① 测量放线。管道铺设完成后，用测量仪器准确确定检查井位置和井底高程。

2.4.2 检查井施工工艺

② 检查井基础施工。在开槽时应计算好检查井的位置，挖出足够的肥槽。浇筑管道混凝土平基时，应将检查井基础宽度一次浇够，不能采用先浇筑管道平基，再加宽的办法做井基。

③ 井室内流槽砌筑（浇筑）。排水管道检查井内的流槽宜与井室同时进行砌筑（浇筑）。当采用砖砌筑时，表面应用水泥砂浆分层压实抹光，流槽与上、下游管道连接顺畅。井底流槽应平顺、圆滑、无杂物。

④ 井筒砌筑与踏步安装。砌筑时管口应与井内壁平齐，必要时可伸入井内，但不宜超过 30mm。预留管的管口应封堵严密，并便于拆除。

检查井的井壁厚度常为 240mm，用水泥砂浆砌筑。圆形砖砌检查井采用全丁式砌筑，收口时，如为四面收口则每次收进不超过 30mm；如为三面收口则每次收进不超过 50mm。矩形砖砌检查井采用一顺一丁式砌筑。检查井内的踏步应随砌随安，安装前应刷防锈漆，砌筑时用水泥砂浆埋固，在砂浆未凝固前不得踩踏。

检查井内壁应用原浆勾缝，有抹面要求时，内壁用水泥砂浆抹面并分层压实，外壁用水泥砂浆搓缝严实。砌筑井壁应位置准确、砂浆饱满、灰缝平整、抹平压光，不得有通缝裂缝等现象。

检查井接入较大管径的混凝土管道时，应按规定砌砖券。管径大于 800mm 时，砖券高度为 240mm；小于 800mm 时，砖券高度为 120mm。砌砖时应由两边向顶部合拢砌筑。

⑤ 井盖安装。井盖安装前，井室最上一皮砖必须是丁砖，其上用 1∶2 水泥砂浆座浆，厚度为 25mm，然后安放盖座和井盖。井圈、井盖、踏步应安装稳固，位置准确。

⑥ 井周土回填。检查井周围采用原土回填，其宽度为 50～80cm，并应沿井室及井筒中心对称分层进行，不得漏夯。有闭水试验要求的检查井，应在闭水试验合格后再回填土。

2. 预制检查井安装

（1）预制检查井施工工艺　施工准备→基坑开挖、坑壁支护→地基处理及垫层铺设→检查井安装→管道与检查井连接→流槽施工→井口处理→闭水试验（如有需要）→回填→井盖安装。

（2）施工方法

① 施工准备。施工准备阶段应核对图纸设计的井位桩号和井内底标高，确定垫层顶面标高、井口标高及管内底标高等参数，作为安装的依据。按设计文件核对检查井构件的类型、编号、数量及构件的重量。

② 基坑开挖及坑壁支护。基坑一般与管沟同时开挖，若有塌方危险，需要简单支护。

③ 地基处理及垫层铺设。垫层施工不得扰动井室地基，垫层厚度和顶面标高应符合设计规定，长度和宽度要比预制混凝土底板的长、宽各大 100mm。夯实后用水平尺校平，必要时应预留沉降量。

④ 检查井安装。检查井安装前垫层上先弹出检查井的安装轴线，预制底板和井筒吊装前也弹出安装轴线。先吊装底板，安装平稳、对位准确，清理底板上的灰尘和杂物后即可按照轴线标识准确安装井筒。

⑤ 管道与检查井连接。检查井与管道连接一般为用管顶平接，采用 1∶2 防水水泥砂浆或聚氨酯掺和水泥砂浆嵌封堵。具体做法为：在管道伸进井室前，在管道下部 120°范围内座防水砂浆，挤压管道使防水砂浆与管道连接密实，以砂浆外溢为宜。用水泥砂浆分别将管道两侧和上部填满，插捣防水砂浆，直至完全饱满，最后抹出三角状防水砂浆，宽度保持在 5～6cm。

⑥ 流槽浇筑。一般流槽采用 C20 素混凝土现场浇筑或采用水泥砂浆砌筑实心砖。流槽表面采用 20mm 厚的 1∶2 防水砂浆分层抹面，抹面应压实，平整顺直。施工前应先将检查井井基、井墙洗刷干净。

⑦ 闭水试验。管道及检查井外观质量已验收合格，再进行闭水试验。

⑧ 沟槽及井室四周回填。井周采用中粗砂、石粉或粒径不大于 3cm 的碎石分层回填，回填时夯实两边填料，每层回填不超过 20cm，动作不能过猛，以免破坏管道接口，而且应尽量沿管对称填筑，该部分的密实度应达到设计及规范要求。

⑨ 井口处理（根据设计要求）。一般井口采用反做法。回填井室到路基标高后，进行基层施工，这时需要 2cm 厚的钢板覆盖井孔，钢板与路基持平。待沥青下面碾压成型后，刨除如设计图的倒梯形圆环状基层料，然后安装井筒及调节环，浇筑 C40 的素混土至沥青上面层底，浇筑后表面拉毛。

⑩ 井盖安装。检查井安装就位后，保证高程差控制在 1cm 以内，要及时安装井圈，盖好井盖。

⑪ 回填。回填要符合设计要求：沟槽不得带水回填，回填应密实；同时柔性管道的变形率不得超过设计要求，管壁不得出现纵向隆起、环向扁平等其他变形情况。

（3）塑料一体注塑检查井　塑料一体注塑检查井是指构成检查井的主要井座部分采用一次性注塑成型，井筒插口采用 360°环型承载平台，井身及井座底部采用网状加强筋，各承插口采用环型加强筋设计。根据接管数和角度不同有起始井座、直通井座、45°弯头井座、三通井座、四通井座等。为了适应各种排水状况，塑料检查井同时配有变径接头、汇流接头、井筒多接头等与之配套的塑料一体注塑成型配件，以保障整个排水系统的流畅和密封性。

2.4.3 塑料一体检查井安装

二、阀门井施工

阀门井是专门为地下管线及地下管道（如自来水、油、天然气管道等）的阀门而设置的检查井，它是便于定期检查、清洁和疏通管道，防止管道堵塞的枢纽。有阀门井必定有阀门，但有阀门不一定有阀门井。

阀门井一般采用砖、石砌筑施工，砌筑工艺与检查井相同，要点如下：

1. 井底施工要点

（1）用 C20 混凝土浇筑底板，下铺 150mm 厚的碎石（或砾石）垫层，无论有无地下水，井底均应设置集水坑。

（2）管道穿过井壁或井底，须预留 50～100mm 的环缝，用油麻填塞并捣实或用灰土填实，再用水泥砂浆抹面。

2. 井室砌筑要点

（1）井室应在管道铺设完毕、阀门装好之后着手砌筑，阀门与井壁、井底的距离不得小于 0.25m。雨天砌筑井室，须在铺设管道时一并砌好，以防雨水汇入井室而堵塞管道。

（2）井壁厚度为 240mm，通常采用 MU10 砖、M5 水泥砂浆砌筑，砌筑方法同检查井。

（3）砌筑井壁内外均需用 1∶2 水泥砂浆抹面，厚 20mm，抹面高度应高于地下水最高水位 0.5m。

（4）爬梯通常采用 ϕ16mm 的钢筋制作，并防腐。水泥砂浆未达到设计强度的 75%以前，切勿脚踏爬梯。

（5）井盖应轻便、牢固、型号统一、标志明显；井盖上配备提盖与撬棍槽；当室外温度小于等于−21℃时，应设置为保温井口，增设木制保温井盖板。安装方法同检查井盖。

（6）盖板顶面标高应与路面标高一致，误差不超过±50mm。当在非铺装路面上时，井口须略高于路面，但不得超过 50mm，并有 2%的坡度做护坡。

3. 施工注意事项

（1）井壁的勾缝抹面和防渗层应符合质量要求。

（2）井壁同管道连接处应严密，不得漏水。

（3）阀门的启闭杆应与井口对中。

三、雨水口施工

雨水口指的是管道排水系统汇集地表水的设施，由进水箅、井身及支管等组成。雨水口的形式有平箅式、立式和联合式等。

平箅式雨水口有缘石平箅式（图 2.4.2）和地面平箅式（图 2.4.3）。缘石平箅式雨水口适用于有缘石的道路。地面平箅式雨水口适用于无缘石的路面、广场、地面低洼聚水处等。

立式雨水口有立孔式和立箅式，适用于有缘石的道路。其中立孔式适用于箅隙容易被杂物堵塞的地方。

联合式雨水口是平箅与立式的综合形式，适用于路面较宽、有缘石、径流量较集中且有杂物处。

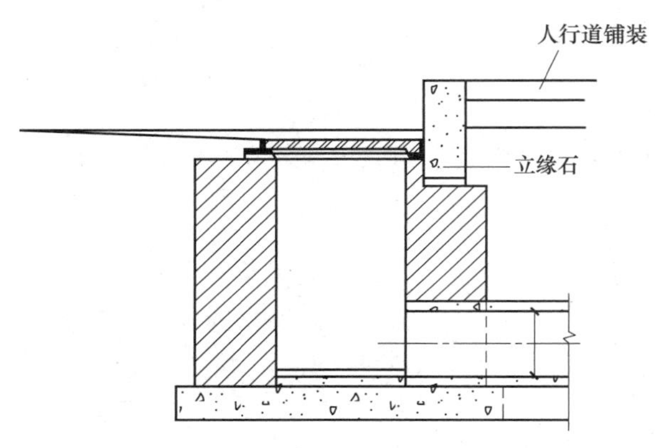

图 2.4.2 缘石平箅式雨水口

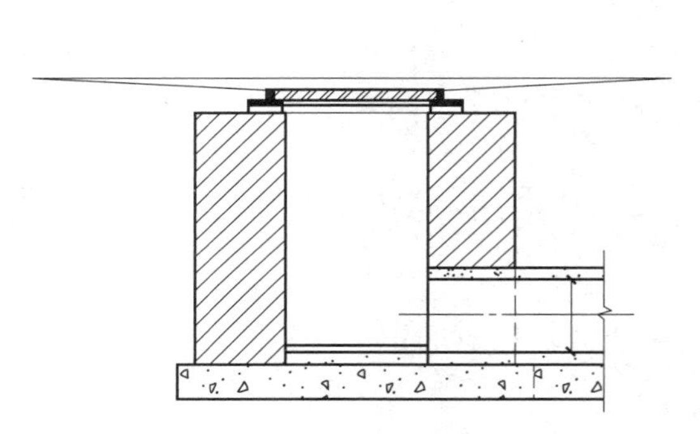

图 2.4.3 地面平箅式雨水口

1. 施工工艺

雨水口一般采用砖、石砌筑施工，砌筑工艺与检查井基本相同，要点如下：

（1）按道路设计边线及支管位置，定出雨水口中心线桩，使雨水口的长边与道路边线重合（弯道部分除外）。

（2）根据雨水口的中心线桩挖槽，挖槽时应留出足够的肥槽。如雨水口位置有误差应以支管为准进行核对，平行于路边修正位置，并挖至设计深度。

（3）夯实槽底，有地下水时应排除并浇筑 100mm 的细石混凝土基础；为松软土时应夯筑 3∶7 灰土基础，然后砌筑井墙。

（4）砌筑井墙

① 按井墙位置挂线，先干砌一层井墙，并校对方正。

② 砌筑井墙。雨水口井墙厚度一般为 240mm，用 MU10 砖和 M10 水泥砂浆按一顺一丁的形式组砌，随砌随刮平缝，每砌高 300mm 应将墙外肥槽及时填土夯实。

③ 砌至雨水口连接管或支管处应满卧砂浆，砌砖已包满管道时应用砂浆将管口周围抹严抹平，不能有缝隙，管顶砌半圆砖券，管口应与井墙面平齐。当雨水连接管或支管与井墙必须斜交时，允许管口进入井墙 20mm，另一侧凸出 20mm，超过此限时必须调整雨水口位置。

④ 井口应与路面施工配合同时升高，当砌至设计标高后再安装雨水箅。雨水箅安装好

后，应用木板或铁板盖住，以免在道路面层施工时，被压路机压坏。

⑤ 井底用 C20 细石混凝土抹出向雨水口连接管集水的泛水坡。

（5）安装井箅。井箅内侧应与道牙或路边成一条直线，满铺砂浆，找平坐稳，井箅顶与路面平齐或稍低，但不得凸出。现浇井箅时，模板支设应牢固、尺寸准确，浇筑后应立即养护。

2. 施工注意事项

（1）位置应符合设计要求，不得歪扭。

（2）井箅与井墙应吻合。

（3）井箅与道路边线相邻边的距离应相等。

（4）内壁抹面必须平整，不得起壳裂缝。

（5）井箅必须完整无损、安装平稳。

（6）井内严禁有垃圾等杂物，井周回填土必须密实。

（7）雨水口与检查井的连接应顺直、无错口；坡度应符合设计规定。

第二节 沉井工程施工

一、概述

沉井是井筒状的结构物，它是以井内挖土，依靠自身重力克服井壁摩阻力后下沉到设计标高，再进行封底，构筑内部结构，广泛应用于桥梁、烟囱、水塔的基础，水泵房、地下油库、水池竖井等深井构筑物和盾构或顶管的工作井。其在技术上比较稳妥可靠，挖土量少，对邻近建筑物的影响比较小；沉井基础埋置较深，稳定性好，能支承较大的荷载。

沉井施工过程如图 2.4.4 所示。在地面制备井筒，然后在井筒内挖土；由于支承井筒的土被挖空，井筒靠自重（有时附加荷载）克服井外壁与土之间的摩擦力，逐渐下沉到设计标高；浇灌混凝土底板封底，固定井筒位置，然后再完成内部工程。

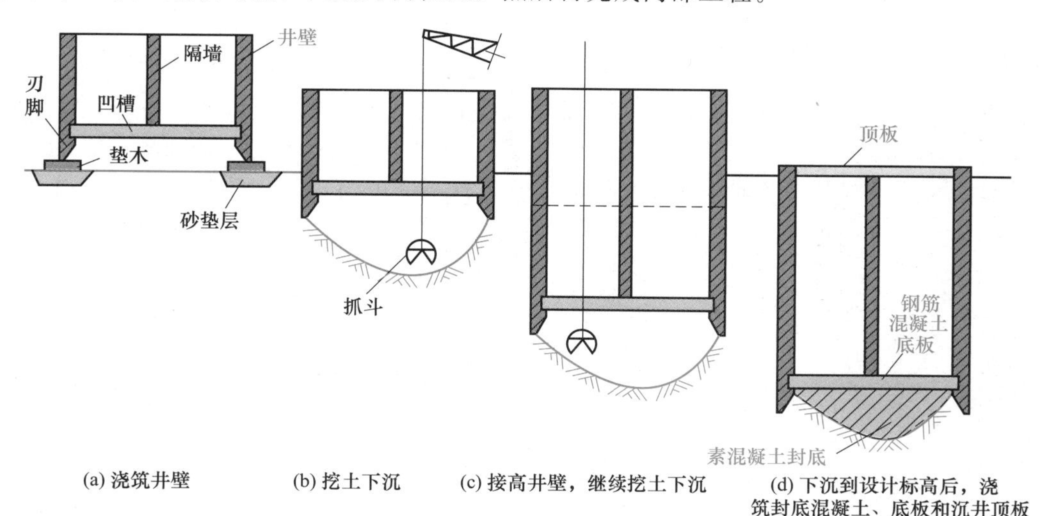

图 2.4.4　沉井下沉示意

沉井的优点是埋置深度可以很大，整体性强、稳定性好，有较大的承载面积，能承受较大的垂直荷载和水平荷载；沉井既是基础，又是施工时的挡土和挡土围堰结构物，施工工艺并不复杂，因此在桥梁工程中也得到了较广泛的应用。

沉井的缺点是施工期较长；对粉细砂类土在井内抽水易发生流砂现象，造成沉井倾斜；沉井下沉过程中遇到的大孤石、树干或井底岩层表面倾斜过大，均会给施工带来一定困难。

沉井基础施工一般可分为旱地施工、水中筑岛施工及浮运沉井施工三种。在给水排水工程中，地表水取水构筑物、地下水源井、各种深埋水池、地下泵房或泵房的地下部分等，常采用沉井施工。

沉井大多为钢筋混凝土结构，常用横断面为圆形和矩形，纵断面形状大多为阶梯形，如图 2.4.5 所示。井筒内壁与底板相接处有环形凹口，下部为刃脚。井筒下沉过程中，刃脚切入土层，因此用型钢加固，如图 2.4.6 所示。

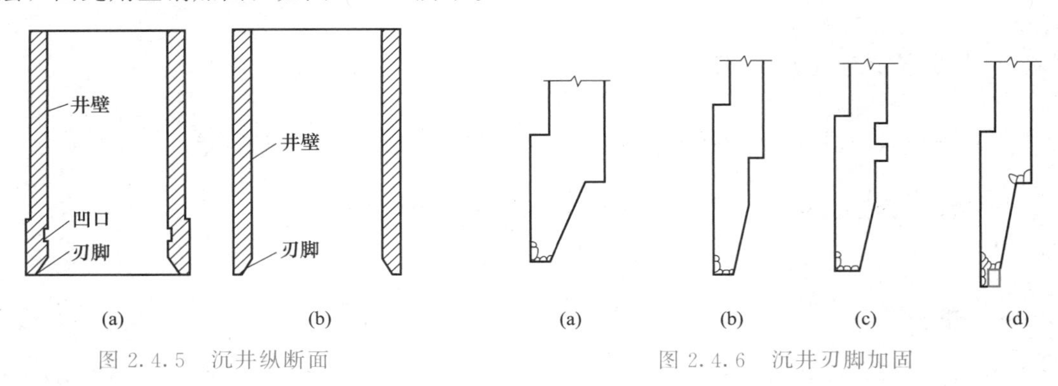

图 2.4.5 沉井纵断面

图 2.4.6 沉井刃脚加固

二、沉井施工工艺

2.4.4 沉井施工

市政构筑物采用的沉井施工工艺比较常用的方法是旱地施工，这里主要以旱地施工为例进行讲解。旱地沉井的施工工艺（图 2.4.7）如下：整平场地→制造第一节沉井→抽垫木、挖土下沉→沉井接高下沉→地基检验与处理→封底、充填井孔及浇筑顶盖。

1. 整平场地

如天然地面土质较好，只需将地面杂物清掉整平地面，就可在其上制造沉井。如为了减小沉井的下沉深度也可在基础位置处挖一浅坑，在坑底制造沉井下沉，坑底应高出地下水面 0.5～1.0m。如土质松软，应整平夯实或换土夯实。在一般情况下，应在整平场地上铺上不小于 0.5m 厚的砂或砂砾层。

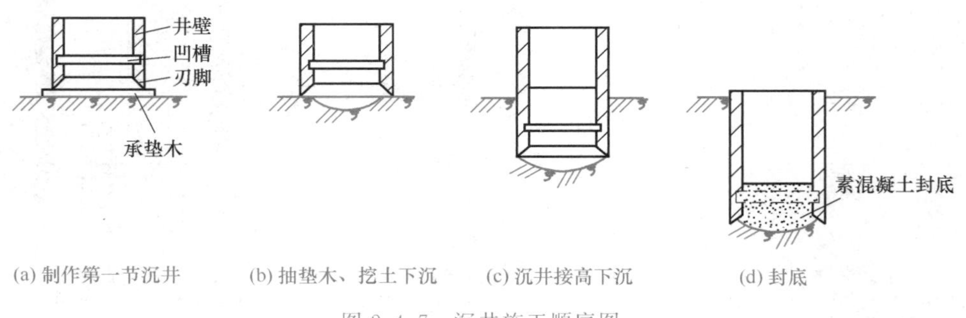

图 2.4.7 沉井施工顺序图

2. 制造第一节沉井

沉井的井筒通常是在原地面制备的现浇混凝土构件。有时，为了减少井内开挖土方量，也可在基坑内制备。井筒分一次制备和分段制备，分段制备适用于分段下沉。

由于沉井自重较大，刃脚踏面尺寸较小，应力集中，场地土往往承受不了这样大的压力。因此在整平的场地上应在刃脚踏面位置处对称地铺满一层垫木（可用200mm×200mm的方木）以加大支承面积，使沉井重量在垫木下产生的压应力不大于100kPa。垫木的布置应考虑抽除垫木方便（有时可用素混凝土垫层代替垫木）。然后在刃脚位置处放上刃脚角钢，竖立内模，绑扎钢筋，立外模，最后浇灌第一节沉井混凝土。模板应有较大的刚度，以免发生挠曲变形。外模板应平滑以利于下沉。钢模较木模刚度大，周转次数多，也易于安装。在场地土质较好处，也可采用土模。刃脚支模的底部与人工垫层如图2.4.8所示。

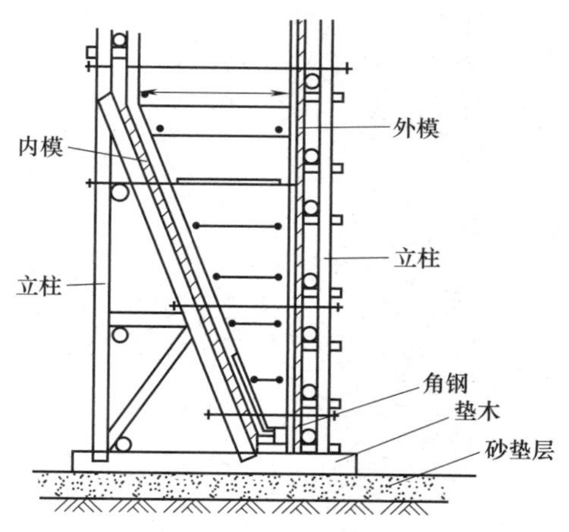

图2.4.8　沉井刃脚立模

3. 抽垫木、挖土下沉

（1）抽垫木。抽撤垫木应按一定的顺序进行，以免引起沉井开裂、移动或倾斜。其顺序是：先撤除内隔墙下的垫木，再撤沉井短边下的垫木，最后撤长边下的垫木。拆长边下的垫木时，以定位垫木（最后抽撤的垫木）为中心，对称地由远到近拆除，最后拆除定位垫木。注意在抽垫木过程中，抽除一根垫木应立即用砂回填进去并捣实。

（2）挖土下沉。井筒混凝土强度达到设计强度的70%时开始下沉。下沉前要封堵井壁各处的预留孔。沉井下沉常用的有两种方法：排水下沉和不排水下沉。

2.4.5 沉井挖土下沉施工

2.4.6 专业沉井施工长臂施工挖土

2.4.7 框架式沉井施工工艺

① 排水下沉。

a. 排水方法。排水下沉，直接用水泵将筒内地下水排除或采用人工降低地下水位方法。井筒内明沟排水时，根据沉井下沉深度，将水泵放在筒顶支搭的平台上，或放在井壁内预留支架或吊架上，如图2.4.9所示。

大型沉井下沉采用明沟排水时，在井内开设排水沟，设置多台水泵，如图2.4.10所示。

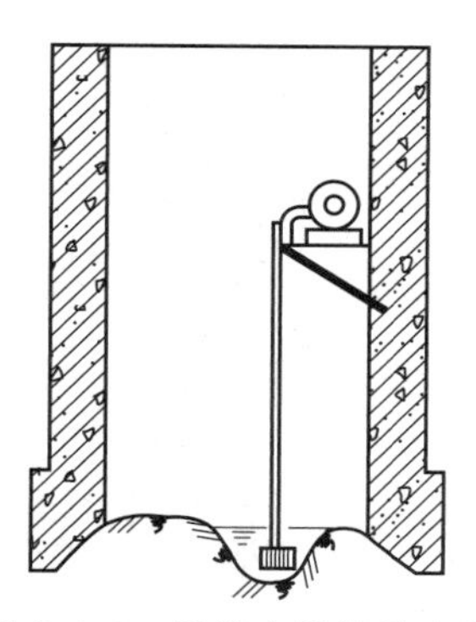
图2.4.9　钢筋支架设置水泵

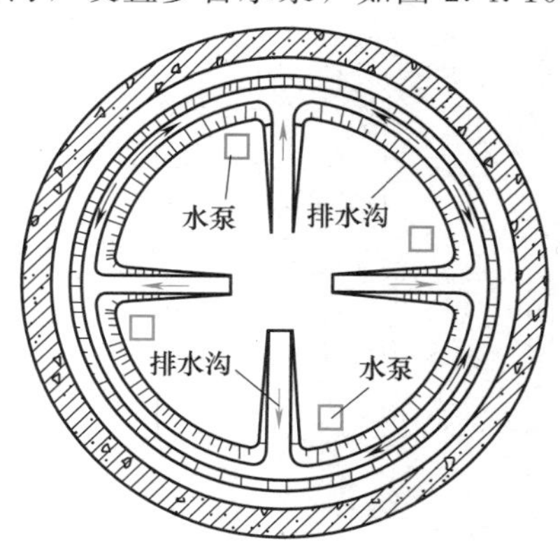

图2.4.10　大型沉井井内明沟排水

当沉井下沉较深时，明沟排水使井筒内外地下水动水压力差增大，导致流砂涌入井内，虚挖方量增加，并造成周围地层中空，引起地面沉陷。这种排水方法工作条件较差，但所用设备较简单。为了避免明沟排水的缺点，亦可采用人工降低地下水位方法。

b. 井筒内挖土。井筒内挖土一般采用合瓣式挖土机，如图 2.4.11 所示。土斗在井中部挖土，四周由人工挖土，土方全部由挖土机运出。

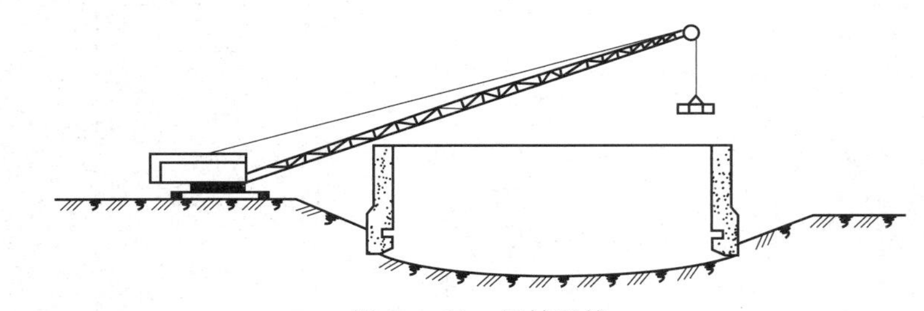

图 2.4.11 机械开挖

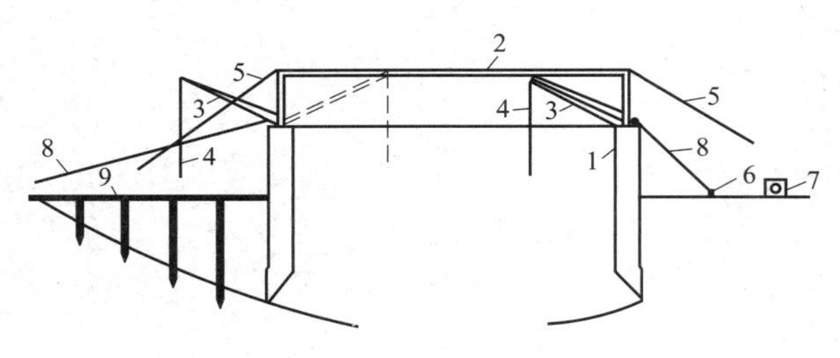

图 2.4.12 台令把杆运土

1—沉井井壁；2—台令；3—把杆；4—起重机；5—浪风（全绳）；6—滑轮；7—卷扬机；8—钢丝绳；9—平台

沉井高度较大，无法采用合瓣铲时，可在井筒壁上安装台令把杆（图 2.4.11），用抓斗挖土。垂直运土机具，有少先式起重机、台令把杆、卷扬机等。卸土地点距井壁一般不小于 20m，以免堆土过近井壁土方坍塌，导致沉井下沉摩擦力增大。台令把杆使用方便，不占井口面积，把杆旋转后，即可卸土，改变把杆倾角可达较大的工作范围。把杆的起重索由卷扬机控制。还可采用桅杆起重杆，如图 2.4.13 所示。

采用水枪冲泥和水力吸泥机排泥进行排水下沉，如图 2.4.14 所示。高压水供给水枪冲泥，同时又供给水力吸泥机，如图 2.4.15 所示，把泥浆排出井筒外。大型沉井下沉还可采用塔式起重机吊运土方到井外，如图 2.4.16 所示。

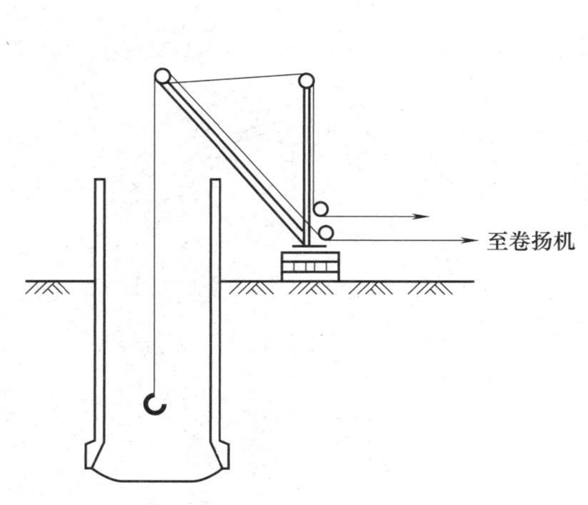

图 2.4.13 桅杆起重杆运土

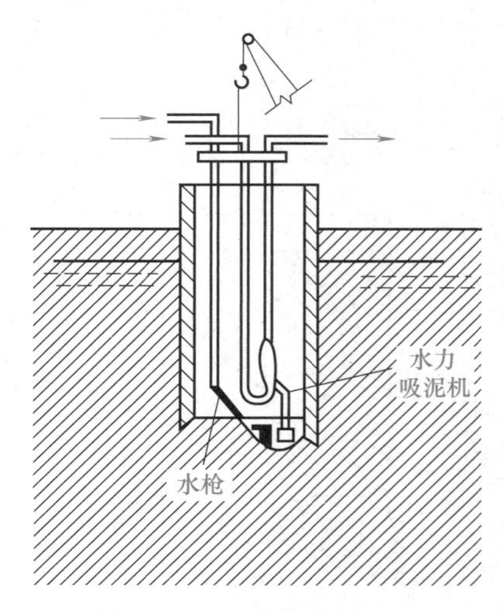

图 2.4.14 水枪冲土下沉

人工挖土沿刃脚四周均匀而对称地进行，以保持沉井均匀下沉。

人工开挖方法，只有在小型沉井、下沉深度较小，而机械设备不足的情况下才采用。

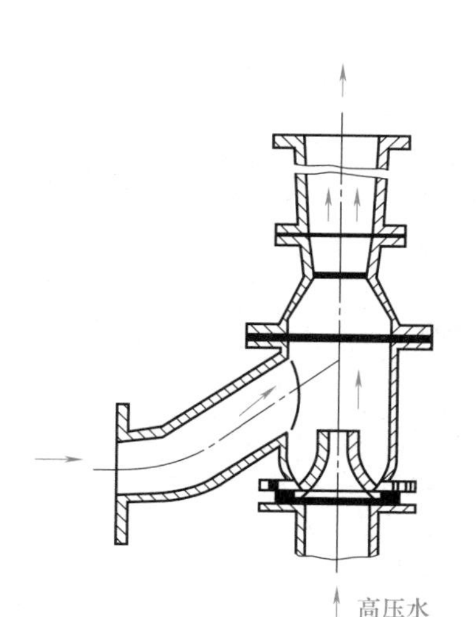

图 2.4.15　水力吸泥机

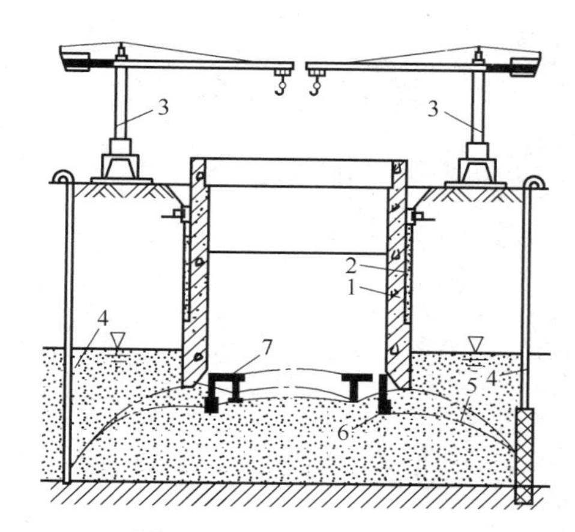

图 2.4.16　大型沉井下沉

1—井筒壁；2—泥架套；3—塔式起重机；4—井筒外井点管；5—地下水位降落曲线；6—井筒内井点管；7—水力吸泥机

排水下沉具有挖土和排除障碍物方便等优点，但细颗粒土容易产生流砂现象。因此，在地下水量较大、水位较高的粉细砂层，经常采用不排水下沉。

② 不排水下沉。不排水下沉是在水中挖土。为了避免流砂现象，井中水位应与原地下水位相同。有时还可向井内灌水，使井内水位稍高于地下水位。

不排水下沉时，土方亦由合瓣铲或抓斗挖出。当铲斗将井的中央部分土方挖成锅底形时，井壁四周的土涌向中心，沉井就下沉。

如井壁四周的土不易下溜时，可用高压水枪进行水下冲土。水枪沿井壁布置，冲动刃脚部分的土。

为了使井筒下沉均匀，最好设置几个水枪。每个水枪均应设置阀门，以便沉井下沉不均匀时进行调整。水枪的压力根据土质而定，可参考表 2.4.1。水枪直径一般为 63～100mm，喷嘴直径为 10～12mm。合瓣铲水下开挖时，大颗粒砂、石由铲斗挖出后，泥砂将沉于井底，可用吸泥机吸出，如图 2.4.17 所示。

表 2.4.1　水枪冲土的水压与土的关系

土质	水压/(kg/cm^2)	土质	水压/(kg/cm^2)
松散细砂	2.5～4.5	中等密实黏土	6～7.5
软质黏土	2.5～4.5	砾石	8.5～9
密实腐殖土	5	密实黏土	7.5～12.5
松散中砂	4.5～5.5	中等颗粒砾石	10～12.5
黄土	6～6.5	硬黏土	12.5～15
原状中砂	6～7	原状颗粒石	13.5～15

4. 沉井接高下沉

第一节沉井顶面下沉至距地面还剩 1～2m 时，应停止挖土，接筑第二节沉井。接筑前应使第一节沉井位置正直，凿毛顶面，然后立模浇筑混凝土，待混凝土强度达到设计要求后再拆模继续挖土下沉。

5. 地基检验与处理

沉井沉至设计标高后，应进行基底检验。检验内容是地基土质是否和设计相符，是

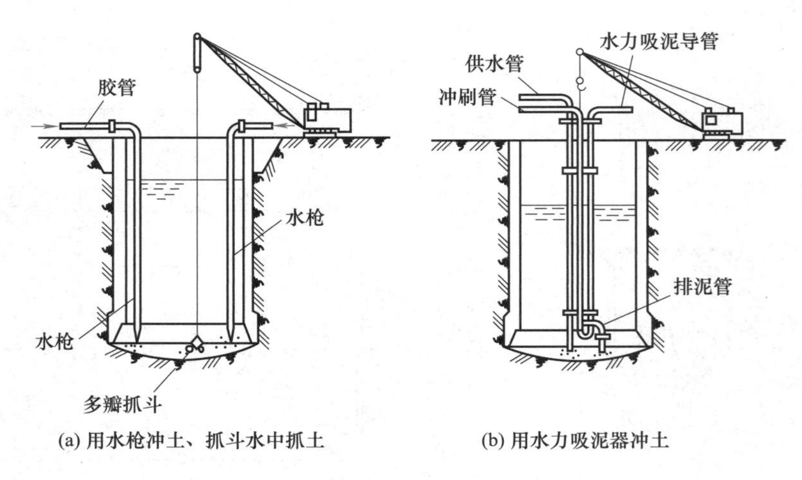

图 2.4.17 用水枪和水力吸泥器水中冲土

否平整，并对地基进行必要的处理。如果是排水下沉的沉井，可以直接进行检查，不排水下沉的沉井由潜水工进行检查或钻取土样鉴定。地基为砂土或黏性土，可在其上铺一层砾石或碎石至刃脚底面以上 200mm。地基为风化岩石，应将风化岩层凿掉；岩层倾斜时，应凿成阶梯形。若岩层与刃脚间局部有不大的孔洞，由潜水工清除软层并用水泥砂浆封堵，待砂浆有一定强度后再抽水清基。不排水的情况下，可由潜水工清基或用水枪及吸泥机清基。总之要保证井底地基尽量平整，浮土及软土清除干净，以保证封底混凝土、沉井及地基紧密连接。

6. 封底、充填井孔及浇筑顶盖

地基经检验及处理合乎要求后，应立即进行封底。如封底是在不排水情况下进行的，则可用导管法灌注水下混凝土（见钻孔灌注桩施工）；若灌注面积大，可用多根导管，以先周围后中间、先低后高的次序进行灌注。待混凝土达设计强度后，再抽干井孔中的水，填筑井内圬工。孔内施工完毕应浇筑钢筋混凝土顶盖。

三、井筒下沉的质量检查与控制

沉井下沉过程中，由于水文地质资料掌握不全、下沉控制不严以及其他各种原因，可能发生井筒倾斜、筒壁裂缝、下沉过快或不继续下沉等事故，应及时采取措施加以校正。下面仅讲述井筒倾斜的观测与校正。

1. 井筒倾斜的观测

井筒发生倾斜的原因很多，主要是刃脚下面的土质不均匀、井壁四周压力不均衡、挖土操作不对称以及双刃脚下某一处遇有障碍物。

倾斜观测分井内和井外两种，井内观测可采用垂球观测、电测等。

垂球观测是在井筒内壁四个对称点悬挂垂球。下沉位置正确时，垂球线应与井壁上所画的竖直标志线平行且重合。如井筒倾斜，则垂球位置如图 2.4.18 所示。这种方法简单实用，但不能定量观测。

电测布置如图 2.4.19 所示。当井筒倾斜时，垂球与裸露导线接触通电，发出信号，校正倾斜直至信号消失。为了安全，电测设备的电压应为 24～36V。这种方法可自动观察，易于倾斜初发时即行校正，但也无法定量观测。

上述井内观测方法，只适用于排水下沉。

图 2.4.18　垂球法观测轴线倾斜

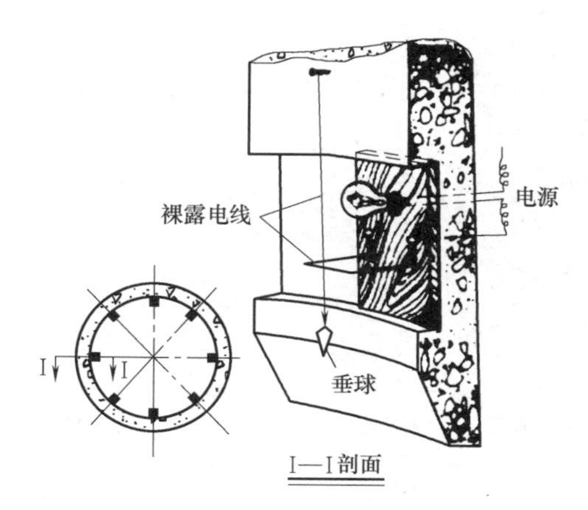

图 2.4.19　电测方法

井外观测可采用标尺测定和水准测量两种，后者较正确。

采用标尺测定时，下沉前在井筒外壁四个对称点（即沉井的两个互相垂直外径的端点）绘出高程标记，如图 2.4.20（a）所示；并对准高程标记设置水平标尺，如图 2.4.20（b）所示。水平标尺位置与井壁的距离应保证不受井筒下沉所产生的破坏棱体影响。

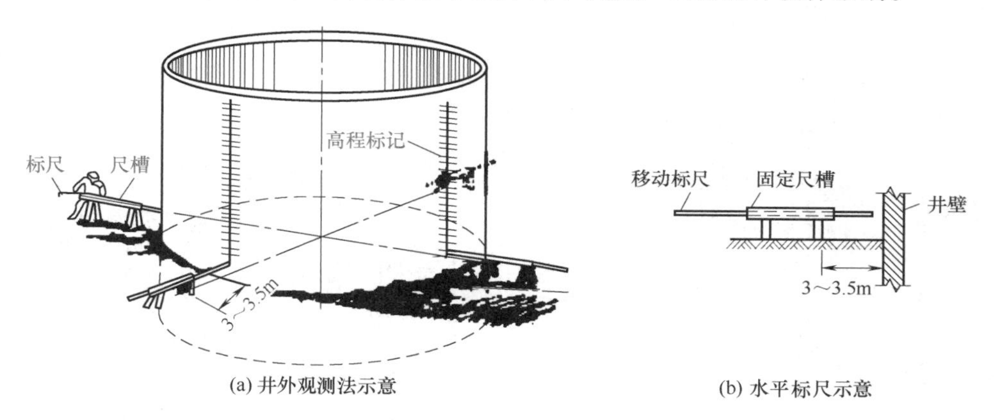

图 2.4.20　标尺测定法

观测时移动水平标尺，使其一端与井壁接触，读出下沉高程数，在固定尺槽的刻度上得出井筒水平移动数值。相应两次读数之差即为井筒水平位移与垂直下沉的距离。

水准测量使用水准仪或激光水准仪，需率先在井筒四周设置高程标志。这在比较重要的下沉阶段中，或已产生倾斜而需求误差值时采用。

2. 井筒倾斜的校正

由于挖土不匀而引起井筒轴线倾斜时，可用挖土方法校正，在下沉较慢的一边多挖土，下沉快的一边刃脚处将土夯实或做人工垫层，使井筒恢复垂直。如果这种方法不足以校正，就应在井筒外壁一边开挖土方，相对另一边回填土方。如果需要可以回填高填土，并且夯实。

还可采用加载校正，在井筒下沉较慢的一边增加荷载，如图 2.4.21 所示。如果由于地下水浮力而使加载失效，则应抽水后进行校正。

在下沉慢的一边安装振动器振动可使井筒下沉，如图 2.4.22 所示。

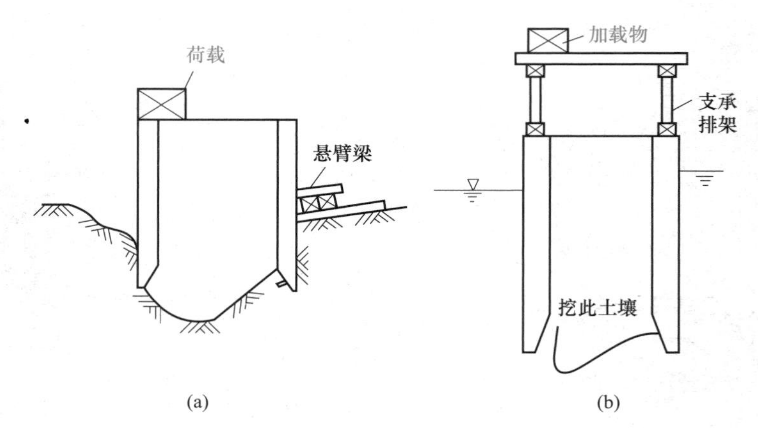

图 2.4.21 加荷载纠正井筒倾斜

在下沉慢的一边用高压水枪冲击，减少土与井壁的摩擦力，也有助于轴线纠正。

下沉过程中，可能因刃脚遇到孤石或其他障碍物而无法下沉；松散土中还可能因此产生溜方，如图 2.4.23 所示，引起井筒倾斜。孤石可用刨挖方法去除，或用风镐凿碎，坚硬孤石用炸药清除。

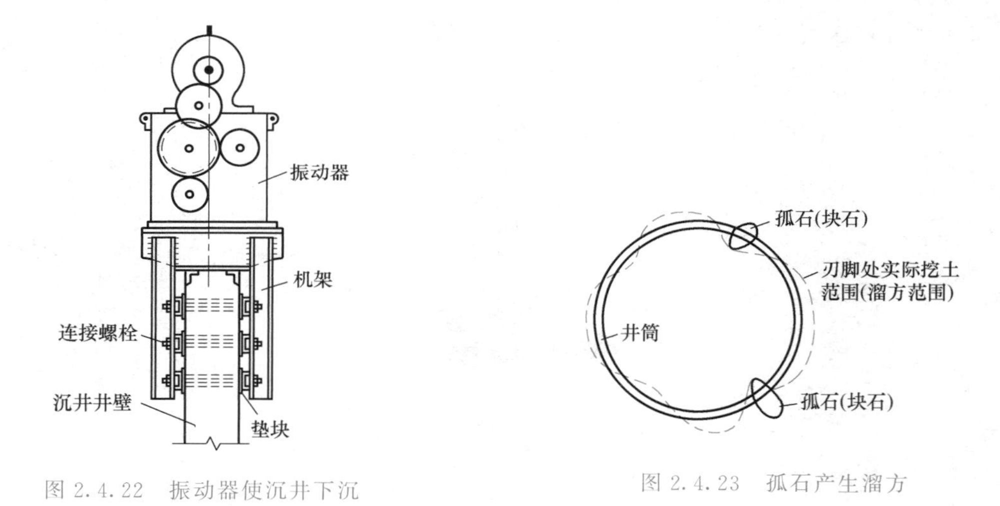

图 2.4.22 振动器使沉井下沉

图 2.4.23 孤石产生溜方

第三节 » 钢筋混凝土构筑物施工

考虑到这类构筑物本身的多样性、地区性施工条件的差异，因而施工工艺和方法也是多种多样的。本节主要介绍具有代表性的现浇钢筋混凝土水池的施工技术要点。

在施工实践中，常采用现浇钢筋混凝土建造各类水池等构筑物，以满足生产工艺结构类型和构造的不同要求。现浇混凝土构筑物除了具有常规钢筋混凝土工程的施工工艺和施工方法外，还有其特殊性，本节介绍现浇混凝土水池的施工技术。

一、提高水池混凝土防水性能的措施

水构筑物经常储存水体埋于地下或半地下，一般承受较大的水压和土压力。因此除需满足结构强度外，还应保证它具有足够的防水性能以及在长期正常使用条件下具有良好的水密性、耐蚀性、抗冻性等耐久性能。

浇筑水池等水构筑物结构的混凝土通常采用外加剂防水混凝土和普通防水混凝土，以提高防水性能。

1. 外加剂防水混凝土

外加剂防水混凝土是指用掺入适量外加剂方法，改善混凝土内部组织结构，增加密实度来提高抗渗性的混凝土。

2. 普通防水混凝土

普通防水混凝土就是在普通混凝土骨料级配的基础上，通过调整和控制配合比方法，来提高自身密实度和抗渗性的一种混凝土。

3. 做好施工排水工作

在有地下水地区修建水池结构工程，必须做好排水工作，以保证地基土不被扰动，使水池不因地基沉陷而发生裂缝。施工排水须在整个施工期间不间断进行，防止因地下水上升而发生水池底板裂缝。

二、钢筋混凝土构筑物的整体浇筑

储水、水处理和泵房等地下或半地下钢筋混凝土构筑物是给水排水工程中常见的结构，特点是构件断面较薄，有的面积较大且有一定深度，钢筋一般较密。要求其具有高抗渗性和良好的整体性，因此需要连续浇筑。对这类结构的施工，须针对其特点，着重解决好分层分段流水施工和选择合理的振捣作业。对于面积较小、深度较浅的构筑物，可将池底和池壁一次浇筑完毕；面积较大而又深的水池和泵房地坑，应将底板和池壁分开浇筑。

1. 混凝土底板的浇筑

地下或半地下构筑物底板浇筑时，混凝土拌合物的垂直和水平运输可以采用多种方案。如布料杆混凝土泵车可以直接进行浇灌；塔式起重机、桅杆起重机等可以把拌合物料斗吊运到底板浇筑处。也可以搭设卸料台，用串桶、溜槽下料。

池底分平底和锥底两种。锥形底板从中央向四周均匀浇筑。为了控制水池底板、管道基础等浇筑厚度，应设置高程标志桩，混凝土表面与标志桩顶取平；或设置高程线控制。

混凝土拌合物在硬化过程中会发生干缩，尤其是素混凝土的收缩量较钢筋混凝土的收缩量大，同时浇筑的混凝土面积越大，收缩裂缝越可能产生。因此，混凝土浇筑要合理地分缝分块而且最好间隔浇筑。

分块浇筑的底板，在块与块之间设伸缩缝，宽 1.5～2cm，用木板预留。在混凝土收缩基本完成后，伸缩缝内填入膨胀水泥或沥青玛谛瑞脂。这种施工方法的困难在于预留木板很难取出。为了避免剔取预留木板，可以放置止水带。

混凝土板用平板式或插入式振捣器振动密实。振动时间与混凝土的稠度有关。停振标准一般以混凝土拌合物内气泡不再上升、骨料不再显著下沉、表面已泛光即出现一层均匀水泥砂浆来控制。

底板混凝土振动后用拍杠或抹子将表面压实找平。水池顶板的钢筋混凝土浇筑做法与底板基本相同。

2. 混凝土池壁的浇筑

为了避免施工缝，混凝土池壁一般都采用连续浇筑。连续浇筑时，在池壁的垂直方向分层浇筑，每个分层称为施工层。相邻两施工层浇筑的时间间隔不应超过混凝土拌合物的初凝期。

一般情况下，池壁模板是先支设一侧，另一侧模板随着混凝土浇筑而向上支设。先支起里模还是外模，要根据现场情况而定。同时，钢筋的绑扎、脚手架的搭设也随着浇筑而向上进行。施工层的高度根据混凝土的搅拌、运输、振动能力确定。施工时，在同一施工层或相邻施工层进行钢筋绑扎、模板支设、脚手架支架、混凝土拌合物浇筑的平行流水作业。当预埋件和预留孔洞很多时，还应有检查预埋件的时间。

为了使各工序进行平行作业，应将池壁分成若干施工段。当浇筑工作量较大时，这样划分施工段不易保证两层混凝土浇筑的时间间隔小于混凝土初凝期。因此，当池壁长度很大时，可以划分若干区域，在每个区域实行平行流水作业。

混凝土拌合物每次浇筑厚度为20～40cm。使用插入式振动器材，一般应垂直插入下层尚未初凝的拌合物中5～10cm，以促使上下层相互结合。振动时，要“快插慢拔”。快插，是防止只将表面的拌合物振实，与下面的混凝土拌合物发生分层、离析现象；慢拔，是使混凝土拌合物能填满振动棒抽出时形成的空洞。

三、构筑物严密性试验

根据现行《给水排水构筑物工程施工及验收规范》（GB 50141）的要求，对给排水储水或水处理构筑物，除检查强度和外观外，还应通过满水试验检验其严密性，以满足其功能要求。对消化池还应进行闭气试验。

思 考 题

1. 简述砌筑检查井的施工工艺。
2. 简述预制检查井的施工工艺。
3. 简述阀门井的施工要点。
4. 叙述旱地沉井的施工过程。
5. 沉井井筒倾斜如何校正？
6. 提高水池混凝土防水性能的措施有哪些？

第三篇

桥梁工程施工

第一章 概述

【知识目标】

- 了解我国桥梁的发展。
- 熟悉桥梁的组成结构。
- 熟悉桥梁分类。

【能力目标】

- 能够正确理解桥梁基本结构组成。
- 能够基本认识桥梁类型。

桥梁是人类在生活和生产活动中，为克服天然障碍而建造的建筑物，也是有史以来人类所建造的最古老、最壮观和最美丽的建筑工程，它体现了时代的文明与进步程度。桥梁不仅是一个国家文化的象征，更是生产发展和科学进步的写照。桥梁既是一种功能性的结构物，也往往是一座立体的造型艺术工程，是一处景观，具有时代的特征。

桥梁工程属于土木工程中结构工程的一个分支学科。它与房屋工程一样，也是用石、砖、木、混凝土、钢筋混凝土和各种金属材料建造的结构工程。

桥梁的建造一方面要保证桥上的车辆运行，另一方面也要保证桥下水流的通畅、船只的通航或车辆的运行。从结构上来说，在公路、铁路、城市和农村道路交通以及水利等建设中，为了跨越各种障碍必须修建各种类型的桥梁与涵洞，因此桥梁和涵洞又成了陆路交通中的重要组成部分。在经济角度上，桥梁和涵洞的造价一般来说平均占公路总造价的10％～20％。特别是在现代高级公路以及城市高架道路的修建中，桥梁不仅工程规模巨大，而且也往往是保证全线早日通车的关键。在国防上，桥梁是交通运输的咽喉，在需要高度快速、机动的现代战争中具有非常重要的地位。同时，为了保证已有公路的畅通运营，桥梁的养护与维修工作也十分重要。

第一节 我国桥梁的发展

人们最初是受到自然界各种景象的启发而学会建造各式桥梁的。例如，从倒下而横卧在溪流上的树干，就可衍生建造桥梁的想法；从天然形成的石穹、石洞，就知道修建拱桥；受崖壁或树丛间攀爬和飘荡的藤蔓启发，而学会建造索桥等。我国文化历史悠久，是世界上文明发达最早的国家之一。就桥梁建筑这一学科领域而言，我们的祖先曾写下了不少光辉灿烂的篇章。我国幅员辽阔、山多河多，古代桥梁不但数量惊人，而且类型也丰富多彩，几乎包含了所有近代桥梁中的最主要形式。

一、古代桥梁的发展

考古发掘出的世界上最早的桥梁遗迹在公元前6000年～公元前4000年今小亚细亚一带。我国1954年发掘出的西安半坡村公元前4000年左右的新石器时代氏族村落遗址，是我国已发现的最早出现桥梁的地方。

古代桥梁所用的材料，多为木、石、藤、竹之类的天然材料。锻铁出现以后，开始建造简单的铁链吊桥。由于当时的材料强度较低以及人们的力学知识不足，因此古代桥梁的跨度都很小。木、藤、竹类材料易腐烂，所以能保留至今的古代桥梁多为石桥。世界上现存最古老的石桥在希腊的伯罗奔尼撒半岛，是一座用石块干砌的单孔石拱桥（公元前1500年左右）。

我国在秦汉时期已经广泛修建石梁桥。世界上现存最长、工程最艰巨的石梁桥是我国于公元1053～公元1059年在福建泉州建造的万安桥（也称洛阳桥），长达800多米，共47孔。公元1240年建造并保存至今的福建漳州虎渡桥，总长约335m，某些石梁长达23.7m，每根宽1.7m、高1.9m，重达200多吨，都是利用潮水涨落浮运架设的，足见我国古代加工和安装桥梁的技术何等高超。

据史料记载，我国在距今约3000年的周文王时，已在渭河上架过大型浮桥；汉唐以后，浮桥的运用日趋普遍。公元35年东汉光武帝时，在现今宜昌和宜都之间，出现了长江上第一座浮桥，后来因战时需要，在黄河、长江上曾数十次架设过浮桥。我国在春秋战国时期，以木桩为墩柱，上置木梁、石梁的多孔桩柱式桥梁已遍布黄河流域等地区。

近代的大跨径吊桥和斜拉桥也是由古代的藤、竹吊桥发展而来的。世界公认我国是最早有吊桥的国家，距今约有3000年历史。在唐朝中期，我国已发展到用铁链建造吊桥，而西方在16世纪才开始建造铁链吊桥，比我国晚了近千年。我国古代保留至今较完整的有跨长约100m的四川泸定县大渡河铁索桥（公元1706年），以及跨径约61m、全长340余米举世闻名的安澜竹索桥（公元1803年）等。

我国富有民族风格的古代石拱桥技术，以结构的精巧和造型的丰富，长期以来一直驰名中外。举世闻名的河北省赵县的赵州桥（又称安济桥，建于公元605年），就是我国古代拱桥的杰出代表，该桥净跨37.02m、宽9m，拱圈两肩各设两个跨度不等的腹拱，既减轻自重，又便于排洪、增加美观。像我国赵州桥这样的敞肩桥，欧洲直到19世纪中叶才出现，比我国晚了1200多年。

在我国古桥建筑中，尚值得一提的是建于公元1169年的广东潮安区横跨韩江的湘子桥（又名广济桥），此桥全长517.95m，共19孔，上部结构有石拱、木梁、石梁等多种形式，还有用18条浮船组成的长达97.30m的开合式浮桥，这样既保证了大型商船和上游木排的通过，还可避免过多的桥墩阻塞河道。这座世界上最早的开合式桥，结构类型之多、施工条件之困难、工程历时之久，都为古代建桥史上所罕见。

二、新中国成立后我国桥梁的发展

新中国成立后，我国先后修建了不少重要桥梁，建造技术也取得了迅速发展。1957年，我国修建了第一座长江大桥——武汉长江大桥，它的建成结束了万里长江无桥的历史。1969年，我国建成了南京长江大桥，是我国桥梁史上的一个重要标志，它是我国自行设计、制造、施工并使用国产高强钢材的现代大型桥梁。

20世纪90年代以后，伴随着世界上最大规模的公路建设展开，公路桥梁建设也得到了极大的发展，我国在长江、黄河等江河上和沿海海域建成了大批具有代表性的世界级桥梁。

桥梁已经成为大城市中主要标志性建筑之一，成为重要的旅游景点。桥梁可以塑造公路的风格，对公路所经地区的环境、景观、历史及文化等产生着影响。

第二节 桥梁的基本组成与分类

一、桥梁的组成结构

桥梁结构一般由上部结构、下部结构和附属结构组成（图 3.1.1）。

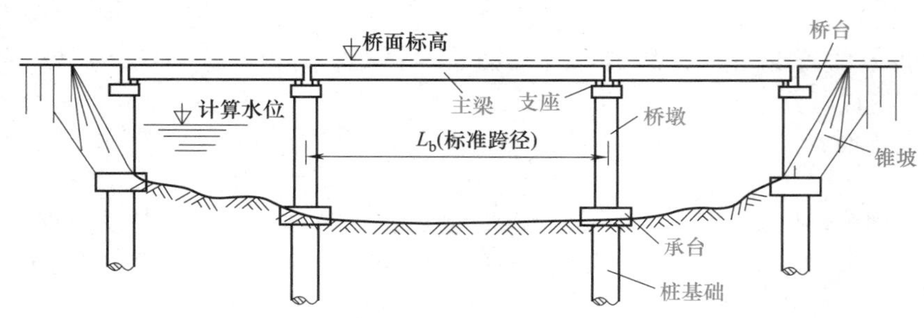

图 3.1.1 桥梁的基本组成

1. 桥梁的上部结构

上部结构也称桥跨结构，包括承重结构和桥面系（桥面铺装、防水和排水设施、伸缩缝、人行道、栏杆、灯柱等），是线路中断时跨越障碍的主要承重结构，它的作用是承受车辆和行人荷载，并通过支座将荷载传给墩台。

2. 桥梁的下部结构

桥梁的下部结构由桥墩（单孔桥则没有桥墩）、桥台和基础组成，其作用是支撑上部结构，并将结构的重力和车辆的活荷载传给地基。桥墩设在两个桥台之间，支撑桥跨结构；桥台设在两端，除了支撑桥跨结构外，还与路堤连接并抵御路堤土压力，防止路堤滑塌。桥墩、桥台基础是将桥上全部荷载传至地基底部的结构部分。基础工程常在水中施工，遇到的问题也很复杂，所以基础工程是在整个桥梁工程施工中较困难的部位。

3. 桥梁的附属结构

在桥梁建筑工程中，除了上述基本结构外，根据需要还常常修筑附属工程，包括桥头锥形护坡、护岸以及导流结构物等。其作用是抵御水流的冲刷，防止路堤填土坍塌。

二、桥梁的主要术语

1. 水位

河流中的水位是变动的，低水位是指在枯水季节河流中的最低水位；高水位是指洪水季节河流中的最高水位；桥梁设计中按规定的设计洪水频率计算所得的高水位称为设计洪水位。

2. 净跨径

对于设支座的桥梁为相邻两墩、台身顶内缘之间的水平净距；对于不设支座的桥梁（如拱桥、刚构桥等）为上、下部结构相交处内缘间的水平净距。

3. 总跨径

它是多孔桥梁中各孔净跨径的总和，也称桥梁孔径，它反映了桥下宣泄洪水的能力。

4. 计算跨径

对于具有支座的桥梁，它是指桥跨结构相邻两个支座中心之间的距离。拱桥是两相邻拱脚的截面形心点之间的水平距离。桥跨结构的力学计算是以计算跨径为基准的。

5. 桥梁全长

简称桥长，是桥梁两端两个桥台的侧墙或八字墙后端点之间的距离。无桥台的桥梁为桥面系行车道的全长。

6. 桥梁高度

简称桥高，是指桥面与低水位之间的高差或桥面与桥下线路路面之间的距离。桥高在某种程度上反映了桥梁施工的难易性。

7. 桥下净空高度

它是设计洪水位或计算通航水位至桥跨结构最下缘之间的距离。它应保证能安全排洪，并不得小于对该河流通航所规定的净空高度。

8. 桥梁建筑高度

它是桥上行车路面（或钢轨顶面）标高至桥跨结构最下缘之间的距离。它不仅与桥跨结构的体系和跨径大小有关，而且还随行车部分在桥上布置的高度位置而异。

9. 净矢高

它是从拱顶的截面下缘至相邻两拱脚的截面下缘最低点之连线的垂直距离。

10. 计算矢高

它是从拱顶截面形心至相邻两拱脚的截面形心之连线的垂直距离。

11. 矢跨比

它是拱桥中拱圈（或拱肋）的计算矢高与计算跨径之比。

三、桥梁的分类

（一）桥梁的基本分类

桥梁的分类方法很多，可按其用途、建筑材料、使用性质、行车道部位、桥梁跨越障碍物的不同等条件分类。一般分为由基本构件所组成的各种结构物，在力学上也可归结为梁式、拱式和悬吊式三种基本体系以及它们之间的各种组合。下面从受力特点、建桥材料、适用跨度、施工条件等方面来阐明桥梁各种类型的特点。

1. 梁式桥

梁式桥是梁作为主要承重构件的结构，是一种在竖向荷载作用下无水平反力的结构，是古老的结构体系，如图 3.1.2 所示。由于外力（恒载和活载）的作用方向与承重结构的轴线接近垂直，因此与同样跨径的其他结构体系相比，梁内产生的弯矩最大，通常需用抗弯能力强的材料（钢、木、钢筋混凝土等）来建造。

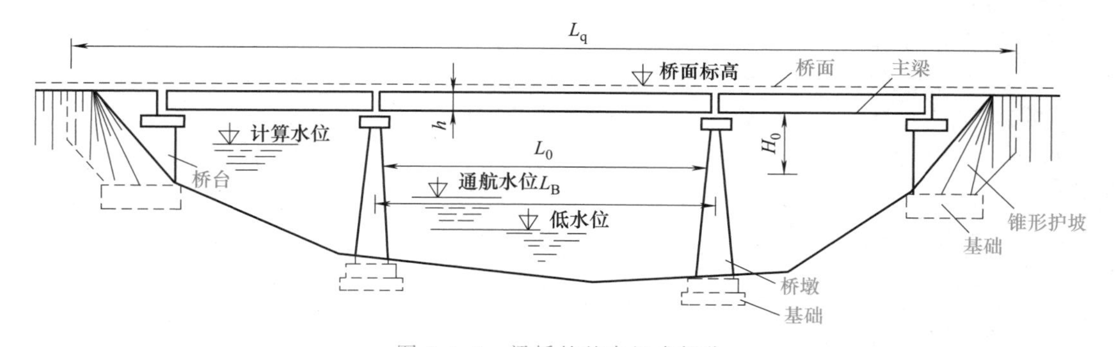

图 3.1.2 梁桥的基本组成部分

为了节约钢材和木料（木桥使用寿命不长，除临时性桥梁或战备需要外，一般不宜采用），目前在道路上应用最广的是预制装配式的钢筋混凝土简支梁桥。这种梁桥结构简单、施工方便，对地基承载能力的要求也不高，但其常用跨径在 25m 以下。当跨度较大时，采用预应力混凝土简支梁桥，但一般也不超过 50m。为了达到经济、省料的目的，可根据地质条件等修建悬臂式或连续式的梁式桥。对于很大跨径以及承受很大荷载的特大桥梁除可建造使用高强度材料的预应力混凝土梁桥外，也可建造钢桥。

梁可分为简支梁、悬臂梁、固端梁和连续梁等。

2. 拱式桥

拱式桥的主要承重结构是拱圈或拱肋，如图 3.1.3 所示。这种结构在竖向荷载作用下，拱圈既要承受压力，又要承受弯矩，桥墩或桥台将承受水平推力。同时，这种水平推力将显著抵消荷载所引起的在拱圈内的弯矩作用。因此，与同跨径的梁相比，拱的弯矩和变形要小得多。

鉴于拱桥的承重结构以受压为主，通常就可用抗压能力强的圬工材料（如砖土）和钢筋混凝土等来建造，因此也称为圬工桥梁。现代的拱桥如钢管混凝土拱桥以优美的造型而成为许多市政桥梁的首选桥型，它也是传统拱桥与现代桥梁的完美结合。拱桥的跨越能力很大，外形也较美观，在条件许可的情况下，修建拱桥往往较经济合理。同时应当注意，为了确保拱桥能安全使用，下部结构和地基必须能经受住较大水平推力的不利作用。此外，拱桥的施工一般要比梁桥困难些。对于很大跨度的桥梁，也可建造钢拱桥。

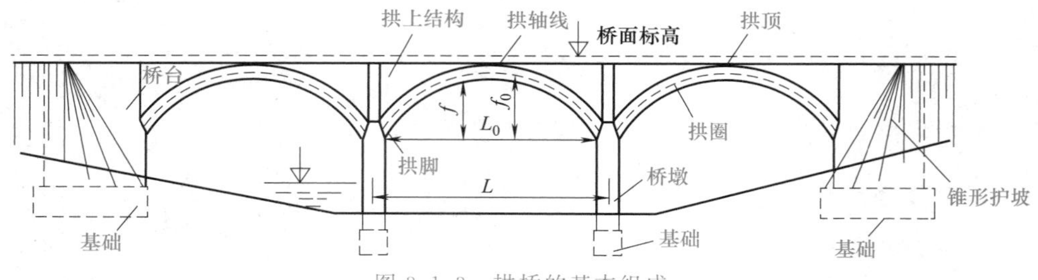

图 3.1.3 拱桥的基本组成

3. 刚架桥

刚架桥的主要承重结构是梁或板和立柱或竖墙整体结合在一起的刚架结构。梁和柱的连接处具有很大的刚性。在竖向荷载作用下，梁部主要受弯，而在柱脚处也具有水平反力，其受力状态介于梁桥与拱桥之间。因此，对于同样的跨径，在相同的荷载作用下，钢架桥的跨中正弯矩要比一般桥梁小。根据这一特点，刚架桥跨中的建筑高度就可以做得较小，当桥面标高已确定时，能增加桥下净空。当遇到线路立体交叉或需要跨越通航江河时，采用这种桥型能尽量降低线路标高，以改善纵坡，并能减少路堤土方量。

4. 吊桥

传统的吊桥（也称悬索桥），均采用悬挂在两边塔架上的强大缆索作为主要承重结构，如图 3.1.4 所示。在竖向荷载作用下，通过吊杆使缆索承受很大的拉力，通常就需要在两岸桥台的后方修筑非常巨大的锚碇结构。吊桥也是具有水平反力（拉力）的结构。

现代的吊桥上，广泛采用高强度的钢丝成股编制的钢缆，以充分发挥其优异的抗拉性

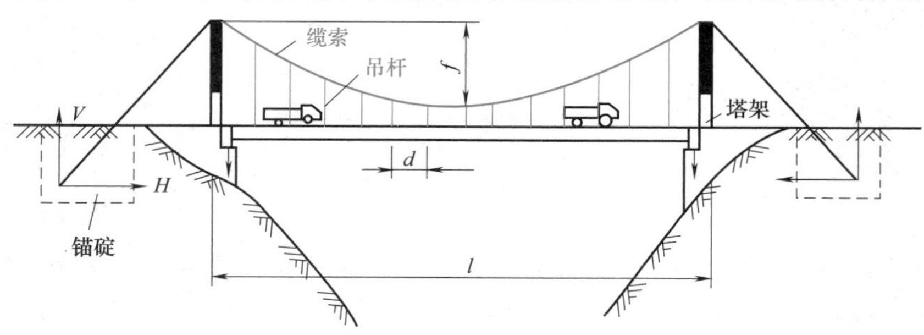

图 3.1.4 吊桥（悬索桥）

能，因此结构自重较轻，就能以较小的建筑高度跨越其他任何桥型无与伦比的特大跨度。另外成卷钢缆易于运输，结构的组成构件较轻，便于无支架悬吊拼装。

5. **斜拉桥**

斜拉桥由斜索、塔柱和主梁组成，即是由承压的塔、受拉的索、承弯的梁组合起来的一种结构体系，如图 3.1.5 所示。用高强钢材制成的斜索将主梁多点吊起，并将主梁的恒载和车辆荷载传至塔柱，再通过塔柱基础传至地基，这样，跨度较大的主梁就像一根多点弹性支承（吊起）的连续梁一样工作，从而可使主梁尺寸大大减小，结构自重显著减轻，既节省了结构材料，又大幅度地增大了桥梁的跨越能力。

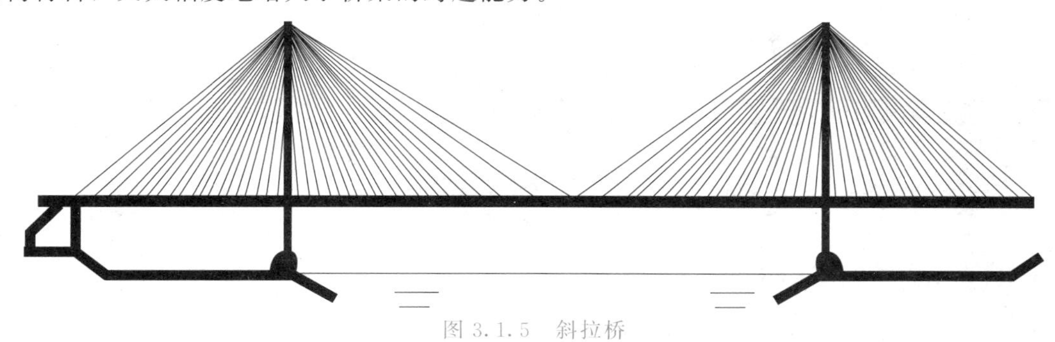

图 3.1.5 斜拉桥

6. **组合体系桥梁**

除了以上 5 种桥梁的基本体系以外，根据结构的受力特点，还有由几种不同体系的结构组合而成的桥梁，称为组合体系桥。图 3.1.6（a）为一种梁和拱的组合体系。其中梁和拱都是主要承重结构，两者相互配合共同受力。由于吊杆将梁向上（与荷载作用的挠度方向相反）吊住，这样就显著减小了梁中的弯矩；同时由于拱与梁连接在一起，拱的水平力就传递给梁来承受，这样的梁除了受弯以外还受拉。这种组合体系桥能跨越较一般简支梁桥更大的跨度，而对墩台没有推力作用，因此，对地基的要求就与一般简支梁桥一样。图 3.1.6（b）为拱置于梁的下方，通过立柱对梁起辅助支撑作用的组合体系桥。

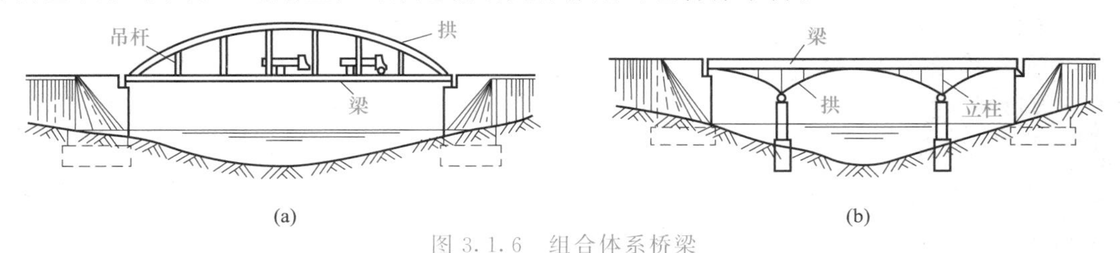

图 3.1.6 组合体系桥梁

图 3.1.7 为几座大跨度组合体系桥的实例。在图中由上而下依次是：钢梁与悬吊系统的组合；钢梁与斜拉索的组合；斜拉索与悬索的组合。

（二）桥梁的其他分类简介

除了上述按受力特点分成不同的结构体系外，人们还习惯按桥梁的用途、大小规模和建桥材料等方面来进行分类。

1. **按用途来划分**

有公路桥、铁路桥、公路铁路两用桥、农桥、人行桥、运水桥（渡槽）及其他专用桥梁（如通过管路电缆等）。

2. **按跨越障碍的性质分**

可分为跨河桥、跨线桥（立体交叉）、高架桥和栈桥。高架桥一般指跨越深沟峡谷以代替高路堤的桥梁。为将车道升高至周围地面以上并使其下面的空间可以通行车辆或作其他用

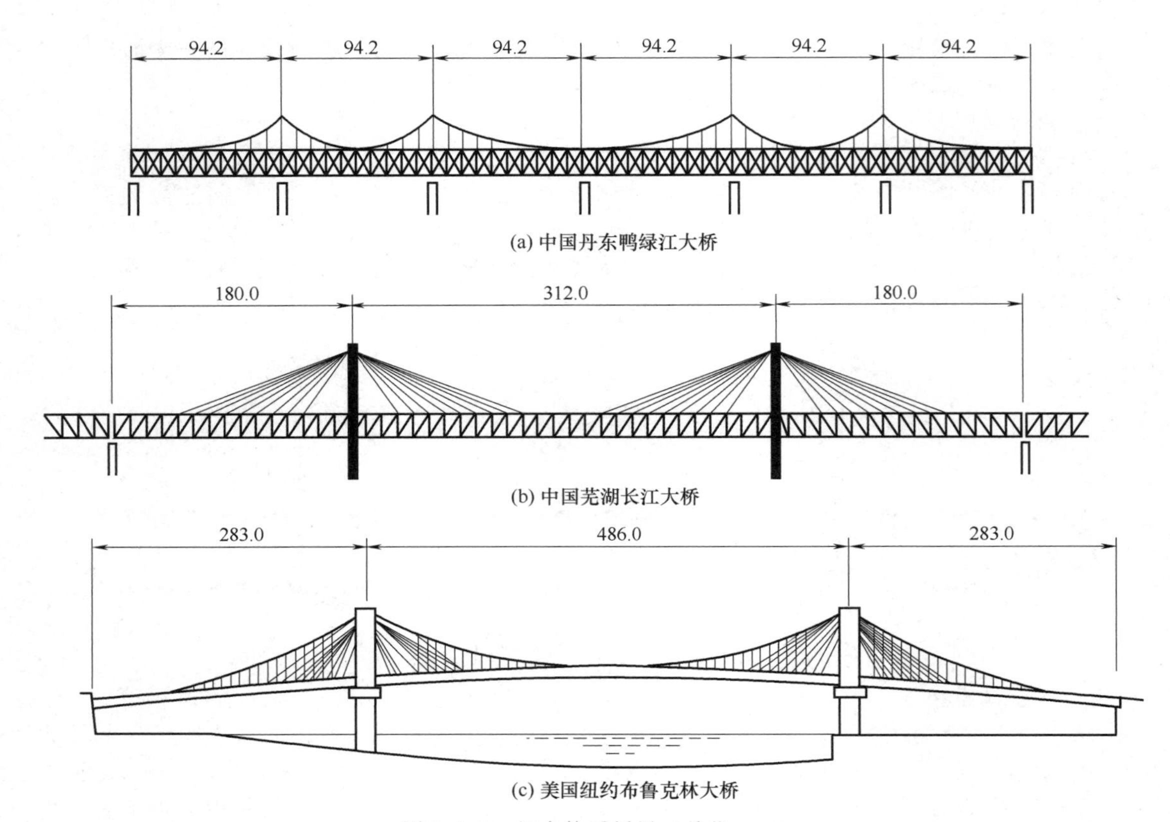

(a) 中国丹东鸭绿江大桥

(b) 中国芜湖长江大桥

(c) 美国纽约布鲁克林大桥

图 3.1.7 组合体系桥梁（单位：m）

途（如堆栈、店铺等）而修建的桥梁，称为栈桥。

3. 按主要承重结构所用的材料划分

有圬工桥（包括砖、石、混凝土桥）、钢筋混凝土桥、预应力混凝土桥、钢桥和木桥等。木材易腐，而且资源有限，因此除了少数临时性桥梁外，一般不采用。

4. 按桥梁全长和跨径的不同分

分为特殊大桥、大桥、中桥和小桥。《公路工程技术标准》（JTG B01）规定的大、中、小桥划分标准见表 3.1.1。

表 3.1.1 桥梁按跨径分类表　　单位：m

桥梁类型	特大桥	大桥	中桥	小桥	涵桥
多孔跨径总长 L	$L\geqslant 1000$	$1000>L\geqslant 100$	$30<L<100$	$8<L<30$	—
单孔跨径 L_b	$L_b\geqslant 150$	$150>L_b\geqslant 40$	$20\leqslant L_b<40$	$5\leqslant L_b<20$	$L_b<5$

注：1. 单孔跨径是指标准跨径。
2. 梁式桥、板式桥的多孔跨径总长为多孔标准跨径的总长；拱式桥为两端桥台内起拱线间的距离；其他形式的桥梁为桥面系车道长度。
3. 管涵及箱涵不论管径或跨径大小、孔数多少，均称为涵洞。
4. 标准跨径：梁式桥、板式桥以两桥墩中线间距离或桥墩中线与台背前缘间距为准；拱式桥和涵洞以净跨径为准。

5. 按上部结构的行车道位置分

分为上承式桥、下承式桥和中承式桥。桥面布置在主要承重结构之上者称为上承式桥（图 3.1.8）；桥面布置在承重结构之下的称为下承式桥；桥面布置在桥跨结构高度中间的称为中承式桥。

四、涵洞

涵洞是用来宣泄地面水流而设置的横穿道路路基的小型排水构筑物。根据《公路工程技

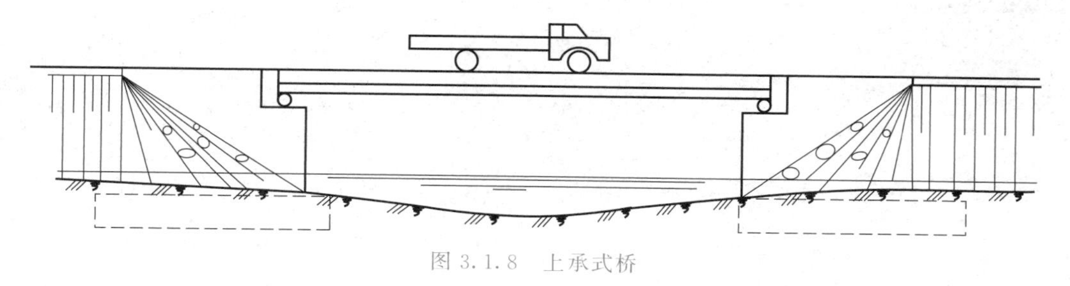

图 3.1.8 上承式桥

术标准》的规定，单孔标准跨径小于 5m 以及圆管涵、箱涵，不论管径或跨径大小、孔径多少，均称为涵洞。

涵洞主要由基础、洞身和洞口组成，洞口又包括端墙、翼墙或护坡、截水墙和缘石等部分。

涵洞的形式有多种，具体分类有以下几种。

1. **按涵洞的建筑材料分类**

按涵洞所用的材料分，常用的有石涵、混凝土涵、钢筋混凝土涵、砖涵，有时也用陶土管涵、铸铁管涵、波纹管涵等。

2. **按涵洞的构造形式分类**

按构造类型可分为管涵（通常为圆管涵）、盖板涵、拱涵、箱涵。这四种涵洞常用的跨径见表 3.1.2，各种构造形式涵洞的适用性和优缺点见表 3.1.3。

表 3.1.2 不同构造形式涵洞的常用跨径

构造形式	跨(直)径/cm							
圆管涵	50[①]	75	100	125	150	—	—	—
盖板涵	75	100	125	150	200	250	300	400
拱涵	100	125	150	200	250	300	400	
箱涵	200	200	300	400	500	—	—	—

① 表示仅为农用灌溉使用。

注：盖板涵中的 75cm、100cm、125cm 表示为石盖板，其余均为钢筋混凝土盖板。

表 3.1.3 各种构造形式涵洞的适用性和优缺点

构造形式	适用性	优缺点
圆管涵	有足够填土高度的小跨径暗涵	对基础适应性及受力性能较好，不需墩台，圬工数量少，造价低
盖板涵	较大时，低路堤上的明涵或一般路堤上的暗涵	构造较简单，维修容易，跨径较小时用石盖板，跨径较大时用钢筋混凝土盖板
拱涵	跨越深沟或高路堤时设置，山区石料资料丰富，可用石拱涵	跨径较大，承载潜力较大，但自重引起恒载也较大，施工工序较繁多
箱涵	软土路基设置	整体性强，但钢用量大，造价高，施工较困难

3. **按洞顶填土情况和孔数分类**

按洞顶填土情况可分为明涵和暗涵两类。明涵是指洞顶不填土的涵洞，适用于低路堤、浅沟渠路段；暗涵是指洞顶填土大于 50cm 的涵洞，适用于高路堤、深沟渠路段。按涵洞孔数分为单孔、双孔和多孔等。

思 考 题

1. 简述桥梁结构的一般组成。
2. 简述桥梁的分类。

第二章 桥梁基础施工

【知识目标】

- 了解组合基础施工。
- 熟悉明挖扩大基础施工的基本施工工艺。
- 熟悉沉入桩基分类。
- 掌握基本的沉入桩施工工艺。

【能力目标】

- 基本能够选择正确的沉入桩方法。

基础作为桥梁结构物的一个重要组成部分，起着支承桥跨结构，保持体系稳定，把上部结构、墩台自重及车辆荷载传递给地基的重要作用。基础的施工质量直接决定着桥梁的强度、刚度、稳定性、耐久性和安全性。基础工程属于隐蔽工程，若出现质量问题不易发现和修补处理，因此，必须高度重视桥梁基础施工，严格按照规范施工，确保工程质量。

公路桥梁由于其结构形式多种多样，所处位置的地形、地质、水文情况千差万别，因此其基础的形式也种类繁多。桥梁的常用基础形式有明挖扩大基础、钢筋混凝土条形基础、桩基础、沉井基础、地下连续墙基础、组合基础等。其中扩大基础、沉入桩基础、钻孔桩基础、组合基础应用最为广泛，本章将详细介绍。

第一节 明挖扩大基础施工

扩大基础属于直接基础，是将基础底板设在直接承载地基上，来自上部结构的荷载通过基础底板直接传递给承载地基。扩大基础的施工通常是采用明挖的方式进行的。实际操作中基坑开挖往往与气象、工程地质及水文地质条件有着密切的关系。如果地基土质较为坚实，开挖后能保持坑壁稳定，可不设置支撑，采取放坡开挖的方式。实际工程由于土质关系、开挖深度、放坡受到用地或施工条件限制等因素的影响，需采取某些加固坑壁措施，如挡板支撑、钢木结合支撑、混凝土护壁等。

在开挖过程中有渗水时，则需要在基坑四周挖边沟或集水井，以利于排除积水。在水中开挖基坑时，通常需预先修筑临时性的挡水结构物（称为围堰），如草袋围堰，然后将基坑内的水排干，再开挖基坑。基坑开挖至设计标高后，及时进行坑底土质鉴定、清理与整平工作，及时砌筑基础结构物。明挖扩大基础施工的主要内容包括基坑开挖的前期准备、基坑开挖、基坑排水、基底检验与处理、基础施工等。

一、基坑开挖的前期准备

基坑开挖与自然条件较为密切，应充分了解工程周围环境与基坑开挖的关系。在确保基坑及周围环境安全的前提下，合理确定施工方案，准确选用支护结构。

（1）了解工程地质及水文地质条件。在施工前应掌握工程地质报告，对基坑处的地质构造、土层分类及参数、地层描述、地质剖面图及钻孔柱状图应充分了解。

（2）工程周围环境调查。基坑开挖会引起周围地下水位下降，地表沉降会对周围建筑物、管线及地下设施带来影响，因此在基坑开挖前，应对周围环境进行调查，采取可靠措施将基坑开挖对周围环境的影响控制在允许的范围内。

（3）明挖地基施工前，应对基坑边坡进行稳定性验算，并制订专项施工方案和安全技术方案。基坑开挖需爆破，爆破作业的安全管理应符合现行国家标准的规定。

（4）基坑开挖时应对其边坡的稳定性进行检测。对于开挖深度超过 5m 的深基坑，除按照边开挖、边支护的原则开挖外，在施工开挖之前，还应编写专项的边坡稳定监测方案。

（5）基坑的定位放样。在基坑开挖前，先进行基础的定位放样工作，以便将设计图上的基础位置准确地设置到桥址上。放样工作是根据桥梁中心线与墩台的纵横轴线，推出基础边线的定位点，再放线画出基坑的开挖范围。基坑各定位点的标高及开挖过程中的标高检查，一般用水准测量的方法进行。

二、基坑开挖

基坑开挖应根据地质条件、基坑深度、施工期限与经验以及有无地表水或者地下水等因素采用适当的施工方法。

1. 坑壁不加支撑的基坑

对于在干涸无水河滩、河沟，或有水经改河或筑堤能排除地表水的河沟中，地下水位低于基底，或渗透量少、不影响坑壁稳定以及基础埋置不深，施工期较短，挖基坑时，不影响邻近建筑物安全的施工场所，可考虑选用坑壁不加支撑的基坑。

当基坑深度在 5m 以内，施工期较短，坑底在地下水位以上，土的湿度正常，土层构造均匀时，坑壁坡度可参考表 3.2.1 确定。

表 3.2.1 放坡开挖基坑壁坡度表

坑壁土类	基坑壁坡度		
	基坑坡顶缘无荷载	基坑坡顶缘有荷载	基坑坡顶缘有动荷载
砂类土	1∶1	1∶1.25	1∶1.5
碎、卵石土类	1∶0.75	1∶1	1∶1.25
粉质土、黏性土	1∶0.33	1∶0.5	1∶0.75
极软土	1∶0.25	1∶0.33	1∶0.67
软质岩	1∶0	1∶0.1	1∶0.25
硬质岩	1∶0	1∶0	1∶0

基坑深度大于 5m 时，应将坑壁坡度适当放缓或加设平台；如果土的湿度可能引起坑壁坍塌，坑壁坡度应缓于该湿度下土的天然坡度。

坑顶与动荷载间至少应留有 1m 宽的护道。若工程地质和水文地质不良或者动荷载过大，还要增宽护道或采取加固措施。

基坑施工过程中应注意以下几点：

（1）在基坑坡顶缘四周适当距离处设置截水沟，并防止水沟渗水，以避免地表水冲刷坑壁，影响坑壁稳定性。

(2) 坑壁边缘应留有护道，静荷载距基坑边缘不小于0.5m，动荷载距基坑边缘不小于1.0m；垂直坑壁边缘的护道还应适当增宽；水文地质条件欠佳时应有加固措施。

(3) 应经常注意观察坑边缘顶面土有无裂缝，坑壁有无松散塌落现象发生，以确保安全施工。

(4) 基坑施工不可延续时间过长，自开挖至基础完成，应抓紧时间连续施工。

(5) 如用机械开挖基坑，挖至坑底时，应保留不小于30cm厚度的底层，在基础浇筑圬工前用人工挖至基底标高。

(6) 基坑应尽量在少雨季节施工。

(7) 基坑宜用原土及时回填，对桥台及有河床铺砌的桥墩基坑，则应分层夯实。

2. 坑壁有支撑的基坑

当基坑壁坡不易稳定并有地下水渗入，或放坡开挖场地受到限制、工程量太大，或基坑较深、放坡开挖工程数量较大，不符合技术经济要求时，可采用坑壁有支撑的基坑。常用的坑壁支撑形式有：直衬模式坑壁支撑、横衬板式坑壁支撑、框架式支撑及其他形式的支撑。

(1) 对坑壁采取支护措施进行基坑的开挖时，应符合下列规定：

① 基坑较浅且渗水量不大时，可采用竹排、木板、混凝土板或钢板等对坑壁进行支护；基坑深度小于或等于4m且渗水量不大时，可采用槽钢、H型钢或工字钢等进行支护；地下水位较高，基坑开挖深度大于4m时，宜采用锁口钢板桩或锁口钢管桩围堰进行支护，其施工要求应符合《公路桥涵施工技术规范》(JTG/T 3650) 第13.3节的规定；在条件许可时也可采用水泥土墙、混凝土围圈或桩板墙等支护方式。

② 对支护结构应进行设计计算，当支护结构受力过大时应加设临时支撑，支护结构和临时支撑的强度、刚度及稳定性应满足基坑开挖施工的要求。

(2) 基坑坑壁采用喷射混凝土、锚杆喷射混凝土、预应力锚索和土钉支护等方式进行加固时，其施工应符合下列规定：

① 对基坑开挖深度小于10m的较完整风化基层，可直接喷射混凝土加固坑壁。喷射混凝土之前应将坑壁上的松散层或岩渣清理干净。

② 对锚杆、预应力锚索和土钉支护，均应在施工前按设计要求进行抗拉拔力的验证试验，并确定适宜的施工工艺。

③ 采用锚杆挂网喷射混凝土加固坑壁时，各层锚杆进入稳定层的长度、间距和钢筋的直径均应符合设计要求。孔深小于或等于3m时，宜采用先注浆后插入锚杆的施工工艺；孔深大于3m时，宜插入锚杆后再注浆。锚杆插入孔内后应居中固定，注浆应采用孔底注浆法，注浆管应插至距孔底50～100mm处，并随浆液的注入逐渐拔出，注浆的压力不宜小于0.2MPa。

④ 采用预应力锚索加固坑壁时，预应力锚索（包括锚杆）编束、安装和张拉等的施工应符合规范规定。

⑤ 采用土钉支护加固坑壁时，施工前应制订专项施工技术方案和施工监控方案，配备适宜的机具设备。土钉支护中的开挖、成孔、土钉设置及喷射混凝土面层等的施工可按现行行业标准规定执行。

⑥ 不论采用何种加固方式，均应按设计要求逐层开挖、逐层加固，坑壁或边坡上有明显出水点处应设置导管排水。

三、水中地基的基坑开挖

桥梁墩台基础大多位于地表水位以下，有时水流还比较大，施工时都希望在无水或静止水条件下进行。桥梁水中基础最常用的施工方法是围堰法。围堰的作用主要是防水和围水，有时还起着支撑施工平台和基坑坑壁的作用。

围堰的结构形式和材料要根据水深、流速、地质情况、基础形式以及通航要求等条件进行选择。任何形式和材料的围堰，均必须满足下列要求：

（1）围堰顶高宜高出施工期间最高水位70cm，最低不应小于50cm，用于防御地下水的围堰宜高出水位或地面20～40cm。

（2）围堰外形应适应水流排泄，大小不应过多压缩流水断面，以免壅水过高危害围堰安全以及影响通航、导流等。围堰内的平面尺寸应满足基础施工的要求，并留有适当的工作面积。

（3）围堰的填筑应分层进行，减少渗漏，并应满足堰身强度和稳定性的要求，使基坑开挖后，围堰不致发生破裂、滑动或倾覆。

（4）围堰要求防水严密，应尽量采取措施防止或减少渗漏，以减轻排水工作。对围堰外围边坡的冲刷和筑围堰后引起河床的冲刷均应有防护措施。

（5）围堰施工一般安排在枯水期进行。

1. 土石围堰

土石围堰可与截流戗堤结合，可利用开挖弃渣，并可直接利用主体工程开挖装运设备进行机械化快速施工，是我国应用最广泛的围堰形式。土石围堰的防渗结构形式有斜墙式、斜墙带水平铺盖式、垂直防渗墙式及灌浆帷幕式等，如图3.2.1所示。

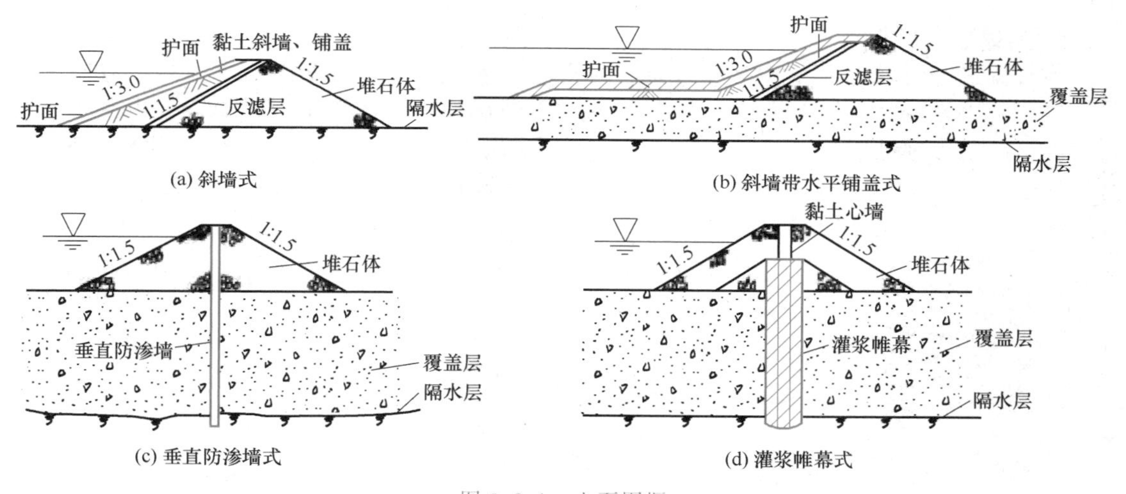

图3.2.1 土石围堰

2. 混凝土围堰

混凝土围堰是用常态混凝土或碾压混凝土建筑而成的。混凝土围堰宜建在岩石地基上。混凝土围堰的特点是挡水水头高，底宽小，抗冲能力大，堰顶可溢流。尤其是在分段围堰法导流施工中，用混凝土浇筑的纵向围堰可以两面挡水，而且可与永久建筑物相结合作为坝体或闸室体的一部分。混凝土围堰的结构形式有重力式（图3.2.2）、拱形等。

3. 草土围堰

草土围堰是一种草土混合结构。草土围堰能就地取材，结构简单、施工方便、造价低、防渗性能好、适应能力强、便于拆除、施工速度快。但草土围堰不能承受较大的水头，一般适用于水深不大于6～8m，流速小于3～5m/s的中、小型水利工程。

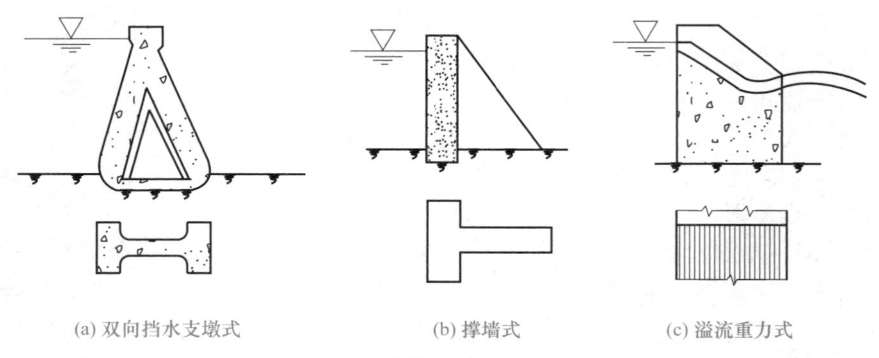

图 3.2.2 混凝土围堰断面示意图

4. **木笼围堰**

木笼围堰是由圆木或方木叠成的多层框架、填充石料组成的挡水建筑物。它施工简便、适应性广，与土石围堰相比具有断面小、抗水流冲刷能力强等优点，可用作分期导流的横向围堰或纵向围堰，可在10～15m的深水中修建。但木笼围堰消耗木材量较大，目前很少采用。

5. **竹笼围堰**

竹笼围堰是用内填块石的竹笼堆叠而成的挡水建筑物，在迎水面一般用木板、混凝土面板或填黏土阻水。采用木面板或混凝土面板阻水时，迎水面直立；用黏土防渗时，迎水面为斜墙。竹笼围堰的使用年限一般为1～2年，最大高度约为15m。

6. **钢板桩格形围堰**

钢板桩格形围堰是由一系列彼此相连的格体形成外壳，然后在内填以土料或砂料构成的。格体是土或砂料和钢板桩的组合结构，由横向拉力强的钢板桩联锁围成一定几何形状的封闭系统。钢板桩格形围堰按挡水高度不同，其平面形式有圆筒形格体、扇形格体、花瓣形格体（图3.2.3），应用较多的是圆筒形格体。圆筒形格体钢板桩围堰，一般适用的挡水高度小于15～18m，可以建在岩基或非岩基上，也可作过水围堰用。

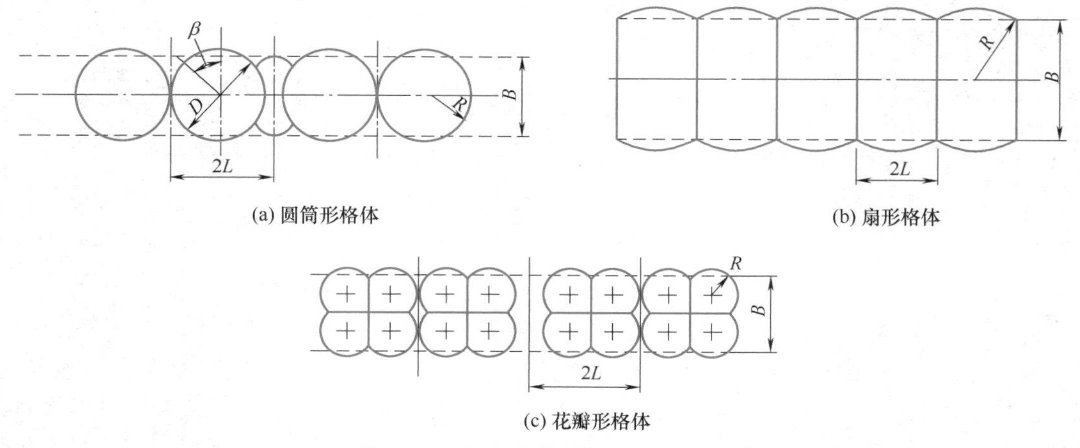

图 3.2.3 钢板桩格形围堰平面形式

四、基坑排水

围堰完工后，需将堰内积水排除。在开挖过程中，也可能有渗水出现，必须随挖随排。要排除坑内渗水，首先应估算渗水量；然后抽水设备的排水能力应大于渗水量的1.5～2.0倍。

排水方法有集水坑、集水沟以及井点法排水等。集水坑、集水沟排水适用于粉细砂土质以外的各种地层基坑，集水沟沟底应低于基坑底面，集水坑深度应大于吸水龙头的高度。井点法排水适用于粉、细砂或地下水位较高、挖基较深、坑壁不易稳定和普通排水方法难以解决的基坑。应根据土层的渗透系数、要求降低地下水位的深度及工程特点，选择适宜的井点类型和所需的设备。降水井类型及适用条件见表3.2.2。

表3.2.2 降水井类型及适用条件

项次	降水井类型	土层渗透系数/(cm/s)	可能降低水位深度/m
1	一级轻型井点	10^{-2}～10^{-5}	3～6
2	多级轻型井点	10^{-2}～10^{-5}	6～12
3	喷射井点	10^{-3}～10^{-6}	8～20
4	电渗井点	$<10^{-6}$	按井点类型确定
5	管井	$\geqslant10^{-5}$	>10

(1) 集水坑排水法　除严重流砂外，一般情况下均可适用。集水坑（沟）的大小，主要根据渗水量的大小而定；排水沟底宽不小于0.3m，纵坡为1%～5%。如排水时间较长或土质较差时，沟壁可用木板或荆篱支撑防护。集水坑一般设在下游位置，坑深应大于进水龙头高度，并用荆篱、竹篾、编筐或木笼围护，以防止泥砂阻塞吸水龙头。

采用集水坑排水时应符合下列规定。

① 基坑开挖时，宜在坑底基础范围之外设置集水坑，并沿坑底周围开挖排水沟，使水流入集水坑内，排出坑外。集水坑的尺寸宜根据渗水量的大小确定。

② 排水设备的排水能力宜为总渗水量的1.5～2.0倍。

(2) 井点排水法　当土质较差有严重流砂现象、地下水位较高、挖基较深、坑壁不易稳定、用普通排水方法难以解决时，可采用井点排水法。井点排水法适用于渗透系数为0.5～150m/d的土壤，尤其是在2～50m/d的土壤中效果最好。降水深度一般可达6m，二级井点可达9m，超过9m应选用喷射井点或深井点法。具体可视土层的渗透系数、要求降低地下水位的深度及工程特点等，选择适宜的井点排水法和所需的设备。

采用井点排水法排水时应符合下列规定。

① 井点降水法宜用于粉砂、细砂、地下水位较高、有承压水、挖基较深、坑壁不易稳定的土质基坑，在无砂的黏质土中不宜采用。

② 井管的成孔可根据土质分别采用射水成孔或冲击钻机、旋转钻机及水压钻探机成孔。井点降水曲线应低于基底设计高程或开挖高程0.5m。

③ 应做好沉降及边坡位移监测，保证水位降低区域内构筑物的安全，必要时应采取防护措施。

(3) 其他排水法　对于土质渗透性较大、挖掘较深的基坑，可采用板桩法或沉井法。此外，视工程特点、工期及现场条件等，还可采用帷幕法，即将基坑周围土层用硅化法、水泥灌浆法、沥青灌浆法及冻结法等处理成封闭的不透水的帷幕。其他排水法除自然冻结法外，均因所需设备较多、费用较大，在桥涵基础施工中应用较少。自然冻结法在我国北方地区应用前景较好，一般采用分格分层开挖。

五、基底检验与处理

1. 基底检验

基槽（坑）开挖结束后，需要对其实际情况与勘测结果比较，并对基槽开挖的质量进行检验。

地基的检验应包括下列内容：

（1）基底的平面位置、尺寸和基底高程。

（2）基底的地质情况和承载力是否与设计资料相符。

（3）基底处理和排水情况是否符合施工规范要求。

（4）施工记录及相关资料等。

2. 基底处理

天然地基上的基础是直接靠基底土壤来承担荷载的，故基底土壤状态的好坏，对基础及墩台、上部结构的影响很大，不能仅检查土壤名称与允许承载力大小，还应为土壤更有效地承担荷载创造条件，即要进行基底处理工作。基底处理方法视基底土质而异。

基底处理主要有粗粒土和巨粒土地基、岩层地基、多年冻土地基、溶洞地基及泉眼地基处理等，其处理方法应满足《公路桥涵施工技术规范》（JTG/T 3650）的相关规定。

六、基础施工

明挖基坑中的基础施工应尽可能地使基底处于干的情况下浇砌基础。通常的基础施工可分为无水砌筑、排水砌筑及水下灌注三种情况。

排水砌筑的施工要点是：确保在无水状态下砌筑圬工；禁止带水作业及用混凝土将水赶出模板外的灌注方法，基础边缘部分应严密隔水；水下部分圬工必须待水泥砂浆或混凝土终凝后才允许浸水。

水下灌注混凝土一般只有在排水困难时才采用。基础圬工的水下灌注分为水下封底和水下直接灌注基础两种。前者封底后仍要排水再砌筑基础，封底只是起封闭渗水的作用，其混凝土只作为地基而不作为基础本身，适用于板桩围堰开挖的基坑。

桥梁基础施工中水下混凝土的灌注广泛采用的是垂直移动导管法。混凝土经导管输送至坑底，并迅速将导管下端埋没；随后混凝土不断地被输送到被埋没的导管下端，从而使先前输送到的但尚未凝结的混凝土向上和向四周推移。随着基底混凝土的上升，导管也缓慢地向上提升，直至达到要求的封底厚度时，停止灌注混凝土，并拔出导管。

（1）采用导管法浇注水下混凝土时要注意以下几个问题：

① 导管应试拼装，球塞应试验通过，施工时严格按试拼的位置安装。导管试拼后，应封闭两端，充水加压，检查导管有无漏水现象。导管各节的长度不宜过大，连接应可靠而又便于装拆，以保证拆卸时中断灌注时间最短。

② 为使混凝土有良好的流动性，粗集料粒径以 20～40mm 为宜。坍落度应不小于 18cm。水泥用量比处于空气中的同等级的混凝土水泥用量增加 20%。

③ 必须保证灌注工作的连续性，在任何情况下均不得中断灌注。在灌注过程中，应经常测量混凝土表面的标高，正确掌握导管的提升量。导管下端务必埋入混凝土内，埋入深度一般不应小于 0.5m。

④ 水下混凝土的流动半径，要综合考虑混凝土的质量、水头的大小、灌注面积的大小、基底有无障碍物以及混凝土拌和机的生产能力等因素。流动半径为 3～4m 时，能够保证封底混凝土的表面不会有较大的高差，并具有可靠的防水性。

（2）浇筑基础时，应做好与台身、墩身的接缝连接，一般要求：

① 混凝土基础与混凝土墩台身的接缝、周边应预埋直径不小于 16mm 的钢筋或其他铁件，埋入与露出的长度不应小于钢筋直径的 30 倍，间距不大于钢筋直径的 20 倍。

② 混凝土或浆砌片石基础与浆砌片石墩台身的接缝，应预埋片石作榫；片石的厚度不应小于 15cm，强度要求不低于基础或墩台身混凝土或砌体的强度。

施工后的基础平面尺寸，其前后、左右边缘与设计尺寸的允许误差应不大于±50mm。

基础结构物的用料应在挖基完成前准备好，以保证及时浇砌基础，避免基底土质变差。扩大基础的种类有浆砌片石、浆砌块石、片石混凝土、钢筋混凝土等几种。

第二节 桩基础施工

一、沉入桩基础施工

当地基浅层土质较差，持力土层埋藏较深，需要采用深基础才能满足结构物对地基强度、变形和稳定性的要求时，可用桩基础。桩基础是常用的桥梁基础类型之一。

（一）基桩分类

基桩按材料分类有木桩、钢筋混凝土桩、预应力混凝土桩与钢桩。桩基础按承受荷载的工作原理不同分为摩擦桩、端承桩（包括柱桩、嵌岩桩）；按施工方法不同又可分为钻孔灌注桩、挖孔灌注桩、打入桩等。桥梁基础中应用较多的是钢筋混凝土桩和预应力混凝土桩。按制作方法分为预制桩和钻（挖）孔灌注桩；按施工方法分为锤击沉桩、振动沉桩、射水沉桩、静力压桩、就地灌注桩与钻孔埋置桩等，前四种又称为沉入桩。应依据地质条件、设计荷载、施工设备、工期限制及对附近建筑物产生的影响等来选择桩基的施工方法。

沉入桩所用的基桩主要为预制的钢筋混凝土桩、预应力混凝土桩和钢管桩。制作钢筋混凝土桩和预应力混凝土桩所用的技术应按《公路桥涵施工技术规范》处理。此外，还应注意以下事项：

（1）钢筋混凝土桩的主筋宜采用整根钢筋，如需接长时，宜采用对焊连接或机械连接，接头应相互错开，在桩尖、桩顶各2m长范围内的主筋不应有接头。箍筋或螺旋筋与纵筋的交接处宜采用点焊焊接；当采用矩形绑扎筋时，箍筋末端应为135°弯钩或90°弯钩加焊接；桩两端的加密箍筋均应采用点焊焊成封闭箍。

（2）采用焊接连接的混凝土桩，应按设计要求准确预埋连接钢板。采用法兰盘连接的混凝土桩，法兰盘应对准位置连接在钢筋或预应力筋上。先张法预应力混凝土桩采用法兰盘连接时，应先将法兰盘连接在预应力筋上，然后再进行张拉；法兰盘应保证焊接质量。

（3）每根或每一节桩的混凝土均应由桩顶向桩尖方向连续浇筑，不得留施工缝。混凝土浇筑完毕后，应及时覆盖养护，并应在桩上标明编号、浇筑日期和吊点位置，同时应填写制桩记录。

（二）沉桩方法

沉桩前应在陆域或水域建立平面测量与高程测量的控制网点，桩基础轴线的测量定位点应设置在不受沉桩作业影响处，并应对空中、地上和地下的障碍物进行妥善处理。应根据桩的类型、地质条件、水文条件及施工环境条件等确定沉桩的方法。沉入桩的施工方法主要有：锤击沉桩、射水沉桩、振动沉桩、静力压桩和水中沉桩等。

1. 锤击沉桩

锤击沉桩一般适用于中密砂类土、黏性土。由于锤击沉桩依靠桩锤的冲击能量将桩打入土中，因此一般桩径不能太大（不大于0.6m），入土深度在40m左右，否则对沉桩设备要求较高。沉桩设备是桩基施工成败的关键，应根据土质，工程量，桩的种类、规格、尺寸，施工期限，现场水电供应等条件选择。

3.2.1 柴油锤打预制桩

（1）沉桩设备。锤击沉桩的主要设备有桩锤、桩架、桩帽及送桩等。

① 桩锤。桩锤可以分为坠锤、单动气锤、双动气锤、柴油锤和液压锤等。

② 桩架。桩架是沉桩的主要设备。它的主要作用是装吊锤、吊桩、插桩、吊插射水管和在桩下沉过程中用于导向。桩架主要由吊杆、导向架、起吊装置、撑架和底盘组成。桩架可以用木料和钢材制作，分为轨道式桩架、液压步履式桩架、悬臂履带式桩架和三点支承式桩架，工程中常用的是钢制轨道式桩架。

③ 桩帽。打桩时，要在锤和桩之间设置桩帽。它既要起缓冲而保护桩顶的作用，又要保持沉桩效率。因此，在桩帽上方（锤与桩帽接触一方）应填充硬质缓冲材料，如橡木、树脂、硬桦木、合成橡胶等；在桩帽下方应垫以软质缓冲材料，如麻饼、草垫、废轮胎等。

④ 送桩。当桩顶设计标高在导杆以下时，需用送桩。送桩可以用硬木、钢或钢筋混凝土等制成。

（2）施工要点。锤击沉桩的施工应符合下列规定：

① 预制钢筋混凝土桩和预应力混凝土桩在锤击沉桩前，桩身混凝土强度应达到设计要求。

② 桩锤的选择宜根据地质条件、桩身结构强度、单桩承载力、锤的性能并结合试桩情况确定，且宜选用液压锤和柴油锤。其他辅助装备应与所选用的桩锤相匹配。

③ 开始沉桩时，宜采用较低落距，且桩锤、送桩与桩宜保持在同一轴线上；在锤击过程中，应采用重锤低击。

④ 沉桩过程中，若遇到贯入度剧变，桩身突然发生倾斜、移位或有严重回弹，桩顶出现严重裂缝、破碎，桩身开裂等情况时，应暂停沉桩，查明原因，采取有效措施后方可继续沉桩。

⑤ 锤击沉桩应考虑锤击振动对其他新浇筑混凝土结构物的影响，当结构物混凝土未达到 5MPa 时，距结构物 30m 范围内，不得进行沉桩。

⑥ 对发生“假极限”“吸入”“上浮”现象的桩，应进行复打。

（3）锤击沉桩的停锤控制标准。

① 设计桩尖土层为一般黏性土时，应以高程控制。

② 设计桩尖土层为砾石、密实砂土或风化岩时，应以贯入度控制。

③ 设计桩尖土层为硬塑状黏性土或粉细砂时，应以高程控制为主，贯入度作为校核。当桩尖已达到设计高程而贯入度仍较大时，应继续锤击使其贯入度接近控制贯入度，但继续下沉时，应考虑施工水位的影响；当桩尖距离设计高程较大，而贯入度小于控制贯入度时，可按②项执行。

2. 射水沉桩

射水施工方法的选择应视土质情况而异，在砂夹卵石层或坚硬土层中，一般以射水为主，锤击或振动为辅；在亚黏土或黏土中，为避免降低承载力，一般以锤击或振动为主，射水为辅，并应适当控制射水时间和水量；下沉空心桩，一般用单管内射水。当下沉较深或土层较密实时，可用锤击或振动，配合射水；下沉实心桩，将射水管对称地装在桩的两侧，并能沿着桩身上下自由移动，以便在任何高度上射水冲土。必须注意，不论采取何种射水施工方法，在沉入最后阶段至设计标高 1～1.5m 时，均应停止射水，单用锤击或振动沉入至设计深度。

射水沉桩的主要设备包括：水泵、水源、输水管路和射水管等。

射水沉桩的施工要点是：吊插基桩时要注意及时引送输水胶管，防止拉断与脱落；桩插正立稳后，压上桩帽桩锤，开始用较小水压，使桩靠自重下沉。初期应控制桩身不使下沉过快，以免阻塞射水管嘴，并注意随时控制和校正桩的方向；下沉渐趋缓慢时，可开锤轻击，沉至一定深度（8～10m）已能保持桩身稳定后，可逐步加大水压和锤的冲击动能；沉桩至距设计标高一定距离（2.0m以上）停止射水，拔出射水管，进行锤击或振动使桩下沉至设计要求标高。

若采用中心射水法沉桩，要在桩垫和桩帽上留有排水通道，防止射水从桩尖孔返入桩内，产生水压，造成桩身胀裂。管桩下沉到位后，如设计要求以混凝土填芯时，应用吸泥法等清除沉渣以后，用水下混凝土填芯。

3. 振动沉桩

振动沉桩适用于砂质土、硬塑及软塑的黏性土和中密及较松散的碎、卵石类土。对于软塑类黏土及饱和砂质土，当基桩入土深度小于15m时，可只用振动沉桩机。除此情况外，宜采用射水配合沉桩。

4. 静力压桩

静力压桩是采用静压力将桩压入土中，即以压桩机的自重克服沉桩过程中的阻力，适用于高压缩性土或砂性较轻的亚黏土层。沉桩速度视土质状况而异。同一地区、相同截面尺寸与沉入相同深度的桩，其极限承载能力与锤击沉桩大体相同。

5. 水中沉桩

在河流水浅时，一般可搭设施工便桥、便道、土岛和各种类型脚手架组成的工作平台，其上安置桩架并进行水中沉桩作业。

在较宽阔的河中，可将桩安设在组合的浮体上或固定平台，也可使用专用打桩船。此外还可采用：

（1）先筑围堰后沉基桩法。一般在水不深、桩基临近河岸时采用此法。

（2）先沉基桩后筑围堰法。一般适用于较深的水中桩基。此法包括拼装导向围笼并浮运至墩位，抛锚定位，围笼下沉接高；在围笼内插打定位桩，下沉其余基桩，插打钢板桩，组成防水围堰；吸泥、水下混凝土封底等工序。

（3）用吊箱围堰修筑水中桩基法。一般适用于修筑深水中的高桩承台。悬吊在水中的套箱，在沉桩时用作导向定位；沉桩完后封底抽水，浇筑水中混凝土承台。

二、钻孔桩基础施工

（一）施工前的准备工作

钻孔桩由于施工速度快、质量稳定、受气候环境影响小，因而被普遍采用。但其施工前的准备工作十分重要，只有条件充分才能保证施工顺利进行。

（1）认真进行施工放样。用全站仪准确放出各桩位中心，用骑马桩固定位置，用水准仪测量地面标高，确定钻孔深度。

（2）根据地质资料，确定科学合理的钻孔方法和钻孔设备，架设好电力线路，配备适合的变压器。若用柴油机提供动力，则应购置与设备动力相匹配的柴油机和充足的燃油。混凝土搅拌机、电焊机、钢筋切割机以及水泥、砂石材料均要在钻孔开始前准备妥当。

（3）埋设护筒。护筒的作用是固定钻孔位置，宜采用钢板卷制，应坚固、耐用、不变形、不漏水、装卸方便、能重复使用。

护筒内径应大于桩径至少20cm。护筒顶宜高出地面0.3m或者水面1.0～2.0m；在有潮汐影响的水面，护筒顶应高出施工期最高潮水位1.5～2.0m，并应在施工期间采取稳定孔内水头的措施；当孔内有承压水时，护筒顶应高于稳定后的承压水2.0m以上。

3.2.2 钢护筒埋设

护筒的埋置深度在旱地或筑岛处宜为2～4m，在水中或特殊情况下应根据设计要求或桩位的水文、地质情况经计算确定。对有冲刷影响的河床，护筒宜沉入施工期局部冲刷线以下1.0～1.5m，且宜采取防止河床在施工期过度冲刷的防护措施。

（4）制备泥浆。钻孔泥浆由水、黏土（或膨润土）和添加剂组成。按钻孔方法和地质情况，一般需采用泥浆悬浮钻渣和护壁。除地层本身全为黏性土能在钻进中形成合格泥浆外，开工前均应准备数量充足和性能合格的黏土与膨润土。调制泥浆时，先将土加水浸透，然后用搅拌机或人工拌制，按不同地层情况严格控制泥浆浓度。施工完成后的废弃泥浆应采取先集中沉淀再处理的措施，严禁随意排放，污染环境和水域。泥浆的配合比和配置方法宜通过试验认定。

（5）钢筋笼制作。在钻孔之前或者钻孔的同时要制作好钢筋笼，以便成孔、清孔后尽快灌注混凝土，防止塌孔事故发生。钢筋笼应根据图样尺寸要求，按吊装和钢筋单根定长确定下料长度，注意主筋在50cm范围内接头数量不能超过截面主筋根数总数的50%，加强筋直径要准确；箍筋要预先调直，螺旋形布置在主筋外侧；定位筋应均匀对称地焊接在主筋外侧。下钢筋笼前应对其进行质量检查，保证钢筋根数、位置、净距、保护层厚度等满足规范要求。

（二）钻孔施工方法

钻孔方法有很多，国内常见的方法主要有：冲抓钻法、冲击锤法、正循环回旋法、反循环回旋法等。

1. 冲抓钻法

冲抓锤是一种最简单的钻孔机械，由三脚立架、锤头、卷扬机三部分组成，如图3.2.4所示。施工时利用张开的叶瓣向下冲击切入土中，再收紧叶瓣将土石抓入锤中，提升出孔外后卸去土石，如此反复循环。

该方法的优点是所需机械简单、成本较低，但施工自动化程度低、需人工操作，清运渣土劳动强度大，施工速度较慢，主要适用于土层，孔深为30～40m。

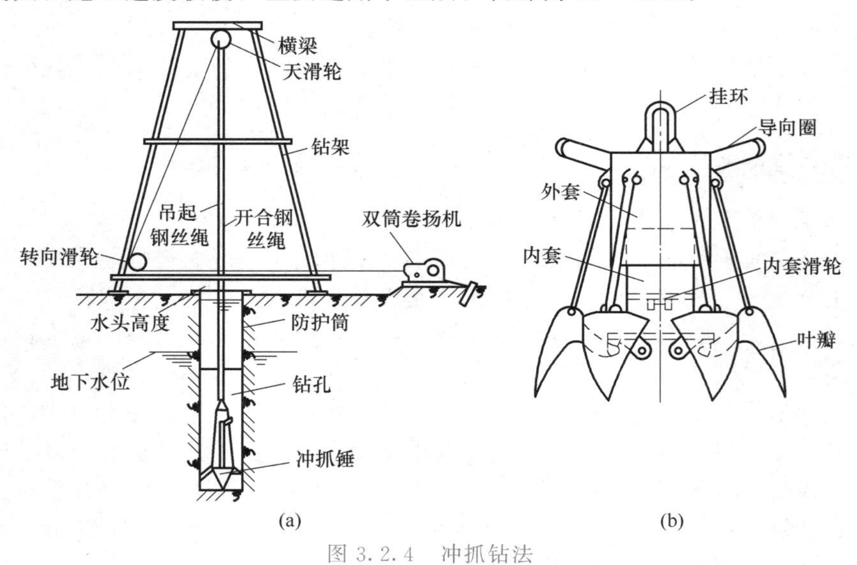

图3.2.4 冲抓钻法

3.2.3 冲击钻成孔

2. 冲击锤法

其设备由冲击钻头、三角立架、卷扬机三部分组成，如图3.2.5所示。该方法适用于砂砾石和岩石地层。其工作原理是：不断提锤、落锤，利用锤头的冲击作用将砂砾石或岩石砸成碎末、细渣，靠泥浆将其悬浮起来排出孔外。锤体一般为圆柱形，用钢材制成，锤头呈“十”字形，以利于破碎岩石。一般可先用60～80cm的细锤头钻进，然后再用大锤头扩孔至设计孔径。

这样一来可以保证孔壁稳定，防止塌孔，二来可以提高功效。冲击锤法施工效率较高，在工程中普遍适用。

3. 正循环钻机施工

3.2.4 正循环排渣

如图 3.2.6 所示，用钻头旋转切削土体钻进，泥浆泵将泥浆压进钻杆顶部泥浆龙头，通过钻杆中心从钻头喷入钻孔内；泥浆携带钻渣沿钻孔上升，从护筒顶部排浆孔排至沉淀池，钻渣在此沉淀而泥浆流入泥浆池循环使用。该方法适用于淤泥、黏性土、砂土及粒径小于 10cm 且砾卵石含量小于 20% 的碎石土。其优点是钻进与排渣同时连续进行，在适用的土层中钻进速度较快，但需设置泥浆槽、沉淀池等，施工占地较多且机具设备较复杂。

4. 反循环钻机施工

3.2.5 反循环排渣

如图 3.2.7 所示，与正循环法不同的是泥浆输入钻孔内，从钻头的钻杆下口吸进，通过钻杆中心排至沉淀池内。该方法适用于黏性土、砂土及粒径小于钻杆内径 2/3 且砾卵石含量小于 20%的碎石土、软岩。其钻进与排渣效率较高，但接长钻杆时装卸麻烦，钻渣容易堵塞管路。另外，因泥浆是从下向上流动，孔壁坍塌的可能性较正循环大，为此需用较高质量的泥浆。

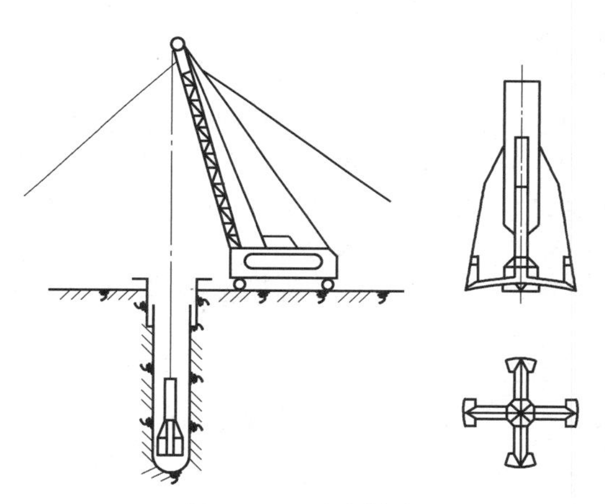

图 3.2.5　冲击锤法

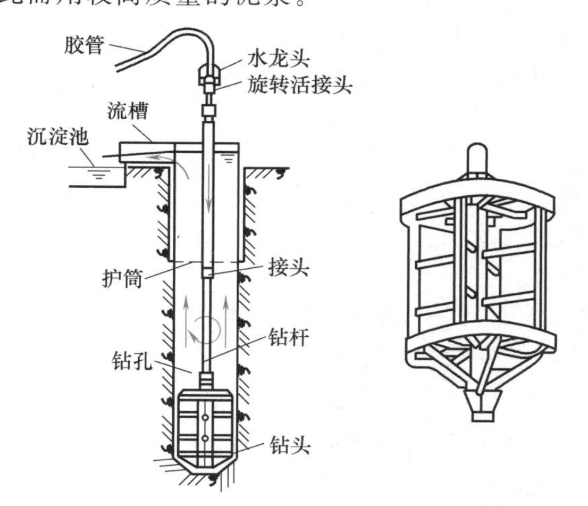

图 3.2.6　正循环钻机施工

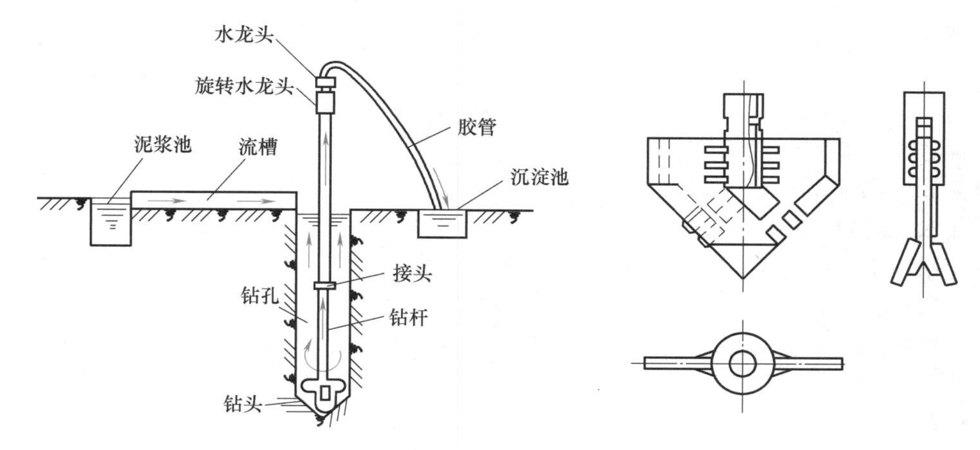

图 3.2.7　反循环钻机施工

（三）钻孔事故

由于地质构造的复杂性和施工期间各种因素的影响，钻孔事故常有发生。常见的钻孔（包括清孔时）事故有塌孔、钻孔偏斜、掉钻、糊钻、扩孔及缩孔以及形成梅花孔、卡钻、钻杆折断、钻孔漏浆等。当遇到事故时，要冷静分析事故类型及成因，及时采取补救措施。

3.2.6 清孔

（四）清孔

清孔的目的是除去孔底沉淀的钻渣和泥浆，以保证灌注的钢筋混凝土质量。常用的清孔方法有掏渣清孔法、换浆清孔法、抽浆清孔法、喷射清孔法等几种。

（1）掏渣清孔法是用掏渣筒、大锅锤或冲抓锤清掏孔底粗钻渣，仅适用于机动推钻、冲抓、冲击钻孔的各类土层摩擦桩的初步清孔。

（2）换浆清孔法适用于正循环钻孔的摩擦桩。钻孔完成之后，提升钻锤距孔底10～20cm，继续循环，以相对密度较低（1.1～1.2）的泥浆压入，把钻孔内的悬浮钻渣和相对密度较大的泥浆换出。

（3）抽浆清孔法清孔底效果较好，适用于各种方法钻孔的柱桩和摩擦桩，一般用反循环钻机、空气吸泥机、水力吸泥机或真空吸泥泵等进行。

（4）喷射清孔法只宜配合其他清孔方法使用，是在灌注混凝土前对孔底进行高压射水或射风数分钟，使剩余少量沉淀物漂浮后，立即灌注水下混凝土。

（五）吊装钢筋骨架及导管

（1）钢筋骨架由主筋、加强筋、螺旋箍筋、定位筋四部分组成，其构造应满足设计要求。经检查合格后，用起重机吊起垂直放入孔内，相邻节端应焊接牢靠、定位准确。下到设计位置后，应在顶部采取相应措施反压并固定其位置，防止在混凝土灌注过程中产生上浮。

（2）导管是灌注水下混凝土的重要工具，一般选用刚性导管。刚性导管用钢管制成，内径一般为25～35cm，每节长4～5m，用端头法兰盘螺栓连接，接头间夹有橡胶垫防止漏水。导管上口一般设置储料槽和漏斗，在灌注末期，当钻孔桩桩顶低于井口中水面时，漏斗底口高出水面不宜小于4m；当桩顶高于井孔中水面时，漏斗底口高出桩顶不宜小于4m。导管使用前应进行必要的水密、承悬钻压和接头抗拉等试验。吊装前应进行试拼，接口连接应严密、牢固。吊装时，导管应位于井孔中央，并在混凝土灌注前进行升降试验。

（六）水下混凝土的灌注

目前我国多采用直升导管法灌注水下混凝土，如图3.2.8所示。灌注混凝土之前，应先探测孔底泥浆沉淀厚度。如果大于规定，要再次清孔，但应注意孔壁的稳定，防止塌孔。

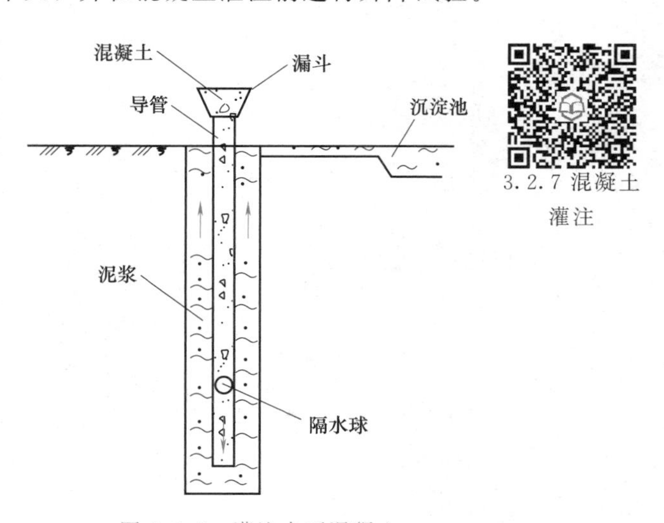

图3.2.8 灌注水下混凝土

灌注水下混凝土应符合下列规定：

（1）水下混凝土的灌注时间不得超过首批混凝土的初凝时间。

（2）混凝土运至灌注地点时，应检查其均匀性和坍落度等，不符合要求时不得使用。

（3）首批灌注混凝土的数量应能满足导管首次埋置深度1.0m以上的

需要，如图 3.2.9 所示。所需混凝土的数量可按下式计算：

$$V \geqslant \pi d^2 h_1/4 + \pi D^2 H_c/4 \qquad (3.2.1)$$

$$h_1 \geqslant \gamma_w H_w/\gamma_c$$

$$H_c = h_2 + h_3$$

式中　V——首批混凝土所需数量，m^3；

h_1——井孔混凝土高度达到 H_c 时，导管内混凝土柱需要的高度，m；

H_c——灌注首批混凝土所需井孔内混凝土面至孔底的高度，m；

H_w——井孔内混凝土面以上水或泥浆的深度，m；

D——井孔直径，m；

d——导管内径，m；

γ_w——井孔内水或泥浆的密度，kN/m^3；

γ_c——混凝土拌合物的密度，kN/m^3；

h_2——导管初次埋置深度，$h \geqslant 1.0m$；

h_3——导管底端至钻孔底间隙，一般为 0.3～0.4m。

图 3.2.9　首批灌注混凝土数量

（4）首批混凝土入孔后，混凝土应连续灌注，不得中断。

（5）在灌注过程中，应保持孔内的水头高度；导管的埋置深度宜控制在 2～6m，并应随时测探桩孔内混凝土面的位置，及时调整导管埋深；应将桩孔内溢出的水或泥浆引流至适当地点处理，不得随意排放。

（6）灌注时应采取措施防止钢筋骨架上浮。当灌注的混凝土顶面距钢筋骨架底部 1m 左右时，宜降低灌注速度；混凝土顶面上升到骨架底部 4m 以上时，宜提升导管，使其底口高于骨架底部 2m 以上后再恢复正常灌注速度。

（7）对变截面桩，应在灌注过程中采取措施，保证变截面处的水下混凝土灌注密实。

（8）采用全护筒钻机施工的桩在灌注水下混凝土时，护筒应随导管的提升逐步上拔；上拔过程中除应保证导管的埋置深度外，同时还应使护筒底口始终保持在混凝土面以下。施工时应边灌注、边排水，并应保持护筒内的水位稳定。

（9）混凝土灌注至桩顶部位时，应采取措施保持导管内的混凝土压力，避免桩顶泥浆密度过大而产生泥团或桩顶混凝土不密实、松散等现象；在灌注将近结束时，应核对混凝土的灌入数量，确定所测混凝土的灌注高度是否正确。灌注的桩顶高程应比设计高程高出不小于 0.5m。当存在地质较差、孔内泥浆密度过大、桩径较大等情况时，应适当提高其超灌的高度；超灌的多余部分在承台施工前或接桩前应凿除，凿除后的桩头应密实、无松散层。

（10）灌注中发生故障时，应查明原因，合理确定处置方案，进行处理。

（七）挖孔灌注混凝土桩

挖孔灌注桩多用人工开挖和小型爆破配合小型机具成孔，灌注混凝土形成桩基。适用于无水或少量地下水，且较密实的各类土层或风化岩层或无法采用机械成孔或机械成孔非样常困难且水文、地质条件不允许的地区，桩径不小于 1.2m，孔深不宜大于 15m。其特点是设备投入少、成本低，成孔后可直观检查孔内土质状况，基桩质量有可靠保证。

3.2.8 人工挖孔

挖孔桩施工应符合下列规定：

（1）人工挖孔施工应制订专项施工技术方案，并应根据工程地质和水文地质情况因地制宜选择孔壁支护方式。

(2) 孔口处应设置高出地面不小于300mm的护圈，并应设置临时排水沟，防止地表水流入孔内。

(3) 挖孔施工时相邻两桩孔不得同时开挖，宜间隔交错跳挖。

(4) 采用混凝土护壁支护的桩孔必须挖一节浇筑一节护壁，护壁的节段高度必须按施工技术方案执行，严禁只挖不及时浇筑护壁的冒险作业。护壁外侧与孔壁间应填实，不密实或有空洞时，应采取措施进行处理。

(5) 桩孔直径应符合设计规定，孔壁支护不得占用桩径尺寸。挖孔过程中，应经常检查桩孔尺寸、平面位置和竖轴线倾斜情况，如有偏差应随时纠正。

(6) 挖孔的弃土应及时转运，孔口四周作业范围内不得堆积弃土及其他杂物。

(7) 挖孔达到设计高程并经确认后，应将孔底的松渣、杂物和沉淀泥土等清除干净。

(8) 孔内无积水时，混凝土的灌注可按有关规定施工；孔内有积水且无法排净时，宜按水下混凝土灌注的要求施工。

三、组合基础施工

处在特大河流上的桥梁基础工程，墩位处往往水深流急，地质条件极其复杂，河床土质覆盖层较厚，施工时水流冲刷较深，施工工期较长，常用的单一基础形式已难以适应。为了确保基础工程安全可靠，同时又能维持航道交通，宜采用两种以上形式组成的组合式基础。其功能要满足既是施工围堰、挡水结构物，又是施工作业平台，并能承担所有施工机具与用料等；同时还应成为整体基础结构物的一部分，在桥梁的营运阶段发挥作用。

组合基础的形式很多，常用的有双壁钢围堰加钻孔灌注桩基础，浮式沉井加管柱（钻孔桩）基础，浮运承台与管柱、井柱、钻孔桩基础，地下连续墙加箱形基础等。可根据设计要求、桥址处的地质水文条件、施工机具设备情况、施工安全及通航要求等因素，通过综合技术经济分析、论证比较，因地制宜、合理选用。

3.2.9 钢围堰和钻孔桩

1. 双壁钢围堰加钻孔灌注桩基础

大型双壁钢围堰加钻孔灌注桩基础是近20年来开发的大型深水基础工程理想结构物。它不仅能起到深水基础工程的围水与施工平台作用，而且可以参与部分结构受力，既增加了深水基础工程结构的整体性能，又提高了下部结构的防撞能力，方便施工，降低了工程造价，在水深流急的江河中，具有其他结构难以比拟的优越性。

图3.2.10为泸州长江大桥3号桥墩基础构造示意图。其施工特点是隔水设施采用双壁钢围堰，围堰通过吸泥下沉，穿过卵石层至岩面。经过清理岩面、填塞刃角后，浇筑水下混凝土，围堰内抽水，埋设护筒（直径为3m），冲孔成桩，浇筑桩顶承台混凝土，整个基础工程完成。钢围堰总重300t，分四节组拼，工厂预制，下沉就位。该施工方案的优点是混凝土封底，利用围堰能承受较大的水压力，抽干积水，埋设护筒，节省了护筒定位架及起重设备，避免了异形刃脚护筒；同时钢围堰能安全渡洪，脚手架可设置在钢围堰顶上。缺点是钢围堰只能作为施工手段，在基础完成后不再发挥重要作用。

2. 浮式沉井加管柱（钻孔桩）基础

南京长江大桥2号、3号墩，水深30m，覆盖层厚约40m，基岩强度为7～9MPa，河床最大冲刷深度可达23m，采用钢沉井加管柱基础。钢沉井采用矩形，平面尺寸为16.19m×25.01m，井内分成15个方格内插13根直径3m的预应力混凝土管柱。管柱下沉到岩面后钻孔，孔径2.4m，孔深7～9m；钻孔内放置钢筋骨架，灌注水下混凝土，一直填充至管柱顶面。管柱下端嵌入基岩，上端嵌固在承台混凝土中，沉井的封底、封顶混凝土将管柱群连接成整体。本方案的特点是：钢沉井能减少管柱所要穿过的覆盖层厚度，兼作下沉管柱的导向架，灌注上下封底、封顶混凝土及承台混凝土时作防水围堰；同时又是永久结构的组成部分，可增加桥墩基础的刚度。如图 3.2.11 所示为南京长江大桥 3 号墩基础形式图。

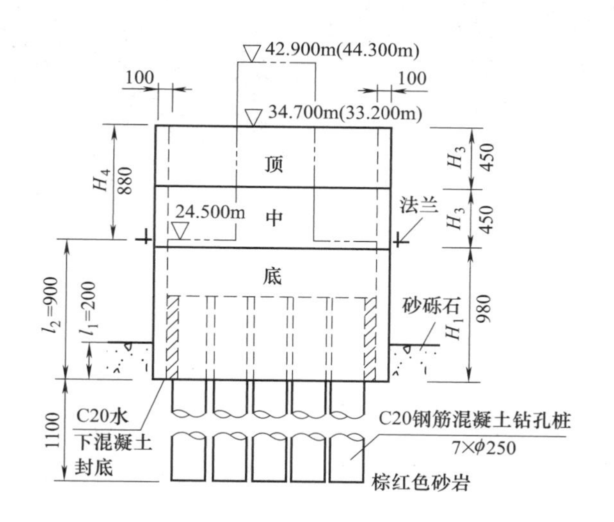

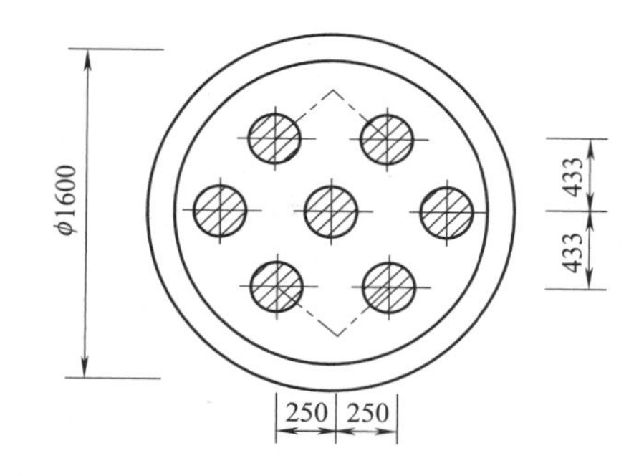

图 3.2.10 泸州长江大桥 3 号桥墩基础构造示意

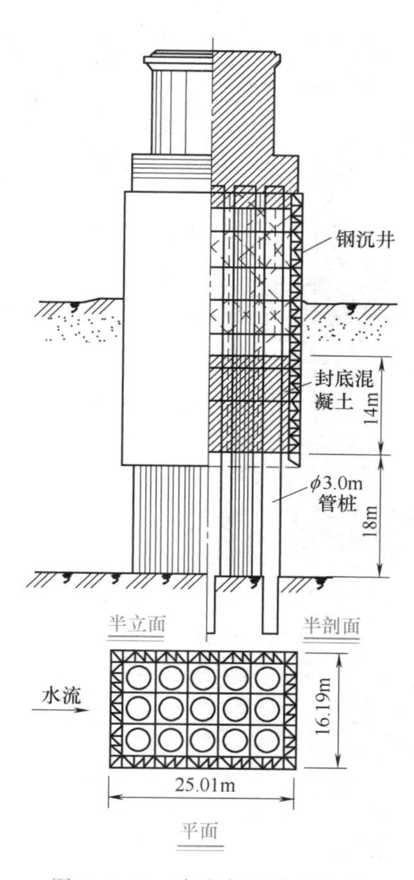

图 3.2.11 南京长江大桥 3 号墩基础形式

思 考 题

1. 简述明挖扩大基础基坑开挖的方法。
2. 简述水中地基的基坑开挖的几种围堰形式。
3. 简述明挖扩大基础基坑地基的检验内容。
4. 简述锤击沉桩的施工工艺。
5. 简述冲击锤法的施工工艺。

第三章 桥梁下部构造施工

【知识目标】

- 了解墩台砌筑施工要点。
- 了解高桥墩滑模施工工艺。
- 熟悉墩台顶帽施工的主要工序。
- 掌握就地浇筑的混凝土墩台施工工艺。

【能力目标】

- 能够对基本的混凝土墩台进行施工管理。

桥梁下部一般指的是桥梁墩台部分。桥梁墩台施工是桥梁工程施工中的一个重要部分，其施工质量的优劣，不仅关系到桥梁上部结构的制作与安装质量，而且对桥梁的使用功能关系重大。因此，墩台的位置、尺寸和材料强度等都必须符合设计规范要求。在施工过程中，应准确地测定墩台位置，正确地进行模板制作与安装；同时采用经过正规检验的合格建筑材料，严格执行施工规范的规定，以确保施工质量。

桥梁墩台的施工方法通常分为两大类：一类是现场就地浇筑与砌筑；另一类是拼装预制的混凝砌块、钢筋混凝土或预应力混凝土构件。多数工程采用前者，优点是工序简便，机具较少，技术操作难度较小；但是施工期限较长，需耗费较多的劳力与物力。

第一节 混凝土墩台的施工

一、混凝土墩台施工工艺流程

就地浇筑的混凝土墩台施工工艺如下：测量放线→搭设脚手架→钢筋绑扎→模板安装→混凝土浇筑→混凝土成型养生→模板拆除。

1. 测量放线

墩柱和台身施工前应按图纸测量定线，检查基础平面位置、高程及墩台预埋钢筋位置。放线时依据基准控制桩放出墩台中心点或纵横轴线及高程控制点，并用墨线弹出墩柱、台身结构线，平面位置控制线。测放的各种桩都应标注编号，涂上各色油漆，醒目、牢固，经复核无误后进行下道工序施工。

2. 搭设脚手架

（1）脚手架安装前应对地基进行处理，地基应平整坚实、排水顺畅。

(2) 脚手架应搭设在墩台四周环形闭合，以增加稳定性。

(3) 脚手架除应满足使用功能外，还应具有足够的强度、刚度及稳定性。

3. 钢筋加工及绑扎

(1) 墩、台身钢筋加工应符合一般钢筋混凝土构筑物的基本要求，严格按设计和配料单进行。

(2) 基础（承台或扩大基础）施工时，应根据墩柱、台身高度预留插筋。若墩、台身不高，基础施工时可将墩、台身钢筋按全高一次预埋到位；若墩、台身太高，钢筋可分段施工，预埋钢筋长度宜高出基础顶面1.5m左右，按50%截面错开配置，错开长度应符合规范规定和设计要求，连接时宜采用帮条焊或直螺纹连接技术。预埋位置应准确，满足钢筋保护层要求。

3.3.1 钢筋操作全过程

(3) 钢筋安装前，应用钢丝刷对预埋钢筋进行调直和除锈除污处理；对基础混凝土顶面应凿去浮浆，清洗干净。

(4) 钢筋需接长且采用焊接搭接时，可先将钢筋临时固定在脚手架上，然后再进行焊接。采用直螺纹连接时，将钢筋连接后再与脚手架临时固定。在箍筋绑扎完毕即钢筋已形成整体骨架后，即可解除脚手架对钢筋的约束。

(5) 墩、台身钢筋的绑扎除竖向钢筋绑扎外，水平钢筋的接头也应内外、上下互相错开。

(6) 所有钢筋交叉点均应进行绑扎，绑丝扣应朝向混凝土内侧。

(7) 钢筋骨架应在不同高度处绑扎适量的垫块，以保持钢筋在模板中的准确位置和保护层厚度。保护层垫块应有足够的强度及刚度，宜使用塑料垫块。使用混凝土预制垫块时，必须严格控制其配合比，保证垫块强度；垫块设置宜按照梅花形均匀布置，相邻垫块距离以750mm左右为宜，矩形柱的四面均应设置垫块。

4. 模板加工及安装

(1) 圆形或矩形截面墩柱宜采用定型钢模板，薄壁墩台、肋板桥台及重力式桥台视情况可使用木模、钢模和钢木混合模板。

(2) 采用定型钢模板时，钢模板应由专业生产厂家设计及生产，拼缝以企口为宜。

(3) 圆形或矩形截面墩柱模板安装前应进行试拼装，合格后再安装。安装宜现场整体拼装后用汽车吊就位。每次吊装长度视模板刚度而定，一般为4～8m。

(4) 采用木质模板时，应按结构尺寸和形状进行模板设计；设计时应考虑模板有足够的强度、刚度和稳定性，保证模板受力后不变形、不位移，成型墩台的尺寸准确。墩台圆弧或拐角处，应设计制作异形模板。

(5) 木质模板的拼装与就位

① 木质模板以压缩多层板及竹编胶合板为宜，视情况可选用单面或双面覆膜模板；覆膜一侧面向混凝土一侧，次龙骨应选用方木，水平设置，主龙骨可选用方木及型钢，竖向设置，间距均应通过计算确定。内外模板的间距用拉杆控制。

② 木质模板拼装应在现场进行，场地应平整。拼装前先将次龙骨贴模板一侧用电刨刨平，然后用铁钉将次龙骨固定在主龙骨上，使主次龙骨形成稳固框架，最后铺设模板，模板拼缝夹弹性止浆材料。要求设拉杆时，须用电钻在模板相应位置打眼。每块拼装大小均应根据模板安装就位所采用的设备而定。

③ 模板就位可采用机械或人工。就位后用拉杆、基础顶部定位桩、支撑及缆风绳将其固定，模板下口用定位楔定位时按平面位置控制线进行。模板平整度、模内断面尺寸及垂直度可通过调整缆风绳的松紧度及拉杆螺栓的松紧度来控制。

（6）墩台模板应有足够的强度、刚度和稳定性。模板拼缝应严密不漏浆，表面平整不错台。模板的变形应符合模板计算规定及验收标准对平整度的控制要求。

（7）薄壁墩台、肋板墩台及重力式墩台宜设拉杆。拉杆及垫板应具有足够的强度及刚度。拉杆两端应设置软木锥形垫块，以便拆模后，去除拉杆。

（8）墩台模板，宜在全桥使用同一种材质、同一种类型的模板，钢模板应涂刷色泽均匀的脱模剂，确保混凝土外观、色泽均匀一致。

（9）混凝土浇筑时应设专人维护模板和支架，如有变形、移位或沉陷，应立即校正并加固。预埋件、保护层等发现问题时，应及时采取措施纠正。

5. 混凝土浇筑

（1）浇筑混凝土前，应检查混凝土的均匀性和坍落度，并按规定留取试件。

（2）应根据墩、台所处位置，混凝土用量，拌和设备等情况合理选用运输和浇筑方法。

（3）采用预拌混凝土时，应选择合格的供应商，并提供预拌混凝土出厂合格证和混凝土配合比通知单。

（4）混凝土浇筑前，应将模内的杂物、积水和钢筋上的污垢彻底清理干净，并办理隐、预检手续。

（5）大截面墩台结构，混凝土宜采用水平分层连续浇筑或倾斜分层连续浇筑，并应在下层混凝土初凝前浇完上层混凝土。

水平分层连续浇筑上下层前后距离应保持1.5m以上。倾斜分层坡度不宜过陡，浇筑面与水平夹角不得大于25°。

（6）墩柱因截面小，浇筑时应控制浇筑速度。首层混凝土浇筑时，应铺垫50～100mm厚与混凝土同配比的减石子水泥砂浆一层。混凝土应在整截面内水平分层、连续浇筑，每层厚度不宜大于0.3m。如因故中断，间歇时间超过规定则应按施工缝处理。

（7）柱身高度内如有系梁连接，则系梁应与墩柱同时浇筑；当浇筑至系梁上方时，浇筑速度应适当放缓，以免混凝土从系梁顶涌出。V形墩柱混凝土应对称浇筑。

（8）墩柱混凝土施工缝应留在结构受剪力较小，且易于施工部位，如基础顶面、梁的承托下面。

（9）在基础上以预制混凝土管等作墩柱外模时，预制管节安装应符合下列要求：

① 基础面宜采用凹槽接头，凹槽深度不应小于50mm。

② 上下管节安装就位后，用四根竖方木对称设置在管柱四周并绑扎牢固，防止撞击错位。

③ 混凝土管柱外模应加斜撑以保证浇筑时的稳定性。

④ 管口应用水泥砂浆填严抹平。

（10）钢板箍钢筋混凝土墩柱施工，应符合下列要求：

① 钢板箍、法兰盘及预埋螺栓等均应由具有相应资质的厂家生产，进场前应进行检验并出具合格证。厂内制作及现场安装应满足钢结构施工的有关规定。

② 在基础施工时应依据施工图纸将螺栓及法兰盘进行预埋。钢板箍安装前，应对基础、预埋件及墩柱钢筋进行全面检查，并进行彻底除锈除污处理，合格后再施工。

③ 钢板箍出厂前在其顶部对称位置各焊一个吊耳，安装时由吊车将其吊起后垂直下放至法兰盘上方对应位置，人工配合调整钢板箍位置及垂直度，合格后由专业工人用电焊将其固定，稳固后摘下吊钩。

④ 钢板箍与法兰盘的焊接由专业工人完成。为减小焊接变形的影响，焊接时应对称进行，以便很好地控制垂直度与轴线偏位。混凝土浇筑前按钢结构验收规范对其进行验收。

⑤ 钢板箍墩柱宜灌注补偿收缩混凝土。

⑥ 对钢板箍应进行防腐处理。

(11) 浇筑混凝土一般应采用振捣器振实。使用插入式振捣器时，移动间距不应超过振捣器作用半径的1.5倍；与侧模应保持50～100mm的距离；插入下层混凝土50～100mm；必须振捣密实，直至混凝土表面停止下沉、不再冒出气泡、表面平坦、不泛浆为止。

6. 混凝土成型养生

(1) 混凝土浇筑完毕，应用塑料布将顶面覆盖，凝固后及时洒水养生。

(2) 模板拆除后，及时用塑料布及阻燃保水材料将其包裹或覆盖，并洒水湿润养生。养生期一般不少于7天，也可根据水泥、外加剂种类和气温情况而确定养生时间。

7. 模板及脚手架拆除

侧模的拆除在混凝土强度能够保证结构表面及棱角不因拆模被损坏时进行，上系梁底模的拆除应在混凝土强度达到设计值的75%后进行。

二、季节性施工

1. 雨期施工

(1) 雨期施工中，脚手架地基须坚实平整、排水顺畅。

(2) 模板涂刷脱模剂后，要采取措施避免脱模剂受雨水冲刷而流失。

(3) 及时准确地了解天气预报信息，避免雨中进行混凝土浇筑。

(4) 高墩台采用钢模板时，要采取防雷击措施。

2. 冬期施工

(1) 应根据混凝土搅拌、运输、浇筑及养护的各环节进行热工计算，确保混凝土入模温度不低于5℃。

(2) 混凝土的搅拌宜在保温棚内进行，对集料、水泥、水、掺和料及外加剂等应进行保温存放。

(3) 视气温情况可考虑水、集料的加热，但首先应考虑水的加热；若水加热仍不能满足施工要求时，应进行集料加热。水和集料的加热温度应通过计算确定，但不是超过有关标准的规定。投料时水泥不得与80℃以上的水直接接触。

(4) 混凝土运输时间尽可能缩短，运输混凝土的容器应采取保温措施。

(5) 混凝土浇筑前应清除模板、钢筋上的冰雪和污垢，保证混凝土成型开始养护时的温度。用蓄热法时不得低于10℃。

(6) 根据气温和技术经济比较可以选择蓄热法、综合蓄热法及暖棚法进行混凝土养护。

(7) 在确保混凝土达到临界强度且混凝土表面温度与大气温度差小于15℃时，方可撤除保温及拆除模板。

第二节 ▸▸ 高桥墩施工

公路通过深沟宽谷或大型水库时，采用高桥墩能使桥梁更为经济合理，不仅可以缩短线路，节省造价，而且可以提高营运效益，减少日常维护工作。高桥墩可分为实体墩、空心墩与钢架墩。自20世纪70年代以来，较高的桥墩一般均采用空心墩。

高桥墩的特点是：墩高、圬工数量多而工作面小，施工条件差，因此需要特殊的高墩施工工艺。

高桥墩的施工设备与一般桥墩所用的设备大体相同。但其模板却另有特色，一般有滑动模板、爬升模板、翻升模板等几种。这些模板都是依附在灌注的混凝土墩壁上，随着墩身的逐步加高而向上升高。

滑动模板施工的主要优点：施工进度快，在一般气温下，每昼夜平均进度可达5～6m；混凝土质量好，采用干硬性混凝土，机械振捣，连续作业，可提高墩台质量；节约木材和劳力，有资料统计表明，可节省劳动力30%，节约木材70%；滑动模板可用于直坡墩身，也可用于斜坡墩身，模板本身附带有内外吊篮、平台与拉杆等，以墩身为支架，墩身混凝土的浇筑随模板缓慢滑升连续不断地进行，故而安全可靠。

一、滑动模板施工

1. 滑动模板的构造

3.3.2 滑模施工

滑动模板是将模板悬挂在工作平台的围圈上，沿着所施工的混凝土结构截面的周界组拼装配，并随着混凝土的浇筑由千斤顶带动向上滑升。由于桥墩类型、提升工具的类型不同，滑动模板的构造也稍有差异，但其主要部件与功能则大致相同，一般主要由工作平台、内外模板、混凝土平台、工作吊篮和提升设备等组成，如图3.3.1所示。

2. 滑动模板的设计要点

滑动模板整体结构是混凝土成型的装置，也是施工操作的主要场地，必须具有足够的整体刚度、稳定性和合理的安全度。为了保证施工质量与安全，滑动模板各组成部件必须按强度和刚度进行设计与验算。

3. 滑模浇筑混凝土施工要点

（1）滑模组装。在墩位上就地进行组装时，安装步骤为：

① 在基础顶面搭枕木垛，定出桥墩中心线。

② 在枕木垛上先安装内钢环，并准确定位，再依次安装辐射梁、外钢环、立柱、千斤顶、模板等。

③ 提升整个装置，撤去枕木垛，将模板落下就位，随后安装余下的设施；内外吊架待模板滑升至一定高度，及时安装；模板在安装前，表面需涂润滑剂，以减少滑升时的摩阻力；组装完毕后，必须按设计要求及组装质量标准进行全面检查，并及时纠正偏差。

（2）浇筑混凝土。滑模宜浇筑低流动度或半干硬性混凝土，浇注时应分层、分段对称地进行；分层厚度以20～30cm为宜，浇筑后混凝土表面距模板上缘宜有不小于10～15cm的距离。混凝土入模时，要均匀分布，应采用插入式振动器捣固，振捣时应避免触及钢筋及模板，振动器插入下一层混凝土的深度不得超过5cm；脱模时混凝土的强度应为0.2～0.5MPa，以防在其自重压力下坍塌变形。为此，可根据气温、水泥强度等级经试验后掺入一定量的早强剂，以加速提升；脱模后8h左右开始养生，用吊在下吊架上环绕墩身的带小孔的水管来进行。养生水管一般设在距模板下缘1.8～2.0m处效果较好。

（3）提升与收坡。整个桥墩浇筑过程可分为初次滑升、正常滑升和最后滑升三个阶段。从开始浇筑混凝土到模板首次试升为初次滑升阶段；初浇混凝土的高度一般为60～70cm，分次浇筑，在底层混凝土强度达到0.2～0.4MPa时即可试升。将所有千斤顶同时缓慢起升5cm，以观察底层混凝土的凝固情况。现场鉴定可用手指按刚脱模的混凝土表面，基本按不动，但留有指痕，砂浆不沾手，用指甲划过有痕，滑升时能耳闻“沙沙”声，表明混凝土已具有0.2～0.5MPa的脱模强度，可以开始再缓慢提升20cm左右。初升后，经全面检查设备，即可进入正常滑升阶段。即每浇筑一层混凝土，滑模提升一次，使每次浇筑的厚度与每次提升的高度基本一致。在正常气温条件下，提升时间不宜超过1h。最后滑升阶段是混凝

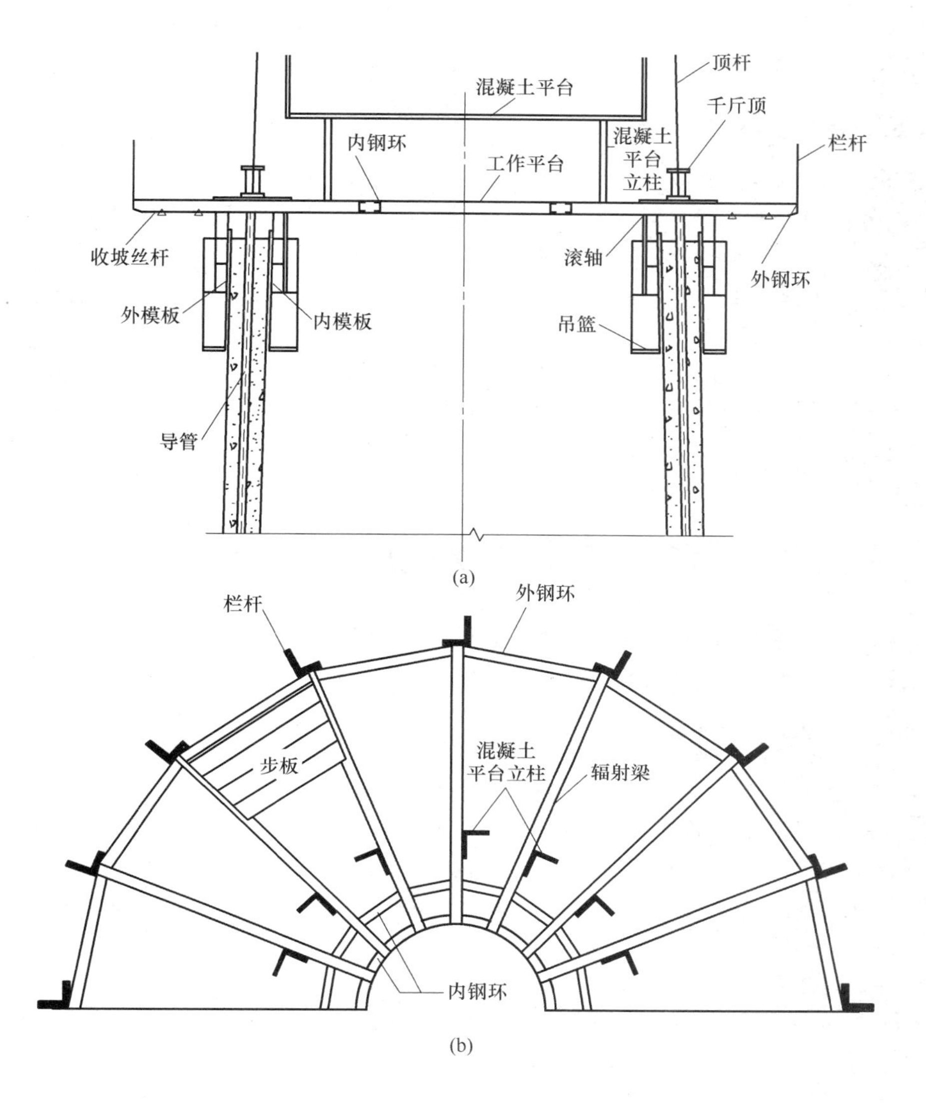

图 3.3.1　滑动模板构造示意

土已经浇筑到需要高度，不再继续浇筑，但模板尚需继续滑升的阶段。浇筑最后一层混凝土后，每隔 1～2h 将模板提升 5～10cm，滑动 2～3 次后即可避免混凝土模板胶合。滑模提升时应做到垂直、均衡一致，顶架间高差不大于 20mm，顶架横梁水平高差不大于 5mm；并要求三班连续作业，不得随意停工。

随着模板的提升，应转动收坡螺杆，调整墩壁曲面的半径，使之符合设计要求的收坡坡度。

(4) 接长顶杆、绑扎钢筋。模板每提升至一定高度后，就需要穿插进行接长顶杆、绑扎钢筋等工作。为了不影响提升时间，钢筋接头均应事先配好，并注意将接头错开。对预埋件及预埋的接头钢筋，滑模抽离后，要及时清理，使之外露。

(5) 混凝土停工后的处理。在整个施工过程中，由于工序的改变，或发生意外事故，使混凝土的浇筑工作停止较长时间，即需要进行停工处理。例如，每隔半小时左右稍微提升模板一次，以免黏结；停工时在混凝土表面要插入短钢筋等，以加强新老混凝土的黏结；复工时还需将混凝土表面凿毛，并用水冲走残渣，湿润混凝土表面，浇筑一层厚度为2～3cm的1∶1水泥砂浆，然后再浇筑原配合比的混凝土，继续滑模施工。

二、爬升模板和翻升模板

3.3.3 爬升模板施工

爬升模板施工与滑动模板施工相似，不同的是支架通过千斤顶支承于预埋在墩壁中的预埋件上，待浇筑好的墩身混凝土达到一定强度后，将模板松开，千斤顶上顶，把支架连同模板升到新的位置；模板就位后，再继续浇筑墩身混凝土。如此往复循环，逐节爬升，每次升高约2m。爬升模板的应用还不太普遍。

翻升模板施工是采用一种特殊的钢模板，一般由三层模板组成一个基本单元，并配置有随模板升高的混凝土接料工作平台。当浇筑完上层模板的混凝土后，将最下层模板拆除翻上来拼装成第四层模板，以此类推，循环施工。翻升模板也能够用于有坡度的桥墩施工。

第三节 石砌墩台的施工

石砌墩台具有就地取材和经久耐用等优点。在石料丰富地区建造墩台时，在施工期限许可的条件下，为节约水泥，应优先考虑石砌墩台方案。

一、石料、砂浆与脚手架

石砌墩台是用片石、块石及粗料石以水泥砂浆砌筑的，石料与砂浆的规格要符合有关规定。浆砌片石一般适用于高度小于6m的墩台身、基础、镶面以及各式墩台身填腹；浆砌块石一般用于高度大于6m的墩台身、镶面或应力要求大于浆砌片石砌体强度的墩台；浆砌粗料石则用于磨耗及冲击严重的分水体及破冰体的镶面工程以及有整齐美观要求的桥墩台身等。

将石料吊运并安砌到正确位置是砌石工程中比较困难的工序。当质量小或距地面不高时，可用简单的马凳跳板直接运送；当质量较大或距地面较高时，可采用固定式动臂起重机或桅杆式起重机或井式起重机，将材料运到墩台上，然后再分运到安砌地点。用于砌石的脚手架应环绕墩台搭设，用以堆放材料，并支撑施工人员砌筑及勾缝。一般常用固定式轻型脚手架（适用于6m以下的墩台）、简易活动脚手架（能用在25m以下的墩台）以及悬吊式脚手架（用于较高的墩台）。

二、墩台砌筑施工要点

在砌筑前应按设计图放出实样，挂线砌筑。砌筑基础的第一层砌块时，如基底为土质，只在已砌石块的侧面铺上砂浆即可，不需座浆；如基底为石质，应将其表面清洗、润湿后，先座浆再砌石。砌筑斜面墩台时，斜面应逐层放坡，以保证规定的坡度。砌块间用砂浆黏结并保持一定的缝厚，所有砌缝均要求砂浆饱满。形状比较复杂的工程，应先做出桥墩配料大样图（图3.3.2），注明块石尺寸；形状比较简单的，也要根据砌体高度、尺寸、错缝等，先行放样配好料石再砌。

砌筑方法：同一层石料及水平灰缝的厚度要均匀一致，每层按水平砌筑，丁顺相间，砌石灰缝互相垂直，灰缝宽度和错缝应符合表3.3.1的规定。

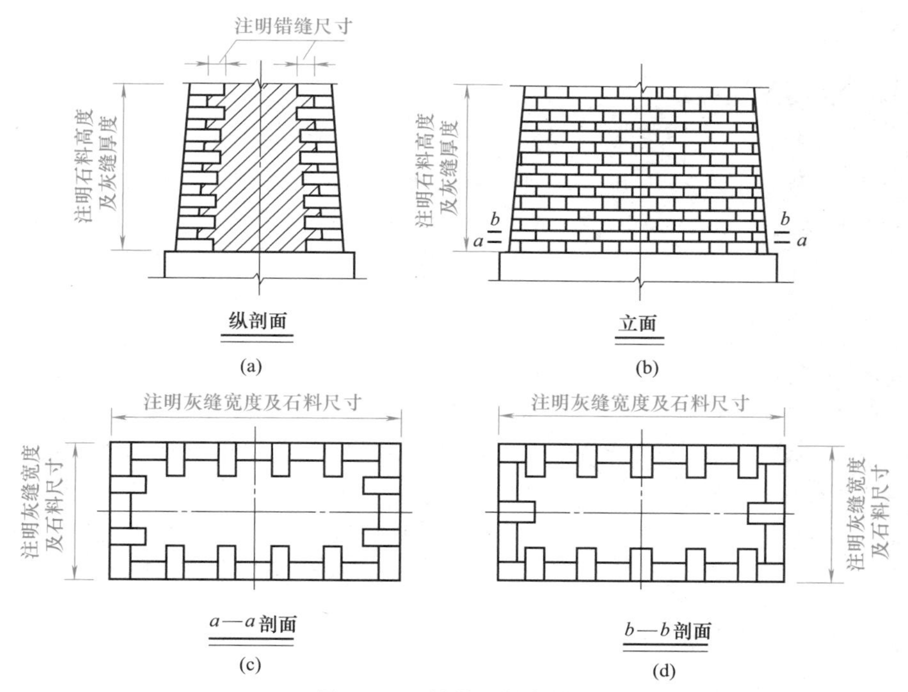

图 3.3.2 桥墩配料大样图

表 3.3.1 浆砌镶面石灰缝规定 单位：cm

种类	灰缝宽度	错缝(层间或行列间)	三块石料相接处空隙	砌筑行列高度
粗料石	1.5～2.0	不小于10	1.5～2.0	每层石料厚度一致
半细料石	1.0～1.5	不小于10	1.0～1.5	每层石料厚度一致
细料石	0.8～1.0	不小于10	0.8～1.0	每层石料厚度一致

砌石顺序为先角石，再镶面，后填腹。填腹石的分层高度应与镶面相同；圆端、尖端及转角形砌体的砌石顺序，应自顶点开始，按丁顺排列接砌镶面石。砌筑图例如图 3.3.3 所示。圆端形桥墩的圆端顶点不得有垂直灰缝，砌石应从顶端开始先砌石块 1 [图 3.3.3 (a)]，然后依丁顺相间排列，接砌四周镶面石；尖端形桥墩的尖端及转角处不得有垂直灰缝，砌石应从两端开始，先砌石块 1 [图 3.3.3 (b)]，再砌侧面转角 2，然后丁顺相间排列，接砌四周的镶面石。

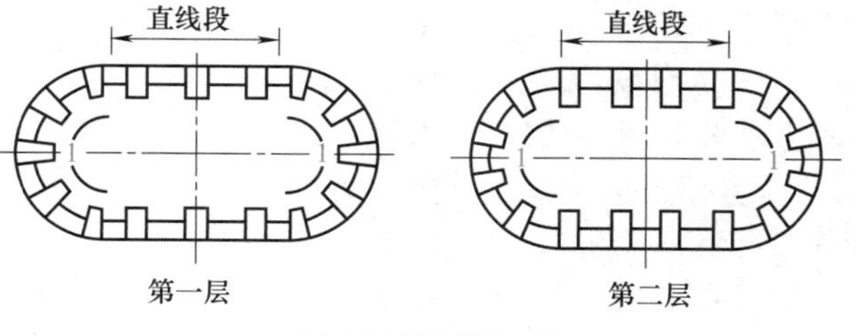

(a) 圆端形桥墩的砌筑

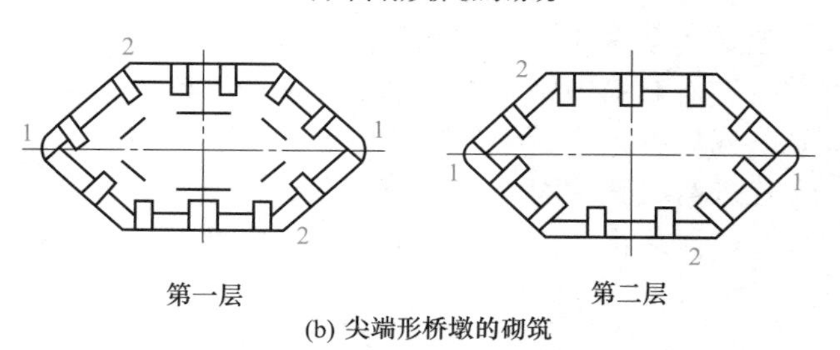

(b) 尖端形桥墩的砌筑

图 3.3.3 桥墩的砌筑

砌体质量应符合下列规定：

(1) 砌体所用各项材料的类别、规格及质量应符合设计要求及施工规范的规定。

(2) 砌缝砂浆或小石子混凝土铺填饱满，强度应符合设计要求或施工规范的规定。

(3) 砌缝的宽度和错缝距离应符合设计或《公路桥涵施工技术规范》的规定，勾缝应坚固、整齐，深度和形式应符合施工规范的规定。

（4）砌筑方法正确，砌体位置、尺寸不超过允许偏差。

三、墩、台、顶帽施工

墩、台、顶帽是用来支承桥跨结构的，其位置、高程及垫石表面平整度等，均应符合设计要求，以避免桥跨结构安装困难，或使顶帽、垫石等出现碎裂或裂缝，影响墩台的正常使用功能与耐久性。

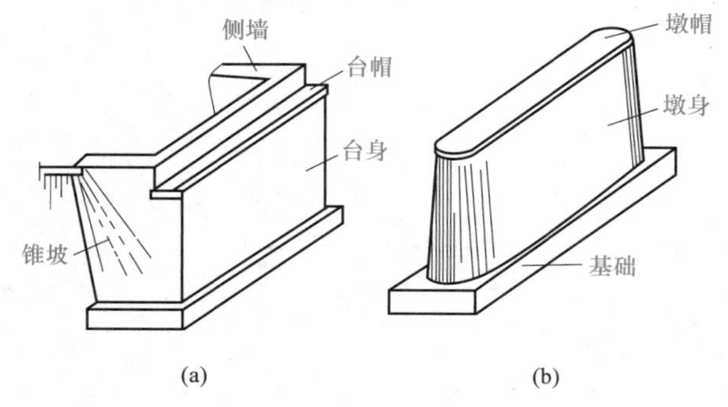

图 3.3.4 梁桥重力式墩台

墩、台、顶帽施工的主要工序为：

（1）墩、台帽放样　墩台混凝土（或砌石）灌注至离墩、台帽底下30～50cm高度时，即需测出墩台纵横中心轴线，并开始竖立墩、台帽模板，安装锚栓孔或预埋支座垫板、绑扎钢筋等。台帽放样时，应注意不要以基础中心线作为台帽背墙线；浇筑前应反复核实，以确保墩、台帽中心，支座垫石等位置方向与水平标高等不出差错。

（2）墩、台帽模板　墩、台帽是支承上部结构的重要部分，其尺寸位置和水平标高的准确度要求较严；浇筑混凝土应从墩、台帽下30～50cm处至墩、台帽顶面一次浇筑，以保证墩、台帽底有足够厚度的紧密混凝土。图3.3.5为混凝土桥墩墩、台帽模板图。墩、台帽模板下面的一根拉杆可利用墩、台帽下层的分布钢筋，以节省钢件。台帽背墙模板应特别注意纵向支撑或拉条的刚度，防止灌注混凝土时发生鼓肚，侵占梁端空隙。

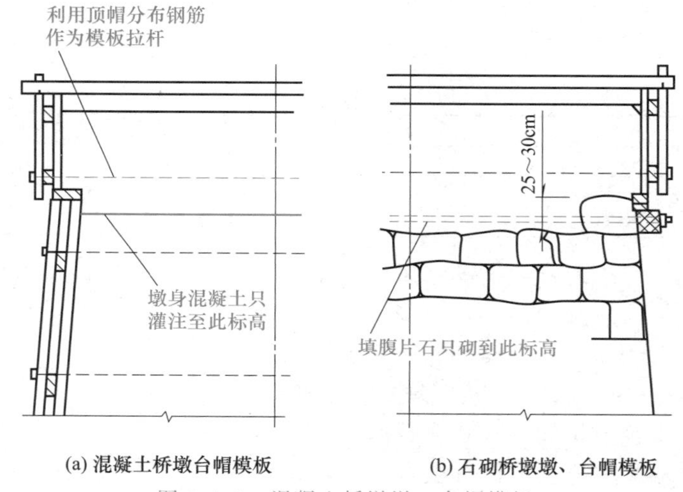

图 3.3.5 混凝土桥墩墩、台帽模板

（3）钢筋和支座垫板的安设　墩、台帽钢筋绑扎应遵照《公路桥涵施工技术规范》有关钢筋工程的规定。墩、台帽上支座垫板的安设一般采用预埋支座垫板和预留锚栓孔的方法。前者须在绑扎墩、台帽和支座垫板钢筋时，将焊有锚固钢筋的钢垫板安设在支座的准确位置上，即将锚固钢筋和墩、台帽骨架钢筋焊接固定，同时将钢垫板作支架，固定在墩、台帽模板上。此法在施工时垫板位置不易准确，应经常检查与校正。后者须在安装墩、台帽模板时，安装好预留孔模板，在绑扎钢筋时注意将锚栓孔位置留出。此法安装支座施工方便，支座垫板位置准确。

第四节 墩台附属工程

一、桥台锥体护坡施工要点

桥台锥体护坡是路堤和桥梁相连接的建筑物。路堤临桥孔方向的边坡较陡，并受迎水流冲刷，常用干砌片石和浆砌片石修筑各种类型的桥头锥体护坡。

（1）石砌锥坡、护坡和河床铺砌层等工程，必须在坡面或基面夯实、整平后，方可开始铺砌，以保证护坡稳定。

（2）锥坡填土应与台背填土同时进行，填土应按标高及坡度填足。桥涵台背、锥坡、护坡及拱上等各项填土，宜采用透水性土，不得采用含有泥草、腐殖物或冻土块的土。填土应在接近最佳含水量的情况下分层填筑和夯实，每层厚度不得超过 0.30m，密实度应达到路基规范要求。

（3）护坡基础与坡脚的连接面应与护坡坡度垂直，以防坡脚滑走。片石护坡的外露面和坡顶、边口，应选用较大、较平整并略加修凿的块石铺砌。

（4）砌石时拉线要张紧，砌面要平顺，护坡片石背后应按规定做碎石倒滤层，防止锥体土方被水冲蚀变形。护坡与路肩或地面的连接必须平顺，以利于排水，并避免背后冲刷或渗透坍塌。

（5）砌体勾缝除设计有规定外，一般可采用凸缝或平缝，且待坡体土方稳定后进行。浆砌砌体，应在砂浆初凝后，覆盖养生 7～14 天。养护期间应避免碰撞、振动或承重。

二、桥台后泄水盲沟施工要点

（1）泄水盲沟以片石、碎石或卵石等透水材料砌筑，并按要求坡度设置，沟底用黏土夯实。盲沟应建在下游方向，出口处应高出一般水位 0.2m，平时无水的干河应高出地面 0.2m。

（2）如桥台在挖方内横向无法排水时，泄水盲沟在平面上可在下游方向的锥体填土内折向桥台前端排出，在平面上呈 L 形（图 3.3.6）。

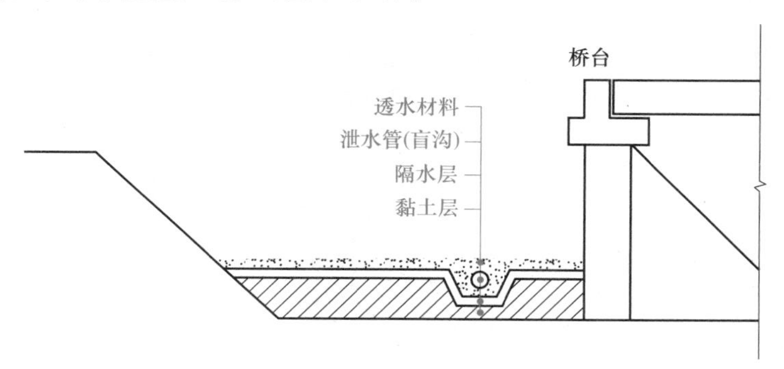

图 3.3.6　台后泄水盲沟施工示意图

三、导流建筑物施工要点

导流建筑物是引导水流顺畅地通过桥孔，保护桥梁墩台以及桥头路基和河岸不受冲刷所修筑的桥梁防护建筑物。一般按水流量和流速等修筑不同类型的导流建筑物，如图 3.3.7 所示。

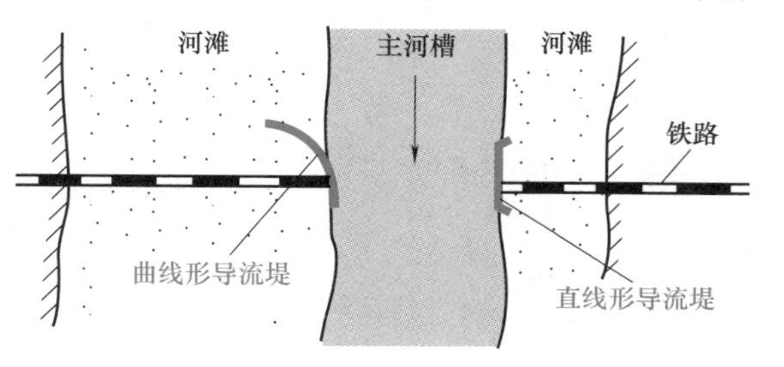

图 3.3.7　曲线形和直线形导流堤

（1）导流建筑物应和路基、桥涵工程综合考虑施工，以避免在导流建筑物范围内取土、弃土破坏排水系统。

（2）砌筑用石料的抗压强度不得低于 20MPa；砌筑用砂浆强度等级，在温和及寒冷地区不得低于M5，在严寒地区不得低于M7.5。

(3) 导流建筑物的填土应达到最佳密度90%以上，坡面砌石按照锥体护坡要求办理。若使用漂石时，应采用栽砌法铺砌；若采用混凝土板护面，板间砌缝为10～20mm，并用沥青麻筋填塞。

(4) 抛石防护宜在枯水季节施工。石块应按不同规格掺杂抛投，但底部及迎水面宜抛投较大石块。水下边坡不宜陡于1∶1.5。顶面可预留10%～20%的沉落量。

(5) 石笼防护基底应铺设垫层，使其大致平整。石笼外层应用较大石块填充，内层则可用较小石块码砌密实；装满石块后，用钢丝封口。石笼间应用钢丝连成整体。在水中安置石笼，可用脚手架或船只顺序投放、铺放整齐，笼与笼间的空隙应用石块填满。石笼的构造、形状及尺寸应根据水流及河床的实际情况确定。

思 考 题

1. 简述就地浇筑的混凝土墩台施工工艺。
2. 简述墩台砌筑质量规定。
3. 简述爬升模板和翻升模板分别与滑动模板的不同之处。

第四章 桥梁上部构造施工

【知识目标】

- 了解预应力混凝土连续梁桥的施工工序。
- 了解悬臂拼装法的施工工序。
- 熟悉装配式构件的预制工艺。
- 掌握装配式预应力混凝土梁桥的总体施工工序。

【能力目标】

- 能够对较简单的预制、现浇梁的施工进行施工管理。

选择桥梁的施工方法，需要充分考虑桥位的地形、环境，安装方法的安全性、经济性，施工速度等。在选择施工方法时，桥梁的类型、跨径、施工的技术水平、机具设备条件也是相当重要的因素。

第一节 装配式预应力混凝土梁桥的施工

当同类桥梁跨数较多，不宜搭设支架时，通常将桥跨结构用纵向竖缝划分成若干个独立的构件，放在桥位附近专门的预制场地或者工厂进行成批制作，然后将这些构件适时地运到桥孔处进行安装就位。通常把这种施工方法称作预制安装法。

随着我国桥梁施工吊运设备能力的不断提高，预应力技术的普遍应用，在中小跨径的桥梁中，预制安装法得到了普遍的推广。桥梁上部结构采用预制安装法已占到80%～90%。

预制安装法的优点是：桥梁的上、下部结构可以平行施工，使工期大大缩短；节省大量的支架模板，便于工厂化制作，质量容易控制，从而降低工程成本。

预制安装法的缺点是：总体用钢量偏大；构件是拼接而成的，整体性比现浇差一些；最重要的是需要大型的起吊运输设备，此项费用较高。

预制安装施工法包括分片或分段构件的预制、运输、安装三个阶段；预制安装施工的桥梁也称为装配式桥梁。

一、装配式构件的预制工艺

桥梁构件的预制一般采用立式预制，这样构件在预制后即可直接运输和吊装，无需进行翻转作业。

构件预制方法按作业线布置不同分固定式预制和活动台车上预制两种。固定式预制，是构件在整个预制过程中一直在一个固定底座上，立模、扎筋、浇筑和养护混凝土等各个作业依次在同一地点进行，直至构件最后制成被吊离底座。一般规模桥梁工程的构件预制大多采用此法。在活动台车上预制构件时，台车上具有活动模板（一般为钢模板），能快速地装拆；当台车沿着轨道从一个地点移动到另一个地点时，作业也就按顺序一个接一个地进行。预制场布置成一个流水作业线，构件分批地进入蒸养室进行养护。如果是后张法预应力构件，则从蒸养房出来后，即进入顶应力张拉作业点。用这种方法预制构件，可采用强有力的底模振捣和快速有效的养护，使构件的预制质量和速度大为提高。这种方法适用于大批地或永久性地制造构件的预制工厂。

二、预制梁的出坑和运输

1. 出坑

预制构件从预制场的底座上移出来，称为“出坑”。预应力混凝土构件在预应力张拉以后才可出坑。构件出坑方法，一般采用门式起重机将预制梁起吊出坑后移到存梁处或转运至现场；如简易预制场无门式起重机时，可采用汽车式或履带式起重机起吊出坑，也可用横向平移出坑。

2. 运输

预制梁从预制场至施工现场的运输称为场外运输，常用大型平板车、驳船或火车运至桥位现场。不论属于哪类运输方式，都要求在运输过程中，构件的放置符合受力方向；并在构件的两侧采用斜撑和木楔加以临时固定，防止构件发生倾倒、滑动或跳动造成构件的损坏。预制梁在施工现场内运输称为场内运输，常用龙门轨道运输、平车轨道运输、平板汽车运输，也可采用纵向滚移法运输。

三、预制梁安装

预制梁的安装是装配式桥梁施工中的关键性工序，是一项复杂的高空作业，方法很多，归纳起来可分为人工架设、机械架梁和浮运架梁三大类。一般在岸上或浅水区预制梁可采用门式起重机、汽车式起重机及履带式起重机安装，水中梁跨常采用穿巷起重机安装、浮吊安装及架桥机安装等方法。

1. 自行式起重机架梁

对于高度不大的中、小跨径桥梁，可以采用自行式起重机（汽车式起重机或履带式起重机）架梁。这是一种机械架梁方法，适用于陆地桥梁、城市高架桥或其他场地许可的桥梁，或者桥下可以设置施工便道的场地。根据吊装质量的不同，用一台或两台起重机直接在桥下进行吊装；如果桥下是河道或桥墩较高时则将起重机直接开到桥上，利用起重机的伸臂边架梁、边前进，如图 3.4.1 所示。不过采用此种方法时必须先核算主梁是否能够承受起重机、被吊构件、机具以及施工人员等的重力，这时应注意钢丝绳与梁面的夹角不能太小，一般以 45°～60°为宜。

2. 跨墩门式起重机安装

当桥不高，架桥孔数又多，且沿桥墩两侧铺设轨道不困难时，可以采用跨墩的门式起重机安装，如图 3.4.2 所示。用本法架梁的优点是架设安装速度较快，而且架设时不需要特别复杂的技术工艺，作业人员较少。

3. 浮运架梁法

浮运架梁法是将预制梁用各种方法移装到浮船上，并浮运到架设孔以后就位安装。采用浮运架梁法时，河流需有适当的水深，水深需根据梁重而定，一般宜大于 2m；水位应平稳

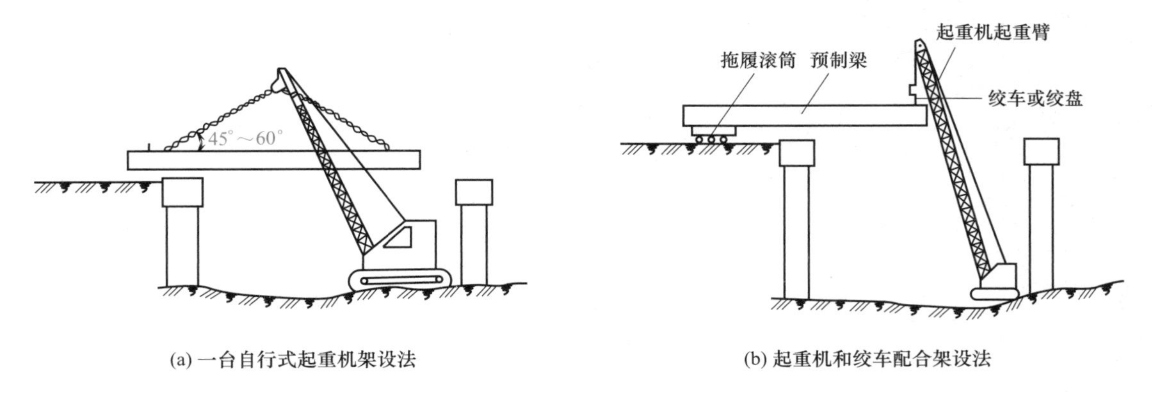

(a) 一台自行式起重机架设法 (b) 起重机和绞车配合架设法

图 3.4.1 自行式起重机架梁法

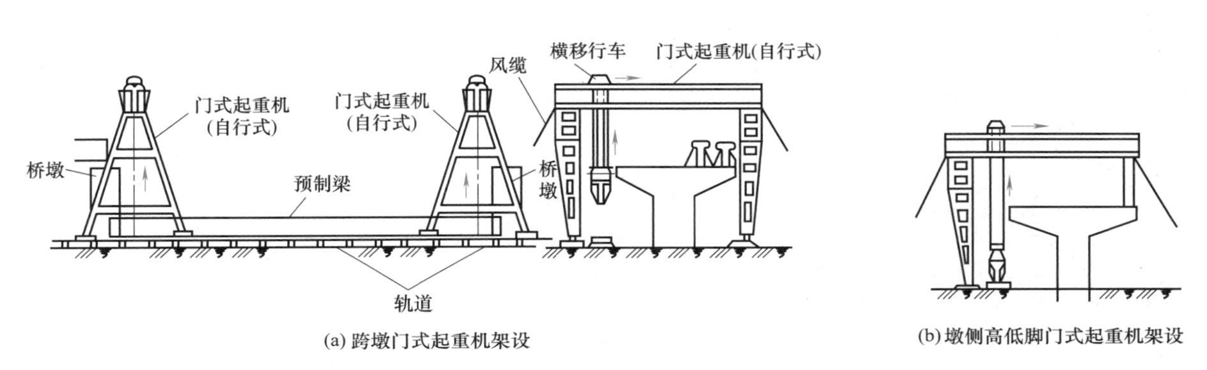

(a) 跨墩门式起重机架设 (b) 墩侧高低脚门式起重机架设

图 3.4.2 门式起重机架设法

或涨落有规律，如潮汐河流；流速及风力应不大；河岸能修建适宜的预制梁装卸码头；具有坚固适用的船只。浮运架梁法的优点是桥跨中不需设临时支架，可以用一套浮运设备架设安装多跨同跨径的预制梁，较为经济，且架梁时浮运设备停留在桥孔的时间很少，不影响河流通航。

4. **联合架桥机架梁**（蝴蝶架架梁法）

此法适用于架设安装 30m 以下的多孔桥梁，其优点是完全不设桥下支架，不受水深流急影响，架设过程中不影响桥下通航、通车，预制梁的纵移、起吊、横移、就位都较方便。缺点是架设设备用钢量较多，但可周转使用。

3.4.1 架桥机施工录像

联合架桥机由两套门式起重机、一个托架（即蝴蝶架）、一根两跨长的钢导梁三部分组成，如图 3.4.3 所示。钢导梁由贝雷装配，梁顶面铺设运梁平车和托架行走的轨道。门式起重机由工字梁组成，并在上下翼缘处及接头的地方用钢板加固。门式起重机顶横梁上设有吊梁用的行走小车。为了不影响架梁的净空位置，其立柱做成拐脚式（俗称拐脚龙门架）。门式起重机的横梁标高，由两根预制梁叠起的高度加平车及起吊设备高确定。蝴蝶架是专门用来托运门式起重机转移的，由角钢组成，如图 3.4.3 所示。整个蝴蝶架放在平车上，可沿导梁顶面轨道行走。

联合架桥机架梁顺序如下：

（1）在桥头拼装钢导梁，梁顶铺设钢轨，并用绞车纵向拖拉导梁就位。

（2）拼装蝴蝶架和门式起重机，用蝴蝶架将两个门式起重机移运至架梁孔的桥墩（台）上。

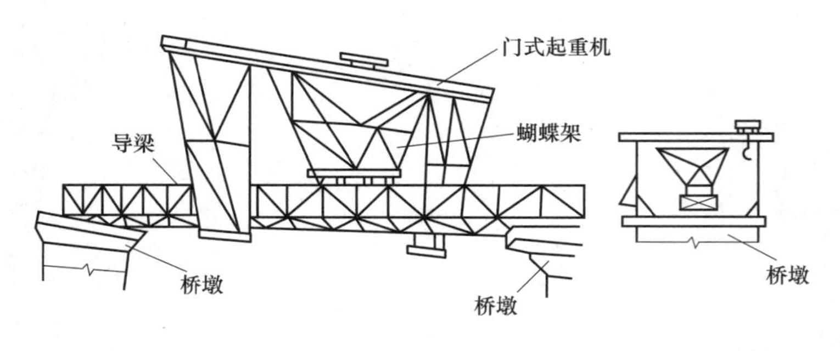

(a) 主梁纵移图

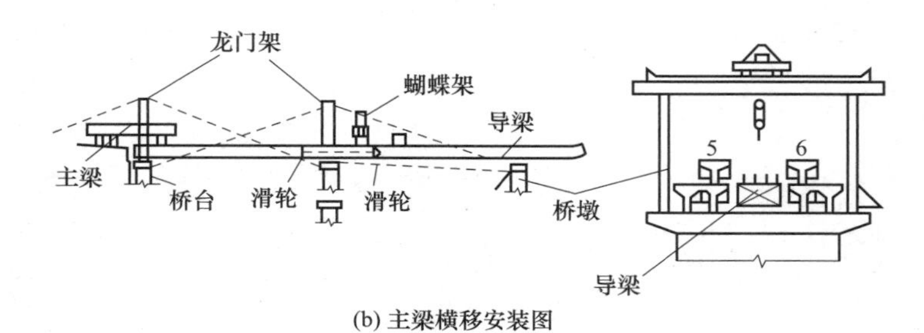

(b) 主梁横移安装图

图 3.4.3 联合架桥机架梁法

（3）由平车轨道运送预制梁至架梁孔位，将导梁两侧可以安装的预制梁用两个门式起重机吊起，横移并落梁就位。

（4）将导梁所占位置的预制梁临时安放在已架设好的梁上，如图 3.4.3 中的 5、6 号梁。

（5）用绞车纵向拖拉导梁至下一孔后，将临时安放的梁由门式起重机架设就位，完成一孔梁的架设工作，并用电焊将各梁连接起来。

（6）在已架设的梁上铺接钢轨，用蝴蝶架顺序将两个门式起重机托起并运至前一孔的桥墩上。

5. 双导梁穿行式架梁法

如图 3.4.4 所示，本法是在架设孔间设置两组导梁，导梁上安设配有悬吊预制梁设备的轨道平车和起重行车或移动式龙门起重机，将预制梁在双导梁内吊着运到规定位置后，再落梁、横移就位。横移时，一种是依托两组导梁吊着预制梁来整体横移；另一种是导梁设在桥面宽度以外，预制梁在龙门起重机上横移，导梁不横移，这比第一种横移方法安全。

双导梁穿行式架梁法的优点与联合架桥机法相同，适用于墩高、水深的情况下架设多孔中小跨径的装配式梁桥，但不需蝴蝶架，而配备双组导梁，故架设跨径可较大，吊装的预制梁可较重。我国用该类型的起重机架设了梁长 51m、重 1310kN 的预应力混凝土 T 形梁桥。

两组分离布置的导梁可用公路装配式钢桥桁节、万能杆件设备或其他特制的钢桁节拼装而成。两组导梁内侧净距应大于待安装的预制梁宽度。导梁顶面铺设轨道，供吊梁起重行车行走。导梁设三个支点，前端可伸缩的支承设在架桥孔前方桥墩上。

两根型钢组成的起重横梁支承在能沿导梁顶面轨道行走的平车上，横梁上设有带复式滑车的起重行车。行车上的挂链滑车供吊装预制梁用。其架设顺序如下：

（1）在桥头路堤上拼装导梁和行车，并将拼装好的导梁用绞车纵向拖拉就位，使可伸缩支脚支承在架梁孔的前墩上。

（2）先用纵向滚移法把预制梁运到两导梁间，当梁前端进入前行车的吊点下面时，将预制梁前端稍稍吊起，前方起重横梁吊起，继续运梁前进至安装位置后，固定起重横梁。

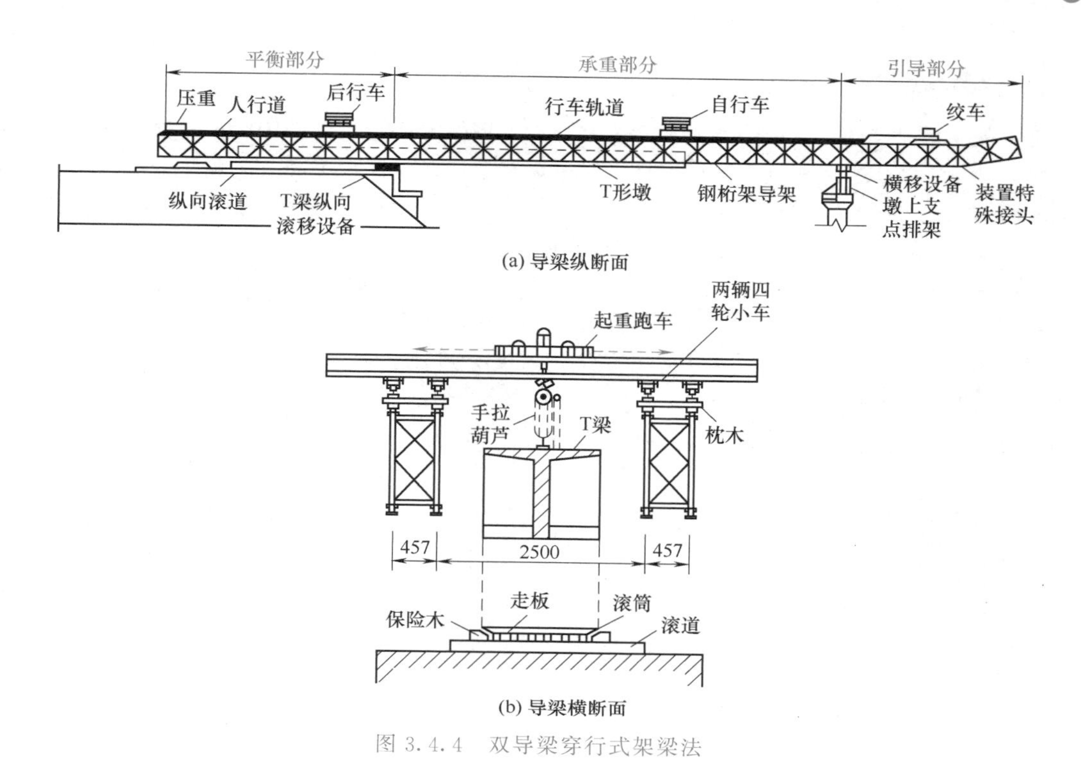

图 3.4.4　双导梁穿行式架梁法

（3）用横梁上的起重行车将梁落在横向滚移设备上，并用斜撑撑住以防倾倒，然后在墩顶横移落梁就位（除一片中梁外）。

（4）用以上步骤并直接用起重行车架设中梁。

如用门式起重机吊着预制梁横移，其方法同联合架桥机架梁。此法预制梁的安装顺序是先安装两个边梁，再安装中间各梁。全孔各梁安装完毕并符合要求后，将各梁横向焊接起来，然后在梁顶铺设移运导梁的轨道，将导梁推向前进，安装下一孔。重复上述工序，直至全桥架梁完毕。

第二节 预应力混凝土连续梁桥的施工

预应力混凝土连续梁桥在施工过程中常常会出现体系转换，因此施工阶段的应力与变形必须在结构设计中予以考虑。不同的施工方法，在施工各阶段的内力也不同，有时结构的控制设计出现在施工阶段。所以，对连续梁桥，设计与施工是不能也无法截然分开的，结构设计必须考虑施工方法、施工内力与变形；而施工方法的选择应符合设计的要求，形成设计与施工互相制约、相互配合、不断发展的关系。

预应力混凝土连续梁桥的施工方法很多，不同的施工方法所需的机具设备、劳动力不同，施工的组织、安排和工期也不一样，为了便于阐述，对比较相近的方法做适当的归并。至于施工方法的选择，应根据桥梁的设计、施工现场、环境、设备、经验等因素决定。可以说绝对相同的施工方法与施工组织是不存在的，因此必须结合具体情况，切忌生搬硬套。施工方法的选择是否合理将影响整个工程造价，涉及施工质量和工期。当今的桥梁工程建设，施工起着更加重要的作用。本节将分别介绍有支架就地浇筑施工、移动模架法和顶推法。

一、有支架就地浇筑施工

在支架上就地浇筑施工是古老的施工方法，以往多用于桥墩较低的中、小跨连续梁桥。它的主要特点是桥梁整体性好，施工简便可靠，对机具和起重能力要求不高。对预应力混凝土连续梁桥来说，结构在施工中不出现体系转换问题。但这种施工方法需要大量施工脚手架，工期长。

近年来，随着钢脚手架的应用和支架构件趋于常备化以及桥梁结构的多样化发展，如变宽桥、弯桥和强大预应力系统的应用，在长大跨径桥梁中，采用有支架就地浇筑施工可能是经济的，因此扩大了应用范围。尽管如此，相对于其他施工方法，采用有支架就地浇筑施工的桥梁总数也并不多。因此在选择施工方法时，要通过比较，综合考虑。

1. 支架的形式

支架按其构造分为立柱式、梁式和梁-立柱式，如图 3.4.5 所示。

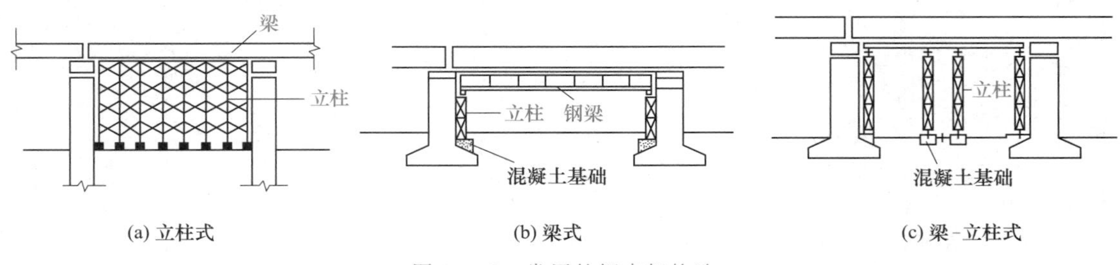

图 3.4.5 常用的钢支架构造

立柱式构造简单，用于陆地或不通航河道以及桥墩不高的小跨径桥梁。梁式支架根据跨径不同采用工字钢、钢板梁或钢桁梁，一般工字钢用于跨径小于 10m 的桥梁，钢板梁用于跨径小于 20m 的桥梁，钢桁梁用于跨径大于 20m 的桥梁。梁可以支承在墩旁支架上，也可支承在桥墩上预留托架或桥墩处横梁上。梁-立柱式支架在大跨桥上使用，梁支承在桥梁墩台以及临时支架或临时墩上，形成多跨连续支架。

支架除支承模板、就地浇筑施工外，还要设置卸落设备；待梁施工完成后，落架脱模。曲线桥梁的支架通过折线形支架和调节伸臂长度来适应平面曲线的要求。

2. 对支架的要求

（1）支架虽是临时结构，但要承受桥梁的大部分恒重，因此必须有足够的强度、刚度，保证就地浇筑的顺利进行。支架的基础要可靠，构件结合紧密并加入纵、横向连接杆件，使支架成为整体。

（2）在河道中施工的支架要充分考虑洪水和漂浮物的影响，除对支架的结构构造有所要求外，在安排施工进度时还应尽量避免在高水位情况下施工。

（3）支架在受荷后有变形和挠度，在安装前要有充分的估计和计算，并在安装支架时设置预拱度，使就地浇筑的主梁线形符合设计要求。

（4）支架的卸落设备有木楔、砂筒和千斤顶等数种。卸架时要对称、均匀，不应使主梁发生局部受力的状态。

3. 施工方法

预应力混凝土连续梁桥需要按一定的施工程序完成混凝土的就地浇筑，待混凝土达到要求的强度后，拆除模板，进行预应力筋的张拉、管道压浆工作。至于何时落架，则应与施工程序和预应力筋的张拉工序相配合。但在某些桥上，为减轻支架的负担，节省临时工程数量，主梁截面的某些部分在落架后利用主梁自身支承，继续浇筑第二期结构的混凝土，这样就使浇筑和张拉的工序重复进行。

二、移动模架法

近 20 年来，高架桥得到了很大的发展，它的特点是桥长跨多，其跨径为 30～50m。为适应这类桥梁的快速施工，节省劳动力、减轻劳动强度和少占施工场地，可利用机械化的支架和模板逐跨移动，现浇混凝土施工，这就是移动模架法。常用的移动模架可分为移动悬吊模架和活动模架两种。

3.4.2 移动模架造桥机

1. 移动悬吊模架施工

移动悬吊模架的形式很多，各有差异，就其基本结构而言包括三部分：承重梁、从承重梁伸出的肋骨状的横梁和支承主梁的移动支承。移动悬吊模架的施工程序如图 3.4.6 所示。

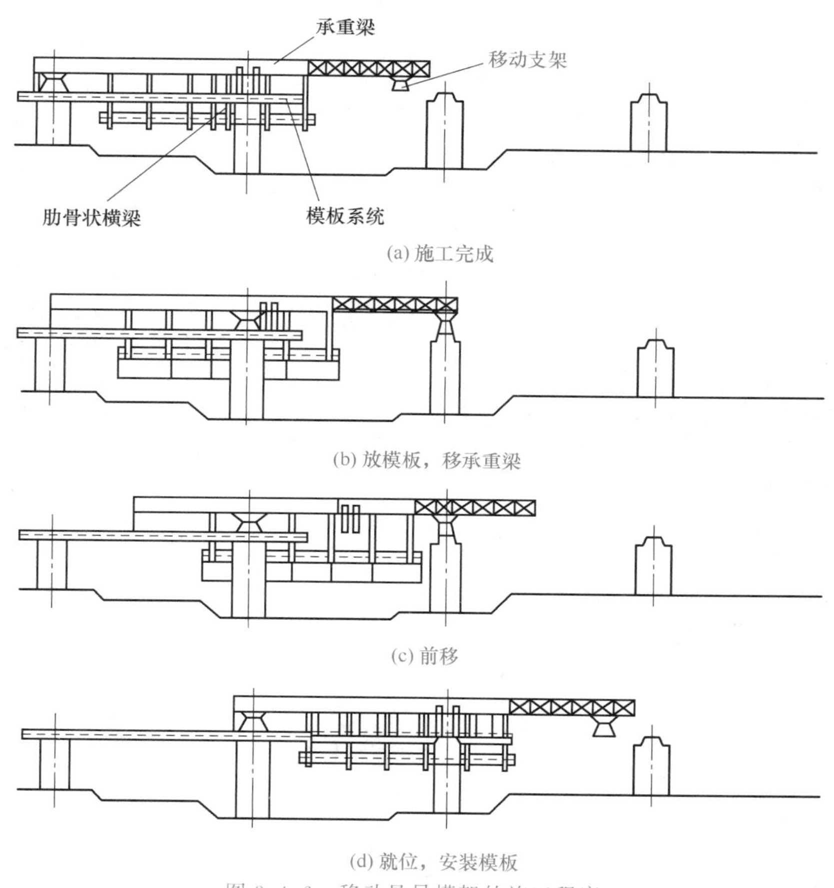

(a) 施工完成

(b) 放模板，移承重梁

(c) 前移

(d) 就位，安装模板

图 3.4.6　移动悬吊模架的施工程序

承重梁通常采用钢梁，长度大于两倍跨径，是承受施工设备自重、模板系统重力和现浇混凝土重力的主要构件。承重梁的后段通过可移式支承落在已完成的梁段上，它将重力传给桥墩（或坐落在墩顶）；承重梁的前端支承在桥墩上，工作状态呈单臂梁。承重梁除起承重作用外，在一孔梁施工完成后，还可作为导梁与悬吊模架一起纵移至下一施工孔。承重梁的移位以及内部运输由数组千斤顶或起重机完成，并通过中心控制操作。

从承重梁两侧悬出许多横梁覆盖板梁全宽，并由承重梁向两侧各用 2～3 组钢索拉紧横梁，以增加其刚度。横梁的两端各自用竖杆和水平杆形成下端开口的框架，并将主梁包在内部。当模板处于浇筑混凝土状态时，模板依靠下端的悬臂梁和锚固在横梁上的吊杆定位，并用千斤顶固定模板；当横架需要纵向位移时，放松千斤顶及吊杆，模板固定在下端悬臂上，并转动该梁前端一段可移动的部分，使横架在纵移状态可顺利地通过桥墩。

2. 活动模架施工

活动模架施工法是使用移动式的脚手架和装配式的模板，在桥上逐孔浇筑施工。它像一座设在桥孔上的活动预制厂，随着施工进程不断移动和连续现浇施工。图 3.4.7 是上承式移动模架构造图的一种。它由承重梁、导梁、台车、桥墩托架和模架等构件组成。在箱形梁两侧各设置一根承重梁，用来支撑模架和承受施工重力。承重梁的长度要大于桥梁跨径，浇筑混凝土时承重梁支撑在桥墩托架上。导梁主要用于运送承重梁和活动模架，因此，需要有大于两倍桥梁跨径的长度。当一孔梁的施工完成后便进行脱模卸架，由前方台车和后方台车在导梁和已完成的桥梁上面，将承重梁和活动模架运送至下一桥孔。承重梁就位后，再将导梁向前移动。

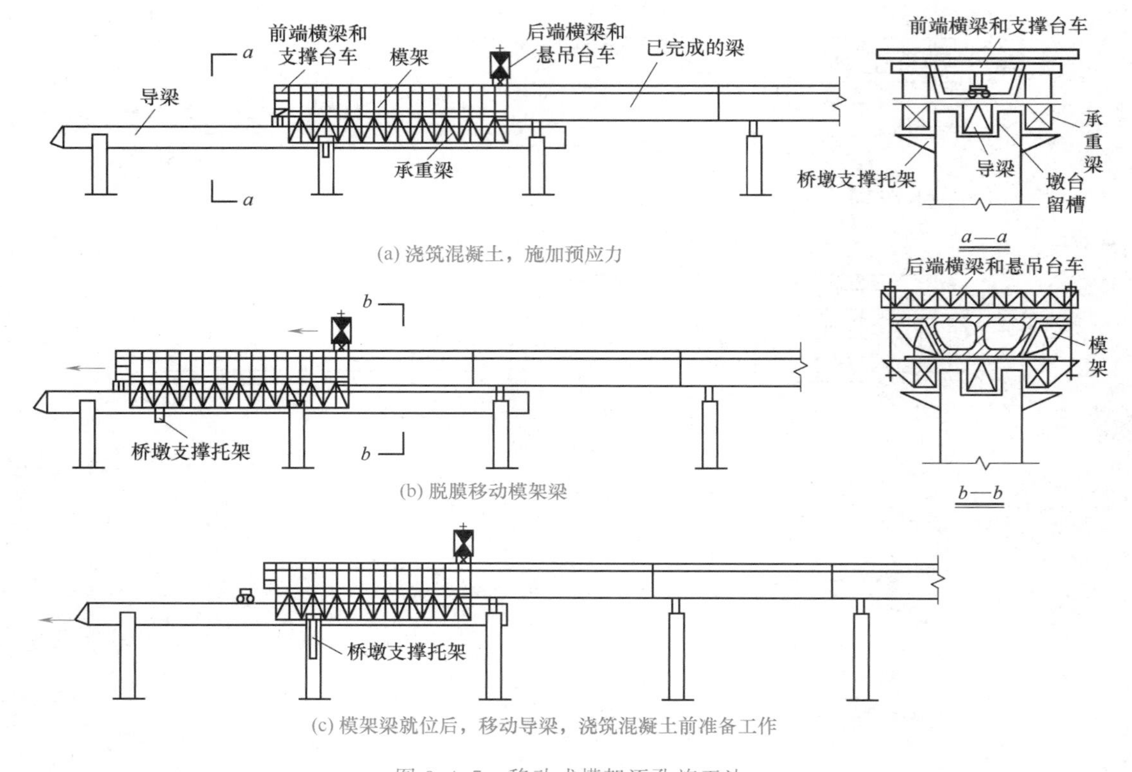

图 3.4.7 移动式模架逐孔施工法

当采用移动模架施工时，连续梁分段的接头部位应放在弯矩最小的部位，若无详细计算资料，可以取离桥墩 1/5 处。

三、顶推法

3.4.3 顶推法施工

（一）顶推施工法概述

顶推法多用于预应力钢筋混凝土连续梁桥和斜拉桥梁的施工。它是沿桥纵轴方向，在桥台后设置预制场地，分节段预制，并用纵向预应力筋将预制节段与前阶段施工完成的梁体连成整体，在梁体前安装长度为顶推跨径 0.7 倍左右的钢导梁，然后通过水平千斤顶，借助滑动装置将梁体向前顶推出预制场地，使梁体通过各墩顶临时滑动支座面就位，之后继续在预制场地进行下一节段梁的预制，重复直至全部完成。顶推完毕就位后，拆除顶推用的临时预应力筋束，张拉通长的纵向预应力筋束以及在顶推时未张拉到设计值的筋束，然后灌浆、封端、落梁。

顶推法适用于桥下空间不能利用的施工场地，例如在高山深谷和水深流急的河道上建桥以及多跨连梁桥施工。

（二）顶推施工法分类

顶推法施工按顶推千斤顶的设置分为单点顶推、多点顶推；按动力装置的类别可分为步距式顶推和连续顶推；按顶推方向分为单向顶推和双向顶推；按顶推连续性分为间断顶推和连续顶推；按是否利用永久支座分为设置临时滑动支承顶推、使用与永久支座兼用的滑动支承顶推。

1. 单点顶推

单点顶推水平力的施加位置一般集中在主梁预制场附近的桥台或桥墩上，前方各墩上设置滑移支承。顶推装置又可分为以下两种。

（1）用水平加垂直千斤顶的顶推装置。该装置由垂直顶升千斤顶、滑架、滑台（包括滑块）、水平千斤顶组成。它一般设置在紧靠梁段预制场地的桥台或支架底处。滑架长约 2m，固定在桥台或支架上。滑台是钢制方块体，其顶面垫以氯丁橡胶块承托着梁体。滑台与滑架之间垫有滑块。顶推时，先将垂直千斤顶落下，使梁支承在水平千斤顶前端的滑块上；然后开动水平千斤顶的油泵，通过活塞向前推动滑块，利用梁底混凝土与橡胶的摩阻力大于聚四氟乙烯与不锈钢的摩擦力带动梁体向前移动；再然后顶起千斤顶，使梁升高，脱离滑块；最后向千斤顶小缸送油，活塞后退，把滑块退回原处。之后再把垂直千斤顶落下，使梁支承在滑块上，开始下一顶推过程，如图 3.4.8 所示。

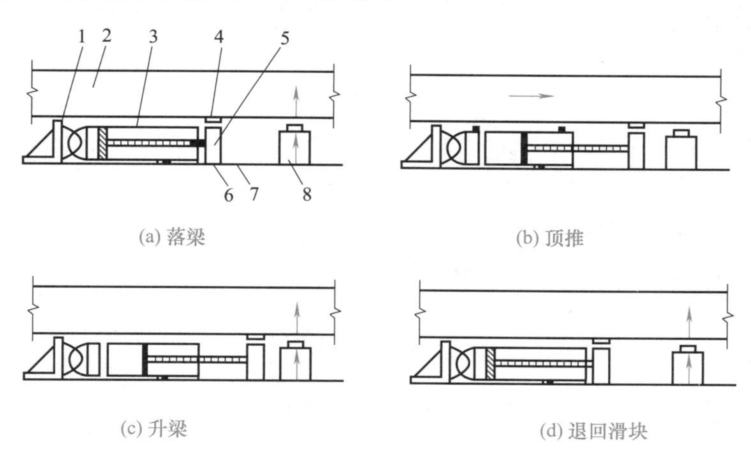

图 3.4.8　水平加垂直千斤顶法

1—顶推后背；2—主梁；3—水平千斤顶；4—摩擦块；5—滑块；6—滑板；7—滑道；8—竖直千斤顶

（2）用拉杆的顶推装置。该装置在桥台（墩）前安装，采用大行程水平穿心式千斤顶，使其底座靠在桥台（墩）上；拉杆的一端与千斤顶连接，另一端固定在箱梁侧壁上（在梁体顶、底预留孔内插入强劲的钢锚柱，由钢横梁锚住拉杆）。顶推时，通过千斤顶顶升带动拉杆牵引梁体前进，如图 3.4.9 所示。单点顶推适用于桥台刚度大、梁体轻的施工条件。

2. 多点顶推

单点顶推在顶推前期和后期，垂直千斤顶顶部同梁体之间的摩擦不能带动梁体前移，必须依靠辅助动力才能完成顶推。此外，单点顶推施工中没有设置水平千斤顶的高墩，尤其是柔性墩在水平力作用下会产生较大的墩顶位移，威胁到结构的安全。为克服单点顶推的缺点，由此产生了多点顶推施工方法。

多点顶推是在每个墩台上设置一对顶推装置，要求千斤顶同步运行，将集中的顶推力分散到各个垫块上。顶推装置由光滑的不锈钢板与组合的聚四氟乙烯滑块（由聚四氟乙烯板与具有加劲钢板的橡胶块构成）组成。顶推时滑块在不锈钢板上滑动，并在前方滑出，通过在滑道后方滑入滑块，带动梁身前进。其工艺如图 3.4.10、图 3.4.11 所示。

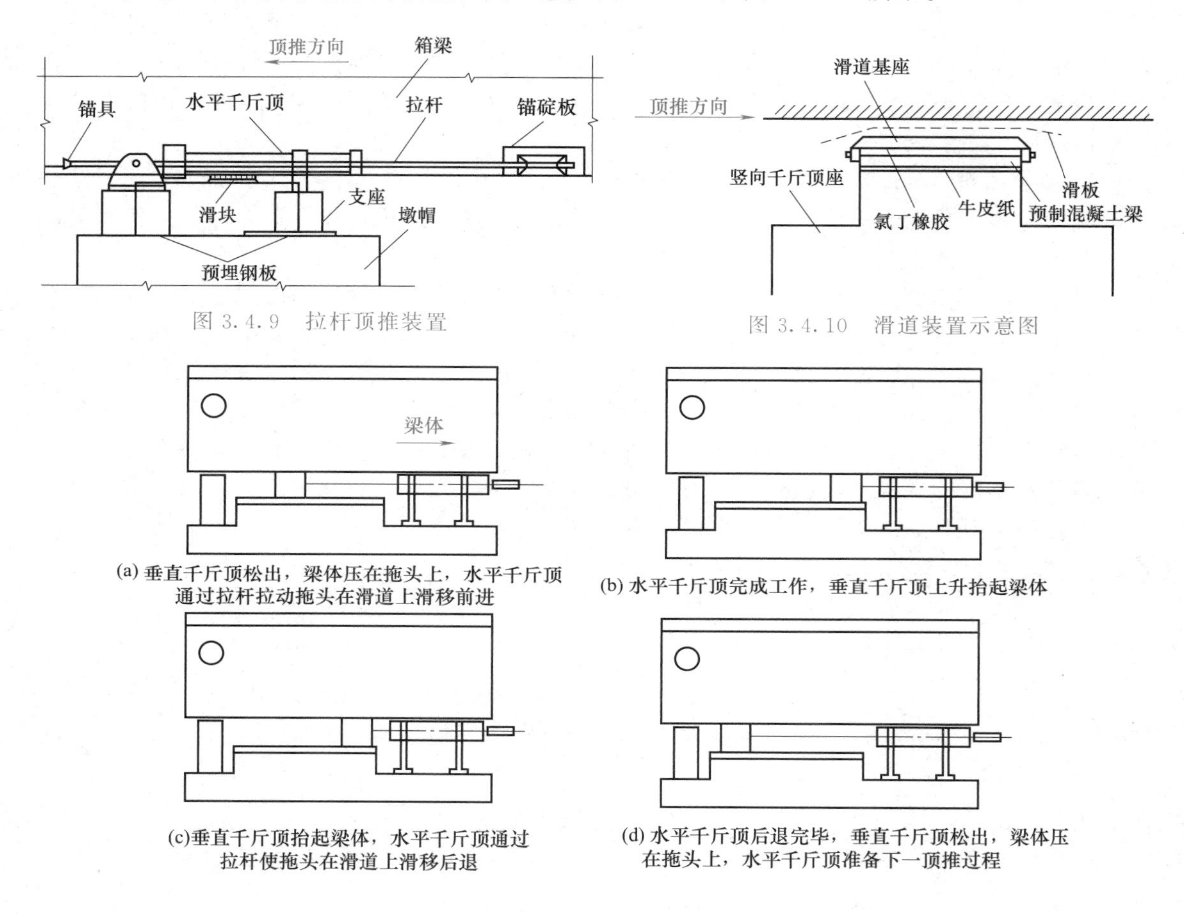

图 3.4.9 拉杆顶推装置

图 3.4.10 滑道装置示意图

图 3.4.11 顶推过程示意图

顶推施工时，梁应支承在滑动的支座上，以减少推进阻力，才能向前。顶推施工的滑道是在墩上临时设置的，用于滑移梁体和起到支承作用。主梁顶推就位后，拆除顶推设备，用数台大吨位竖向千斤顶同步将一联主梁顶起，拆除滑道及滑道底座混凝土垫块，安放正式支座，进行落梁就位。

多点顶推施工的关键在于需通过中心控制室控制启动、前进、停止和换向，适用于桥墩较高、截面尺寸又小的柔性墩施工。

（三）顶推施工关键工序

顶推施工法的一般施工工艺流程如图 3.4.12 所示。

1. 准备预制场地

预制场地应设在桥台后面桥轴线的引道或引桥，当为多联顶推时，为加速施工进度，可在桥两端均设场地，由两端相对顶推。预制场地的长度应考虑梁段悬出时反压段的长度、梁段底板与腹（顶）板预制长度、导梁拼装长度和机具设备材料进入预制作业线的长度；预制场地的宽度应考虑梁段两侧施工作业的需要。

预制场地上宜搭设固定或活动的作业棚，其长度宜大于2倍预制梁段长度，使梁段作业不受天气影响，并便于混凝土养护。

在桥端路基上或引桥上设置预制台座时，其地基或引桥的强度、刚度和稳定性应符合设计要求，并应做好台座地基的防水、排水设施，以防沉陷。在荷载作用下，台座顶面变形不应大于2mm。台座的轴线应与桥梁轴线的延长线重合，台座的纵坡应与桥梁的纵坡一致。

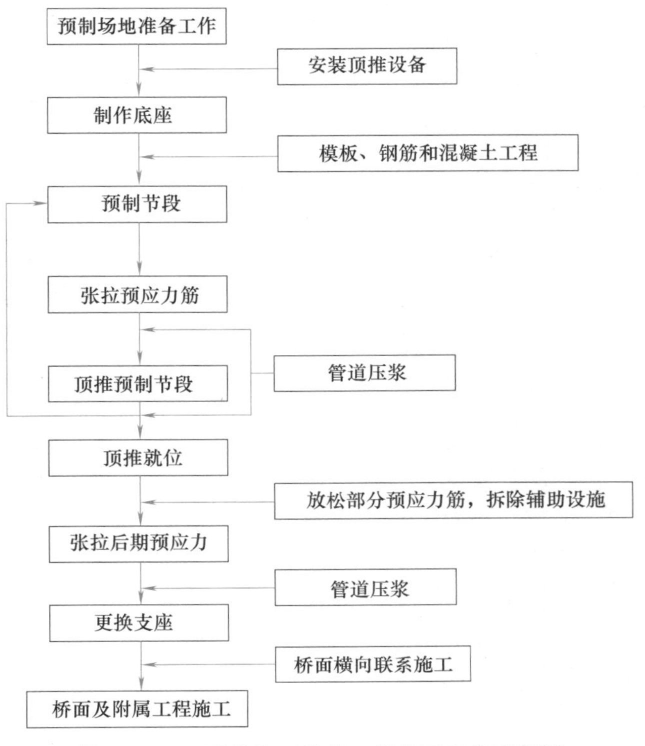

图 3.4.12 顶推施工法的一般施工工艺流程图

2. 预制及养护梁段

模板一般宜采用钢模板，底模与底架连成一体并可升降，侧模宜采用旋转式的整体模板，内模板采用安装在可移动的台车上的升降旋转整体模板。钢筋工程应做好接缝处纵向钢筋的搭接，模板应保证刚度和制作精度，混凝土可采用全断面整段浇筑或两次浇筑，支座位置处的隔板在整个梁顶推到位并完成解联后进行浇筑，振捣时应避免振动器碰撞预应力筋管道、预埋件等。

3. 施加梁段预应力

梁段预应力束的布置和张拉次序、临时束的拆除次序等，应严格按照设计规定执行。在桥梁顶推就位后需要拆除的临时预应力束张拉后不应灌浆，锚具外露出的多余预应力束不必切除。梁段间需连接的永久预应力束，应在梁端间留出适当空间，用预应力束连接器连接，张拉后用混凝土填塞。

预制梁段的技术要求：底板平整度，要有一定的刚度和硬度；严格控制钢筋、预应力筋孔道、预埋件的位置；严格控制混凝土的浇筑质量，尽可能采用机械化装拆模板。

4. 运输与吊装梁段

梁段现场拼装平台与现浇连续箱梁台座相同，也可采用间歇式临时墩组成，确保梁段在拼装机顶推过程中不发生失稳沉降和偏斜。梁段在拼装过程中应确保各制作节段相对位置准确，及时检查与纠正。

5. 架设导梁

导梁宜为钢导梁（钢横梁、钢框梁、贝雷梁或钢桁架）。采用在分联顶推时，其与顶推的连接方式应符合设计要求。

6. 设置临时墩及平台

当跨径较大时，为减小顶推时梁的内力，宜设置临时墩。城市桥梁工程临时墩的设置应考虑桥下交通、拆除等综合因素。临时墩需有足够的刚度来承受顶推时产生的水平推力，并在最大竖向荷载作用下不产生较大沉降。临时墩通常只设置滑道，需设置顶推装置时，应通过计算确定。

7. 顶推梁段

顶推施工前应对顶推设备、千斤顶、油泵、控制装置及梁段中线、各滑道顶面标高等进行检查。做好顶推各项准备工作后，方可进行顶推。根据施工组织设计要求安装顶推泵站，顶推泵站宜采用变量泵站、分级调压、集中控制，使各千斤顶同步、有序、高效地进行顶推施工。

第三节 » 悬臂法施工

悬臂法施工也称分段施工法。悬臂法施工是以桥墩为中心向两岸对称地逐节悬臂接长的施工方法。

悬臂法施工最早主要用于修建预应力 T 形刚构桥。后来由于其优越性，被推广用于预应力混凝土悬臂梁桥、连续梁桥、斜腿刚构桥、桁架桥、拱桥及斜拉桥等。随着桥梁事业的发展，尤其是近年来悬臂法施工在国内外大跨径预应力混凝土桥梁中得到了广泛采用。目前，悬臂法施工是连续梁桥、连续刚构桥、斜拉桥最普遍的方法。

悬臂法施工不需大量施工支架和临时设备，不影响桥下通航、通车，不受季节、河流水位的影响。该方法具有如下特点：

(1) 预应力混凝土连续梁及悬臂梁桥采用悬臂施工时需进行体系转换，即在悬臂施工时，梁墩采取临时固结，结构为 T 形刚构。合龙前，撤除梁墩临时固结，结构呈悬臂梁受力状态，合龙后即形成连续梁体系。设计时应对施工状态进行配束验算。

(2) 桥跨间不需搭设支架，施工不影响桥下通航或行车。施工过程中，施工机具和人员等的重力全部由已建梁段承受；随着施工的进展，悬臂逐渐延伸，机具设备也逐步移至梁端，需用支架做支撑。所以悬臂法施工可应用于通航河流及跨线立交大跨径桥梁。

(3) 多孔桥跨结构可同时施工，加快施工进度。

(4) 悬臂法施工充分利用了预应力混凝土承受负弯矩能力强的特点，将跨中正弯矩转移为支点负弯矩，使桥梁跨越能力提高，并适合变截面桥梁的施工。

(5) 悬臂法施工用的悬拼起重机或挂篮设备可重复使用，施工费用较省，可降低工程造价。

悬臂法施工按悬臂接长的方式不同，一般分为悬臂浇筑法和悬臂拼装法。悬臂浇筑法是在桥墩两侧对称逐段就地浇筑混凝土，待混凝土达到一定强度后，张拉预应力筋，移动机具、模板继续施工。悬臂拼装法则是将梁体按节段预制，从桥墩两侧依次对称安装节段块件，张拉预应力筋，使悬臂不断接长，直至合龙。

1. 悬臂浇筑法

悬臂浇筑（简称悬浇）采用移动式挂篮作为主要施工设备，以桥墩为中心，利用挂篮对称向两岸浇筑梁段混凝土，待混凝土达到要求强度后，张拉预应力束，再移动挂篮，进行下一节段的施工。

悬臂浇筑每个节段长度一般为 2～5m，节段过长，将增加混凝土自重及挂篮结构重力，同时还要增加平衡重及挂篮后锚设施；节段过短，影响施工进度。所以施工时应根据设备情况及工期，选择合适的节段长度。

3.4.4 悬臂浇筑法施工

悬臂浇筑法（图 3.4.13）是桥梁施工中难度较大的施工工艺，需要一定的施工设备及一支熟悉悬臂浇筑工艺的技术队伍。由于 80%左右的大跨径桥梁均采用悬臂浇筑法施工，因此通过大量实桥施工，悬臂浇筑施工工艺日趋成熟。下面按悬浇施工程序、0 号块施工、梁墩临时固结、施工挂篮、浇筑

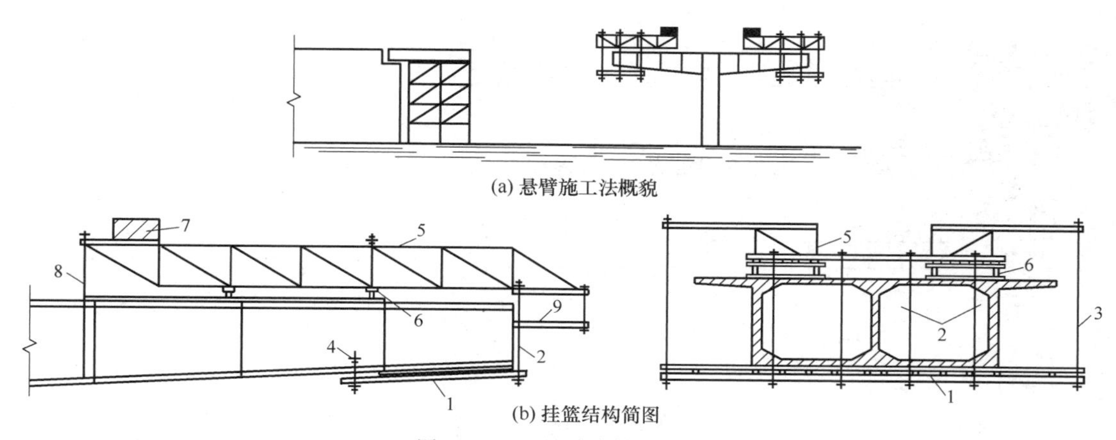

图 3.4.13 悬臂浇筑法施工

1—底模架；2～4—悬吊系统；5—承重结构；6—行走系统；7—平衡重；8—锚固系统；9—工作平台

梁段混凝土、结构体系转换、合龙段施工及施工控制几个方面进行详细介绍。

(1) 悬臂浇筑施工程序。悬臂浇筑施工时，梁体一般要分四部分浇筑，如图 3.4.14 所示。Ⅰ为墩顶梁段（又称 0 号块），Ⅱ为 0 号块两侧对称分段悬臂浇筑部分，Ⅲ为边孔在支架上浇筑部分，Ⅳ为主梁跨中合龙段。主梁各部分的长度视主梁形式和跨径、挂篮的形式及施工周期而定。0 号块一般为 5～10m，悬浇分段一般为 3～5m，支架现浇段一般为 2～3 个悬臂浇筑分段长，合龙段一般为 1～2m。

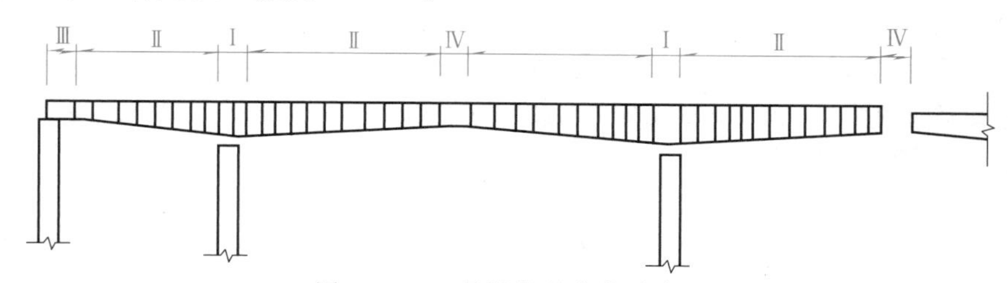

图 3.4.14 悬臂浇筑分段示意图

Ⅰ—墩顶梁段；Ⅱ—0 号块两侧对称分段悬臂浇筑部分；Ⅲ—支架浇筑梁段；Ⅳ—主梁跨中合龙段

施工程序一般如下：

① 在墩顶托架上浇筑 0 号块并实施墩梁临时固结系统。

② 在 0 号块上安装悬臂挂篮，向两侧依次对称地分段浇筑主梁至合龙段。

③ 在临时支架或梁端与边墩间临时托架上，支模板浇筑现浇梁段。当现浇梁段较短时，可利用挂篮浇筑；当与浇现梁段相接的连接桥采用顶推施工时，可将现浇梁段锚固在顶推梁前端施工，并顶推到位。此法不需要支撑，省料省工。

④ 主梁合龙段可在改装的简支挂篮托架上浇筑。多跨合龙段浇筑顺序按设计或施工要求进行。

(2) 0 号块施工。采用悬臂浇筑法施工时，墩顶 0 号块梁段在托架上立模现浇，并在施工过程中设置临时梁墩锚固，使 0 号块梁段能承受两侧悬臂施工时产生的不平衡力矩。大跨径预应力混凝土桥梁采用悬臂法施工，如结构采用 T 形刚构，因墩身与梁本身采用刚性连接，所以不存在梁墩临时固结问题。悬臂梁桥及连续梁桥采用悬臂法施工时，为保证施工过程中结构的稳定可靠，必须采取 0 号块梁段与桥墩间临时固结或支承措施。临时支座的作用是在施工阶段临时固结墩、梁，承受施工时由墩两侧传来的悬浇梁段荷载，在梁体合龙后便于拆除和体系转换。

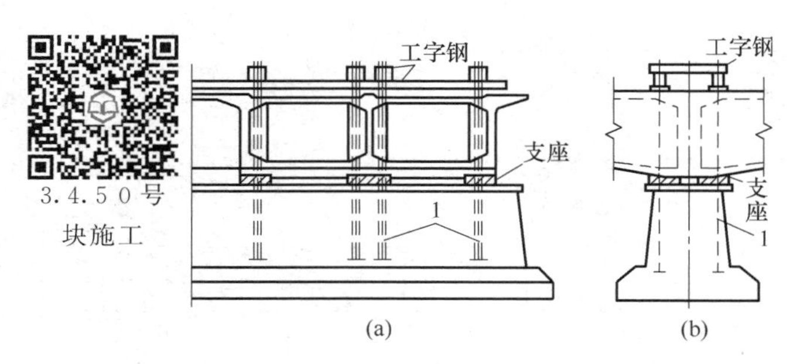

图 3.4.15　0号块梁段与桥墩的临时固结
1—预埋临时锚固用预应力筋

1）临时固结措施或支承措施有下列几种形式：

① 将0号块梁段与桥墩钢筋或预应力筋临时固结，待需要解除固结时切断，其布置如图 3.4.15 所示。

② 在桥墩一侧或两侧加临时支承或支墩，如图 3.4.16 所示。

③ 将0号块梁段临时支承在扇形或门式托架的两侧。

④ 临时支承可用10～20cm厚夹有电阻丝的硫磺砂浆层、砂筒或混凝土块等卸落设备，以使体系转换时，较方便地解除临时支承。

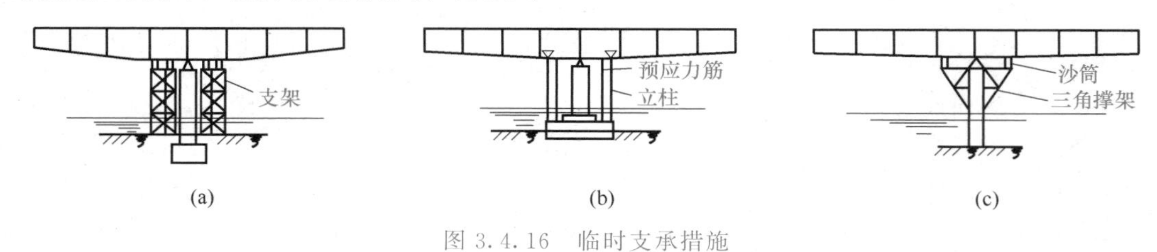

图 3.4.16　临时支承措施

2）临时固结是悬臂法施工的重要环节，临时固结体系应安全可靠，设计基本要求如下：

① 临时固结采用墩身外支架与预应力结合的固结体系，支架除应满足受力的需要强度、刚度外，还要保证在受力作用下的稳定。支架可以考虑和墩柱进行适当的连接，以保证整体的稳定性。

② 计算临时固结时应考虑±2.5%的已浇筑梁段的胀（缩）模系数、半个节段的不平衡荷载、挂篮前移差一个节段的不平衡荷载、10年一遇的风速及合龙过程中产生的不平衡力等各种工况及其组合。

③ 0号段浇筑时要严格控制浇筑的左右对称性。

④ 施工方应全程监测各个梁段的胀（缩）模情况及每节梁段的混凝土用量，并根据监测结果及时进行修正以保证浇筑精度。

⑤ 临时固结预应力及支架的拆除时间应根据施工顺序及合龙要求协调进行。

⑥ 临时固结预应力钢束锚固应满足受力要求及规范要求，张拉端锚下应设置局部承压钢筋网片，利用梁体局部承压，应对梁体采取补强措施。

由于0号梁段混凝土用量较大，且管道、钢筋密集，为减轻支架负担和保证混凝土浇筑质量，竖向可分层浇筑，但必须确保新老混凝土的结合质量，同时加强养护。当采用竖向分层浇筑并考虑底板与支架共同受力时，应验算底板钢筋应力及支架变形，必要时予以加强。

（3）挂篮施工。挂篮是悬臂浇筑施工的主要机具。它是一个能沿着轨道行走的活动脚手架，悬挂在已经张拉锚固的箱梁梁段上。悬臂浇筑时箱梁梁段的模板安装、钢筋绑扎、管道安装、混凝土浇筑、预应力张拉、压浆等工作均在挂篮上进行。当一个梁段的施工程序完成后，挂篮解除后锚，移向下一架段施工。所以挂篮既是空间的施工设备，又是预应力筋未张拉前梁段的承重结构。

挂篮结构的形式主要有桁架式、斜拉式、组合斜拉式和牵索式等。挂篮的构造如图 3.4.17 所示。

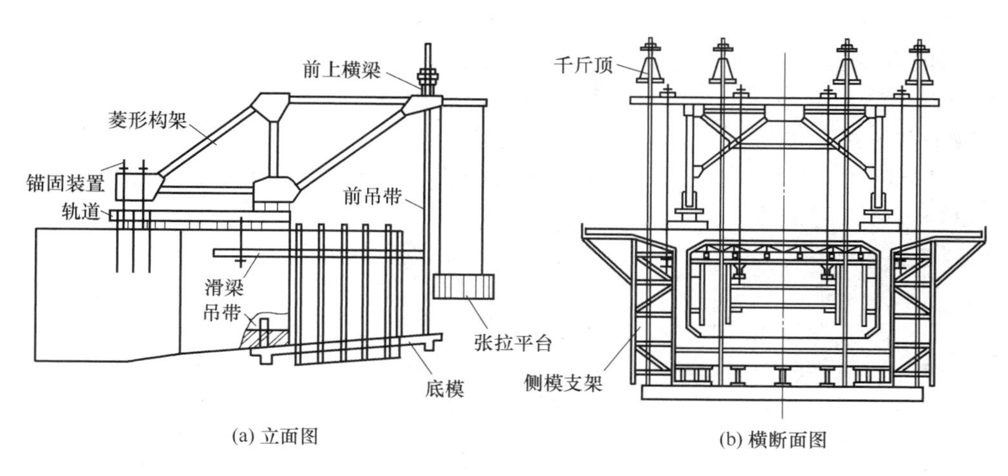

图 3.4.17　菱形桁架式挂篮的一般构造

① 挂篮的设计。挂篮的合理设计是保证施工质量、加快施工进度的重要因素。在设计中要求挂篮质量小、结构简单、受力明确、运行方便、坚固稳定、变形小、装拆方便，并尽量利用当地现有构件。

a. 设计时首先需确定悬浇的分段长度。分段长，节段数量少，挂篮周转次数少，施工速度快，但结构庞大，需要的施工设备相应较多；分段短，节段多，挂篮周转次数多，施工速度较慢，但结构较轻，相应的施工设备较少。因此悬浇长度应根据施工条件权衡利弊综合考虑确定。

b. 设计时，应考虑各项实际可能发生的荷载情况，进行最不利的荷载组合。设计荷载有：挂篮自重；模板支架自重（包括侧模、内模、底模和端模等）；振动器自重和振动力，千斤顶和液压泵及其他有关设备自重；施工人群荷载；最大节段混凝土自重等。

c. 挂篮横断面布置，一般取决于桥梁宽度和箱梁横断面形式。当桥梁横断面为单箱时，全断面用一个挂篮施工。当桥梁横断面为双箱时，一般采用两个挂篮分别施工，最后在桥面板处用现浇混凝土连接；有时为了加速施工，也可全断面采用一个挂篮。

d. 验算挂篮的抗倾覆稳定性能，确定结构整体的图式和尺寸以及后锚点的锚力等。

② 挂篮的选择。选择挂篮的形式主要考虑结构简单、自重轻、受力明确、变形较小、行走安全、装拆方便等方面因素。在一般情况下，尽量选择本单位的现有设备，保证施工质量，加速施工进度，达到投资较省的目的。

a. 满足梁段设计的要求，即满足梁体结构、形体、质量及设计对挂篮质量的要求。

b. 满足施工安全、高质量、低成本、短工期和操作简便的要求。

c. 采用万能杆件、贝雷桁架、六四军用桁架组拼的挂篮桁架，一般比型钢加工制作的挂篮成型快、设备利用率高、成本低；而自行加工或专业单位生产的挂篮虽一次性投入成本大，但常有节点少、变形小、质量轻、结构完善、施工灵活和适用性强的优点。

③ 挂篮的安装。

a. 挂篮组拼后，应全面检查安装质量，并做载重试验，以测定其各部位的变形量，且设法消除其永久变形。

b. 在起步长度内梁段浇筑完成并获得要求的强度后，在墩顶拼装挂篮。有条件时，应在地面上先进行试拼装，以便在墩顶熟练有序地开展挂篮拼装工作。拼装时应对称进行。

c. 挂篮的操作平台下应设置安全网，防止物件坠落，以确保施工安全。挂篮应呈全封闭形式，四周设围护，上下应有专用扶梯，方便施工人员上下挂篮。

d. 挂篮行走时，须在挂篮尾部压平衡重，以防倾覆。浇筑混凝土梁段时，必须在挂篮尾部将挂篮与梁进行锚固。

④ 挂篮试压。为了检验挂篮的性能和安全与否，并消除结构的非弹性变形，应对挂篮试压。试压通常采用试验台加压法、水箱加压法等。

⑤ 浇筑混凝土时消除挂篮变形的措施。每个悬浇段的混凝土一般均可两次或三次浇筑完成（混凝土数量少的也可一次浇筑完成）。为了使后浇混凝土不引起先浇混凝土的开裂，需采取可靠措施消除后浇混凝土引起的挂篮变形。

(4) 边跨现浇梁段施工、合龙段施工。边跨现浇段在落地支架上一次连续浇筑完成，落地支架应进行预压以确保安全和消除其非弹性变形，并应按实测的弹性变形量和施工控制要求，确定底模标高和预拱度。

边墩现浇段及其支承支架应适应由于温差而产生的主梁滑移要求，以防止现浇混凝土开裂，支架在近合龙段处应备有千斤顶用来调节标高；临时支架的强度、刚度、稳定性必须确保在水流、大风等作用下的安全。

① 边墩现浇段横梁预应力筋、钢筋密集，要注意混凝土振捣密实。

② 边墩要预留竖向标高调整措施，包括上、下两个方向的调整，同时考虑标高调整对支座转角的影响。

③ 合龙段混凝土强度达到80%时及时张拉预应力钢束。

④ 在悬臂梁端和边跨现浇段之间进行边跨合龙时安装合龙吊架，合龙技术要求同中跨合龙段。

(5) 中跨合龙段的施工。中跨合龙段（图3.4.18）可采用吊架浇筑，要求轻便、牢靠、安全，满足合龙段施工技术要求和工艺与构造要求。由于箱梁混凝土的收缩、徐变及自然条件的变化（如日照不均匀、昼夜之间的温差）等，在合龙段范围内相应要产生各种变形和内力。混凝土浇筑完毕，从初凝到混凝土结硬，直到张拉纵向连续束之前，上述变形及由于结构体系的变化在箱梁中引起的内力易使合龙段范围内混凝土开裂，为此，须采取措施予以防止。为了使结构在合龙段处变形协调，内力连续传递，改善上述不利影响，应在合龙段施工前提供箱梁挠度测量报告作为合龙施工的依据，并建议采用下列措施：

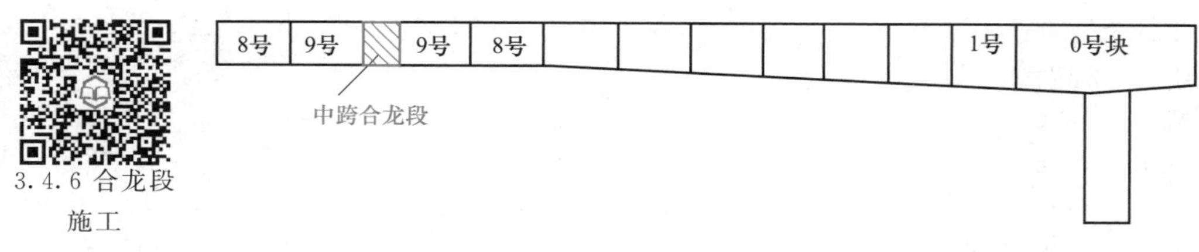

图3.4.18 中跨合龙段示意

① 在合龙段锁定前，需对悬臂断面进行一昼夜分时段连续观测。观测气温与悬臂端的标高变化、气温与梁体温度的关系等，为选择合龙口锁定方式作力学验算，为合龙锁定时间提供依据。

② 合龙段混凝土应采用早强微膨胀混凝土，通过试验掺入适量的微膨胀剂，并严格控制用水量，以减少混凝土的收缩影响。同时做好混凝土配合比试验，使混凝土在较短的时间内达到一定的强度。合龙段混凝土强度达到85%时及时张拉部分预应力钢束，其余钢束在

合龙段混凝土强度及刚度达到设计要求值的90%后张拉。

③ 为改善合龙前后结构的受力情况，在浇筑合龙段前，合龙段内应设置刚性支撑，利用强大钢梁将两悬臂端连接使合龙段范围内变形协调，并可传递内力。

④ 选择合理的浇筑时间。应在一天中平均温度较低、变化幅度较小时锁定合龙口并浇筑混凝土，以达到低温合龙的目的。

⑤ 合龙刚性支撑的焊接锁定要求迅速、对称地进行，保证焊缝质量。

⑥ 合龙段混凝土应覆盖密封、保温养护，其他处混凝土也应加强养护。保持箱梁混凝土的潮湿，适当降低合龙段以外箱梁顶面由于日照引起的温度差。

⑦ 要求事先与气象部门取得联系，了解浇筑合龙段期间的气温变化情况。在合龙段浇筑后的5～7天内应避免气温骤降的寒潮天气，并要求在寒潮到来前张拉一定数量的连续钢束，以保证合龙段两侧结构的整体性。施工单位应将中跨合龙作为专题研究，对混凝土配合比、合龙段内加强措施、合龙段连续束张拉及纵向临时固结释放时机等关键工艺，提出详细实施细则，并经监理等部门同意。

⑧ 合龙段（图3.4.19）的主要施工步骤如下。

a. 后移和拆除悬臂施工挂篮。

b. 在悬臂端加配重（水箱），合龙段两侧水箱的容水重力效应，相当于合龙段所说混凝土重力的效应。远端还应增加二分之一吊架模板重力。

c. 立模、绑扎钢筋及固定预应力管道，选择最佳合龙温度（设计要求14～18℃）。

d. 随即浇筑合龙段混凝土，同时水箱同步等效应放水，以保持悬臂端的稳定。

e. 待混凝土强度及混凝土龄期达到设计要求后，张拉合龙段及底板钢束。

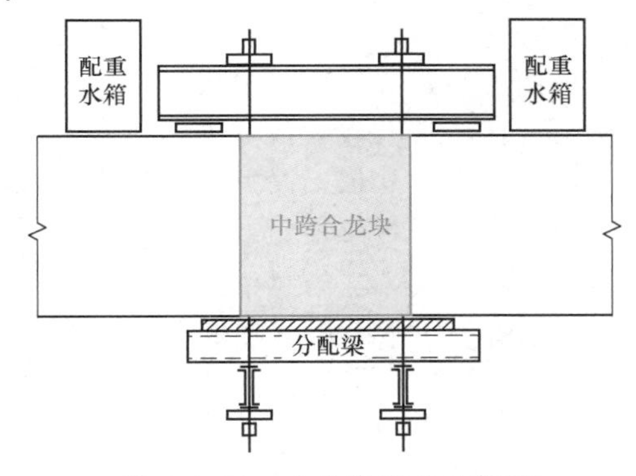

图3.4.19 合龙块施工示意图

f. 合龙段永久钢束张拉前，应采取有效遮阳措施尽量减小箱梁挑臂上、下侧的日照温差。

(6) 施工控制。不论悬臂浇筑还是悬臂拼装，都属于自架设方式施工，且已成结构的状态（包括受力、变形）具有不可调整性，所以施工控制主要采用预测控制法。施工控制主要体现在施工控制模拟结构分析、施工监测（包括结构变形与应力监测等）、施工误差分析及后续施工状态预测几个方面。施工成败的关键在于临时锚固的可靠性，施工过程中的应力、变形与标高是否满足要求以及体系转换的实施。

对于分节段悬臂浇筑施工的桥梁来说，施工控制就是根据施工监测所得的结构参数真实值进行施工阶段计算，确定出每个悬臂浇筑节段的立模标高，并在施工过程中根据施工监测的成果对误差进行分析、预测和对下一立模标高进行调整，以此来保证成桥后桥面线形、合龙段两悬臂端标高的相对偏差不大于规定值以及结构内力状态符合设计要求。

悬臂浇筑的施工控制计算除了必须满足与实际施工方法相符合的基本要求外，还要考虑诸多相关的其他因素，例如施工方案、计算图式、非线性影响、预加应力影响、混凝土收缩及徐变的影响、温度、施工进度等。

① 施工方案。由于施工桥梁的恒载内力与施工方法和架设程序密切相关，因此施工控制计算前应首先对施工方法和架设程序作一番较为深入的研究，并对主梁架设期间的施工荷载给出一个较为精确的数值。

② 计算图式。悬臂浇筑一般要经过墩梁固结—悬臂施工—合龙—解除墩梁固结—合龙的过程。在施工过程中结构体系不断地发生变化，因此在各个施工阶段应根据符合实际状况的结构体系和荷载状况选择正确的计算图式进行分析、计算。

③ 非线性影响。非线性对中小跨连续梁桥、连续刚构桥的影响可以忽略不计，但对于大跨径桥梁则有必要考虑非线性的影响。

④ 预加应力影响。预加应力直接影响结构的受力与变形。施工控制中应在设计要求的基础上，充分考虑预应力的实际施加程度。

⑤ 混凝土收缩、徐变的影响。连线梁桥、连续刚构桥必须计入混凝土收缩、徐变对变形的影响。

⑥ 温度。温度对结构的影响是复杂的，通常的做法是对季节性温差在计算中予以考虑，对日照温差则在观测中采取一些措施予以消除，减小其影响。

⑦ 施工进度。施工控制计算需按实际的施工进度以及确切的预计合龙时间分别考虑各个部分的混凝土徐变变形。

在主梁的悬臂浇筑过程中，梁段立模标高的合理确定，是关系到主梁线形是否平顺、设计是否合理的一个重要问题。如果在确定立模标高时考虑的因素比较符合设计，而且加以正确地控制，则最终桥面线形较好；如果考虑的因素与实际情况不符合，控制不力，将会导致桥面与设计线形有较大的偏差。

众所周知，立模标高并不等于设计中桥梁建成后的标高，总要有一定的预拱度，以抵消施工中产生的各种变形。其计算公式如下：

$$H_{l\mathrm{m}i}=H_{\mathrm{sj}i}+\sum f_{1i}+\sum f_{2i}+f_{3i}+\sum f_{4i}+f_{5i}+f_{\mathrm{g}l}+\Delta h_{i-1} \tag{3.4.1}$$

式中 $H_{l\mathrm{m}i}$——i 节段立模标高（节段上某确定位置）；

$H_{\mathrm{sj}i}$——i 节段设计标高；

$\sum f_{1i}$——由各节段自重在 i 节段产生的挠度之和；

$\sum f_{2i}$——由张拉各节段预应力在 i 节段产生的挠度之和；

f_{3i}——混凝土收缩、徐变在 i 节段引起的挠度；

$\sum f_{4i}$——施工临时荷载在 i 节段引起的挠度之和；

f_{5i}——使用荷载在 i 节段引起的挠度；

$f_{\mathrm{g}l}$——挂篮变形值；

Δh_{i-1}——梁段实测高程与设计高程施工累积误差的调整值。

其中挂篮变形值是根据挂篮加载试验，综合各测试结果，绘制出挂篮荷载-挠度曲线，进行内插而得到的。

悬臂浇筑必须对称进行，并确保轴线和挠度达到设计要求及在允许误差范围内。

2. 悬臂拼装法施工

3.4.7 悬臂拼装法施工

悬臂拼装法（简称悬拼）是悬臂法施工的一种，是利用移动式悬拼起重机将预制梁段起吊至桥位，采用环氧树脂胶和预应力钢丝束连接成整体。它采用逐段拼装，一个节段张拉锚固后，再拼装下一节段。悬臂拼装的分段，主要取决于悬拼起重机的起重能力，一般节段长 2～5m。节段过长则自重大，需要悬拼起重机起重能力大；节段过短则拼装接缝多，工期也延长。一般在悬臂根部，因截面积较大，预制长度比较短，以后逐渐增长。悬拼施工适用于预制场地及运吊条件好，特别是工程量大和工期较短的梁桥工程。

悬拼和悬浇均是利用悬臂原理逐段完成全联梁体的施工，不同的是，悬浇是以挂篮为支承进行主段浇筑，悬拼是以起重机逐段完成梁体拼装。实践表明，悬拼和悬浇、支架施工等施工方法相比除有许多共同优点外，还有以下特点。

（1）进度快。传统的悬浇法浇筑一节段梁周期在天气好时也需要1周左右；而采用悬拼法，梁体节段的预制可与桥梁下部构造施工同时进行，缩短了施工期，且拼装速度快。

（2）制梁条件好，混凝土质量高。悬拼法将大跨度梁化整为零，在地面预制施工，预制场或工厂化的梁体节段预制有利于整体施工的质量，操作方便、安全。悬浇的混凝土有时会因达不到强度而造成事故，处理起来较麻烦，若延误了工期，损失较大。采用悬拼法，节段梁在地面有足够的时间，可以想办法弥补工程施工中的不足。

（3）收缩、徐变变形小。预制梁段的混凝土龄期比悬浇成梁长，从而减少了悬拼成梁后混凝土的收缩和徐变。

（4）线形好。节段预制采用长线法，长线法是在按梁底曲线制作的固定底模上分段浇筑混凝土的方法，能保证梁底线形。

（5）适合多跨梁施工。桥梁跨度越大、桥跨越多，则越能体现悬拼法的优越性，也就越经济。

悬拼施工工序主要包括：梁体节段的预制、移位、堆放、运输；梁段起吊拼装；悬拼梁体体系转换；合龙段施工。

（1）梁段预制　悬臂拼装的0号块，大多采用就地现场浇筑施工，也有采用预制装配的。由于0号块梁高度最大，质量也大，可分数段预制吊装。

悬拼施工是根据起吊能力沿纵轴向将梁分成适当长度的节段，在工厂或桥位附近的预制场进行预制，然后运到桥位处用起重机进行拼装。节段预制的质量直接关系到梁段悬拼施工的质量和速度，因此预制时应严格控制梁段断面和形体的精确度，并充分注意预制场地的选择与布置、台座和模板支架的制作、工艺流程的拟订以及养护和储运的每一环节。梁段预制的方法通常有长线浇筑或短线浇筑的立式预制和卧式预制。

（2）块件运输　梁体节段自预制底座上出坑后，一般先存放在存梁场。拼装时节段由存梁场移至桥位处的运输方式，一般可分为场内运输、装船和浮运三个阶段。

（3）悬臂拼装

① 悬拼方法。悬臂拼装法是将预制好的梁段，用运输工具运到桥墩的两侧，然后通过悬臂梁上（先建好的梁段）的一对起吊机械，对称吊装梁段，待就位后再施加预应力，如此下去，逐渐接长，如图3.4.20（a）所示。用作悬臂拼装的机具很多，有移动式吊车、桁架式吊车、缆式起重机、汽车吊和浮吊等。

图3.4.20（b）是桁架式悬臂吊机构造示意图。它由纵向主桁架、横向起重桁架、锚固装置、平衡重、起重系统、行走系统和工作吊篮等部分组成。起重系统由电动卷扬机、吊梁扁担及滑车组等组成。吊机的整体纵移可采用钢管滚筒、在临时轨道上滚移、由电动卷扬机牵引等。工作吊篮挂在主桁前端的吊篮横梁上，供施工人员施加预应力和压浆等操作之用。这种吊机结构最简单，故使用最普遍。

图3.4.20（c）是菱形挂篮吊机构造示意图。它由菱形主体构架、支撑与锚固装置、起吊系统、自行走系统和工作平台等部分组成。相比于桁架式吊机的最大不同点是它具有自行前移的动能，可以加快施工速度。

② 悬臂接缝。悬臂拼装时，预制节段的接缝可采用湿接缝、胶接缝和干接缝。

a. 湿接缝：是在相邻节段间现浇一段10～20cm宽的高强度等级快凝水泥砂浆或小石子混凝土，将节段连接成整体。湿接缝常在就地浇筑的0号块与第一节段间使用，用以调整预制节段的准确位置，此时第一节段还需用吊机固定位置。桥墩构造设计时考虑支承第一节段，保证第一节段的位置准确。

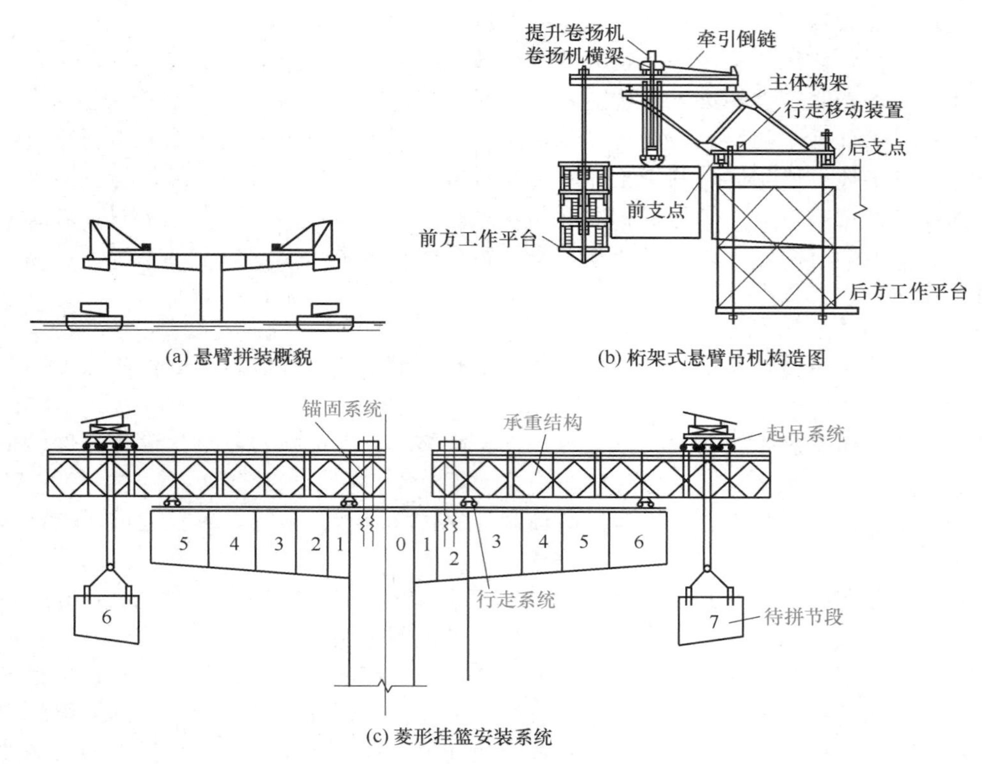

(a) 悬臂拼装概貌

(b) 桁架式悬臂吊机构造图

(c) 菱形挂篮安装系统

图 3.4.20 悬臂拼装法施工

b. 胶接缝：常用厚 1mm 左右的环氧树脂水泥在节段接触面上涂一薄层，采用 0.2～0.25MPa 的预应力拼压，将相邻节段连成整体。环氧树脂水泥在施工中起润滑作用，使接缝密贴，完工后可提高结构的抗剪能力、整体刚度和不透水性，常在节段间接缝中使用。

c. 干接缝：是相邻节段拼装时，接缝间无任何填充料，直接将两端面贴合。接缝上的内力通过预应力及肋板上的齿形键传递。

通常情况下，与 0 号块连接的第一对块件采用伸出钢筋焊接的湿接缝，一般不宜采用干接缝。干接缝节段密贴性差，接缝中水汽浸入会导致钢筋锈蚀。

③ 钢丝束张拉。钢丝束张拉前首先要确定合理的张拉次序，以保证箱梁在张拉过程中每批张拉合力都接近该断面钢丝束总拉力重心处。

钢丝束张拉次序的确定与箱梁横断面形式、同时工作的千斤顶数量、是否设置临时张拉系统等因素关系很大。在一般情况下，纵向预应力钢丝束的张拉次序按以下原则确定：

a. 对称于箱梁中轴线，钢束两端同时成对张拉。

b. 先张拉肋束，后张拉板束。

c. 肋束的张拉次序是先张拉边肋，后张拉中肋（若横断面为三根肋，仅有两对千斤顶时）。

d. 同一肋上的钢丝束先张拉下边的，后张拉上边的。

e. 板束的次序是先张拉顶板中部的，后张拉边部的。

悬臂拼装的预应力施工除应符合后张法预应力施工的规定外，还应符合下列规定：

a. 对采用胶接缝的节段，在拼装工作结束并经检查符合要求后，应立即施加预应力对接缝进行挤压；对采用湿接缝的节段，在接缝混凝土强度达到设计强度的 80%以上后方可对其施加预应力。

b. 临时预应力钢束的布置和张拉控制应力应符合设计规定，并应满足多次重复张拉的作业要求；临时预应力钢束在结构永久预应力施工完成后方可拆除。

c. 节段对称悬臂拼装完成并施加预应力后，方可放松起吊吊钩，并应立即对预应力孔道进行压浆和封锚。

d. 对梁顶面明槽内已张拉的预应力钢束应加以保护，严禁在其上堆放物体或抛物撞击。

思 考 题

1. 简述装配式构件的预制工艺。
2. 岸上或浅水区预制梁的安装可采用哪些方法？
3. 简述有支架就地浇筑预应力混凝土连续梁桥施工工艺。
4. 简述移动模架法施工工艺。
5. 什么是顶推施工法？
6. 悬臂法施工的特点有哪些？悬臂法施工分哪几类？

第五章 桥面及附属工程施工

【知识目标】

- 了解桥面系类型。
- 了解支座安设方法。
- 了解其他桥面附属工程施工。
- 熟悉伸缩装置类型。
- 熟悉桥面铺装工艺。

【能力目标】

- 对桥面及附属工程施工熟悉即可。

桥面系包括桥面铺装层、伸缩缝装置、桥面连续装置、防水和排水系统、支座、桥面防护设施（防撞护栏或人行道栏杆、灯柱等）、桥头搭板等，是桥梁服务车辆、行人实现其功能的最直接部分，其施工质量不仅影响桥梁的外形美观而且关系到桥梁的使用寿命、行车安全及舒适性，因而必须引起重视。桥面横断面构造见图 3.5.1。

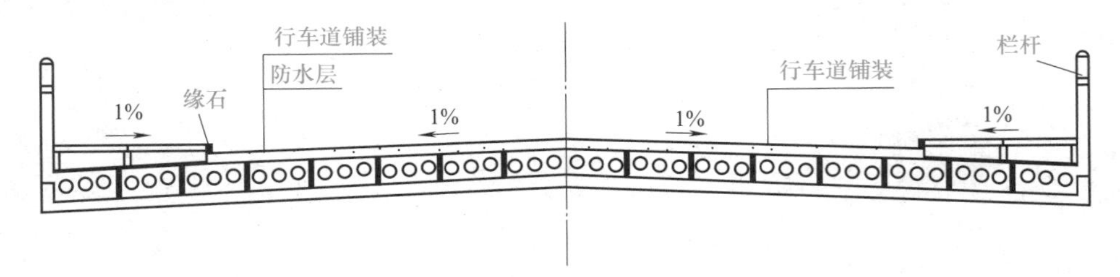

图 3.5.1 桥面横断面构造

第一节 支座安设

目前国内桥梁上使用较多的是橡胶支座，有普通板式橡胶支座、聚四氟乙烯板式橡胶支座和盆式橡胶支座三种。前两种用于反力较小的中小跨径桥梁，后一种用于反力较大的大跨径桥梁。

一、板式橡胶支座的安设

板式橡胶支座是由多层天然橡胶与薄钢板镶嵌、黏合、硫化而成的一种桥梁支座产品。板式橡胶支座有普通板式橡胶支座和四氟板式橡胶支座之分。该种类型的橡胶支座有足够的竖向刚度来承受垂直荷载，且能将上部构造的压力可靠地传递给墩台；有良好的弹性来适应梁端的转动；有较大的剪切变形来满足上部构造的水平位移。

板式橡胶支座在安装前应进行全面检查和力学性能检验，包括支座长、宽、厚、硬度（邵氏）、允许荷载、允许最大温差及外观检查等。检查结果如不符合设计要求，不得使用。支座安装时，支座中心尽可能对准梁的计算支点，必须使整个橡胶支座的承压面上受力均匀。为此，应注意下述几点：

3.5.1 板式橡胶支座施工

(1) 安装前应将墩、台支座支垫处和梁底面清洗干净，去除油垢，用水胶比不大于 0.5 的 1∶3 水泥砂浆仔细抹平，使其顶面标高符合设计要求。

(2) 支座安装尽可能安排在接近年平均气温的季节里进行，以减少由于温差变化过大而引起的剪切变形。

(3) 梁、板安放时，必须细致稳妥，使梁、板就位准确且与支座密贴，勿使支座产生剪切变形；就位不准时，必须吊起重放，不得用撬杠移动梁、板。

(4) 当墩台两端标高不同，顺桥向或横桥向有坡度时，支座安装必须严格按设计规定处理。

(5) 支座周围应设排水坡，防止积水，并注意及时清除支座附近的尘土、油脂与污垢等。

二、盆式橡胶支座的安设

盆式橡胶支座是钢构件与橡胶组合而成的新型桥梁支座，与同类的其他型号盆式支座和铸钢辊轴支座相比，具有承载能力大、水平位移量大、转动灵活等优点。

盆式橡胶支座（图 3.5.2）是由上座板、密封圈、橡胶板、底盆、地脚螺栓和防尘罩等组成的。

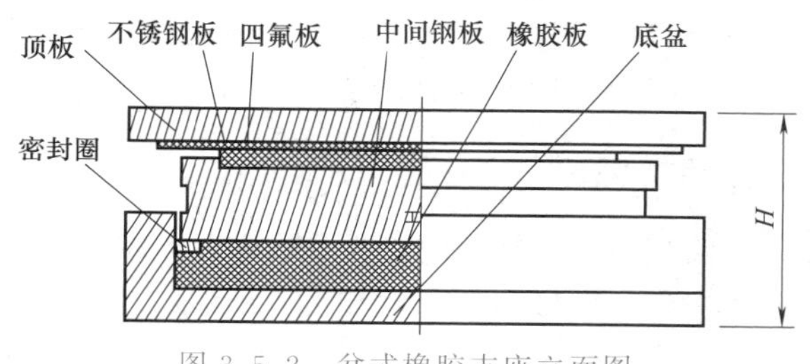

图 3.5.2　盆式橡胶支座立面图

盆式橡胶支座顶、底面积大，支座下埋设在桥墩顶的钢垫板面积也较大，浇筑墩顶混凝土时，必须采取特殊措施，使垫板下混凝土能浇筑密实。盆式橡胶支座的主要部分是聚四氟乙烯板与不锈钢板的滑动面以及密封在钢盆内的橡胶垫块，两者都不能有污物和损伤，否则容易降低使用寿命，增大摩擦系数。

盆式橡胶支座各部件的组装应满足的要求是：在支座底面和顶面（埋置于墩顶和梁底面）的钢垫板必须埋置密实，垫板与支座间应平整密贴，支座四周探测不得有 0.3mm 以上的缝隙；支座中线、水平、位置偏差不大于 2mm；活动支座的聚四氟乙烯板和不锈钢板不得有刮伤、撞伤，氯丁橡胶板块密封在钢盆内，安装时应排除空气、保持密封；支座组拼要保持清洁。施工时应注意下列事项：

(1) 安装前应用丙酮或酒精将支座的各相对滑移面和其他部分擦拭干净。

(2) 支座的顶板和底板可用焊接或锚固螺栓连接在梁体底面和墩台顶面的预埋钢板上。采用焊接时，应防止烧坏混凝土，安装锚固螺栓时，其外露螺杆的高度不得大于螺母的厚度；上下支座安装顺序，宜先将上座板固定在大梁上，然后根据其位置确定底盆在墩台的位置，最后予以固定。

(3) 安装支座的标高应符合设计要求，平面纵横两个方向应水平。支座承压≤5000kN 时，其四角高差不得大于 1mm；支座承压>5000kN 时，不得大于 2mm。

(4) 安装固定支座时，其上下各个部件纵轴线必须对正；安装纵向活动支座时，上下各部件纵轴线必须对正，横轴线应根据安装时的温度与年平均的最高、最低温差，由计算确定其错位的距离。支座上下导向挡块必须平行，最大偏差的交叉角不得大于 5′。

另外，桥梁施工期间，混凝土将由于预应力和温差引起弹性压缩、徐变和伸缩而产生位移量，因此，要在安装活动支座时，对上下板预留偏移量，使桥梁建成后的支座位置能符合设计要求。

三、其他支座的安设

对于跨径较小（10m 左右）的钢筋混凝土梁（板）桥，可采用油毡、石棉垫或铅板支座。安设这类支座时，应先检查墩台支承面的平整度和横向坡度是否符合设计要求，否则应修凿平整并以水泥砂浆抹平，再铺垫油毡、石棉垫或铅板。梁（板）就位后，梁（板）与支承间不得有空隙和翘动现象，否则将发生局部应力集中，使梁（板）受损，也不利于梁（板）的伸缩与滑动。

第二节 伸缩缝装置及其安装

桥梁伸缩装置是为了使车辆平稳通过桥面并满足桥面变形的需要，在桥面伸缩接缝所设置的各种装置的总称。

一、伸缩装置的作用

伸缩装置应能满足梁体的自由伸缩，并要求具有良好的耐久性、车辆行驶的舒适性、良好的防水性以及施工的方便性。在桥梁结构中，伸缩装置要适应梁的温度变化、混凝土的收缩与徐变引起的伸缩、梁端的旋转以及梁的挠度等因素引起的接缝变化等。

二、伸缩装置的分类

目前我国常用的伸缩装置按照传力方式和构造特点大致可分为对接式、钢制支撑式、橡胶组合剪切式、模数支撑式和无缝式五大类，详见表 3.5.1。下面仅简单介绍钢板伸缩装置。

表 3.5.1 常用的伸缩装置

类别	形式	种类示例	说明
对接式	填塞对接型	沥青/木板填塞型、U 形镀锌铁皮型、矩形橡胶条型、组合式橡胶条型、管形橡胶条型	以沥青、木板、麻絮、橡胶等材料填塞缝隙的构造(在任何状态下都处于压缩状态)
	嵌固对接型	W 型、SW 型、M 型、SD Ⅱ 型、PG 型、FV 型、GNB 型、GQF-C 型	采用不同形状的钢构件将不同形状橡胶条(带)嵌固,以橡胶条(带)的拉压变形吸收梁变位的构造
钢制支撑式	钢制型	钢梳齿板型	采用面层钢板或梳齿钢板的构造
		钢板叠合型	
橡胶组合剪切式	板式橡胶型	BF 型、JB 型、JH 型、SD 型、SC 型、SB 型、SG 型、SEG 型、SEJ 型、UG 型、BSL 型	将橡胶材料与钢件组合,以橡胶的剪切变形吸收梁的伸缩变位,桥面板缝隙支撑车轮荷载的构造
		CD 型	
模数支撑式	模数式	TS 型、J-75 型、SSF 型、SG 型、XF 斜向型、GQF-MZL 型	采用异型钢材或钢组焊件与橡胶密封组合的支承式结构
无缝式	暗缝型	GP 型(桥面连续)、TST 弹塑体、EPBC 弹性体	路面施工前安装的伸缩构造,作为伸缩体吸收梁体变形

三、钢板伸缩装置

1. 梳形钢板伸缩装置

（1）梳形钢板伸缩装置组成。梳形钢板伸缩装置由梳形板、锚栓、垫板、锚板、封头板及排水槽等组成，有的还在梳齿之间填塞合成橡胶，以起防水作用。图 3.5.3 为一梳形钢板伸缩装置的构造实例。

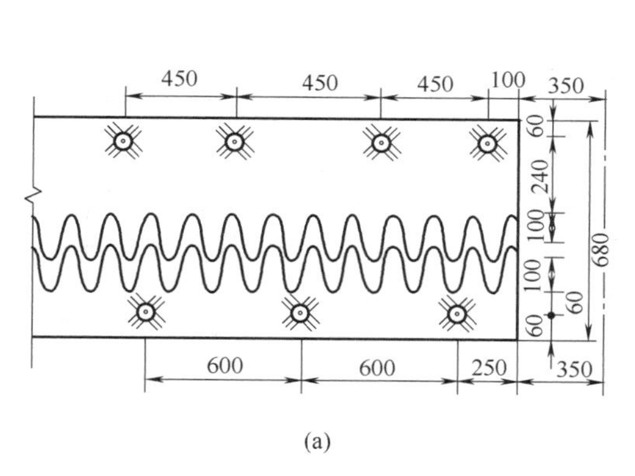

(a)

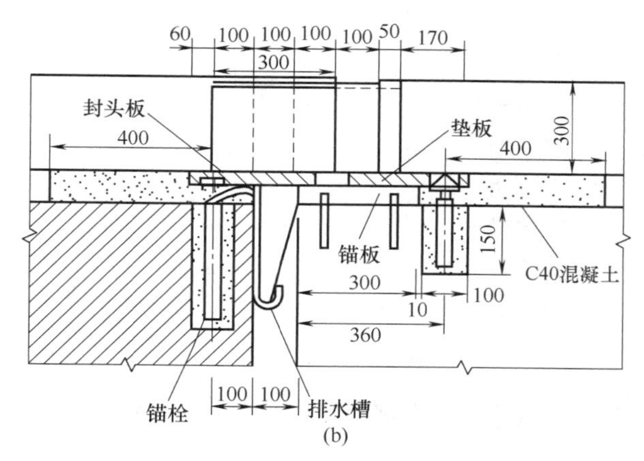

(b)

图 3.5.3　梳形钢板伸缩装置

（2）梳形钢板伸缩装置安装。安装梳形钢板伸缩装置时，首先应按设计高程将锚栓预埋入预留孔内，然后焊接锚板，并调整封头板使之与垫板齐平，最后再安装梳形板和浇筑混凝土。

安装程序为：桥面整体铺装→切缝→缝槽表面清理→将构件放入槽内→用定位角铁固定构件位置及高程→布设焊接锚固筋、在混凝土接缝表面涂底料→浇筑树脂混凝土→及时拆除定位角铁→养生→填缝→结束。

安装时要将构件固定在定位角铁上，以保证安装精度，并应防止产生梳齿不平、扭曲及其他变形，要严格控制好梳齿间的横向间隙。构件的位置固定好后，可进行锚固系统的树脂混凝土浇筑。为使锚固系统牢固可靠，要配置较多的连接筋及钢筋网，这将给混凝土的浇筑带来不便，故浇筑混凝土时要认真细致，尤其是对角隅周围的混凝土一定要振捣密实，不得有空洞。为使混凝土中的空气能顺利排出，可在钢梳齿根部钻适量 ϕ20mm 的小孔。混凝土浇筑完成后，应及时将定位角铁拆除，以保证伸缩装置在温度变化时能自由伸缩。

2. 滑动钢板伸缩装置

滑动钢板伸缩装置，一侧用螺栓锚定牵引板，另一侧搁置在桥台边缘处的角钢上，角钢与牵引板间设置滑板，用钢板的滑动适应结构的伸缩。缝间可填充压缩材料或加设盖板，如图 3.5.4 所示。滑动钢板通过橡胶垫块始终紧压在护缘角钢上，这样既消除了不利的拍击作用，又显著减小了车辆的冲击作用。

3.5.2 桥梁梳形伸缩缝施工

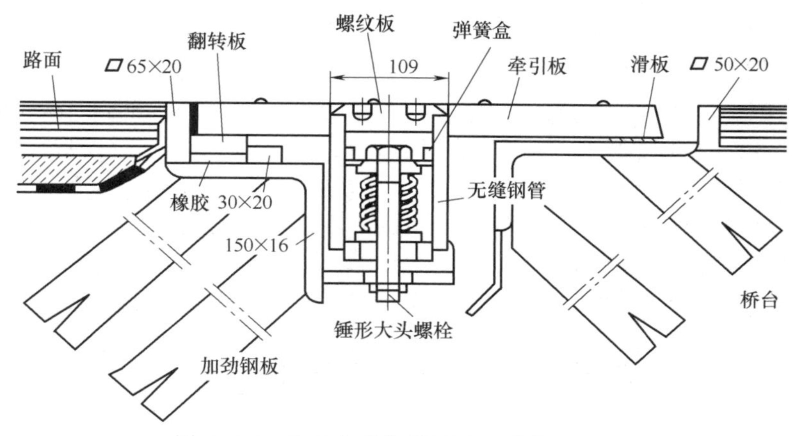

图 3.5.4　滑动钢板伸缩装置（单位：mm）

第三节 桥面铺装层施工

桥面铺装层的作用是实现桥梁的整体化，使各片主梁共同受力，同时为行车提供平整舒适的行车道面。高等级公路及二、三级公路的桥面铺装层一般为两层，上层为4～10cm的沥青混凝土，下层为8～10cm的钢筋混凝土。钢筋混凝土增加桥梁的整体性，沥青混凝土提高行车的舒适性，同时能减轻车辆对桥梁的冲击和振动。四级公路或个别三级公路为减少工程造价，直接采用水泥混凝土桥面，也有三级公路在水泥混凝土桥面上铺设一层沥青碎石或沥青表处治，所以其结构形式应根据公路等级、交通量大小和荷载等级设计确定。现就钢筋混凝土和沥青混凝土铺装层分别介绍。

一、钢筋混凝土桥面铺装层施工

（1）梁顶标高的测定和调整。预应力混凝土空心板或大梁在预制后存梁期间由于预应力的作用，往往会产生反拱，如果反拱过大就会影响到桥面铺装层的施工，因此设计中对存梁时间、存梁方法都作出了要求。如果架梁前已发现反拱过大，则应采取降低墩顶标高、减少垫石厚度等方法，保证铺装层厚度。架梁后对梁顶标高进行测量，测定各跨中线、边线的跨中和墩顶处的标高，分析评价其是否满足规范要求；若偏差过大，则应采取调整桥面标高、改变引线纵坡等方法，以保证铺装层厚度，使桥梁上部结构形成整体。

（2）梁顶处理。为了使现浇混凝土铺装层与梁、板结合成整体，预制梁板时对其顶面进行拉毛处理，有些设计中要求梁顶每隔50cm设一条1～1.5cm深的齿槽。浇筑前要用清水冲洗梁顶，不能留有灰尘、油渍、污渍等，并使板顶充分湿润。

（3）绑扎布设桥面钢筋网。按设计文件要求，下料制作钢筋网，用混凝土垫块将钢筋网垫起，满足钢筋设计位置及混凝土净保护层的要求。若为低等级公路桥梁，用铺装层厚度调整桥面横坡，横向分布钢筋要做相应弯折，与桥面横坡相一致。在两跨连接处，若为桥面连续，应同时布设桥面连续的构造钢筋；若为伸缩缝，要注意做好伸缩缝的预埋钢筋。

（4）混凝土浇筑。对板顶处理情况、钢筋网布设进行检查，满足设计和规范要求后，即可浇筑混凝土；若设计为防水混凝土，其配合比应满足规范要求。浇筑时由一端向另一端推进，连续施工，防止产生施工缝，并用平板式振捣器振捣，确保振捣密实。施工结束后注意养护，高温季节应采用草帘覆盖，并定时洒水养生，在桥两端设置隔离设施，防止施工或地方车辆通行，影响混凝土强度。待混凝土强度形成后，方能开放交通或铺筑上层沥青混凝土。

二、沥青混凝土面层施工

桥面沥青混凝土与同等级公路沥青混凝土路面的材料、工艺、施工方法相同，一般与路面同时施工。采用拌和厂集中拌和，现场机械摊铺，沥青材料及混合料的各项指标均应符合设计和施工规范要求。沥青混合料每日应做抽提试验（包括马歇尔稳定度试验），严格控制各种矿料和沥青用量及各种材料和沥青混合料的加热温度，用胶轮压路机进行碾压成型，碾压温度要符合要求。摊铺后进行质量检测，强度和压实度要达到规范要求。

注意铺装后桥面泄水孔的进水口应略低于桥面面层，以保证排水顺畅。

第四节 其他附属工程施工

桥面其他附属工程包括人行道、桥面防护（栏杆、防撞护栏）、泄水管、灯杆支座、桥面防水设施、桥头搭板等。高等级公路以及位于二、三级公路上的桥梁通常采用防撞护栏，而城市立交桥、城镇公路桥及低等级公路桥往往要考虑人群通行，设人行道。灯柱一般只在城镇内的桥梁上设置。

一、防撞护栏施工

边板（梁）预制时应在翼板上按设计位置预埋防撞护栏锚固钢筋，支设护栏模板时应先进行测量放样，确保位置准确。特别是位于曲线上的桥梁，应计算出护栏各控制点坐标，用全站仪逐点放样控制，使其满足曲线线形要求。绑扎钢筋时注意预埋防护钢管支撑钢板的固定螺栓，保证其牢固可靠。在有伸缩缝处，防撞护栏应断开，依据选用的伸缩缝形式，安装相应的伸缩装置。混凝土浇筑及养生与其他构件相同。

二、人行道、栏杆施工

人行道、栏杆通常采用预制块件安装施工方法，有些桥的人行道采用整块预制，分中块和端块两种，若为斜交桥，则其端块还要做特殊设计。块件预制时要严格按照设计尺寸制模成型，保证强度。大部分桥梁的人行道采用分构件预制法，一般分为挑梁A、挑梁B、路缘石、支撑梁、人行道板五部分，如图3.5.5所示。挑梁A、挑梁B、人行道板为预制构件，路缘石和支撑梁采用现浇施工。注意挑梁A上要留有槽口，保证立柱的安装固定。栏杆的造型多种多样，一般由立柱、扶手、栅栏等几部分组成，均为预制拼装。施工时应注意以下几点：

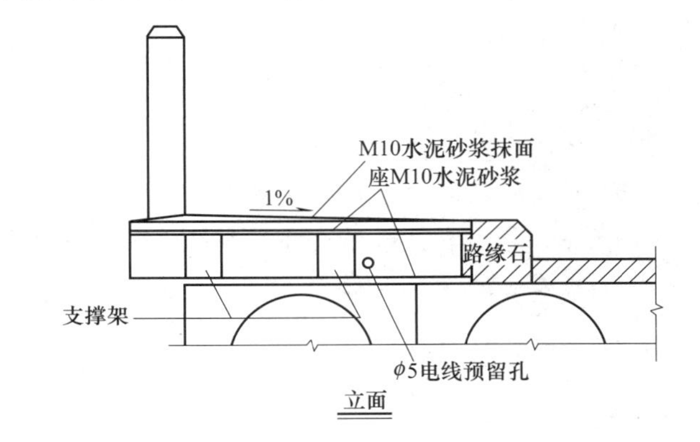

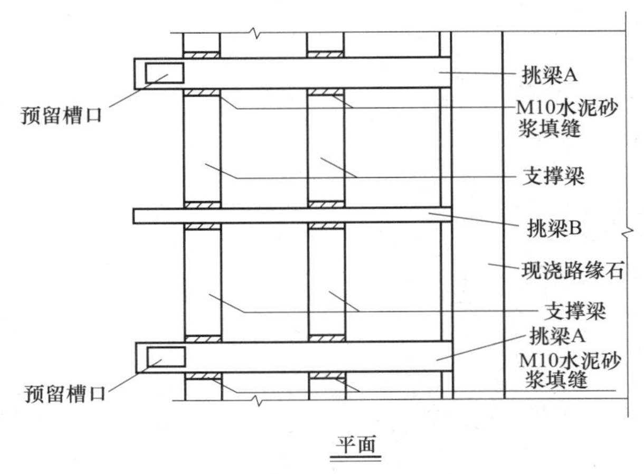

图3.5.5　分构件预制人行道构造图

（1）悬臂式安全带和悬臂式人行道构件必须与主梁横向连接或拱上建筑完成后才可安装。

（2）安全带梁及人行道梁必须安放在未凝固的M20黏稠水泥砂浆上，并以此来形成人行道顶面设计的横向排水坡。

（3）人行道板必须在人行道梁锚固后才可铺设，对设计无锚固的人行道梁，人行道的铺设应按照由里向外的次序。

（4）栏杆块件必须在人行道板铺设完毕后才可安装，安装栏杆柱时，必须全桥对直、校平（弯桥、坡桥要求平顺）、竖直后用水泥砂浆填缝固定。

（5）在安装有锚固的人行道梁时，应对焊接认真检查，注意施工安全。

（6）为减少路缘石与桥面铺装层中渗水，缘石宜采用现浇混凝土，使其与桥面铺装的底层混凝土结为整体。

三、灯柱安装

灯柱通常只在城镇设有人行道的桥梁上设置。灯柱的设置位置有两种：一种是设在人行道上；另一种是设在栏杆立柱上。

第一种布设较为简单，在人行道下布埋管线，按设计位置预设灯柱基座，在基座上安装灯柱、灯饰，连接好线路即可。这种布设方法大方、美观、灯光效果好，适用于人行道较宽（大于 1m）的情况。但灯柱会减小人行道的宽度，影响行人通过，且要求灯柱布置稍高一些，不能影响行车净空。

第二种布设稍麻烦一些，电线在人行道下预埋后，还要在立柱内布设线管通至顶部，因立柱既要承受栏杆上传来的荷载，又要承受灯柱的重力，所以带灯柱的立柱要特殊设计和制作。在立柱顶部还要预设灯柱基座，保证其连接牢固。这种情况一般只适用于安置单灯柱，灯柱顶部可向桥面内侧弯曲延伸一部分，以保证照明效果。该布置法的优点是灯柱不占人行道空间，桥面开阔，但施工、维修较为困难。

规范要求桥上灯柱应按设计位置安装，必须牢固、线条顺直、整齐美观，灯柱电路必须安全可靠。大型桥梁须配置照明控制配电箱，固定在桥头附近安全场所。

思 考 题

1. 桥面系由哪些部分组成？
2. 常用的桥面下支座类型有哪些？
3. 桥面伸缩装置的分类有哪些？桥面伸缩装置的作用是什么？
4. 简述桥面铺装工艺。

第四篇

35kV及以下配电网工程土建施工

第一章 配电网系统概述

【知识目标】

- 了解配电网的定义。
- 了解配电网的分类。

【能力目标】

- 能够知道电力系统的过程。
- 能够知道配电网的类型。

第一节 配电网的定义

电能是一种应用广泛的能源，其生产（发电厂）、输送（输配电线路）、分配（变电站）和消费（电力客户）的各个环节有机地构成一个系统，如图4.1.1所示。

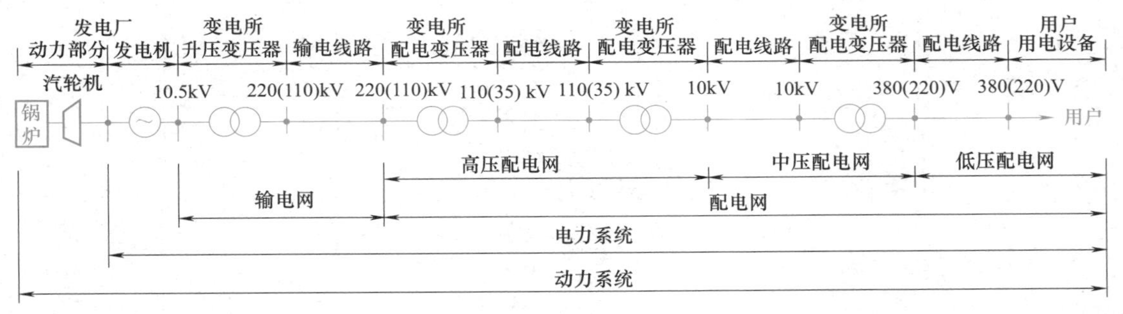

图4.1.1 动力系统、电力系统、电力网组成示意图

一、动力系统

由发电厂的动力部分（如火力发电的锅炉、汽轮机，水力发电的水轮机和水库，核力发电的核反应堆和汽轮机等）以及发电、输电、变电、配电、用电组成的整体。

二、电力系统

电力系统是由发电、输电、变电、配电和用电等环节组成的电能生产与消费系统。它是动力系统的一部分。它的功能是将自然界的一次能源通过发电动力装置转化成电能，再经输电、变电和配电将电能供应到各用户。为实现这一功能，电力系统在各个环节和不同层次还具有相应的信息与控制系统，对电能的生产过程进行测量、调节、控制、保护、通信和调度，以保证用户获得安全、经济、优质的电能。

三、电力网

电力系统中输送、变换和分配电能的部分，它包括升、降压变压器和各种电压等级的输电线路，是电力系统的一部分。电力网按其电力系统的作用不同分为输电网和配电网。

1. 输电网

以高压（220kV）、超高电压（330kV、500kV、750kV）、特高压（交流1000kV、直流±800kV）输电线路将发电厂、变电站连接起来的输电网络，是电力网中的主干网络。

2. 配电网

从电源侧（输电网和发电设施）接受电能，并通过配电设施就地或逐级分配给各类用户的电力网络。配电网涉及高压配电线路和变电站、中压配电线路和配电变压器、低压配电线路、用户和分布式电源等四个紧密关联的层次。对配电网的基本要求主要是供电的连续性、可靠性，合格的电能质量和运行的经济性等。

四、电能用户

电能用户又称电力负荷，所有消耗电能的用电设备或用电单位均称为电能用户。电能用户按行业可分为工业用户、农业用户、商业及公共工程用户和居民生活用户等。

五、供配电系统

供配电系统是电力系统110kV及以下电压等级，对某地区或某企业单位供配电的系统；涉及分配电能和使用电能两个环节，是电力系统的重要组成部分。

电能使用集中在工业、商业、公共和生活四大部分。通常将工业企业中的供配电系统称为工厂供配电系统，而其余用电的供配电系统则统称为民用供配电系统。

第二节 配电网的分类和特点

一、配电网的分类

配电网按电压等级的不同，又可分为高压配电网（110kV、63kV、35kV）、中压配电网（20kV、10kV、6kV、3kV）和低压配电网（220V/380V）；按供电地域特点不同或服务对象不同，可分为城市配电网和农村配电网；按配电线路的不同，可分为架空配电网、电缆配电网以及架空电缆混合配电网。

1. 高压配电网

指由高压配电线路和相应等级的配电变电站组成的向用户提供电能的配电网。其功能是从上一级电源接受电能后，直接向高压用户供电，或通过变压器为下一级中压配电网提供电源。高压配电网分为110kV、63kV、35kV三个电压等级，城市配电网一般采用110kV作为高压配电电压。高压配电网具有容量大、负荷重、要求高等特点。

2. 中压配电网

指由中压配电线路和配电变电站组成的向用户提供电能的配电网。其功能是从电源侧（输电网或高压配电网）接受电能，向中压用户供电，或向用户用电小区负荷中心的配电、变电站供电，再经过降压后向下一级低压配电网提供电源。中压配电网具有供电面广、容量大、配电点多等特点。我国中压配电网一般以10kV为标准额定电压。

3. 低压配电网

指由低压配电线路及其附属电气设备组成的向用户提供电能的配电网。其功能是以中压配电网的配电变压器为电源，通过低压配电线路将电能直接送给用户。低压配电网的供电距离较近，低压电源点较多，一台配电变压器就可作为一个低压配电网的电源，两个电源点之间的距离通常不超过几百米。低压配电线路供电容量不大，但分布面广，除一些集中用电的用户外，大量是供给城乡居民生活用电及分散的街道照明用电等。低压配电网主要采用三相四线制、单相和三相三线制组成的混合系统。我国规定采用单相220V、三相380V的低压额定电压。

二、配电网的特点

(1) 供电线路长，分布面积广。

(2) 发展速度快，用户对供电质量要求高。

(3) 对经济发展较好地区配电网设计标准要求高，供电的可靠性要求较高。

(4) 农网负荷季节性强。

(5) 配电网接线较复杂，必须保证调度上的灵活性、运行上的供电连续性和经济性。

(6) 随着配电网自动化水平的提高，对供电管理水平的要求越来越高。

思考题

1. 什么是动力系统？什么是电力系统？
2. 配电网如何分类？

第二章 配电网架空线路土建工程施工

【知识目标】

- 了解配电网杆塔类型。
- 了解配电网杆塔基础类型。
- 熟悉杆基础施工工艺。

【能力目标】

- 能够知道配电网杆塔的类型。
- 能够知道不同杆的基础施工方法。

第一节 配电网架空线路概述

配电网架空线路主要由杆塔、导线、避雷线、绝缘子、金具、拉线和基础以及柱上开关、接地装置、变压器、故障指示器、避雷器等组成。它是采用绝缘子以及相应金具将导线悬空架设在杆塔上，连接发电厂、变电站及用户，以实现配送电能为目的的电力设施。

一、杆塔

1. 杆塔的作用

支承架空配电线路导线和架空地线，并使导线与导线之间、导线和架空地线之间、导线与杆塔之间以及导线与大地和交叉跨越物之间有足够的安全距离。

2. 杆塔按材料的分类

配电线路杆塔按照材料不同主要有钢筋混凝土杆、钢管杆、铁塔和木杆（图 4.2.1）。

（1）钢筋混凝土杆。钢筋混凝土杆按其制造工艺可分为普通型钢筋混凝土杆和预应力钢筋混凝土杆两种；按照杆的形状又可分为等径杆和锥形杆（又称拔梢杆）。电杆分段制造时，端头可采用法兰盘、钢板圈或其他接头形式。

（2）钢管杆。钢管杆（钢杆）由于具有杆型美观、能承受较大应力等优点，特别适用于狭窄道路、城市景观道路和无法安装拉线的地方架设。

（3）铁塔。铁塔是用型钢组装成的立体桁架，可根据工程需要做成各种高度和不同形式的铁塔。铁塔有钢管塔和型钢塔。铁塔机械强度大、使用年限长、维修工作量少，但耗钢材量大、价格较贵。

（4）木杆。木杆的优点是绝缘性能好、质量小、运输及施工方便；缺点是机械强度低、易腐朽、使用年限短、维护工作量大。

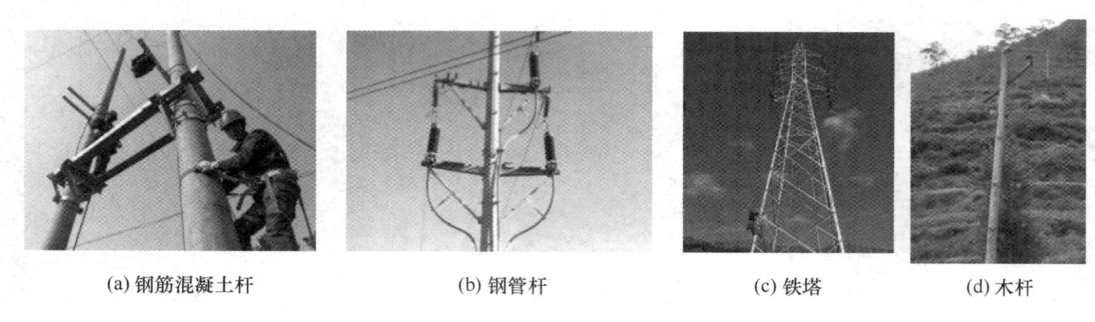

(a) 钢筋混凝土杆　(b) 钢管杆　(c) 铁塔　(d) 木杆

图 4.2.1　配电线路杆塔的种类

3. 杆塔按用途的分类

按用途分类有直线杆塔、耐张杆塔、转角杆塔、终端杆塔、跨越杆塔、分支杆塔和换位杆塔，如图 4.2.2 所示。

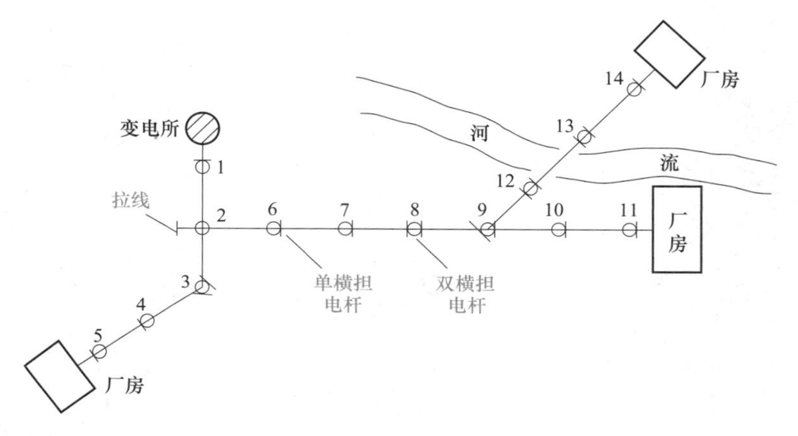

图 4.2.2　杆塔示意图

1,5,11,14—终端杆；2,9—分支杆；3—转角杆；4,6,7,10—直线杆（中间杆）；8—分段杆（耐张杆）；12,13—跨越杆

(1) 直线杆塔。用于支持导线、绝缘子、金属重量，承受侧面风压。直线杆塔的数量约占全部杆数量的 80%以上，通常用符号 Z 表示。

(2) 耐张杆塔。用于承受导线水平张力，以便于施工与检修，并在断线、倒杆的情况下限制事故范围。用符号 N 表示耐张杆塔。

(3) 转角杆塔。用于线路转角地点，分直线转角和耐张转角 2 种。用符号 J 表示转角杆塔。

(4) 终端杆塔。用于线路起点或受电端的线路终点，它的一侧要承受线路侧耐张段的导线拉力。用符号 D 表示终端杆塔。

(5) 跨越杆塔。用于特殊设施或与公路、铁路、河流、电力、弱电线路相互交叉跨越，并保证交叉跨越距离符合设计规程的要求。用符号 K 表示跨越杆塔。

(6) 分支杆塔（T 接杆塔）。用于线路分支点，用符号 T 表示。

(7) 换位杆塔。中性点直接接地的电力网中，当长度超过 100km 时，为了使各相电感、电容相等减少对邻近平行通信线路的干扰，以平衡不对称电流而设置换位杆塔。换位杆干塔用符号 H 表示。

二、杆塔基础

杆塔基础主要有钢筋混凝土杆基础、钢管杆基础和铁塔基础。杆塔基础的作用主要是稳定杆塔，防止杆塔因承受导线、风、冰、断线张力等垂直载荷、水平载荷和其他外力的作用而产生上拔、下压或倾覆。

1. 钢筋混凝土杆基础

配电线路钢筋混凝土杆基础的形式常见的有直埋式基础（图 4.2.3）和混凝土基础。混凝土基础有预制套筒基础和现浇筒式基础，其中现浇筒式基础（图 4.2.4）有无筋筒式基础、有筋筒式基础和台阶筒式基础。

直埋式钢筋混凝土杆稳定性加固的方法因地区而异，有的比较短的电杆在施工位置不特殊的情况下，可以采用直埋，不用单独进行加固。另外可以根据不同的施工位置，选择相应的加固方式，一般稻田地、低洼湿地需要加固，山坡、平原加固较为简单。通常低洼湿地采用水泥灌注法最佳，其次采用“三盘”加固法较为简单。

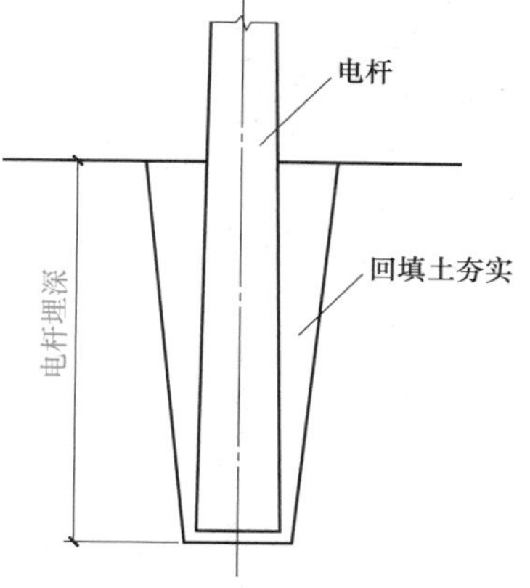

图 4.2.3　钢筋混凝土杆直埋式基础

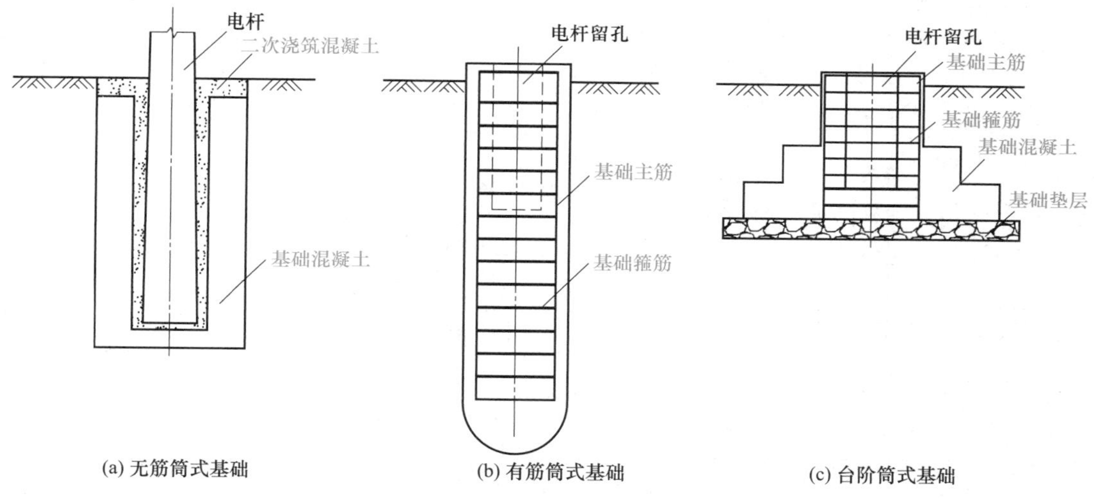

图 4.2.4　钢筋混凝土杆现浇混凝土基础

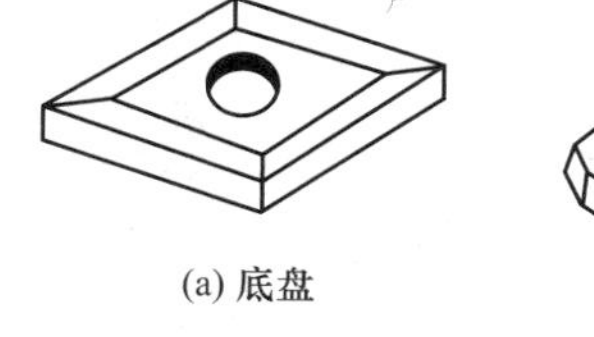

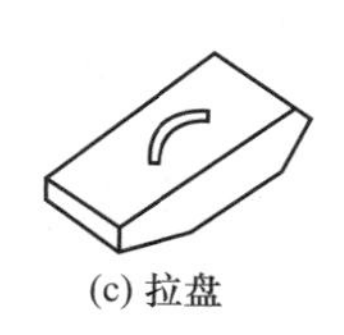

图 4.2.5　电线杆三盘

电线杆三盘（图 4.2.5）由底盘、卡盘、拉盘组成，主要使用在电线杆基础上。卡盘的作用是抱住电杆，增加周围泥土对电杆的挤压面积，保证电杆垂直，是增加电杆抗倾覆能力的；拉盘的作用是稳定电线杆，防止倒伏；底盘的作用是加大土壤受压面积，减轻杆根底部地基所受的下压力，防止电杆下沉。

2. 钢管杆基础

钢管杆基础常见的有台阶式、灌注桩、钢管桩三种常用基础形式。

台阶式基础由主柱和多层台阶组成，基础主柱配置钢筋。台阶宽高比若满足刚性角要求，底板可不配筋。基础底部必要时可采用基础垫层。灌注桩基础是一种深基础形式，主要依靠地脚螺栓与钢管杆进行连接。钢管桩基础主要由顶部法兰和钢管桩组成，与钢管杆采用法兰方式连接。图 4.2.6 为直线钢管杆基础形式示意图。

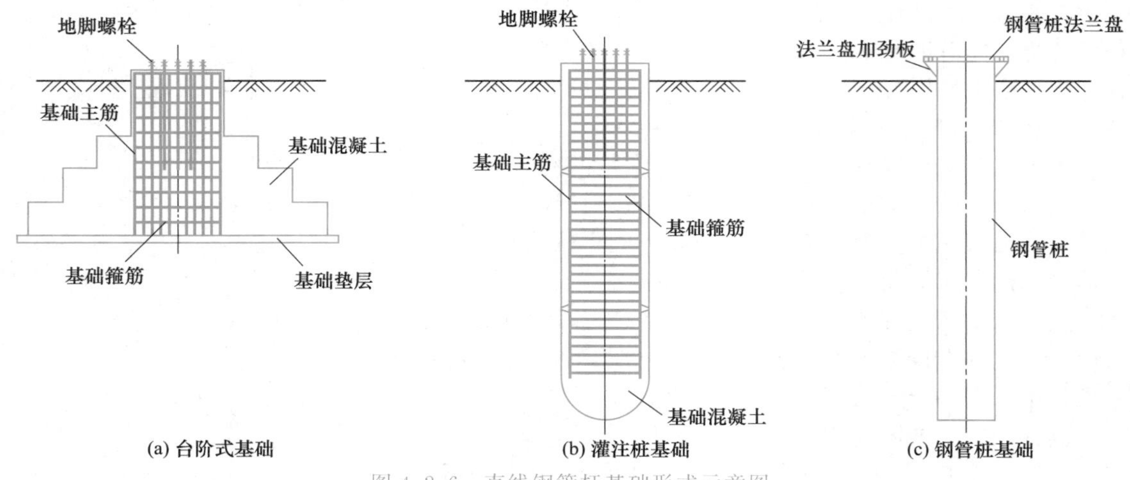

图 4.2.6 直线钢管杆基础形式示意图

3. 铁塔基础

配网线路铁塔基础常见的有台阶式、灌注桩两种基础形式。配网线路窄基塔基础（图 4.2.7）较为常见。

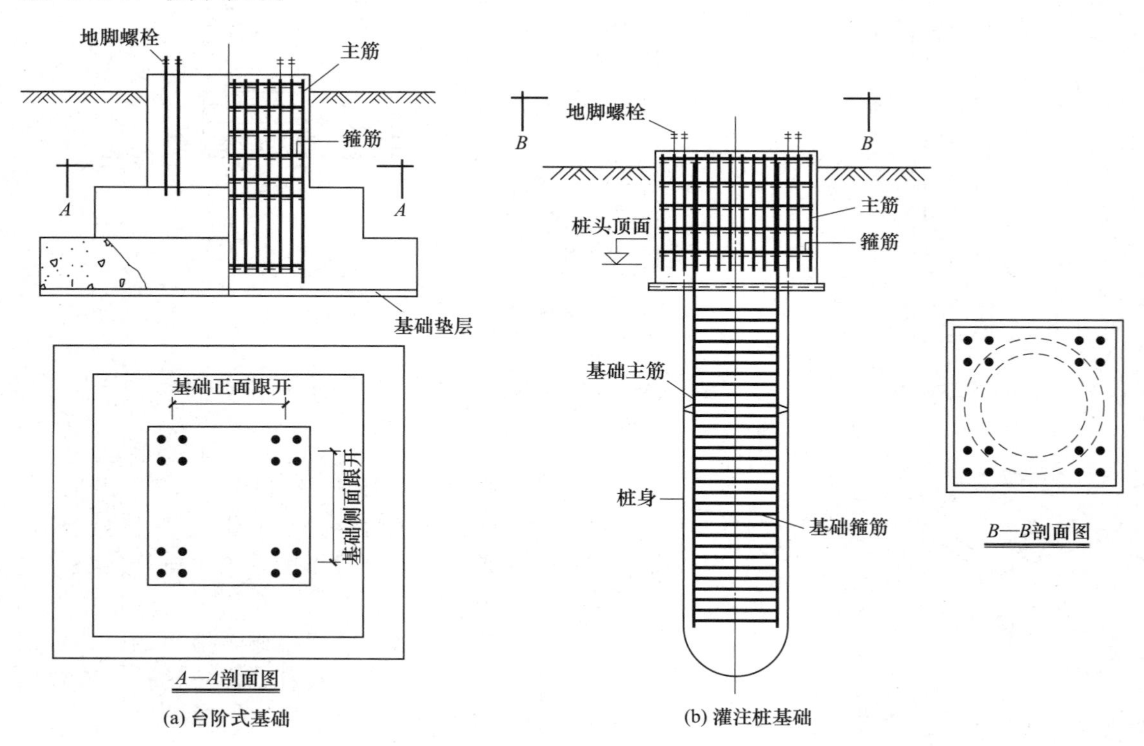

图 4.2.7 窄基塔基础形式示意图

台阶式基础由主柱和多层台阶组成，基础主柱配置钢筋，台阶宽高比在满足刚性角要求的基础上，底板一般不配筋，必要时可采用基础垫层。

第二节 配电网架空线路土建工程施工工艺

10kV及以下架空配电线路施工包括线路复测、分坑定位、基坑开挖、底盘卡盘设置、电杆组立、金具绝缘子及螺栓组装、拉线与拉线盘组装、放线及紧线、导线固定、避雷器安装、验电接地环安装、标志牌安装等环节。配电网架空线路施工工艺流程如下：线路复测→土石方开挖→基础施工→土方回填→杆塔安装→架线及附件安装→竣工验收。本节仅介绍土建施工环节。

一、线路复测及分坑定位

（一）基本要求

1. 线路复测

设计单位在架空配电线路设计完成后，在施工时要向施工单位进行技术交底；除向施工单位移交图纸资料外，还要将架空配电线路的路径方向、杆塔位置等的现场桩位及资料移交，以便施工单位施工。施工单位在施工前，要根据设计资料对现场再进行一次测量，这就是复测。线路复测具体要求如下：

（1）配电线路复测是按照设计图纸对整条线路进行复核测量，目的是核实设计图纸有没有误差，与现场是否符合，同时为施工图会审及施工提供依据。

（2）线路复测必须执行国家现行标准《工程测量标准》的有关规定，测量中要进行往返观测或多次复测相互校核，以免出错。误差必须满足验收规范的标准要求。

2. 分坑定位

根据定位的中心桩位及基础类型，依照设计图纸规定的尺寸进行坑口放样工作，即确定各塔杆腿基础混凝土中心及设计基准面高（包括基础尺寸），称为分坑定位。具体要求如下：

（1）一般情况下，分坑定位必须在复测结束后进行。在工期紧急的情况下，允许若干段同时复测，但必须坚持一个耐张段复测无误后，方可对该段内的杆塔位分坑，此时不宜挖坑。

（2）分坑定位时，应根据杆塔的中心桩位置钉出必要的辅助桩，其测量精度应能满足施工精度的要求。对施工中保留不住的杆塔位中心桩，必须钉立可靠的辅助桩并对其位置做记录，以便恢复该中心桩。

（3）无位移的塔位以塔位桩作为中心桩进行分坑定位。有位移的塔位以设计图纸提供的位移值，用钢卷尺量取位移值，定上位移桩，再以位移桩为中心桩进行分坑定位。用钢卷尺量尺寸时，一定要将卷尺拉紧。

（4）山坡上的塔位基面，靠山里的一侧要有符合现行规范规定的安全坡度，同时靠山里的一侧基面宽度要保证比内侧坑口尺寸大0.6～1.0m。

（二）复测及分坑定位的方法

线路复测或分坑定位中，应对线路直线方向、转角度数、相邻杆的高差、档中被跨越物的标高、地面危险点的标高进行重点复核。如偏差超过验收规范的标准要求时，应通知设计单位查明原因，予以纠正。如发现设计图纸中没有的交叉跨越物，应及时通知设计单位协商处理。复测及分坑定位的方法如表4.2.1所示。详细的测量方法参考《工程测量》。

表4.2.1　架空线路复测及分坑定位的方法

序号	施工项目	施工方法	主要施工机械
1	直线方向	两点间定线法、倒镜反向延伸法、延长直线法等	全站仪
2	转角角度	采用测回法或方向法进行测量	全站仪

续表

序号	施工项目	施工方法	主要施工机械
3	水平距离	采用全站仪进行测距	全站仪
4	高程	采用三角高程测量的方法进行高程测量和计算	全站仪、水准仪
5	不通视情况下	采用等腰三角形法、矩形法、任意辅助桩法进行复测	全站仪
6	交叉跨越物	采用全站仪综合测量的方法进行复测	全站仪
7	地形凸起点高程	用全站仪按三角高程测量的方法进行综合测量	全站仪
8	危险点及风偏	用全站仪按三角高程测量的方法进行综合测量	全站仪
9	分坑定位	采用对角线法，以纵向线路方向或横线路方向为基准，按作业指导书给出的尺寸值，确定基坑坑口对角位置，再定出坑的尺寸	全站仪

二、土石方工程施工

（一）基本要求

（1）土方开挖时要注意保护好复测时所钉的辅助桩，特别是杆位中心桩；

（2）根据施工合同的要求在土方开挖前要确定地下是否有各种管线；

（3）开挖过程中如发现与设计地质不符或有考古价值的遗迹或物品应及时做好保护工作，并立即报告上级部门；

（4）易积水的杆位，应在坑的外围修筑排水沟和挡土围堰，防止雨水流入基坑造成坑壁塌方。

（二）基坑开挖

根据施工图纸，复测完毕电杆坑和拉线坑桩位并保护起来后，把现场的所有障碍物清除干净。挖坑前必须与有关地下管道、电缆的主管单位取得联系，明确地下设施的确定位置，做好防护措施。

1. 施工基面技术要点

施工基面是指杆塔位置计算基础埋深和定位杆塔的起始基准面。杆塔桩地面至施工基准面间的高差叫作施工基准面。

（1）等高腿基础。平地以杆塔桩位地面为施工基面；丘陵地形的双杆基础，一般以杆位桩地面为施工基面，亦有以低腿地面为施工基面。

（2）山区铁塔基础。如图 4.2.8 所示，高低腿（长短腿）基础各有一个施工基面。自杆塔中心桩地面 O 点算起，在 O 点之上的短腿基础施工基面值 h_{01} 为正，在 O 点之下的长腿基础施工基面值 h_0 为负。

（3）灌注桩基础。施工基面以杆塔桩地面标高为起始标高，以相对标高为施工基面的标高。

（4）拉线基础。一般以拉线基础中心的地面为施工基面，处于上坡地形的拉线基础，为保证基础的稳定性，应适当降低施工基面标高（即增加坑深）。

2. 基坑开挖尺寸

根据基础形式及基础底面宽和坑深，加上基础开挖时的操作裕度来确定坑口尺寸（图 4.2.9）。安全坡度可参照表 3.2.1。

3. 杆基坑开挖方法

土质为黏土、强风化砂页岩的采用人工开挖、机械开挖；一般黏性土可自上而下分层开挖；碎石类土先用钢钎等翻松，翻松的土层应清底和出土，然后逐步挖掘；坚硬岩石可以用爆破开挖、机械清理的方法。当基坑内部分是岩石、部分是黏土时，应将开挖基坑后的碎石回填在黏土层作垫层，以防地基受压时出现不均匀沉陷。

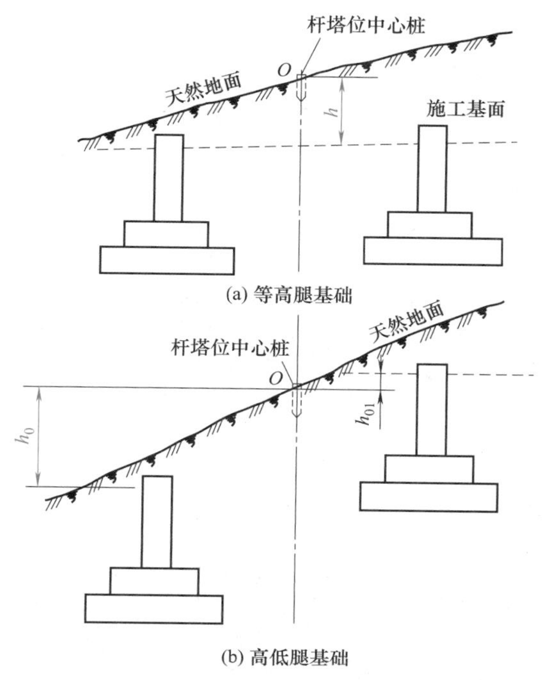

图 4.2.8 杆塔基础施工基面示意图

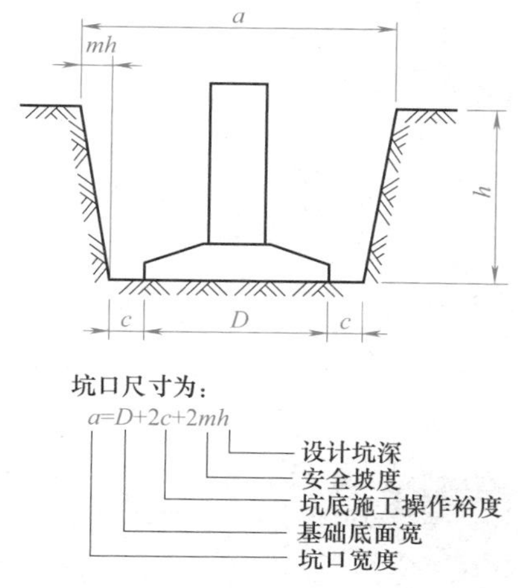

图 4.2.9 坑口尺寸

(1) 直埋式基础开挖。电杆基础由底盘、卡盘及拉线盘组成。土质情况不太好的地区或电杆较高时最好使用底盘和卡盘。电杆基坑分圆形直坑与阶梯坑（马道坑，如图 4.2.10 所示）。圆形直坑适用于不装设底盘和卡盘的电杆，土方量少、施工进度快，电杆的稳定性较强。人工立杆时多采用阶梯坑，立杆较为方便，且易装设底盘和卡盘。图 4.2.11 为直埋电杆基础（包括拉线基础）埋设示意图。

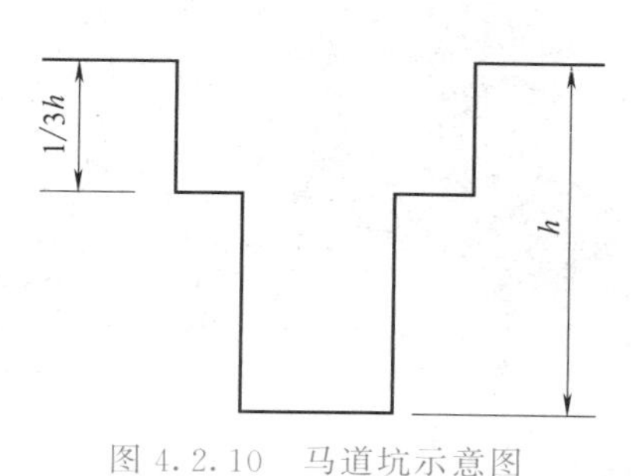

图 4.2.10 马道坑示意图

基坑底部开挖要满足工作面要求，基坑深度及拉线埋深应符合设计及现行规范要求。具体开挖要求如下：

① 按照普通混凝土杆基坑的开挖方式执行。

② 拉线坑的深度可按受力大小决定，一般应与被拉电杆的埋深一致。

③ 拉线坑应有滑坡（马道），如图 4.2.12 所示。滑坡方向与拉线（图 4.2.13）方向在同一直线上，回填土应有防沉土台。

(2) 混凝土基础开挖。混凝土基础开挖一般采用机械开挖，辅助人工清理的方式。结合基坑开挖的土质和基坑深度考虑采用无支护开挖或有支护开挖。

基坑开挖时，应对平面控制桩、水准点、基坑平面位置、水平标高、边坡坡度等经常复测检查。

基坑挖好后，应尽量减少暴露时间，及时清边验底，浇好混凝土垫层封闭基坑；垫层要做到基坑满封闭，以改善其受力状态。

有支护基坑开挖必须遵守“由上到下，先撑后挖”的原则，支撑与挖土密切配合，严禁超挖，每次开挖深度不得超过支撑位置以下 500mm，避免立柱及支撑出现失稳的危险。基

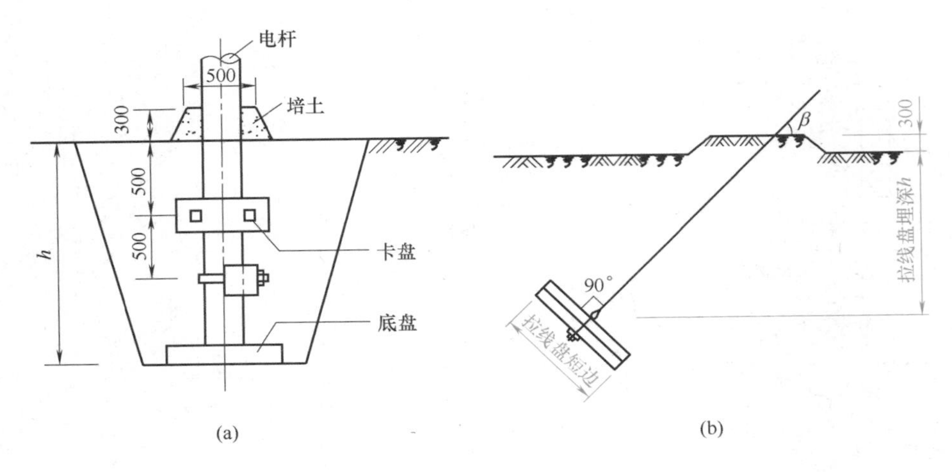

图 4.2.11 直埋电杆基础（包括拉线基础）埋设示意图

图 4.2.12 拉线基坑设置斜坡（马道）示意图

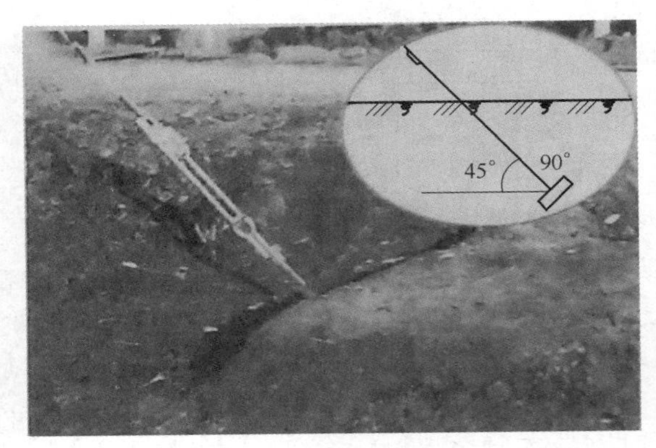

图 4.2.13 拉线角度示意图

坑深度较大时，应分层开挖，以防开挖面的坡度过陡，引起土体位移、坑底面隆起、桩基侧移等异常现象发生。

混凝土基础无支护开挖示意图如图 4.2.14 所示。

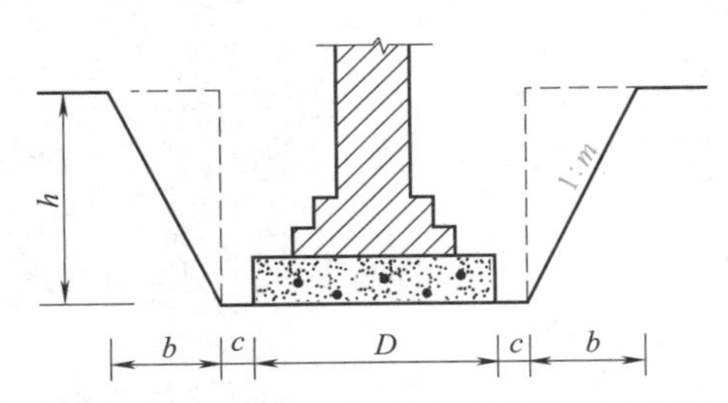

图 4.2.14 混凝土基础无支护开挖示意图

h—基础埋深；b—放坡宽度；m—坡度系数；c—坑底施工操作裕度；D—基础或垫层宽度

4. 验槽

杆塔基础开挖完毕并清理好后，在垫层施工以前，施工单位应会同勘察单位、设计单位、监理单位、建设单位、监督部门等一起进行现场检查并验收基槽，通常称为验槽。验槽的主要内容和方法如下：

（1）核对基槽（坑）的位置、平面尺寸、坑底标高。

（2）核对基槽（坑）的土质情况和地下水情况。

（3）检查地基下面有无地质资料未曾提供的硬（或软）的下卧层（凡持力层以下各土层均称为下卧层）及土洞、暗墓等异常情况，一般采用钎探方法。

（4）对整个基槽（坑）底进行全面观察，检查土的颜色是否一致，土的硬度是否一样，局部含水量是否有异常现象。

5. **防护措施**

（1）施工前的安全措施

① 穿越行政道路、国道处必须事先与交通、路政部门协调，办理施工许可手续后方可施工。开挖交通要道，必要时请交警部门安排专人指挥。

② 道路开挖施工前，离施工路段 50m 处必须专设“前面施工，车辆慢行”警示牌，并在施工区域附近专设可靠的安全围栏，且应有交通防护标志，所设安全防护措施必须经监理、交通、路政管理相关部门检查，符合要求后方可施工。

③ 道路开挖必须分段进行，及时回填，以保障车辆和行人通行。特殊情况无法及时恢复的，必须装设可靠的安全围栏，并做好防护标志；围栏周围装设红色警示灯，以防夜间车辆、人跌落。

④ 架空配电线路多带电运行且负荷转接点多，防止人身触电是其安全工作重点。

⑤ 未及时回填的坑洞必须设置临时盖板，并有安全警示围栏。

⑥ 道路中间的坑洞不得妨碍交通，及时盖好手井盖板，未回填或盖盖板的必须设置警示围栏，夜间挂红色警示灯。

⑦ 坑洞开挖前，必须与相关的自来水管、煤气管道、通信光缆等主管部门联系，确认无危险后方可开挖。机械开挖时，必须由有经验的专人指挥，机械操作员必须是操作熟练并有经验者，挖掘时应格外小心。

⑧ 与地下油管、煤气管、国防光缆等交叉区域的开挖严禁使用机械，必须人工用砂铲小心施工；施工过程中严禁使用明火，使用金属工具避免产生火花。

⑨ 施工前，必须由运行部门技术负责人在现场进行交底，交代明显带电区域或带电相邻的危险区域。

⑩ 安全距离不够或转接负荷需停电者，必须到相关部门办理电气工作票，并严格按照工作票上所列的安全措施实施、检查验电，得到许可后方可施工。

（2）施工过程中的安全措施

① 加强临时施工用电管理，接拆临时电源必须由有经验的持证上岗电工作业人员进行，并由专人负责定期进行检查，及时更换不合格元件。

② 带电区域附近必须装设可靠的安全围栏，并悬挂“止步，高压危险！”警示牌，必要时设专人监护。

③ 为保障劳动者的人身安全，规定凡进入施工现场的人员必须正确佩戴安全帽，树立醒目警示标牌，与施工无关的人员不许到爆破地点活动。爆破前，应提前预警通知周围群众，让他们远离爆破危险区；对于放牧人员，应通知人和牲畜同时撤出危险区。

④ 已交底的措施未经技术负责人同意不得擅自变更。

⑤ 施工人员严禁违章作业，不得影响他人安全作业，有权制止他人违章作业。

⑥ 对无安全措施或未经安全技术交底的施工项目，施工人员有权拒绝施工。

（3）人工开挖的注意事项

① 在松软的土地挖坑，应有相应的防止塌方措施，如加挡板、撑木等，禁止由下部掏挖土层。

② 进行石坑开挖时，应检查锤把、锤头及钢钎；用锤时，人应站在扶钢钎人侧面，严禁站在对面，并不得戴手套；扶钢钎人应戴安全帽；钎头有火花时，应更换修理。

③ 挖坑时，作业人员应注意清除上山坡侧的土石，防止滚石伤人。

④ 在超过 1.5m 深的坑内工作时，抛土要注意防止土石回落。

⑤ 在开挖坑边弃土时，抛于坑边的土方应距坑边缘 0.8m 以外，高度不宜超过 1.5m。弃土按条件选择堆放位置，保证弃土稳定、不流失。

⑥ 开挖好的电杆坑和拉线坑应做好防护措施。在居民区及交通要道附近挖的基坑，应设坑盖或可靠围栏，必要时需进行回填处理，避免任何安全事故的发生。

6. 环保措施

（1）认真执行国家环境保护法及防尘防噪排放标准有关规定，严禁随意砍伐草木，在施工过程中接受环境保护部门的监督。

（2）在施工现场内不得随便抛扔杂物，每天施工完毕后，必须把施工场地内的杂物清理干净；不挖掘动、植物标本，尽量维护生态环境。

三、基础施工

（一）直埋式基础施工

预制混凝土底盘、卡盘、拉线盘是配电线路工程常用的构件，这些预制构件施工由备料、组模、配料、搅拌、运输、浇注、振捣、拆模、养护等 9 道工序组成。

1. 底盘装设

根据现场的地质情况（如松土、软土）增设底盘。增设底盘时，杆坑深度按底盘厚度增加。安装底盘时应注意：

（1）底盘中心点用记号笔做标记。吊装时，底盘稍一离地就应检查悬吊及捆绑情况，确认可靠后方可继续起吊。

（2）使用水准仪对基坑底部进行找平，将辅助桩用细线连接，并在细线中心点做标记；调整底盘的放置位置，使线坠、细线标记点、底盘中心点在一条直线上，确定底盘的安装位置。

（3）底盘校正后，填土夯实至与底盘上表面等高，并清理表面余土。底盘安装应平整，其横向位移不应大于 50mm。图 4.2.15 为底盘安装示意图。

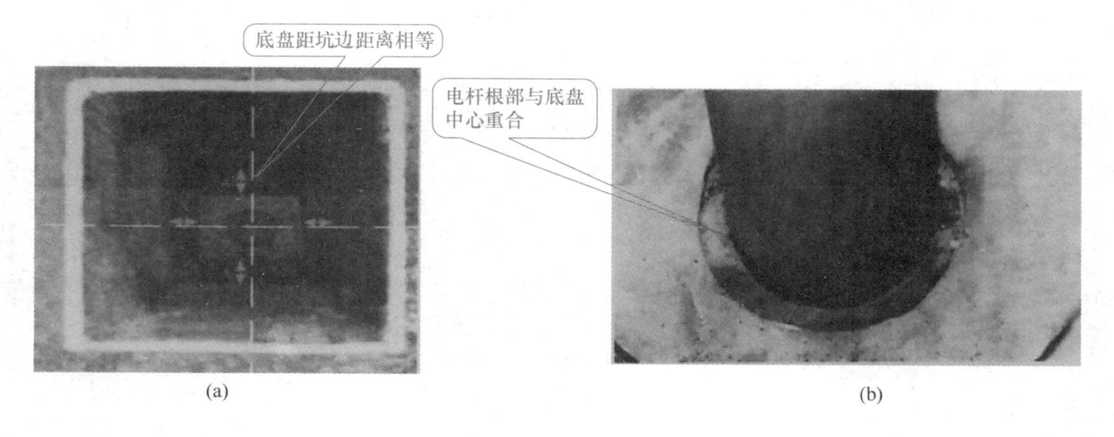

图 4.2.15 底盘安装示意图

2. 卡盘的装设

卡盘是用钢筋混凝土制作而成的，其标号不宜低于 C20 级，是为防止电杆在正常运行中发生倾斜甚至倾覆而设置的。卡盘数、方向和位置要视基础稳定程度确定。增设卡盘时，卡盘埋设在受力侧，卡盘上口距地面不应小于 500mm，允许偏差为 ±50mm。卡盘安装在线路上时，应与线路平行，并应在线路电杆两侧交替埋设。承力杆上的卡盘应安装在承力侧。

（1）单卡盘安装。在安装单卡盘时，应将卡盘下面的土壤分层回填夯实，卡盘与电杆固定牢固。卡盘上面距地面不小于500mm，允许偏差为±50mm，继续回填土，松软土质应采用增加夯实次数的加固措施。在安装单卡盘时，应与线路方向一致，左右交替安装，如图4.2.16所示。

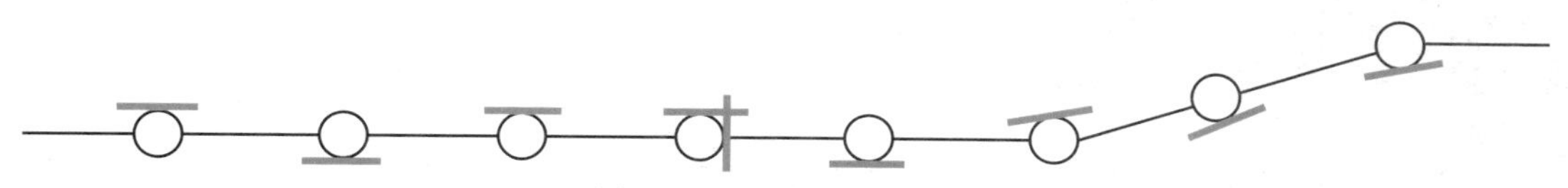

图4.2.16　单卡盘安装图

（2）双卡盘安装。为了充分发挥第二个卡盘稳固杆身的作用，第二卡盘应紧贴第一卡盘的下面并与第一卡盘垂直安装，如图4.2.17所示。对10°及以上的转角杆，卡盘安装在电杆角分线的内侧。

卡盘与杆身之间用弧度与长度适当的U形抱箍相连。使用足够强度的两根圆木杆横放在两侧坑口，把卡盘抬上木杆，使卡盘的弧形凹面贴于电杆，将卡盘抱箍插入卡盘双孔，垫上带双帽的垫铁；螺母暂时不要拧紧，按电杆的锥度留出裕度，木杆撤离后将卡盘滑至坑内所需位置，拧紧螺母即可。

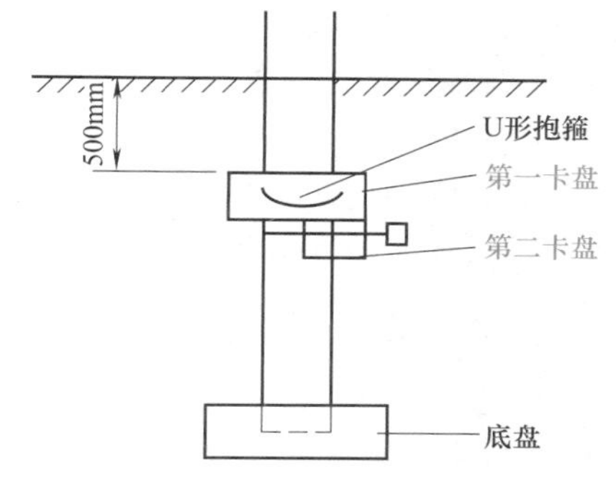

图4.2.17　双卡盘安装图

3. 拉盘安装

拉盘安装时应注意：

（1）拉盘应有足够的埋深（图4.2.18），拉盘在坑底应斜放，拉盘与拉线方向应垂直。

（2）拉盘移正以后，应立即在拉线棒靠坑边处依照设计规定角度挖马槽，把拉线棒埋入马槽内；应使拉线棒只受拉力，不受弯曲力，拉线棒露出地面应在500～700mm。

（3）拉线棒引出后，应将土打碎后迅速回填夯实。

（4）拉盘（图4.2.19）入坑后，校正拉盘的位置，在设计拉线受力方向上左右位置不能超过100mm。与地面的夹角偏差规定：35kV架空线应不大于1°；10kV及以下架空线路应不大于3°。

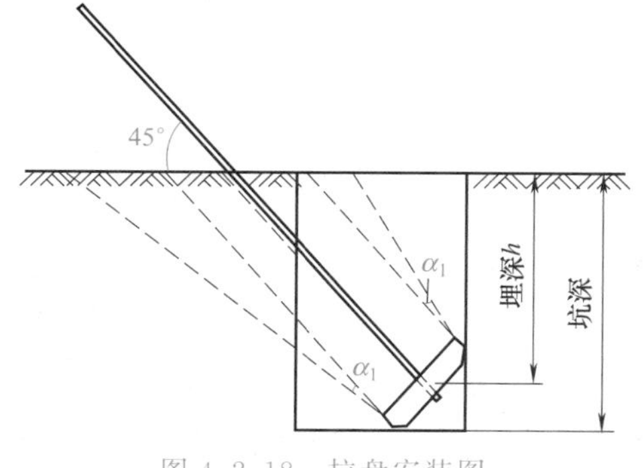

图4.2.18　拉盘安装图

图4.2.19　拉盘示意图

（二）混凝土基础施工

1. 桩基施工

当基础地基较弱时，考虑地基的稳定性，钢管杆和铁塔基础经常采用桩基础。常用的桩基础为灌注桩和钢管桩基础，灌注桩根据施工方式不同分为钻孔灌注桩、旋挖桩和人工挖孔桩等。灌注桩基础较常用。

4.2.1 灌注桩施工流程

灌注桩基础是一种深基础形式，主要依靠地脚螺栓与钢管杆进行连接。灌注桩多采用机械钻孔方式，利用钻机钻出桩孔或者人工挖孔，成孔后在孔内放置钢筋笼，固定好地脚螺栓后浇注混凝土。

钢管桩基础主要由顶部法兰和钢管桩组成，与钢管杆采用法兰方式连接。钢管桩一般是由型钢材料制作而成的桩管，并经过防腐处理，采用打桩机械将钢管桩夯入地层中，施工完成后即可直接在其上立钢管杆，无需养护。

（1）基本要求

① 浇筑前，必须按照施工图对钢筋笼的钢筋型号进行检查、核对。钢筋笼放入基坑内后要牢固可靠，防止侧翻或滚动。

② 立柱主筋上端的地脚螺栓应采取措施，以确保主筋的保护层厚度、地脚螺栓的外露高度、对中心的偏移符合设计要求。地脚螺栓应保持垂直并固定可靠，且留下影像资料。浇筑前，地脚螺栓的外露部分应采取防污措施。

③ 模板表面应采取有效的脱模措施，以保证混凝土的表面质量。模板的支撑应稳固。支模板后，复核地脚螺栓的规格、间距、标高、钢筋规格及保护层厚度。

④ 钢管杆的接地装置及引下线应注意不得浇制在混凝土中。

（2）桩基混凝土浇筑　桩基宜采用商品混凝土。混凝土浇筑前需要检查混凝土的出厂合格证、强度等级、坍落度等，应满足设计要求。

混凝土浇筑过程中要注意留置试块，不定时测混凝土的坍落度。混凝土浇筑过程中不得产生离析现象。混凝土振捣宜采用插入式振捣器，使用振捣器时，应快插慢拔、插点均匀、逐点移动，移动间距不得大于振捣器作用半径的1.5倍。振捣器应避免碰撞钢筋、模板、地脚螺栓。混凝土振捣应以混凝土表面呈现浮浆，不再出现气泡和显著沉降为宜。对于同一桩基，基础混凝土应连续浇筑。混凝土浇筑过程中，应设专人监视模板、钢筋、地脚螺栓，保证其位置不移动。

（3）混凝土养护、拆模　基础浇筑完成后，根据季节温度，做好养护措施，应在12h内开始浇水养护。对普通硅酸盐和矿渣硅酸盐水泥拌制的混凝土浇水养护不得少于7天，对有添加剂的混凝土浇水养护不得少于14天。日平均温度低于5℃时，不得浇水养护（应保温养护）。图4.2.20为杆基混凝土灌注桩基础浇筑示意图。图4.2.21为钢管桩钢柱连接完毕示意图。

4.2.2 钢管杆基安装

模板拆除时，应注意对地脚螺栓的保护，检查基础混凝土外观质量。

2. 无筋筒式基础施工

基础开挖后先用混凝土浇制无筋筒式基础，待基础养护达到混凝土强度的70%后，将水泥杆插入进行第二次混凝土浇筑，使水泥杆和基础连接牢固。直径350mm、杆长12m的混凝土基础结构图如图4.2.22所示。

(a) 灌注桩法兰安装完毕

(b) 灌注桩混凝土浇筑

图4.2.20　杆基混凝土灌注桩基础浇筑

图4.2.21　钢管桩钢柱连接完毕

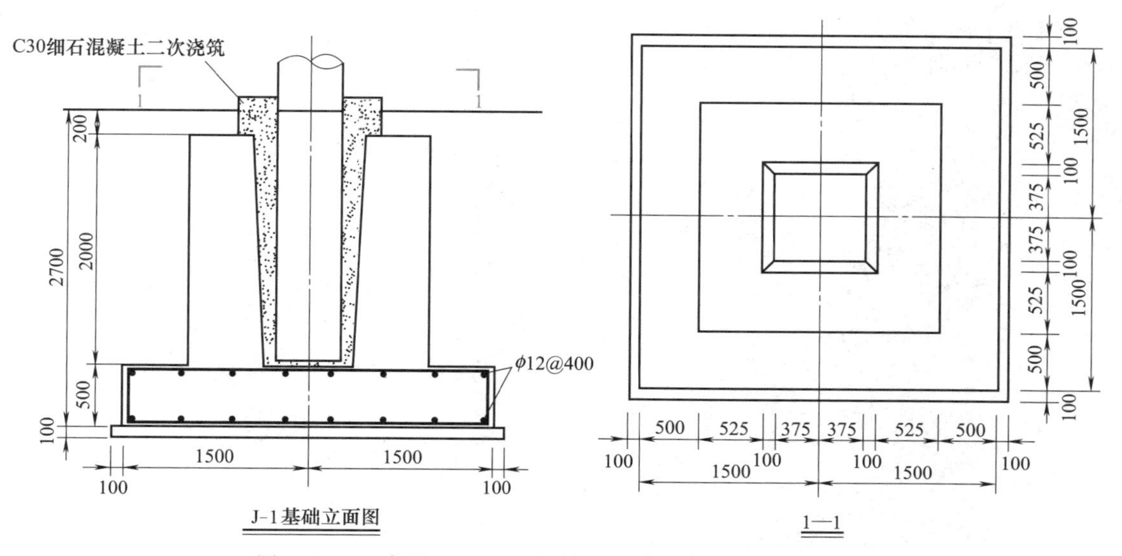

图 4.2.22 直径 350mm、杆长 12m 的混凝土基础结构图

3. 有筋筒式基础施工

有筋筒式基础的形状及施工方法类似于无筋筒式基础，杯口壁及基础底板均配置钢筋，按图 4.2.23 的尺寸分两次浇筑。

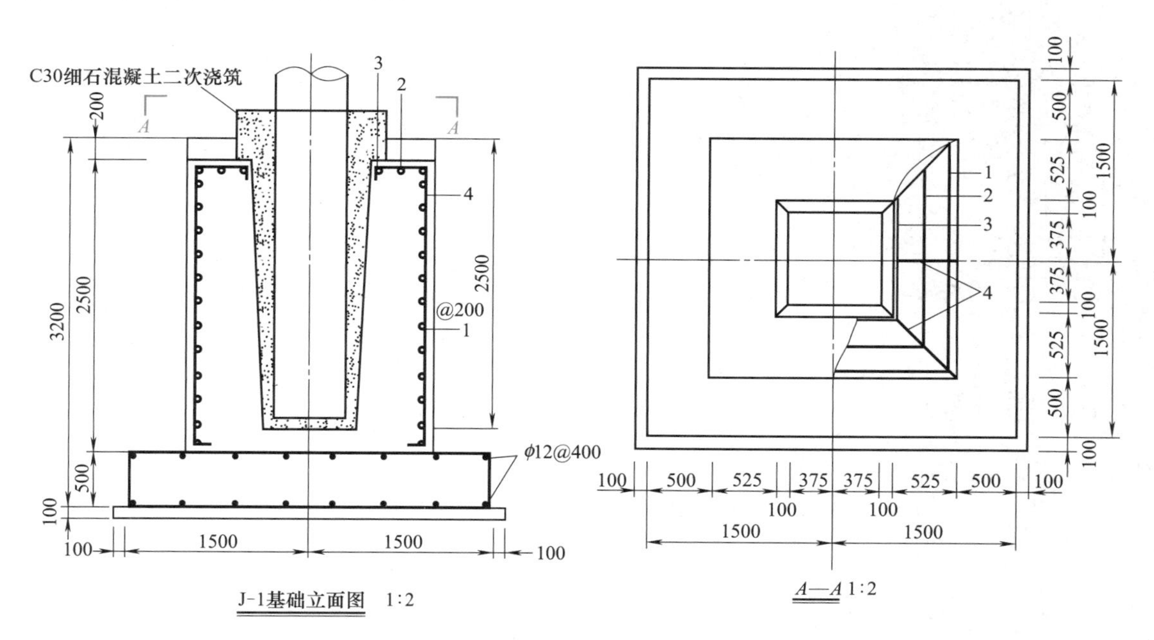

图 4.2.23 直径 350mm、杆长 15m 的混凝土基础结构图

1～3—外层钢筋型号为Φ 12mm；4—外层钢筋型号为Φ 16mm

有筋筒式基础在实际施工中使用较多。目前施工中一般采用预制混凝土圆筒代替杯芯模，不需要拆除，施工方便。如图 4.2.24 所示为某工程有筋筒式基础。

4. 台阶筒式基础

台阶筒式基础（图 4.2.25、图 4.2.26）由主柱和多层台阶组成，基础主柱配置钢筋，台阶宽高比在满足刚性角要求的基础上，底板一般不配筋，必要时采用基础垫层。模板尺寸应满足设计和规范要求，各层模板应牢固，支模应能保证模板不变形，尺寸准确。预埋螺栓要安装牢固，螺栓位置精度应满足规范要求。

(a) 有筋筒式基础施工支模图

(b) 有筋筒式基础施工混凝土外观

图 4.2.24　有筋筒式基础施工实例图

图 4.2.25　台式基础支模

图 4.2.26　台式基础拆模后

四、土方回填

1. 土料选择

若要保证填方的强度与稳定性，填方土料应按设计要求验收，符合要求后方可填土。如设计无要求，应符合下列规定：

(1) 碎石类土、砂石和爆破石渣（粒径不大于每层铺厚的 2/3）可用作表层下的填料；

(2) 含水量符合压实要求的黏性土，可用作各层填土；

(3) 碎块草皮和有机质含量大于 8%的土，仅用于无压实的填方；

(4) 淤泥和泥质土一般不能用作填料，但在软土或沼泽地区，经过处理，其含水量符合压实要求时，可用于填方中的次要部位。

2. 填筑要求

为了保证回填土施工质量，应注意：

(1) 填土应分层进行，并尽量采用同类土填筑。如采用不同类土填筑时，应将透水性较大的土层置于透水性较小的土层之下，严禁将各种土混杂在一起使用，以免填方形成水囊或浸泡基础。

（2）当填方位于倾斜的山坡上时，应将斜坡改成阶梯状，以防填土横向移动。

（3）回填施工前，应清除填方区的积水和杂物，如遇软土、淤泥，必须进行换土回填。

（4）回填时应防止地面水流入，并预留一定的下沉高度。

（5）回填基坑和管沟时，应从四周或两侧均匀地分层进行，以防止基础和管道在土的压力作用下产生偏移或变形。

（6）35kV架空电力线路基坑每回填300mm应夯实一次；10kV及以下架空电力线路基坑每回填500mm应夯实一次。

（7）直埋式电杆回填土后的电杆基坑宜设置防沉土层。土层上部面积不宜小于坑口面积，培土高度应超出地面300mm。

（8）当采用抱杆立杆留有滑坡时，滑坡（马道）回填土应夯实，并留有防沉土层（图4.2.27、图4.2.28）。

图4.2.27　电杆基坑混凝土分层夯实示意图

图4.2.28　电杆防沉土台示意图

五、杆塔安装

杆塔包括钢筋混凝土电杆、钢管杆、铁塔等，下面仅讲述钢筋混凝土电杆的安装。

（一）电杆选择及检验

1. 电杆选择

架空配电线路所用的电杆结构类型有直线杆、耐张杆、转角杆、终端杆、分支杆、跨越杆等，如图4.2.29所示。通常一条完整的架空配电线路都存在转角、跨越等情况，因此，

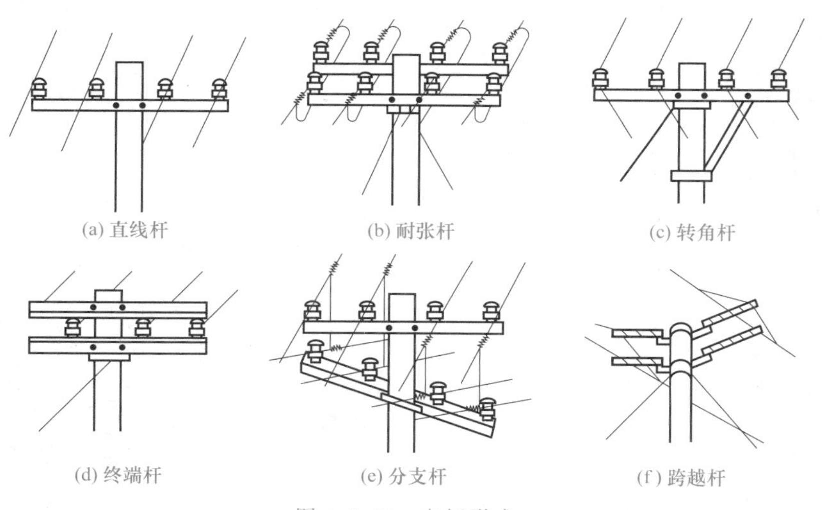

(a) 直线杆　(b) 耐张杆　(c) 转角杆

(d) 终端杆　(e) 分支杆　(f) 跨越杆

图4.2.29　电杆形式

在对电杆杆型进行选择时，通常考虑以下几个方面。

（1）既要考虑安全可靠，又不能影响车、船的行驶，还要考虑节省材料。

（2）根据挡距、导线弧垂、导线与地面和各种设施之间的最小垂直距离以及横担的安装位置来选择杆型。

（3）根据安装地点的具体情况来选择杆型。直线杆为架空线路直线部分的支撑点，耐张杆为分段结构的支撑点，转角杆是用于改变方向的支撑点，终端杆为始端或终端的支撑点，分支杆是用于分出支线的支撑点，跨越杆在跨越某处时使用。

（4）城区、集镇选用 ϕ190mm-15m 及以上的混凝土杆、ϕ190mm-13m 及以上的钢管杆，农村地区选用 ϕ190mm-12m 及以上的混凝土杆。

2. 电杆检验

（1）预应力混凝土电杆表面应光洁平整，壁厚均匀，无露筋、跑浆、裂纹等现象，电杆顶端应封堵良好，杆身弯曲不应超过杆长的1%。平放地面检查时，预应力混凝土杆不得有纵向、横向裂缝且应标明埋深标识，埋深标识宽度为100mm。

（2）普通钢筋混凝土杆杆顶应封堵严实，不得有纵向裂缝，横向裂缝宽度不应超过0.1mm，长度不超过1/3周长。

（3）法兰盘电杆组装后，分段连接处的弯曲度不得超过整杆长度的2%。钢管杆应焊接良好，无裂纹、无锈蚀，螺栓紧固，附件应热镀锌，且锌层均匀。

电杆必须有永久标志及临时标记，如图4.2.30所示。永久标志应包括制造厂厂名或商标、荷载级别、3m标志线。临时标记应包括锥形杆梢径（或等径杆直径）、杆长、锥形杆开裂检验载荷或代号（或等径杆开裂检验弯矩）、品种（代号）、制造日期以及法兰盘上、下杆对接和法兰连接孔洞对接标记等，标在电杆表面上，略低于永久标志。法兰盘连接螺栓由下往上穿，法兰盘处应做防锈处理。电杆成型后，应将上、下法兰盘对应螺孔用油漆明显标记一处，并上、下同时标记出厂顺序编号。

4.2.3 电杆立杆

（二）立杆

1. 吊车立杆

立杆时，起重汽车开到距基坑口适当位置；一般起吊时，吊臂和地面的垂线成30°夹角。吊车立杆实景图如图4.2.31所示。

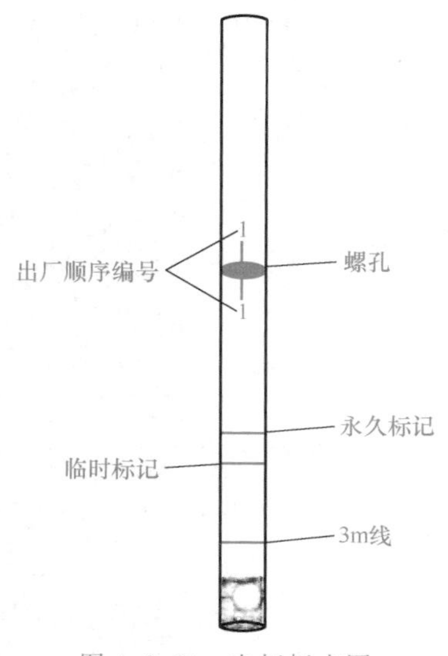

图4.2.30 电杆标志图

图4.2.31 吊车立杆实景图

放下汽车起重机的液压支撑腿时，应使汽车轮胎不受力，支撑脚应垫好枕木，做好整车接地措施；将吊点置于电杆的重心（0.44h 处，h 为电杆高度）偏上 0.5m 处，进行电杆吊立。

起吊钢丝绳一般应采用钢丝绳千斤套进行吊点捆绑，捆绑时，钢丝绳应在电杆上至少缠绕两圈且外圈应压住内圈，用卸扣锁好后直接挂在吊车的吊钩上。

杆顶向下 500mm 处临时绑两根调整绳，每根绳由 1 人或 2 人拉住，在工作负责人统一指挥下起吊，坑边站 2 人负责电杆根部进坑。

当杆顶吊离地面约 0.8m 时，应对电杆进行一次冲击试验，对各受力点处进行一次全面检查，确定无问题后再继续起立。

电杆起立后，应使用调整绳及时调整杆位，使其符合立杆质量的要求，然后回填分层夯实，每层厚约 300mm。

2. 抱杆立杆

先将两根抱杆立于坑口两侧，前后锚桩与人字抱杆顶点、杆坑中心在同一垂直面上，然后打好前后临时拉线和绞磨的桩锚，如图 4.2.32 所示。绞磨起吊，在绞磨上必须绕 5 圈。

抱杆长度一般可取杆塔重心高度加 1.5～2m，临时拉线桩到杆坑中心的距离可取杆塔高度的 1.2～1.5 倍。抱杆的根开应根据电杆质量与抱杆高度来确定，根据实际经验，一般在 2～3m 范围内。根开如图 4.2.33 所示。

图 4.2.32 抱杆立杆实景图

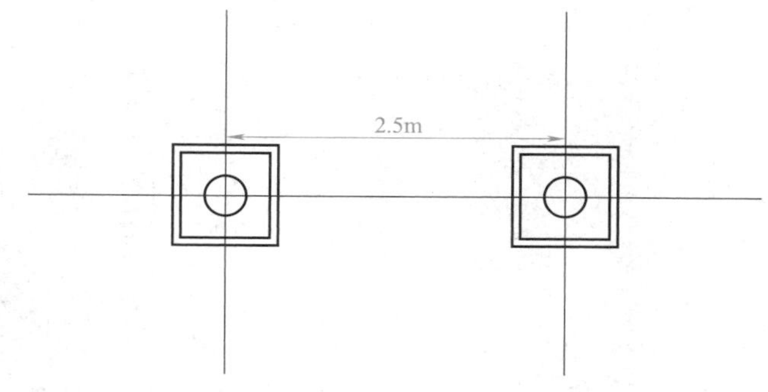

图 4.2.33 标准根开示意图

当土质松软时，抱杆脚需绑扎横道木，底部加铺垫木，以防止抱杆在起吊受力过程中下沉或滑位。

抱杆立杆过程中要求缓慢均匀牵引，电杆起吊过程中不能碰压抱杆。电杆距地 0.5m 左右时，应暂停起吊，全面检查受力拉线的情况及地锚是否牢固。抱杆起立到 70°左右时应放慢动作，调节好前后横绳；起立到 80°左右时停止牵引，用临时拉线调整杆塔。

电杆起立过程中，重心应在基坑中心，特别应注意抱杆拉线的受力情况，并须缓慢放松牵引绳，切忌突然放松而冲击抱杆。

（三）杆基二次处理

1. 大梢径电杆基础二次浇筑

电杆吊装时，在工作负责人的指挥和作业人员的配合下将电杆杆根缓慢套入预留涵管中，使电杆的埋深、方向及预偏值符合设计要求。

电杆吊装组立后，对杆壁和预留涵管的间隙进行二次浇筑；二次浇筑的混凝土应使用标号 C30 的混凝土，机械强度应满足设计要求。在浇筑过程中，浇筑至埋深 1/3 处应进行电杆方向、位置的校正及预偏值的检查定位。一次浇筑的混凝土量应高出电杆基面 200mm。

图 4.2.34 地脚螺栓螺母安装图

2. 钢管杆的保护帽浇筑

钢管杆应表面整洁，无泥土、油污等污浊痕迹，无弯曲、脱锌、变形、错孔、磨损。

钢管杆吊装时，在工作负责人的指挥和作业人员的配合下将钢管杆杆脚板缓慢套在地脚螺栓上，使钢管杆杆脚板与基础上提前做好的方向标记重合。

钢管杆吊装组立后，根据线路的受力情况把地脚螺栓紧固，达到规范要求。地脚螺栓螺母安装图如图 4.2.34 所示。

地脚螺栓螺母（图 4.2.35）安装到位后必须浇筑保护帽。保护帽的大小以盖住杆脚为原则，一般其断面尺寸应超出杆脚板 5cm 以上，高度超过地脚螺栓 5cm 以上。保护帽混凝土的强度应符合设计要求。

图 4.2.35 地脚螺栓防护示意图

思 考 题

1. 配电线路杆塔的种类有哪些？
2. 简述配电网架空线路施工工艺流程。
3. 杆基回填土有哪些要求？

第三章 配电网电缆线路土建施工

【知识目标】

- 了解电缆线路土建工程施工类型。
- 熟悉混凝土电缆沟（井）和砖砌电缆沟（井）的施工工艺。
- 熟悉开挖式电缆排管施工工艺。
- 熟悉非开挖电缆管道施工规定。

【能力目标】

- 能够认识线路土建工程施工类型。
- 能够熟悉电缆沟、电缆排管施工工艺。

第一节 配电网电缆线路概述

配电网电缆线路是城市配电网的重要组成部分，主要应用于依据城市规划，明确要求采用电缆线路且具备相应条件的地区；负荷密度高的市中心区、建筑面积较大的新建居民小区及高层建筑小区；走廊狭窄，架空线路难以通过而不能满足供电需求的地区；易受热带风暴侵袭沿海地区主要城市的重要供电区域；电网结构或运行安全的特殊需要。

电缆线路土建工程施工包括了直埋敷设施工、排管敷设施工、电缆沟敷设施工、电缆隧道敷设施工、电缆井敷设施工等。

一、直埋敷设及其特点

将电缆敷设于地下壕沟中，沟底和电缆上覆盖有软土层或砂，且设有保护板再埋齐地坪的敷设方式，称为电缆直埋敷设。

电缆直埋敷设按电缆线路敷设路径的要求及所敷设地段的情况不同分为三种类型，分别为保护板直埋（图 4.3.1）、砖砌槽盒直埋（图 4.3.2）、预制槽盒直埋（图 4.3.3）。

直埋敷设适用于电缆数量较少、敷设距离短（不宜超过 50m）、地面荷载比较小、地下管网比较简单、不易经常开挖和没有腐蚀土壤的地段，不适用于城市核心区域及向重要用户供电的电缆。

电缆直埋敷设的优点是：电缆敷设后本体与空气不接触，防火性能好，有利于电缆散热；此敷设方式容易实施，投资少。缺点是：此敷设方式抗外力破坏能力差，电缆敷设后如进行电缆更换，则难度较大。

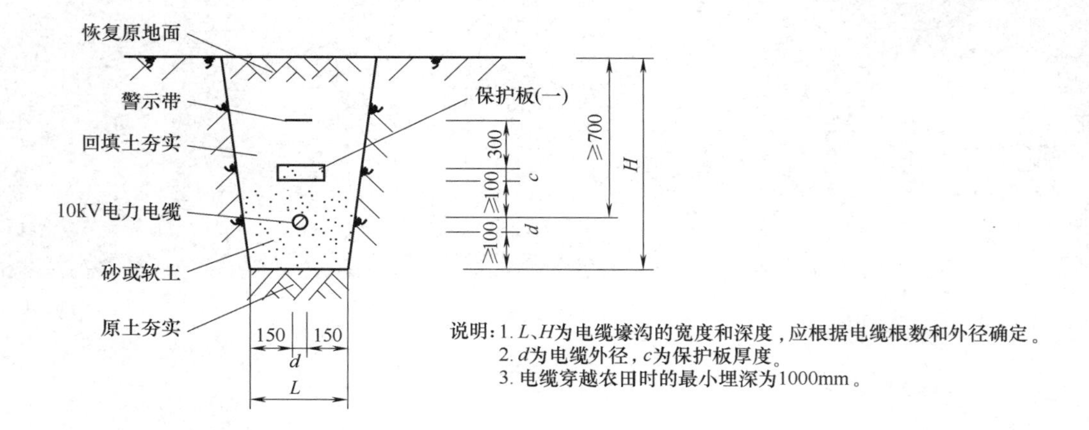

图 4.3.1　电缆保护板直埋敷设断面图

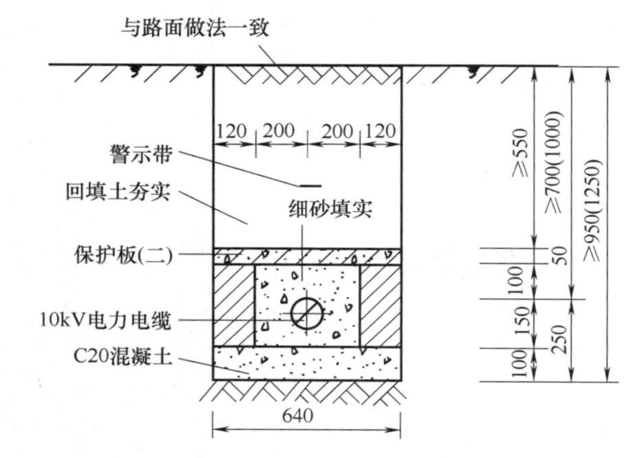

说明：1.普通砖MU15、水泥砂浆M7.5砌筑。
2.保护板材料：C20细石混凝土，HPB300级钢筋、HRB335级钢筋。
3.图中括号内尺寸为电缆穿越农田时的最小埋深和最小开挖深度。

图 4.3.2　电缆砖砌槽盒直埋敷设断面图

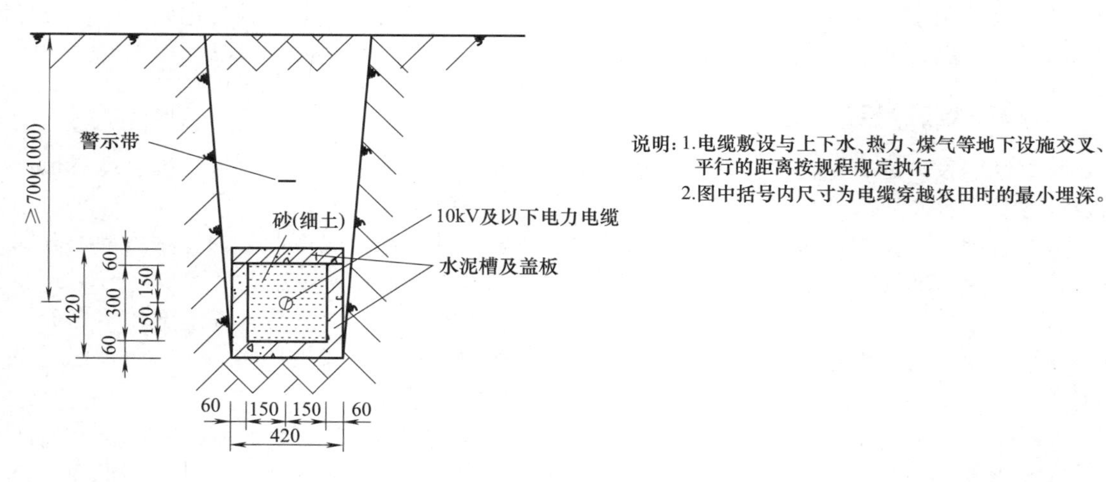

图 4.3.3　电缆预制槽盒直埋敷设断面图

二、排管敷设及其特点

将电缆敷设于预先建设好的地下排管中的安装方法，称为电缆排管敷设。随着城市的发展和工业的增长，电缆线路日益密集，直埋电缆敷设方式逐渐被排管敷设方式取代。排管敷设一般适用于城市道路边人行道下、电缆与各种道路交叉处、广场区域及小区内电缆条数较多、敷设距离长等地段。

电缆排管敷设方案根据电缆线路敷设路径的要求及所敷设地段的情况不同分为两大类，分别为开挖排管（图 4.3.4 和图 4.3.5）、非开挖拉管（图 4.3.6）或顶管（图 4.3.7）。混凝土包方顶层埋深若达不到要求或埋设于车行道下，则需在导管顶部及底部按图 4.3.8 扎钢筋网（或者设置类似于钢筋混凝土梁箍筋的配筋方式，见图 4.3.9），以增加强度。

电缆排管敷设的优点是：受外力破坏影响少，占地小，能承受较大的荷重，电缆敷设无相互影响，电缆施工简单。缺点是：土建成本高，不能直接转弯，散热条件差。

三、电缆沟敷设及其特点

封闭式不通行、盖板与地面相齐或稍有上下、盖板开启的电缆构筑物为电缆沟，将电缆敷设于预先建设好的电缆沟中的安装方式，称为电缆沟敷设。

电缆沟敷设方案，按沟体结构分为两种类型，分别为砖砌电缆沟（图 4.3.10）、钢筋混凝土电缆沟（图 4.3.11）。

电缆沟敷设与电缆排管、电缆工作井等敷设方式相互配合使用，适用于变电站出线、小区道路、电缆较多、道路弯曲或地坪高程变化较大的地段。

电缆沟敷设的优点：检修、更换电缆较方便，灵活多样，转弯方便，可根据地坪高程变化调整电缆敷设高程。其缺点是施工检查及更换电缆时须搬运大量盖板，施工时外物不慎落入沟内易将电缆碰伤。

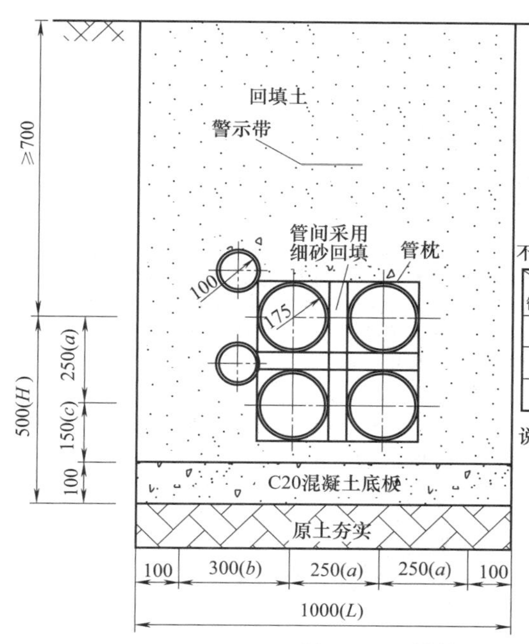

不同管内径调整尺寸表 单位：mm

管材内径＼管间尺寸	a	b	c	L	H
175	250	300	150	1000	500
150	220	280	130	730	450
200	280	330	180	1090	560

说明：本图以排管内径175mm为例，排管内径为150mm、200mm时需作相应调整。

图 4.3.4　排管 2×2 砂土回填

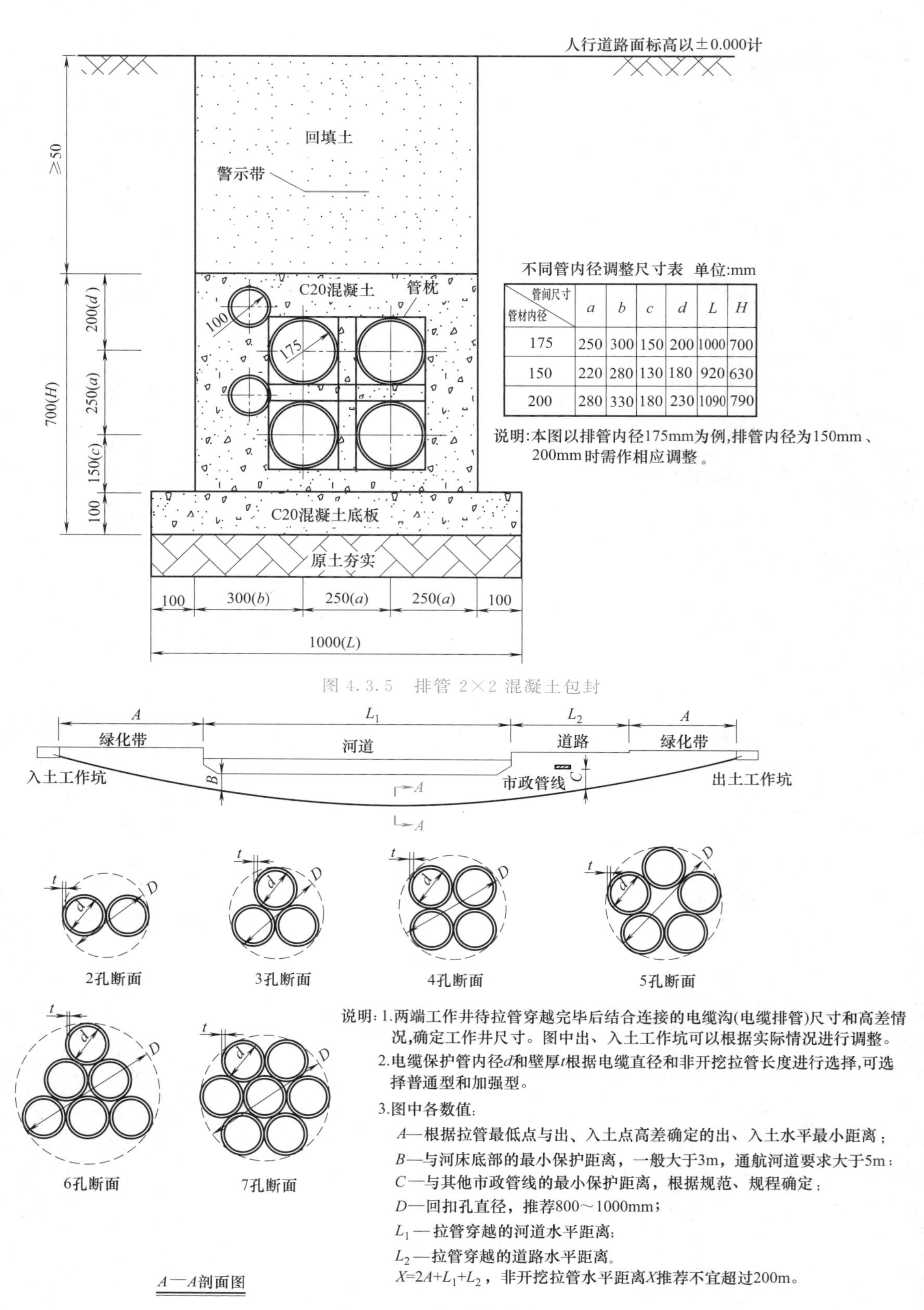

不同管内径调整尺寸表 单位:mm

管间尺寸 管材内径	a	b	c	d	L	H
175	250	300	150	200	1000	700
150	220	280	130	180	920	630
200	280	330	180	230	1090	790

图 4.3.5 排管 2×2 混凝土包封

图 4.3.6 非开挖拉管断面图

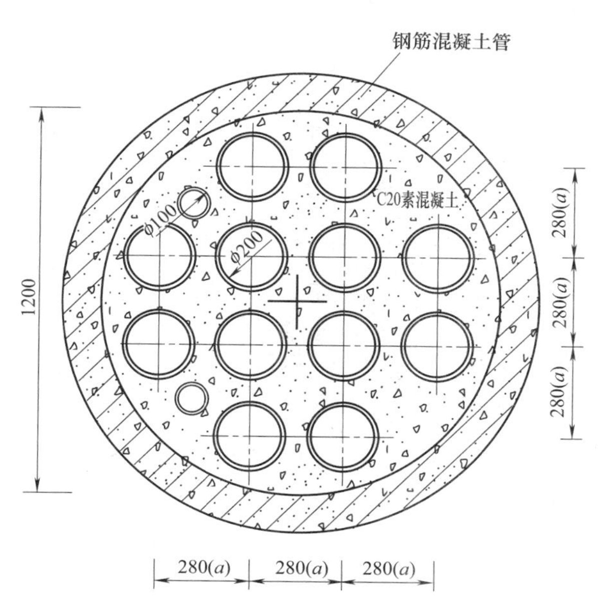

不同管内径、尺寸调整

单位：mm

管间尺寸 / 管材内径	a
175	250
150	220
200	280

说明：

1.本图以排管内径200mm为例，排管内径150mm、175mm尺寸作相应调整。

2.顶管采用柔性接头钢承口管。

3.电缆管不应选用承插连接的管材，应选用可热熔焊接的管材。

4.混凝土纵向全线浇筑。

图 4.3.7　ϕ1200mm 顶管断面图

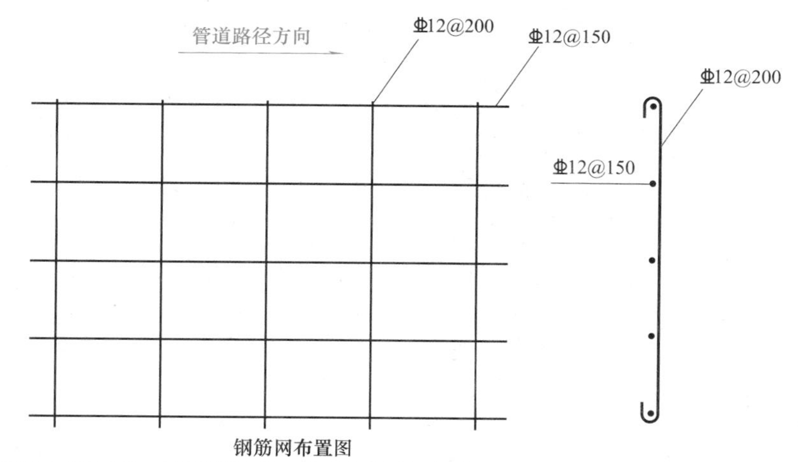

钢筋网布置图

说明：1.混凝土包方顶层埋深若达不到要求或埋设于车行道下，则需在导管顶部及底部按图扎钢筋网，以增加强度。

2.钢筋的保护层厚度应根据环境条件和耐久性要求等确定，且不应小于30mm。

图 4.3.8　钢筋网布置图

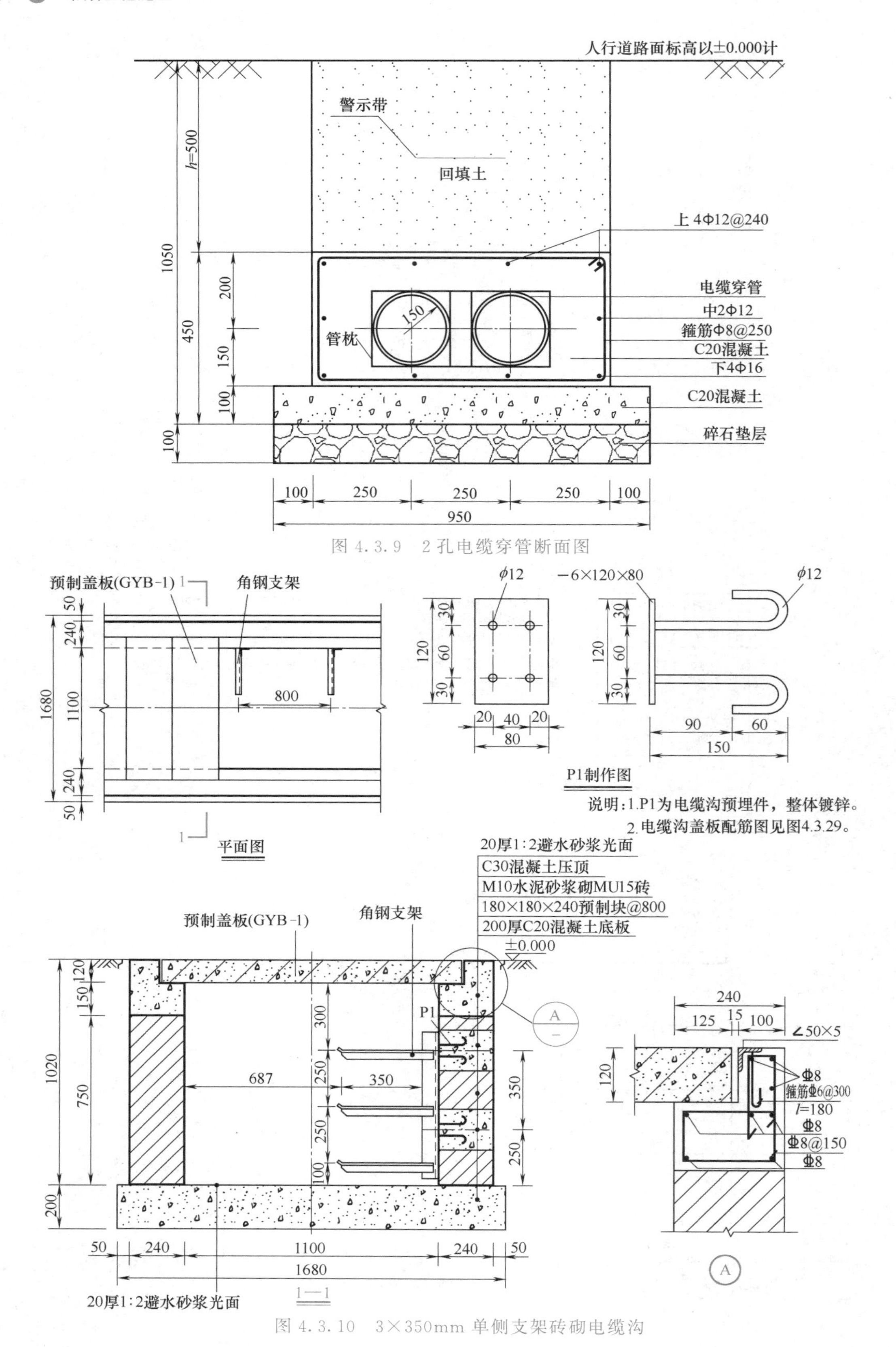

图 4.3.9　2孔电缆穿管断面图

图 4.3.10　3×350mm 单侧支架砖砌电缆沟

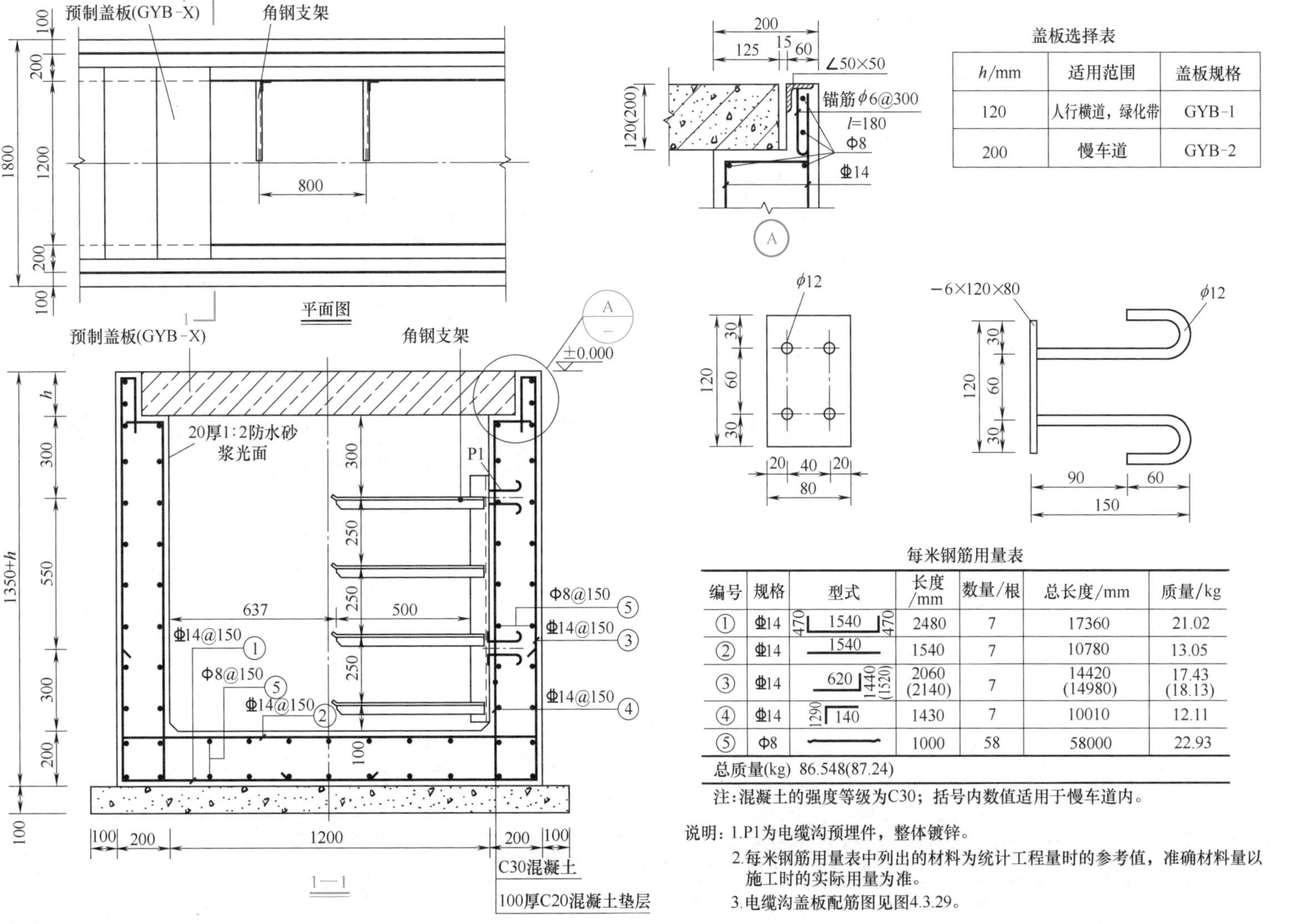

盖板选择表

h/mm	适用范围	盖板规格
120	人行横道，绿化带	GYB-1
200	慢车道	GYB-2

每米钢筋用量表

编号	规格	型式	长度/mm	数量/根	总长度/mm	质量/kg
①	Φ14	470 1540 470	2480	7	17360	21.02
②	Φ14	1540	1540	7	10780	13.05
③	Φ14	620 1440(1520)	2060 (2140)	7	14420 (14980)	17.43 (18.13)
④	Φ14	1290 140	1430	7	10010	12.11
⑤	Φ8		1000	58	58000	22.93
总质量(kg) 86.548(87.24)						

注：混凝土的强度等级为C30；括号内数值适用于慢车道内。

说明：1.P1为电缆沟预埋件，整体镀锌。

2.每米钢筋用量表中列出的材料为统计工程量时的参考值，准确材料量以施工时的实际用量为准。

3.电缆沟盖板配筋图见图4.3.29。

图 4.3.11 3×500mm 单侧支架现浇电缆沟

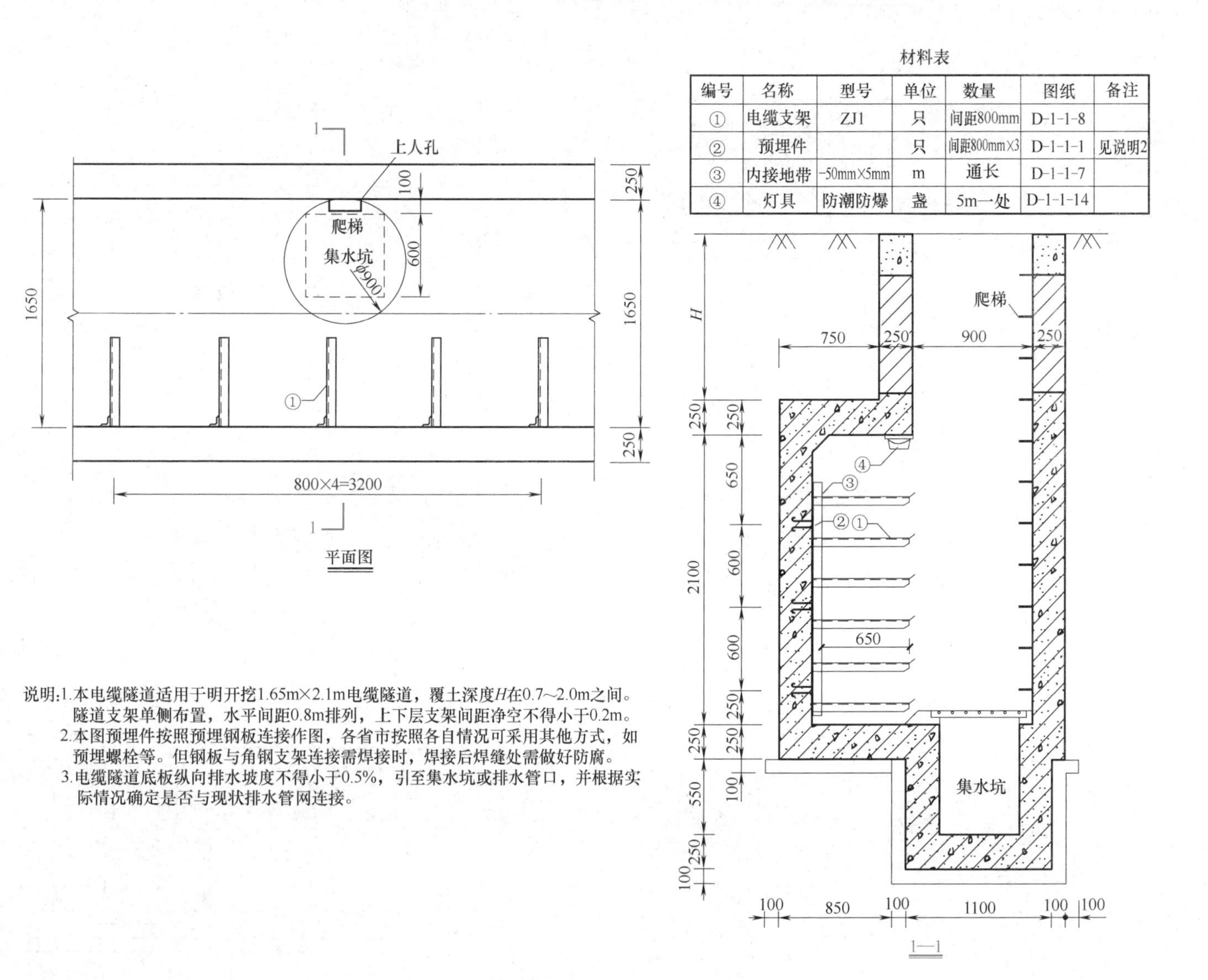

材料表

编号	名称	型号	单位	数量	图纸	备注
①	电缆支架	ZJ1	只	间距800mm	D-1-1-8	
②	预埋件		只	间距800mm×3	D-1-1-1	见说明2
③	内接地带	-50mm×5mm	m	通长	D-1-1-7	
④	灯具	防潮防爆	盏	5m一处	D-1-1-14	

说明:1.本电缆隧道适用于明开挖1.65m×2.1m电缆隧道，覆土深度H在0.7~2.0m之间。隧道支架单侧布置，水平间距0.8m排列，上下层支架间距净空不得小于0.2m。

2.本图预埋件按照预埋钢板连接作图，各省市按照各自情况可采用其他方式，如预埋螺栓等。但钢板与角钢支架连接需焊接时，焊接后焊缝处需做好防腐。

3.电缆隧道底板纵向排水坡度不得小于0.5%，引至集水坑或排水管口，并根据实际情况确定是否与现状排水管网连接。

图 4.3.12 单侧支架布置电缆隧道断面图

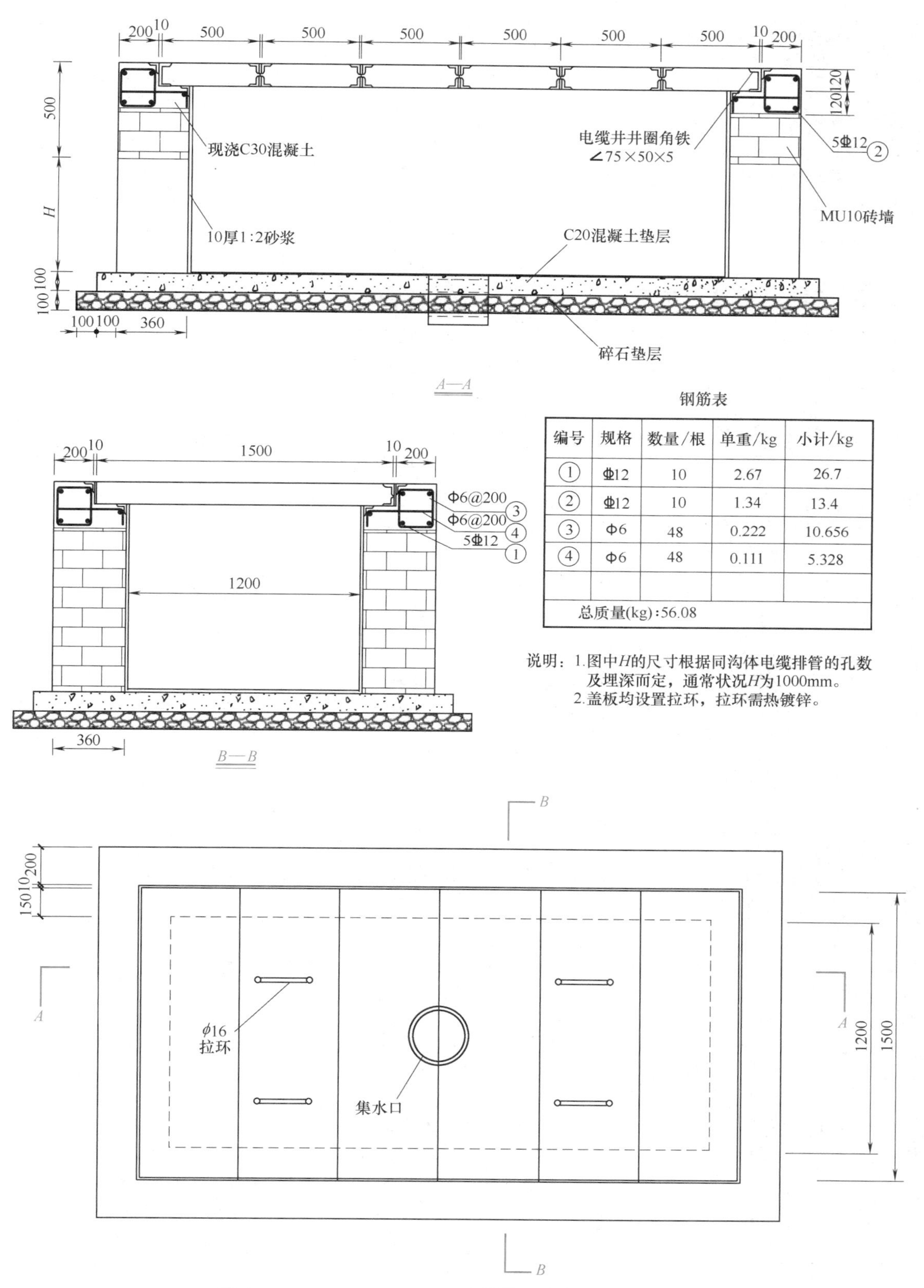

钢筋表

编号	规格	数量/根	单重/kg	小计/kg
①	Φ12	10	2.67	26.7
②	Φ12	10	1.34	13.4
③	Φ6	48	0.222	10.656
④	Φ6	48	0.111	5.328
总质量(kg):56.08				

图 4.3.13 3×1.2m×1.5m 直线井（砖砌）盖板开启式

四、电缆隧道敷设及其特点

将电缆敷设于预先建设好的隧道中的安装方式，称为电缆隧道敷设。电缆隧道是指容纳电缆数量较多、有供安装和巡视的通道、全封闭的电缆构建物。

根据电缆隧道施工方式不同分为两种类型，分别为明开挖隧道和浅埋暗挖隧道（图 4.3.12）。

电缆隧道敷设的优点是：维护、检修及更换电缆方便，能可靠地防止外力破坏，敷设时受外界条件影响小，能容纳大规模、多电压等级的电缆，寻找故障点、修复、恢复送电快。缺点是：建设隧道工作量大、工程难度大、投资大、工期长、附属设施多。

五、电缆井敷设及其特点

电缆埋设工程中起到施工中及工程竣工后安装或维护作用的地下检查井，称为电缆井，是配合地下管道，作为远距离地埋供电使用，为线路的安装和检修电缆提供操作空间。

电缆井按照井内布置形式不同分为直线井、转角井、三通井、四通井、八角形四通井五种形式。根据电缆敷设工艺要求，采用人员下井工作模式时，电缆井深度不小于 1.9m，其井盖尺寸应满足人员上下井；当采用人员不下井工作模式时，电缆井深度可适当调整，其盖板（图 4.3.13、图 4.3.14）可开启。

电缆井敷设的优点是：检修、更换电缆较方便，灵活多样，为电缆转弯提供方便，寻找

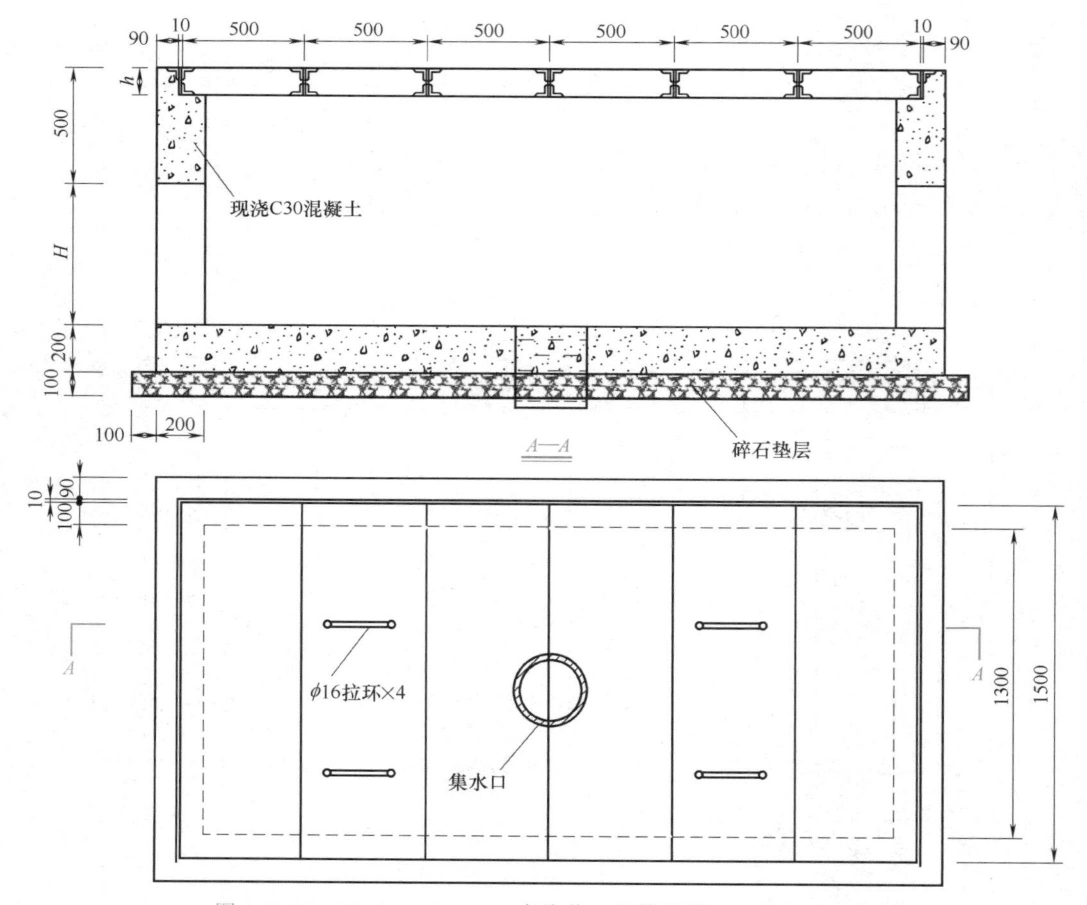

图 4.3.14　3×1.3m×1.5m 直线井（钢筋混凝土）盖板开启式

故障点、修复、恢复送电快。缺点是：施工检查及更换电缆时须搬开盖板，施工时外物不慎落入井内易将电缆碰伤；部分电缆井设置位置在路面，对路面平整度有一定影响。

第二节 » 10kV电缆土建施工

一、电缆沟、电缆井施工

这里仅讲述混凝土电缆沟（井）和砖砌电缆沟（井）的施工。

（一）现浇混凝土电缆沟（井）施工

现浇混凝土电缆沟（井）施工工艺如下：

施工准备→基槽开挖→地基验槽→混凝土垫层浇筑→集水井设置→钢筋绑扎及预埋件的制作与安装→模板安装→混凝土浇筑→拆模→电缆支架安装及接地焊接→回填土→养护。

1. 施工准备

（1）按照设计图纸，结合地勘报告对现场进行核查。查明地下管线的埋设情况，做出施工标记。

（2）电缆（井）开挖前需要对施工场地进行平整。

（3）按照设计图纸完成测量放线工作。

2. 基槽开挖

（1）电缆沟（井）沟槽土方宜采用“机械开挖为主，人工开挖为辅”的方式进行开挖。电缆沟基坑开挖见图4.3.15。

（2）根据施工图纸，先进行平面定位，然后采用挖掘机进行土方开挖。沟槽开挖时应为后续工作保留足够的施工工作面。

（3）机械开挖土方时，基底土方宜保留100mm厚左右，采用人工开挖和修坡，尽量避免机械搅动原土层。电缆沟（井）应根据不同土质及电缆沟（井）深度进行放坡。

（4）沟（井）槽土方开挖后，应及时清除基底浮土和多余土方。在回填区，电缆沟（井）基槽土方压实系数应达到施工图纸的要求。

图4.3.15 电缆沟基坑开挖

（5）土方开挖时应尽量避开雨季。如开挖过程中遇到雨天，应及时采取临时排水措施，严禁雨水长时间浸泡沟槽地基，防止沟壁坍塌。

（6）在土方开挖过程中，如发现不良地质情况，应及时通知监理和设计单位，并按设计单位提出的方案及时进行地基处理。

3. 地基验槽

（1）基槽土方开挖后，应及时联系监理单位和设计单位进行地基验槽，并做好相应的地基验槽记录。

（2）验槽过程中，如发现基槽持力层不满足设计要求时，应按设计单位提出的方案进行地基处理。经验收合格后方可进行下道工序的施工。

4. 混凝土垫层浇筑

（1）首先测量定位放线，确定电缆沟底垫层模板边线及坡度线，然后浇筑混凝土垫层，垫层应按设计要求进行放坡。

（2）混凝土垫层模板可采用土模（或砖模等），如采用木模板，混凝土终凝后应及时拆除。模板拆除时，混凝土强度应以保证垫层表面及棱角不受损伤为原则。

图 4.3.16 电缆沟素混凝土垫层

（3）垫层混凝土应按设计和规范的要求进行配制，其配合比和坍落度应满足现行规程规范和施工图纸的要求。

（4）底板垫层应按设计要求或规范规定留置变形缝。

（5）混凝土可以采用振动棒和平板振动器进行振捣，混凝土终凝后原浆收光压实。素混凝土垫层见图 4.3.16。

5. 集水井设置

电缆沟考虑分段排水方式并每隔 50m 左右设置集水井，必要时实施机械排水。电缆沟的纵向排水坡度向着集水井方向不得小于 0.5%。电缆井集水井一般设置在井的中间，井底向排水孔方向应有 0.5%的坡度。集水井设置参考图 4.3.17。

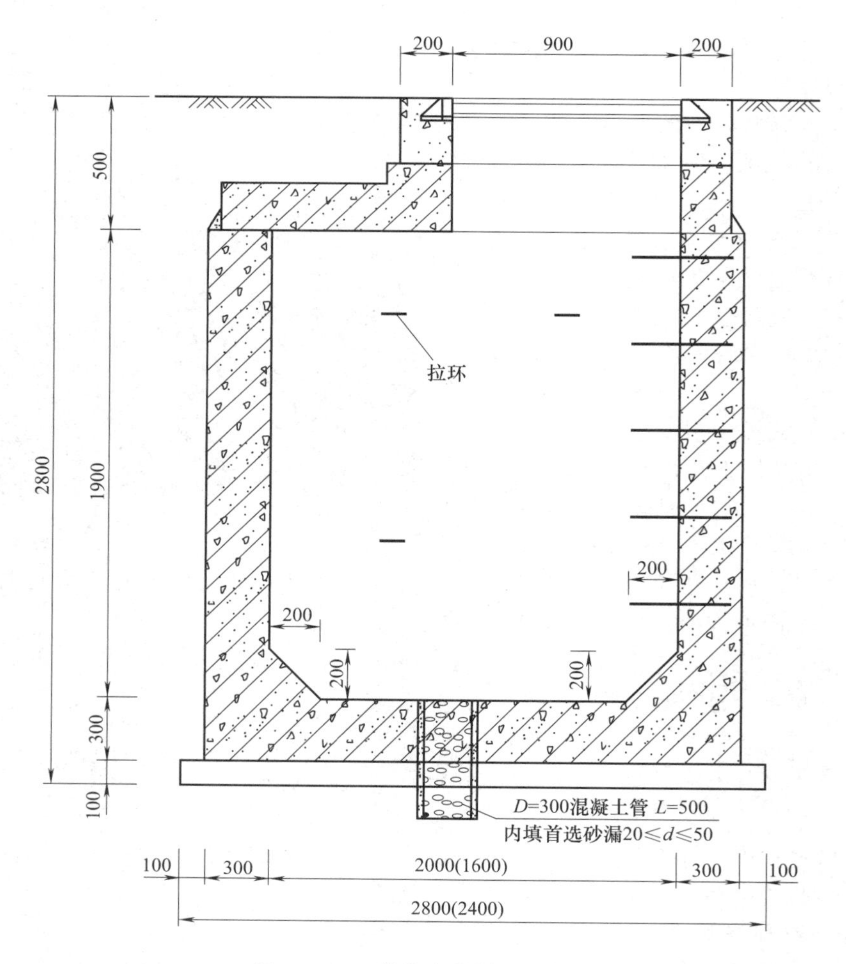

图 4.3.17 某集水井剖面示意图

6. 钢筋绑扎及预埋件的制作与安装

（1）钢筋加工　按图纸要求的规格、尺寸、形状在钢筋加工厂对钢筋进行加工。钢筋成型后分不同型号、规格堆放，标识清楚。

（2）钢筋绑扎　根据设计图纸进行钢筋铺设，钢筋品种、规格、钢筋间距、钢筋搭接长度、接头数量、接头位置、接头面积百分率、焊接质量、保护层厚度等应符合图纸和规范要求。

（3）预埋件的制作与安装

① 固定在模板上的预埋件、预留孔和预留洞均不得遗漏，应安装牢固。

② 预埋铁安装。首先按设计要求制作预埋铁，其中心标高、间距应符合施工图纸的要求，做到两边墙一一对应。预埋铁宜固定在边墙钢筋网及模板上，并应平贴边墙内模板。

③ 对拉螺杆兼作预埋件。对拉螺杆的安装，主要用以确定边墙两侧模板间的间距，同时兼作固定通长接地扁铁和电缆支架的预埋件。对拉螺杆分为上下两层进行预埋。模板拼装时，应考虑对拉螺杆的标高、位置和间距，做到两边墙一一对应。对拉螺杆伸出内墙面的距离应保持一致（与电缆支架主材宽度一致）。预埋件与钢筋绑扎见图 4.3.18 和图 4.3.19。

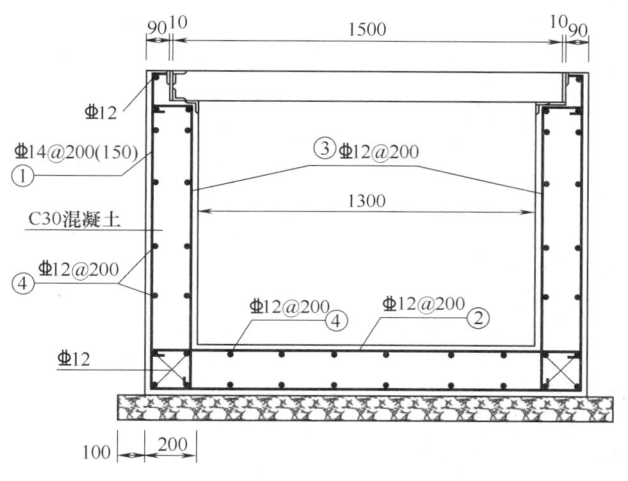

图 4.3.18　某钢筋混凝土电缆沟剖面图

图 4.3.19　某工程钢筋混凝土电缆沟钢筋绑扎图

7. 模板安装

模板安装前，必须经过正确放样，检查无误后才立模安装。模板必须支撑牢固、稳定，无松动、跑模、超标准的变形下沉等现象。模板拼缝应平整严密，并采取措施填缝，保证不漏浆，模内必须干净。

现浇混凝土电缆沟变形缝间距不宜超过 30m，缝宽宜为 30mm，且应贯通全截面。变形缝处应采取有效防水措施。处在气温年较差（历年最热月平均气温和最冷月平均气温之差）大于 35℃的冻土区变形缝间距不宜超过 10m，处在气温年较差不大于 35℃的冻土区变形缝间距不宜超过 15m。

在模板安装过程中，电缆沟沉降缝设置应符合施工图纸设计的要求，并按要求设置止水带。电缆沟施工按伸缩缝及沉降缝位置进行分段，伸缩缝按挖方区 15m 一段，填方区为 9m。电缆沟凡遇变截面、不同地质交接处、过道的沟道两侧、砖沟与混凝土沟之间及沟道与建筑物连接点处等，均应设置沉降缝。在沉降缝处，电缆沟基层、底板和墙体应在同一断

图 4.3.20 某工程电缆沟混凝土浇筑

面处结构完全断开。在电缆沟沉降和伸缩缝内，可采用可伸缩性的填充材料进行填充，表面再用黑色硅胶压缝。

8. 混凝土浇筑

电缆沟沟壁和底板混凝土一般是一次浇筑，边墙混凝土可以采用振动棒进行振捣，在沟内侧混凝土还可用振动棒或钢钎等进行再次振捣，以消除混凝土表面的气泡。混凝土的浇筑顺序是先底板后墙壁。某工程电缆沟混凝土浇筑见图 4.3.20。

9. 拆模

混凝土达到拆模强度即可拆模。边墙侧模拆除时，应保证其表面及棱角不受损伤，防止对拉螺杆变形。

10. 电缆支架安装及接地焊接

根据电缆支架预埋件不同，电缆支架（图 4.3.21）与支架预埋件有焊接或者螺栓连接两种方式。外连接带下面与接地极焊接，上面与接地预埋件焊接。电缆支架安装后，沟（井）内顶端沿着电缆沟（井）通常焊接内接地带（电缆沟通长），内接地带需要与每个接地预埋件焊接，焊接部位需要刷 2 遍防锈漆防锈，详见图 4.3.22。对支架的具体要求如下：

（1）金属电缆支架须进行防腐处理。位于湿热、盐雾及有化学腐蚀的地区时，应根据设计进行特殊的防腐处理。

（2）安装电缆支架前，应进行放样定位。电缆支架的安装应牢固、横平竖直，托架、支吊架的固定应按设计要求进行。电缆支架应牢固安装在电缆沟墙壁上。

（3）金属电缆支架全长按设计要求进行接地焊接，应保证接地良好。所有支架均应焊接牢靠，焊接处的防腐措施应符合规范要求。支架材料应平直，无明显扭曲。下料误差应在 5mm 范围内，切口应无卷边、毛刺。

（4）焊口应饱满，无虚焊现象。支架同一挡在同一水平面内，高低偏差不大于 5mm。支架应焊接牢固，无显著变形。

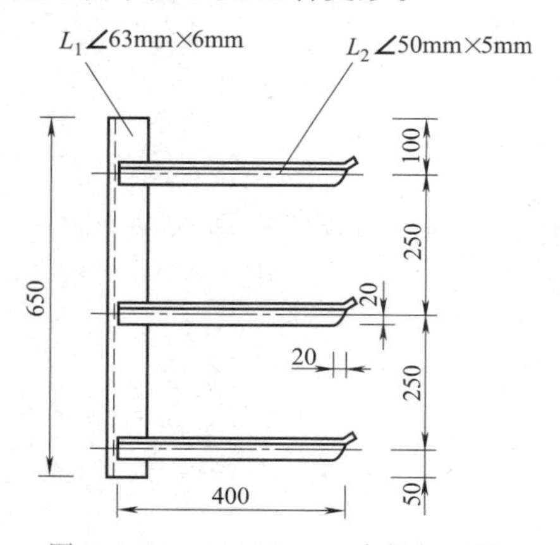

图 4.3.21 3×350mm 支架加工图

图 4.3.22 内接地带示意图

混凝土模板拆除后，在两边工作面允许的情况下可以施工电缆沟（井）两侧接地（图 4.3.23）。接地施工首先打入接地极（通常为∠ 50mm×5mm，一般 2500mm 长），角铁接地极上焊接外连接带（通常为– 50mm×5mm，一般 2500mm 长）。

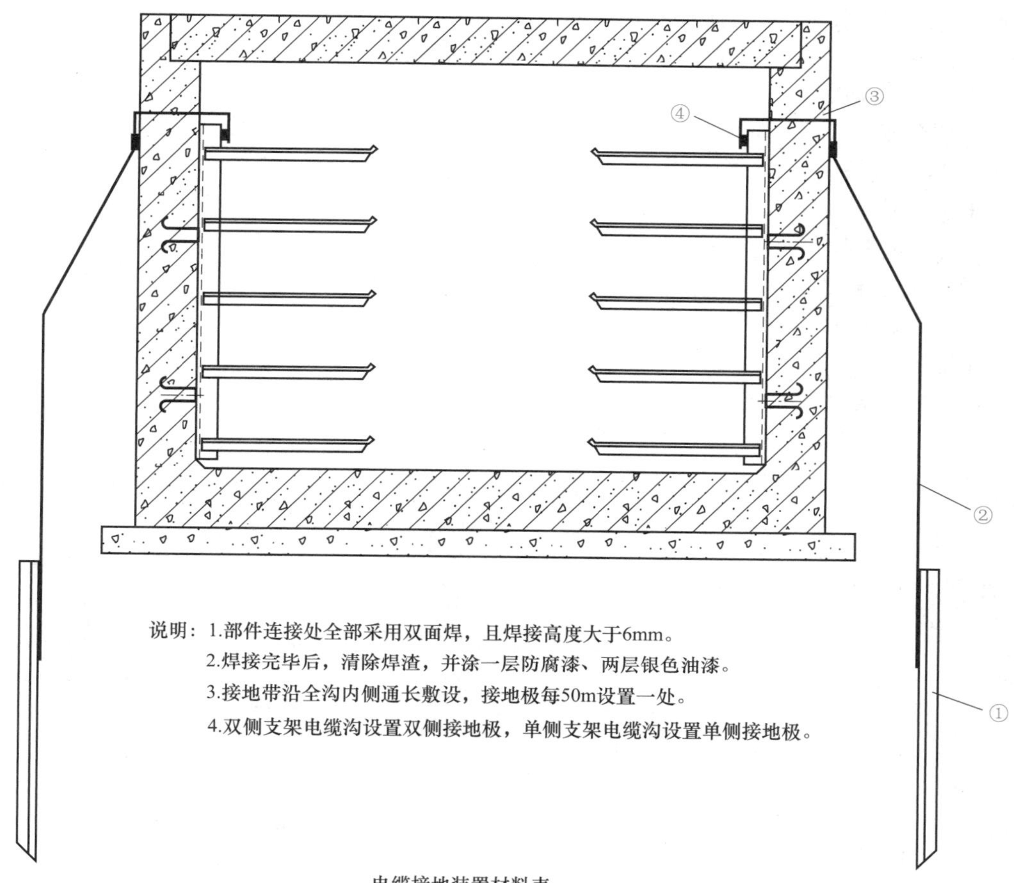

电缆接地装置材料表

编号	名称	规格	长度/mm	数量/根	单重/kg	小计/kg	备注
①	接地极	∠50mm×5mm	2500	2	9.45	18.9	与连接带焊接
②	外连接带	－50mm×5mm	2500	2	4.9	9.8	与预埋件及接地极焊接
③	预埋件	－50mm×5mm	900	2	1.75	3.5	每50m一道，预埋沟墙台帽内
④	内接地带	－50mm×5mm	与电缆沟同长	2			与预埋件焊接、电缆支架焊接，电缆沟通长

注：每处接地极钢材总质量(不包含内接地带)32.2kg，当为单侧支架时重量减半。

图 4.3.23　电缆沟（井）接地示意图

11. 回填土

沟壁两侧回填土在墙身混凝土达到规范规定的强度要求后进行，通常采用素土回填夯实，压实系数必须达到施工图纸的要求。

12. 养护

应在浇筑完毕后的12h内对混凝土加以覆盖，并保湿养护。混凝土电缆沟（井）需要自然养护7天。

（二）砖砌电缆沟（井）施工

砖砌电缆（井）施工工艺如下：

施工准备→基槽开挖→地基验槽→混凝土垫层浇筑→集水井设置→钢筋混凝土底板施工→电缆沟（井）接地打入→电缆沟（井）墙体砌筑（预埋件）→压顶混凝土施工→电缆沟

（井）粉刷→电缆支架安装及接地焊接→回填土→养护。

1. **施工准备**

同混凝土电缆沟（井）施工。

2. **基槽开挖**

同混凝土电缆沟（井）施工。

3. **地基验槽**

同混凝土电缆沟（井）施工。

4. **混凝土垫层浇筑**

同混凝土电缆沟（井）施工。

5. **集水井设置**

砖砌电缆沟集水井见图 4.3.24，具体做法参照混凝土电缆沟（井）施工。

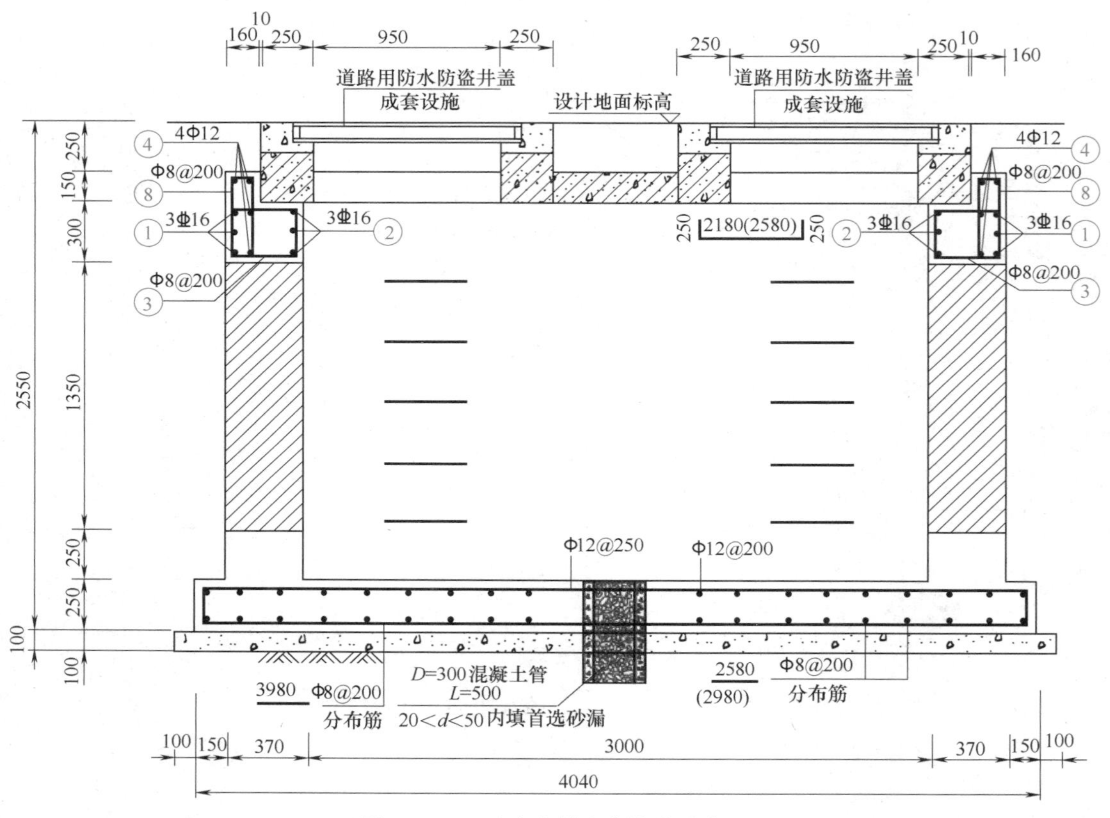

图 4.3.24 砖砌电缆沟集水井示意图

6. **钢筋混凝土底板浇筑**

钢筋混凝土底板的钢筋一般是双层双向钢筋，钢筋绑扎后支模板，通常混凝土底板墙壁位置倒翻 250mm 高的素混凝土。混凝土底板找平时要注意排水坡度。混凝土浇筑后达到拆模强度即可拆模。

4.3.1 砖砌电缆井

7. **电缆沟（井）接地焊接**

参照混凝土电缆沟（井）施工。

8. **电缆沟（井）墙体砌筑**

根据电缆沟墙体标高，设置皮数杆。底板第一皮砖缝超过 20mm 时，应采用细石混凝土找平。砖在砌筑前隔夜浇水湿润，砂浆按配合比搅拌，控制好稠度。砂浆应保证3h内砌筑完毕，砌砖时铺灰长度不应超过500mm，并严格按照皮数杆逐层砌筑，及时清理落地残余砂浆。电缆沟墙体砌筑见图4.3.25。

图4.3.25 电缆井墙体砌筑

砌筑过程中，将安装电缆支架的预埋铁件及接地预埋件砌入电缆沟墙体内，应根据预设的粉刷层厚度拉线控制预埋铁件标高及凸出墙体位置。铁件应事先制作完成。电缆沟墙体按照规范砌筑，顶层砖均应采用“全丁”砌筑，砌筑完成后，砌体顶面采用砂浆灌缝。墙体应按设计要求或规范规定留置变形缝，上下贯通，并应和底板、垫层变形缝位置一致。

9. 压顶混凝土施工

(1) 压顶钢筋（图4.3.26）根据图纸和规范进行绑扎，压顶预埋角铁（图4.3.27）要贴沟（井）内侧放置并与压顶钢筋锚固一起。

图4.3.26 压顶钢筋绑扎

图4.3.27 压顶预埋角铁

(2) 制作与安装模板时，应注意托架牢固，模板平直，支撑合理、稳固及拆卸方便。

(3) 压顶浇筑前墙面应浇水湿润。压顶混凝土采用振捣棒振捣密实。顶面采用木抹子拉毛、压实。拉毛时，应控制好拉毛时间、遍数，防止混凝土产生收缩裂缝，并及时清除模板残余混凝土及砂浆。混凝土压顶在变形缝处也应断开。

图4.3.28 压顶混凝土浇筑

(4) 伸缩缝设置与墙体设置一致。

(5) 要求压顶混凝土（图4.3.28）一次成型，可以不做粉刷。

(6) 浇筑完毕后的12h内应对混凝土加以覆盖，并保湿养护，自然养护7天。

10. 电缆沟粉刷

(1) 电缆井内外侧壁一般做聚合物防水砂浆防水层，与预埋管结合处抹成45°喇叭口(井内侧)。

4.3.2 砖砌电缆井粉刷

(2) 为保证电缆沟长方向粉刷得顺直及平整，用经纬仪弹出粉刷基准线。灰缝厚度控制可以采用设置灰饼和标筋的方法。

(3) 电缆沟粉刷中，原材料应采用同一批次进场材料，砂浆配比应统一，以保证电缆沟粉刷面色泽均匀一致。粉刷砂浆应在规定时间内用完，不允许用干水泥或砂浆干粉在粉刷层表面吸水。粉刷面层压光后，电缆沟应棱角通长顺直，沟壁平整，无砂眼、凹坑、抹纹，粉刷层色泽一致，无空鼓、龟裂。

(4) 电缆沟顶粉刷宜每隔 2m 镶贴分格条，以减少由于沟长而引起的收缩裂缝。

(5) 抹灰前检查预埋件的安装位置是否正确，与墙体连接是否牢固。抹灰工程施工的环境温度不宜低于 5℃，在低于 5℃ 的气温下施工时，应有保证质量的有效措施。

4.3.3 电缆支架安装

11. 电缆支架安装及接地焊接

参照混凝土电缆沟（井）施工。

12. 回填土

粉刷完毕的电缆沟砖墙沟壁外侧需回填土，回填土质、压实系数必须达到施工图纸和规范的要求。

4.3.4 电缆井接地

13. 养护

电缆沟壁抹灰完成后，应进行覆盖浇水养护（不少于 7 天）。

（三）沟（井）盖板施工

沟（井）盖板应具有防盗、防滑、防位移、防坠落等功能。沟盖板一般在工厂预制，将定型模板拼装固定于水平基面上，模板内浇细石混凝土，并进行振捣，直到表面泛出原浆。振捣密实后，用铝合金刮尺刮平，清除框边四周的混凝土及砂浆；终凝前进行不少于 3 次的原浆压光，做到无抹痕、无砂眼、无凹坑，表面平整、光滑即可。

电缆安装完毕并验收通过后开始安装盖板。盖板的安装从一端开始，边安装边调直、调平，同时在盖板两端搁置点垫 3～5mm 厚的橡胶条，以调整盖板的稳定性和平整度。电缆沟（井）盖板制作图如图 4.3.29 所示。

二、开挖式电缆排管施工

下面仅讲述钢筋混凝土包封电缆管施工。

开挖式电缆排管施工工艺如下：

施工准备→沟槽开挖→地基验槽→垫层混凝土浇筑→底层钢筋网片铺设→安装电缆管→上层钢筋网片铺设→浇筑包封混凝土→回填土。

1. 施工准备

(1) 按照设计图纸，结合地勘报告对现场做好核查工作。查明地下管线的埋设情况，做出施工标记。

(2) 开挖前需要对施工场地进行平整。

(3) 依据图纸放出电缆排管中线及检查井位置。中线测量完毕后，根据管道的埋深及管径，计算出管沟上口宽度，用白灰粉定出沟槽边线，并确保中心桩及方向桩在开槽前不被破坏。

2. 沟槽开挖

同混凝土电缆沟（井）施工。

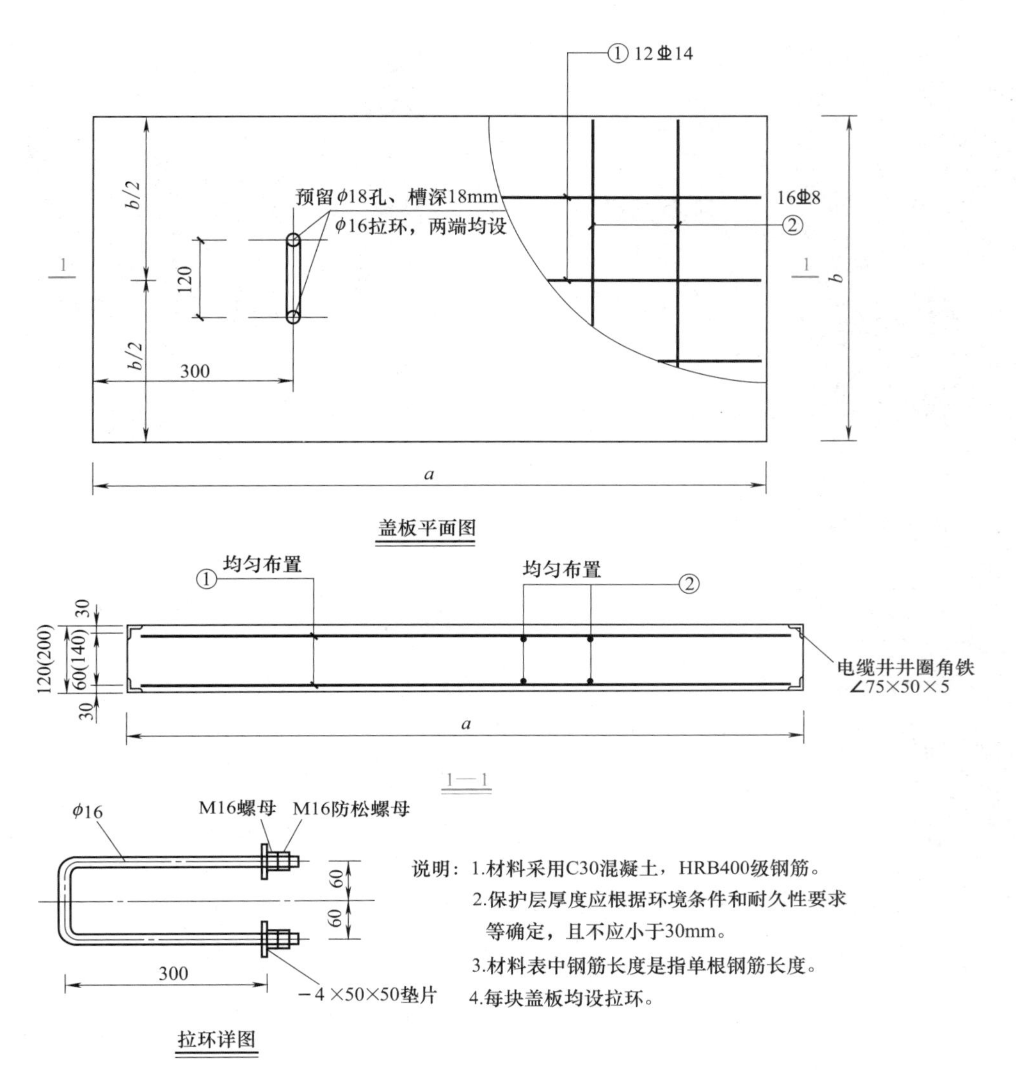

图 4.3.29　沟盖板制作图

3. 地基验槽

同混凝土电缆沟（井）施工。

4. 垫层混凝土浇筑

同混凝土电缆沟（井）施工。

5. 底层钢筋网片铺设

混凝土垫层终凝后即可分段铺设底层钢筋网片（先铺设底层钢筋、U 形箍筋和侧边筋，如图 4.3.30 所示）。

6. 安装电缆管

（1）排管前要先对混凝土垫层高程复核，复核无误后再铺设电力管道。

（2）管节安装前应按产品标准对管材逐支检查，不符合标准不得使用。

（3）管道安装采用人工下管、人工安装，管接口通常采用热熔对接或承插口连接方式，承插口要注意垫圈密封质量。

（4）管道敷设时应保证管道直顺，管道的接缝处应设管枕（图 4.3.31），接口应无错位。

图 4.3.30 开挖式电缆沟包管钢筋示意图

图 4.3.31 混凝土包管管枕

（5）调整管材长短时可用锯切割，断面应垂直平整，不应有损坏。敷设后多余的电缆管应切除，并将切口打磨平滑。

（6）管枕纵向安装设置间距、相邻管子间距、管子上下混凝土保护层、侧边管子混凝土保护层要符合设计图纸要求。

7. 上层钢筋网片铺设

4.3.5 排管混凝土浇筑

电缆管分段铺设完毕即可铺设上层钢筋网片，见图 4.3.32（类似于钢筋混凝土梁混凝土包方的同时铺设上层中间钢筋及上部封闭箍筋）。

8. 浇筑包封混凝土

（1）在浇筑工序中，应控制混凝土的均匀性和密实性。

（2）混凝土拌合物运至浇筑地点后，应立即浇筑入模。在浇筑过程中，如混凝土拌合物的均匀性和稠度发生较大变化，应及时处理。

（3）混凝土应振捣成型。根据施工对象及混凝土拌合物性质应选择适当的振捣器，并确定振捣时间。

（4）混凝土在浇筑过程中，应采取措施防止产生裂缝。由于混凝土的沉降及干缩产生的非结构性的表面裂缝，应在混凝土终凝前予以修整。

（5）在浇筑混凝土时，同步制作混凝土试块。

9. 回填土

电缆埋设后回填土应分层夯实，压实系数要满足设计要求，埋设深度也应满足设计要求。地面恢复形式应满足市政要求，不得造成路面塌陷。回填土前要在混凝土包管上面做好电缆警示标志（图 4.3.33）或者警示标志按照设计规定设置。

图 4.3.32 包管上层钢筋网片

图 4.3.33 排管上敷设警示带示意图

三、非开挖电缆管道

非开挖电缆管道是指利用各种岩土钻掘设备和技术手段，通过导向、定向钻进等方式在地表极小部分开挖的情况下（一般指入口和出口小面积开挖），敷设、更换和修复地下电缆的施工新技术。它既不会阻碍交通、破坏绿地植被，也不会影响商店、医院、学校和居民的正常生活与工作秩序，可以解决传统开挖施工对居民生活的干扰及其对交通、环境、周边建筑物基础的破坏和不良影响。

非开挖电缆管道施工方法详见本书第二篇第三章中掘进顶管法施工工艺和水平定向钻法施工工艺。

4.3.6 非开挖拉管工作坑位置电缆井砌筑

1. 非开挖电缆管道施工注意事项

（1）非开挖拉管一般采用改性聚丙烯塑料电缆导管；顶管一般采用柔性接头钢承口钢筋混凝土管。所选管材均应按其埋设深度处受力校验力学性能。

（2）非开挖拉管间的连接采用热熔焊，管材内壁应光滑，无凸起的毛刺。拉管数量根据工程情况进行选择，并根据电网远景规划适当预留。施工前应对电缆路径两侧 10m 范围内进行详细地质和障碍物勘探，根据实际情况制定详细施工方案和保护措施。拉管出入土角度宜控制在 8°～15°左右，管材任意点的弧度应不大于 8°。两端电缆井待拉管穿越完成后结合连接的电缆沟或排管断面尺寸和高差情况确定具体位置及尺寸。

（3）MPP 管地下敷设路径应充分考虑地下岩土土质，并尽量减少与地下各种设施的交叉跨越，防止和避免 MPP 套管及电缆线路遭受损坏，如机械、化学腐蚀、振动、热力、杂质电流、虫害及其他损坏。

（4）非开挖电缆管道深度应按设计和路面的标高确定，不应按地面暂时标高确定，保证实际施工与设计相符。为方便日后电缆正常运行，根据地质条件及穿越铁路、河道规范要求，原则上管线埋深应控制在－8m 以上。

（5）敷设电缆前必须根据每盘电缆的长度，确定中间接头的位置。应将接头放在工井位置内，避免把接头放在交叉路口、建筑物门口、与其他管线交叉或地势狭窄不便维护之处。

（6）原则上每隔 120m 挖掘一个工井，以免敷设电缆时摩擦力过大或检修时更换电缆太长。工井可根据现场实际情况采取明井和暗井两种方式。

（7）工井的尺寸应考虑电缆的弯曲半径和满足接头安装的需要，能使电缆在工井内做一个中间接头。工井的高度应能使工作人员站立操作。

（8）走向钻进、导向钻进时，孔径弯曲程度应满足电缆及 MPP 管最小弯曲半径的要求。

（9）非开挖回拉扩孔时，孔径应根据地下地质条件取套管外径的 1.2～1.5 倍，避免孔径过小不利于套管拉入和孔径过大引起地下岩土塌陷挤压套管。施工中，应根据地层变化，及时调整钻压和泵量，采取技术措施确保孔径均匀、内壁光滑平整。

（10）拉管扩孔完成后，应采取措施避免砖石、砖块等物滑入孔径内。完成电缆敷设后，应对 MPP 管做封堵，以防漏水和小动物入内。

（11）关于牵引管出口保护，一般是采用 C20 钢筋混凝土包封，具体长度一般设计 3m 长，具体施工需要按照实际长度计量。牵引管出口保护详见图 4.3.34。

2. 非开挖电缆管道竣工验收条件

（1）入口位置准确；

（2）出口位置水平误差不超过±0.5m；

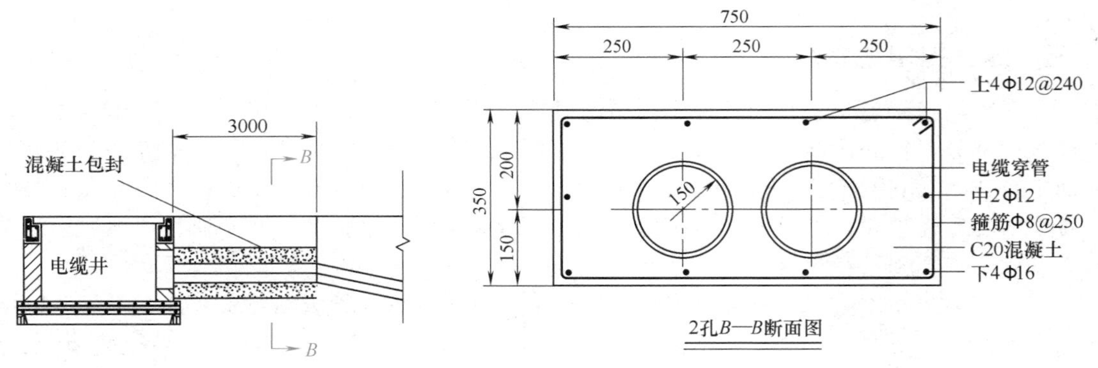

图 4.3.34 牵引管出口保护

(3) 无路面塌陷和孔径塌陷；

(4) 工程范围内地下实际施工路径符合原设计要求。

思 考 题

1. 电缆线路土建工程施工有哪些类型？
2. 简述现浇混凝土电缆沟（井）施工工艺。
3. 简述开挖式电缆排管施工工艺。

第四章 10kV配电站房施工

【知识目标】

- 了解开关站和配电房。
- 了解开关站、配电房施工要点。

【能力目标】

- 能够认识开关站和配电房。
- 能够知道开关站、配电房施工要点。

第一节 10kV配电站房概述

一、开关站概述

通过开关装置将电力系统（电网）及其用户的用电设备有选择地连接或切断的电力设施称为开关站，其作用就是分配高、中压电能。

开关站是为提高输电线路运行稳定度或便于分配同一电压等级电力，而在线路中间设置的没有主变压器的设施。开关站由断路器、隔离开关、电流互感器、电压互感器、母线、相应的控制保护和自动装置以及辅助设施组成，同时也可安装各种必要的补偿装置。开关站中只设一种电压等级的配电装置。某工程开关站剖面图如图4.4.1所示。

二、变配电室概述

变配电室指带有低压负荷的室内配电场所，主要为低压用户配送电能，设有中压进线(可有少量出线)、配电变压器和低压配电装置。10kV及以下电压等级设备的设施，分为高压配电室和低压配电室。高压配电室一般指6～10kV的高压开关室，低压配电室一般指10kV或35kV站用变压器出线的400V配电室。

专用配电室提供小区内的公共设施设备用电，如消防泵、生活泵、风机、电梯、公共照和配套商业等设备的用电；公用配电室提供专供居民生活用电。某工程配电室剖面图如图4.4.2所示。

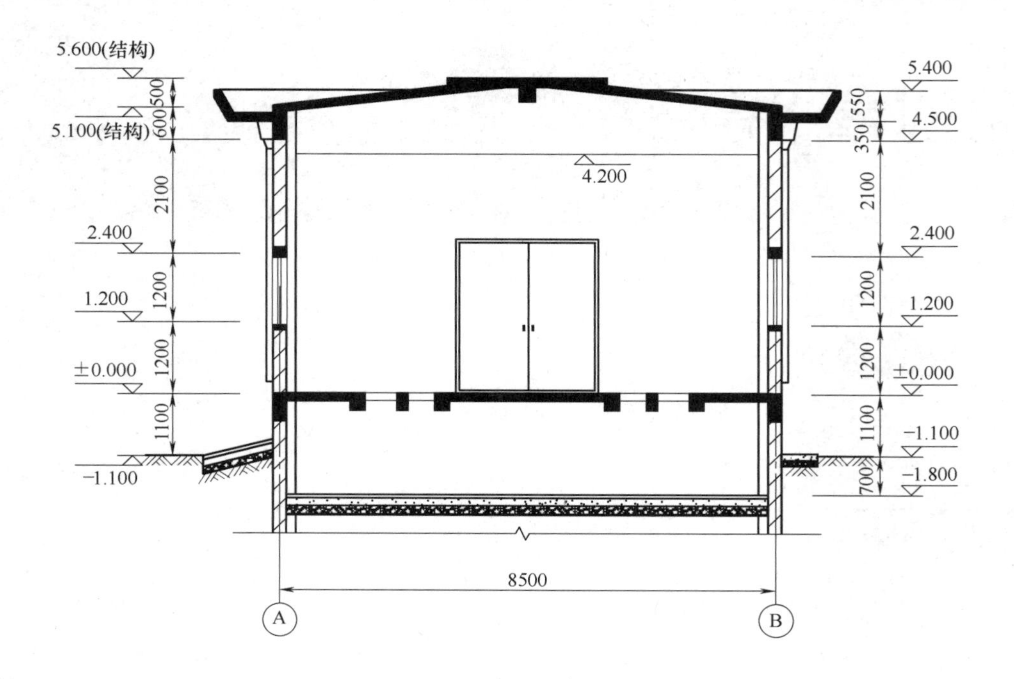

图 4.4.1　某工程开关站剖面图

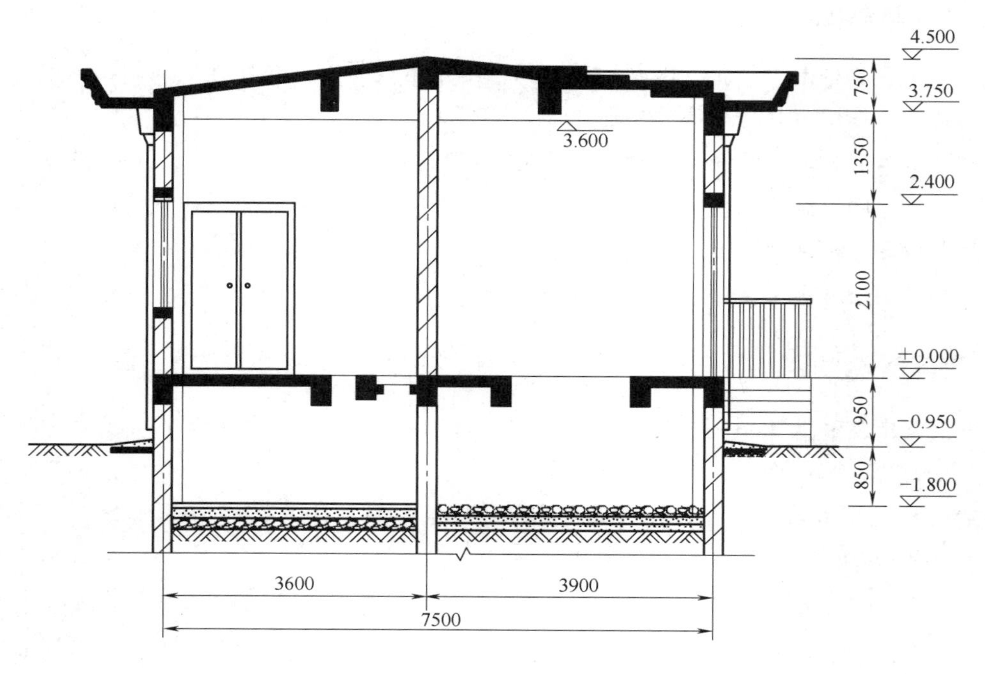

图 4.4.2　某工程配电室剖面图

第二节 开关站、变配电室施工要求

一、建筑主体

1. 工艺规范

(1) 开关站、变配电室的建筑主体位置应符合图纸设计、规划审批要求，标高、检修通道应符合配电土建设计要求。

(2) 抗震等级应根据设防烈度、结构类型和框架、抗震墙高度确定，并按现行土建规范要求执行。地面及楼面的承载力应满足电气设备动、静荷载的要求。

(3) 地面平整，墙体、顶面无开裂、无渗漏。

(4) 建筑物的各种管道不得从配电室内穿过。

2. 施工要点

(1) 室内标高不得低于所处地理位置居民楼一楼的室内标高，室内外地坪高差应大于0.35m。户外时基础应高出路面0.2m，采用整体浇筑，内外做防水处理。位于负一层时设备基础应抬高1m以上，配电站房净高应大于3.6m。

(2) 配电站房选址时宜建于方便电缆线路进出的负荷中心，站址标高应高于设防水位，不宜设在多尘或有腐蚀性气体的场所，不应设在地势低洼和可能积水的场所。若位于洪涝区域，应加强建筑的防水设计，减少洪涝水位以下的门窗、通气孔等可能进水的面积，必要时增加自动抽水装置。

(3) 开关站、变配电室应留有检修通道及设备运输通道，并保证通道畅通，满足最大体积电气设备的运输要求。

(4) 建筑物应满足防风雪、防汛、防火、防小动物、通风良好（四防一通）的要求，并宜装设门禁措施。

二、门、窗

1. 工艺规范

(1) 门窗安装位置应符合设计要求。

(2) 开关站、变配电室门窗应满足防火防盗的要求。

(3) 门窗框应可靠接地，且接地点不少于2点。

(4) 开关站、变配电室外开大门上应标示警示警告标识，门上或一侧外墙上应标示开关站、变配电室名称。

2. 施工要点

(1) 开关站、变配电室应有两个以上的出入口，设备进出的大门为双开门。

(2) 门窗扇应向外开启，相邻房间门的开启方向应由高压向低压。

(3) 10kV配电室宜设不能开启的自然采光高窗；低压配电室应设能开启的自然采光窗并配纱窗，窗户下沿距室外地面高度不宜小于1.8m，窗户外侧应装有防盗栅栏，临街的一面不宜开窗。

(4) 装有自然通风的百叶窗，门内侧应装有防止小动物进入的不锈钢菱形网，网孔不大于5mm。

(5) 所有门窗均应采用非燃烧材料，窗户、门如采用玻璃时，应使用双层中空玻璃。

三、管、沟预埋

图 4.4.3 电缆封堵示意图

1. 工艺规范

（1）所有预埋件均按设计埋设并符合要求。

（2）电缆沟排水良好，盖板齐全、平整。

（3）所有电缆沟的出（入）口处，均应预埋电缆管。

（4）电缆敷设完毕后需按要求进行封堵。电缆封堵示意图如图 4.4.3 所示。

2. 施工要点

4.4.1 配电房电缆沟预埋件、接地等

（1）预埋件应采用有效的焊接固定。预埋件焊接完成后，应进行焊渣清理，并检查焊缝质量。

（2）预埋件外露部分及镀锌材料的焊接部分应及时做好防腐措施。

（3）电缆沟接地扁铁、设备基础槽钢与接地干线应有两个以上连接点。

四、防雷接地

1. 技术规范

（1）变压器室、高低压开关室内的接地干线应有不少于 2 处与接地装置引出干线连接。

（2）接地线表面沿长度方向，每段为 15～100mm，分别涂以黄色和绿色相间的条纹。

（3）配电站房内的接地网应采用明敷方式，并绕墙一周，过门处采用暗敷方式。室内接地线距地面高度为 250～300mm，距墙面距离为 10～15mm。明敷接地引下线的支持件间距应均匀，水平直线部分 0.5～1.5m，垂直直线部分 1.5～3m，弯曲部分 0.3～0.5m，如图 4.4.4 所示。

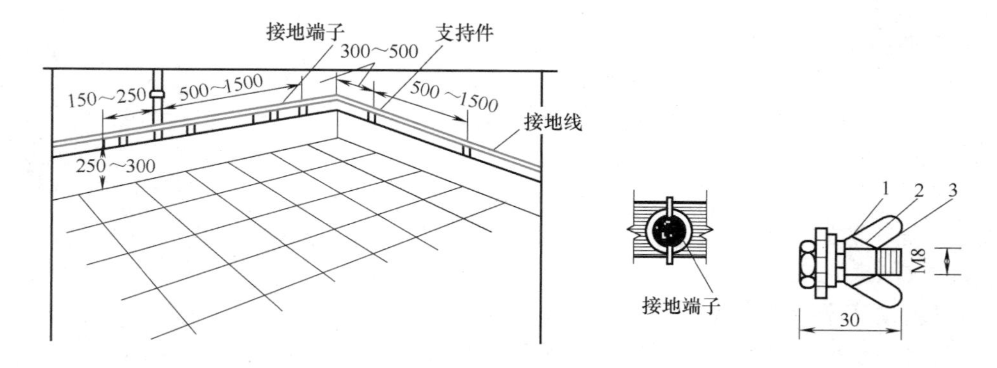

图 4.4.4 室内接地干线做法示意图

1—镀锌垫圈；2—弹簧垫圈；3—蝶形螺母

（4）当接地线跨越建筑物变形缝时，设补偿装置，如图 4.4.5 所示。

（5）在各个支架和设备位置处，应将接地支线引出地面；所有电气设备地脚螺栓、构架、电缆支架和预埋铁件等均应可靠接地；各设备接地引出线应与主接地网可靠连接。

（6）接地线在穿越墙壁、楼板和地坪处应加套钢管或其他兼顾的保护套管，钢套管应与接地线做电气连通。

（7）接地体埋设深度应符合设计规定，当设计无规定时，不宜小于 0.6m。

（8）主接地网的连接方式应符合设计要求，一般采用焊接，焊接应牢固、无虚焊。

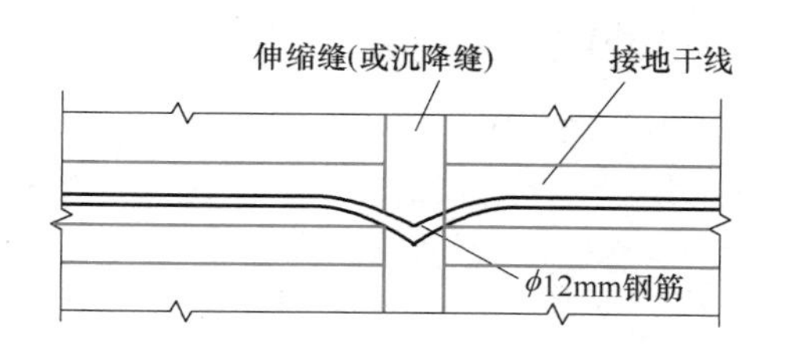

图 4.4.5　接地线通过伸缩缝（或沉降缝）的做法

2. 施工要点

（1）接地引上线应涂以不同的标识，便于接线人员区分主接地网和避雷网。

（2）支架及支架预埋件焊接要求同管沟预埋。

（3）搭接长度和焊接方式应符合以下规定：

① 扁钢-扁钢：搭接长度为扁钢宽度的 2 倍（且至少 3 个棱边焊接）。

② 圆钢-圆钢：搭接长度为圆钢直径的 6 倍（接触部位两边焊接）。

③ 扁钢-圆钢：搭接长度为圆钢直径的 6 倍（接触部位两边焊接）。

④ 在“十”字搭接处，应采取弥补搭接面不足的措施以满足上述要求。

（4）热熔焊具体要求

① 对应焊接点的模具规格应正确完好，焊接点导体和焊接模具清洁。

② 大接头焊接应预热模具，模具内热熔剂填充密实。

③ 接头内导体应熔透。

④ 铜焊接头表面光滑、无气泡，应用钢丝刷清除焊渣并涂刷防腐清漆。

（5）接地干线应采用 50mm×5mm 及以上扁钢，接地体要求热镀锌（室内接地体可以采用普通扁铁），焊接处应去除残余焊药并刷两道防锈漆进行防腐。

（6）接地干、支线之间的焊接应采用搭接焊（四边焊），搭接长度为扁钢长度的两倍。同一排开关柜的基础槽钢开有断口时，开断口应焊接成连通的导体，所有焊口均应做防腐处理。

五、防水、防潮

1. 技术规范

（1）开关站、变配电室屋顶应采取完善的防水措施，电缆进入地下应设置过渡井（沟）或采取有效的防水措施并设置完善的排水系统。

（2）墙面、屋顶粉刷完毕，屋顶无漏水，门窗及玻璃安装完好。

（3）电缆、通信光缆施工检修完毕应及时加以封堵。

2. 施工要点

（1）屋顶宜为坡顶，防水级别为 2 级，墙体无渗漏，防水试验合格，屋面排水坡度不应小于 1/50，并有组织排水，屋面不宜设置女儿墙。

（2）当开关站、变配电室设置在地下层时，宜设置除湿机、集水井，井内设两台潜水泵，其中一台为备用；在易发生积水的低洼站房内应加装自动抽水系统和水浸烟感系统。

（3）设计为无屋檐的开关站、变配电室在风机、窗户、门等易被雨水打入处应加装防雨罩或雨披，且接缝处应进行密封处理，如采用玻璃胶密封接缝。

（4）电缆进线处应做好防渗水、进水措施，做好封堵工作；室内电缆沟（较大的）应设集水坑，以防进水后浸泡电缆；室外电缆沟每隔 50m 设一集水井，做坡度，做渗坑。

六、消防

1. 技术规范

（1）开关站、变配电室的耐火等级不应低于二级。

（2）室内应装有火灾报警装置，应能进行现场声光报警并上传报警信号。

（3）应配备国家消防标准要求中规定的相应数量的灭火设备。

（4）灭火器应装入专用灭火器箱，灭火器箱靠墙放，箱前应画上禁止阻塞标志线，上侧应悬挂灭火器标志牌。

2. 施工要点

图 4.4.6　灭火装置示意图

（1）手提式灭火器应定点放置，并挂标示牌。一般放在开关站、变配电室入口处显眼位置。

（2）开关站、变配电室与建筑物外电缆沟的预留洞口，应采取安装防火隔板等必要的防火隔离措施。

（3）“灭火器”警示牌 350mm×300mm，粘贴在放“灭火器箱”处的墙面上方，使用不锈钢或铝牌，需采用自功螺栓安装。“灭火器禁止阻塞线”黄色条宽 100mm，间隔 100mm 环氧树脂漆面，画在前后门侧。灭火装置示意图如图 4.4.6 所示。

七、通风

1. 技术规范

（1）一般采用自然通风。通风应完全满足设备散热的要求，同时应安装事故排风装置。

（2）通风机外形应与开关站、变配电室的环境相协调，采用耐腐蚀材料制造，噪声不大于 45dB。通风机停止运行时，其朝外一面的百叶窗可自动关闭。

（3）开关站、变配电室内宜配置符合暖通要求的空调，户外机应设置防盗装置。

（4）通风设施等通道应采取防止雨、雪及小动物进入室内的措施。

2. 施工要点

（1）室内装有六氟化硫（SF_6）设备，应设置双排风口。

（2）低位应加装强制通风装置，风机中心距室内地坪 400mm。

（3）风机的吸入口应加装保护网或其他安全装置，保护网孔为 5mm×5mm。

（4）开关站、变配电室位于地下层时，其专用通风管道应采用阻燃材料。环境污秽地区应加装空气过滤器。

八、通风照明

1. 技术规范

（1）电气照明应采用高效节能灯，安装牢固，亮度满足设计及使用要求。

（2）开关站、变配电室应设置供电时间不小于 2h 的应急照明。

（3）灯具、配电箱全部安装完毕，应通电试运行；通电后应仔细检查开关与灯具控制顺序是否相对应，电气元件是否正常。

2. 施工要点

（1）照明灯具不应设置在配电装置的正上方。

（2）开关站、变配电室动力照明总开关应设置双电源切换装置。

（3）建筑照明系统通电连续试运行时间为 24h，所用照明灯具均应开启，每 2h 记录 1 次运行状态，连续试运行时间内应无故障。

九、安全设施

1. 技术规范

（1）开关站、变配电室应配备专用安全工器具柜，存放备品备件、安全工具以及运行维护物品等。

（2）开关站、变配电室内应设置报警装置，发生盗窃、火灾、SF_6 含量超标等异常情况时应自动报警。

2. 施工要点

（1）开关站、变配电室出入口应加装防小动物挡板，其高度为 0.5m，材质为塑料、金属或木板，安装方式为插入式，上部刷防止绊跤线标志；所有门（含防止动物板）关上后缝隙均不大于 0.5cm。

（2）当开关站、变配电室位于地下室，且室内无集水坑及排水通道时，防小动物挡板应为高度为 0.5m 的水泥墩（防电房进水）。

（3）开关站、变配电室窗应加装防小动物不锈钢网，其规格型号应符合设计要求。

思 考 题

1. 什么是开关站？

2. 什么是配电房？

参考文献

[1] 杨国立．土木工程施工．北京：中国电力出版社，2021．

[2] 盛可鉴．公路工程施工技术．2版．北京：人民交通出版社，2013．

[3] 邵林广．水工程施工．北京：机械工业出版社，2008．

[4] 隋智力．市政工程看图施工．北京：中国电力出版社，2006．

[5] 王穗平．桥梁构造与施工．2版．北京：人民交通出版社，2007．

[6] 方诗圣，李海涛．道路桥梁工程施工技术．2版．武汉：武汉大学出版社，2018．

[7] 龚利红．施工员一本通．北京：中国电力出版社，2008．

[8] 张胜华．管道工程施工与监理．北京：化学工业出版社，2007．

[9] 杨国立．高层建筑施工．北京：高等教育出版社，2016．

[10] CJJ 2—2008 市桥梁工程施工与质量验收规范．

[11] 建筑施工手册（第5版）编写组．建筑施工手册．5版．北京：中国建筑工业出版社，2012．

[12] GB 50666—2011 混凝土结构工程施工规范．

[13] JGJ 130—2011 建筑施工扣件式钢管脚手架安全技术规范．

[14] GB 50204—2015 混凝土结构工程施工质量验收规范．

[15] GB 50661—2011 钢结构焊接规范．

[16] CECS 300—2011 钢结构钢材选用与检验技术规程．

[17] ZJQ08-SGJB 208—2017 地下防水工程施工技术标准．

[18] JTG/T 3610—2019 公路路基施工技术规范．

[19] JTG G10—2016 公路工程施工监理规范．

[20] JTG F90—2015 公路工程施工安全技术规范．

[21] 国网宁夏电力有限公司．配电工程标准工艺图册 配电站房土建分册．北京：中国电力出版社，2021．

[22] JTG/T F20—2015 公路路面基层施工技术细则．

[23] JTG/T F30—2014 公路水泥混凝土路面施工技术细则．

[24] JTG F 40—2004 公路沥青路面施工技术规范．

[25] GB 50924—2014 砌体结构工程施工规范．

[26] JTG/T 3650—2020 公路桥涵施工技术规范．

[27] JTG F80/1—2017 公路工程质量检验评定标准 第一册 土建工程．

[28] JTG H10—2009 公路养护技术规范．

[29] GB 50268—2008 给水排水管道工程施工及验收规范．

[30] 04S520 埋地塑料排水管道施工．

[31] DB11/1071—2014 排水管（渠）工程施工质量检验标准．

[32] GB 50141—2008 给水排水构筑物工程施工及验收规范．

[33] T/CFA 02010202.3—2018 球墨铸铁给水排水管道工程施工及验收规范技术条件．

[34] 杨岚．市政工程基础．北京：化学工业出版社，2009．

[35] 王修山，王波．道路与桥梁施工技术．北京：机械工业出版社，2016．

[36] 国家电网公司．配电网工程典型设计10kV配电变台分册．2016年版．北京：中国电力出版社，2016.
[37] 国家电网公司．配电网工程典型设计10kV配电站房分册．2016年版．北京：中国电力出版社，2016.
[39] 国家电网公司．配电网工程典型设计10kV架空线路分册．2016年版．北京：中国电力出版社，2016.
[40] 国家电网公司．配电网工程典型设计10kV电缆分册．2016年版．北京：中国电力出版社，2016.
[41] 钟建伟，郑建俊．中低压配电网施工技术．北京：中国电力出版社，2019.
[42] CJJ 61—2017 城市地下管线探测技术规程.
[43] 王秋梅．10kV开关站建设与运行．北京：中国电力出版社，2015.